中国轻工业"十四五"规划教材

制浆造纸工程设计

Engineering Design of Pulp and Paper Mill

平清伟　李　娜　主　编
张　健　刘　宇　副主编
平清伟　李　娜　张　健
刘　宇　刘　玉　王高升　编
李许生　黄　辉　朱全茂

中国轻工业出版社

图书在版编目（CIP）数据

制浆造纸工程设计/平清伟，李娜主编；张健，刘宇副主编. —北京：中国轻工业出版社，2023.9
中国轻工业"十四五"规划教材
ISBN 978-7-5184-4494-6

Ⅰ.①制… Ⅱ.①平… ②李… ③张… ④刘… Ⅲ.①制浆造纸工业—工业设计—高等学校—教材 Ⅳ.①TS7

中国国家版本馆CIP数据核字（2023）第136361号

责任编辑：林　媛
策划编辑：林　媛　　责任终审：滕炎福　　封面设计：锋尚设计
版式设计：霸　州　　责任校对：吴大朋　　责任监印：张　可

出版发行：中国轻工业出版社（北京东长安街6号，邮编：100740）
印　　刷：三河市国英印务有限公司
经　　销：各地新华书店
版　　次：2023年9月第1版第1次印刷
开　　本：787×1092　1/16　印张：20.25
字　　数：519千字
书　　号：ISBN 978-7-5184-4494-6　定价：70.00元
邮购电话：010-65241695
发行电话：010-85119835　传真：85113293
网　　址：http://www.chlip.com.cn
Email：club@chlip.com.cn
如发现图书残缺请与我社邮购联系调换

201437J1X101ZBW

前　言

《制浆造纸工程设计》是中国轻工业"十四五"规划教材。也是轻化工程专业开设的一门重要专业必修课程，是与毕业设计环节密切衔接的一门系统讲授工程设计内容的课程。本教材内容涉及融合工程、技术、经济、管理、财务和法律等诸多交叉领域，通过系统学习，学生可以较全面掌握工程设计知识，提高制浆造纸工程设计能力。

本教材具有以下 7 个突出特点：一是突出了课程目标对"专业工程教育认证毕业要求"的有效支撑，特别是补齐了在"工程与社会""环境发展""项目管理"等方面的知识缺陷；二是课后习题大多为围绕课程目标设计的综合性试题，重点考核学生"毕业要求"的达成情况；三是实现了"思政元素"与教材内容中的有机结合，践行了"教材思政"基本要求；四是强化了法律、法规、强制标准在制浆造纸工程设计、企业管理中的重要引领作用，增加了该部分内容在教材中的比重；五是较为系统地介绍了现代设计工具在制浆造纸工程设计的应用，着重介绍了常用工程设计软件的特点、使用领域；六是联合设计院同行参加编写，使教材内容更加契合工程实际；七是本教材以"纸质+云文档"新形态呈现，减少了纸质图书部分的印张，增加了"云文档"，云文档还可以实时更新，方便学生学习和其他读者查阅，及时更新政策法规、标准、设备供应商等内容，保证教材内容的时效性。因此，本教材是一本内容丰富、特点鲜明的新形态立体化教材。

本教材共分 9 个部分：第一章制浆造纸产业政策及行业标准、第二章工程项目建设决策、第三章工程项目经济分析与评价、第四章工程项目建设与厂址选择、第五章生产工艺设计、第六章公用工程和辅助工程设计和第七章工程设计常用软件等七章内容，外加附录一份，云文档一份。

本教材由大连工业大学牵头，联合中国中轻国际工程有限公司、齐鲁工业大学、天津科技大学、广西大学共同编写。第一章由中国中轻国际工程有限公司刘宇、黄辉联合编写；第二章由天津科技大学王高升编写；第三章和第四章由广西大学李许生编写；第五章由大连工业大学李娜、张健、平清伟联合编写；第六章由齐鲁工业大学刘玉编写；第七章由中国中轻国际工程有限公司刘宇、朱全茂联合编写；附录部分由刘宇、黄辉、朱全茂、李娜联合编写；"云文档"由大连工业大学李娜、张健联合编写并负责日常更新与维护。

本教材可供轻化工程专业制浆造纸工程方向的本科生作为教材使用，也可供相关领域工程技术人员和高校有关专业师生作参考资料使用。

本教材编写过程中，得到了教育部高等学校轻化工程专业教学指导分委员会的指导和支持，也得到了各有关高校的鼎力相助，在此表示衷心的感谢！

由于编者水平有限，疏漏和不足之处在所难免，恳请读者批评指正。

编者

2022 年 9 月

目　　录

第一章　制浆造纸产业政策及行业标准 … 1
【本章学习目标】 … 1
第一节　制浆造纸工业现状及发展趋势 … 1
　　一、造纸行业回顾 … 1
　　二、全球制浆造纸工业现状及发展趋势 … 2
　　三、我国造纸行业的现状 … 3
　　四、造纸行业存在的主要问题 … 7
　　五、我国造纸行业展望 … 9
第二节　发展规划及造纸产业政策 … 10
　　一、发展规划 … 10
　　二、造纸产业政策 … 14
　　三、造纸行业准入标准 … 15
　　四、环保及其他相关政策 … 15
第三节　行业标准和规范 … 18
　　一、咨询设计文件编制内容深度的规定 … 19
　　二、制浆造纸厂设计规范 … 20
　　三、制浆造纸工业污染防治可行技术指南 … 20
　　四、制浆造纸行业清洁生产评价指标体系 … 21
第四节　制浆造纸工程咨询特点、原则与作用 … 21
　　一、工程咨询 … 21
　　二、造纸行业工程咨询 … 22
参考文献 … 26
习题 … 26
【本章思政案例】 … 27

第二章　工程项目建设决策 … 28
【本章学习目标】 … 28
第一节　工程项目 … 28
　　一、工程项目及其分类 … 28
　　二、工程项目生命周期 … 30
　　三、工程项目建设程序 … 32
第二节　工程项目管理 … 36
　　一、工程项目管理及其分类 … 36
　　二、工程项目管理的基本原理 … 37
　　三、工程项目管理模式 … 39
　　四、造纸行业的工程项目管理 … 42

第三节　工程项目决策 42
　　一、项目建议书 42
　　二、可行性研究报告 43
　　三、项目申请报告 49
第四节　工程项目相关专题报告的编制 52
　　一、环境影响评价 52
　　二、安全评价 54
　　三、节能评估 56
　　四、社会稳定风险评估 58
参考文献 61
习题 61
【本章思政案例】 62

第三章　工程项目经济分析与评价 63
【本章学习目标】 63
第一节　投资估算及融资方案 63
　　一、投资估算 63
　　二、融资方案 69
第二节　生产成本、利润和税金 72
　　一、直接生产成本 72
　　二、期间生产成本 72
　　三、总成本 72
　　四、利润 73
　　五、税金 73
第三节　财务评价 73
　　一、现金流通图 73
　　二、金钱的时间价值 74
　　三、静态评价 77
　　四、动态评价 78
　　五、财务不确定分析 78
第四节　国民经济和社会评价 80
　　一、国民经济评价 80
　　二、社会评价 81
参考文献 84
习题 84
【本章思政案例】 84

第四章　工程项目建设与厂址选择 85
【本章学习目标】 85
第一节　我国工程项目建设发展历程与配套机制 85
　　一、我国工程项目建设的发展历程 85
　　二、工程项目建设程序配套机制 86

第二节　工程项目设计内容概述 …… 87
一、总体工程设计 …… 87
二、工艺工程设计 …… 89
三、公用工程设计 …… 89
四、环保工程设计 …… 90

第三节　工程项目建设条件 …… 90
一、原材料资源条件 …… 90
二、燃料、动力资源条件 …… 91
三、环境容纳条件 …… 92
四、劳动力资源条件 …… 92

第四节　厂址选择 …… 94
一、厂址选择的重要性和基本原则 …… 94
二、厂址选择的影响因素 …… 96
三、厂址选择的工作步骤 …… 96
四、厂址选择报告 …… 103

第五节　总平面布置和运输设计 …… 104
一、平面布置的一般原则 …… 104
二、总平面布置 …… 105
三、运输设计 …… 110
四、厂区绿化 …… 113

参考文献 …… 115
习题 …… 116
【本章思政案例】 …… 116

第五章　生产工艺设计 …… 117
【本章学习目标】 …… 117

第一节　生产工艺设计概述 …… 117
一、生产工艺设计在工程总体设计中的重要性 …… 117
二、生产工艺设计的依据 …… 118
三、设计阶段的划分和各设计阶段的内容 …… 119
四、生产工艺设计的步骤 …… 121
五、生产工艺设计的深度要求 …… 123

第二节　生产工艺流程设计 …… 123
一、生产工艺流程设计的原则和步骤 …… 123
二、生产方法的选择 …… 124
三、生产工艺流程图的绘制 …… 125

第三节　生产工艺设计的有关计算 …… 126
一、技术经济指标和工艺参数 …… 126
二、物料平衡计算 …… 130
三、浆水平衡计算 …… 134
四、设备平衡计算 …… 195

　　　　五、动力平衡计算 …………………………………………………………………… 199
　第四节　Excel 在物料衡算中的应用 ……………………………………………………… 204
　　　　一、计算步骤 ……………………………………………………………………… 205
　　　　二、计算举例 ……………………………………………………………………… 205
　　　　三、Excel 在其他方面的运用 …………………………………………………… 207
　第五节　车间布置设计 …………………………………………………………………… 208
　　　　一、车间布置设计主要任务 ……………………………………………………… 208
　　　　二、车间布置设计依据 …………………………………………………………… 208
　　　　三、车间布置设计原则 …………………………………………………………… 208
　　　　四、车间布置设计图纸 …………………………………………………………… 209
　第六节　工艺设备及管道布置设计 ……………………………………………………… 209
　　　　一、工艺设备及管道布置设计的重要性 ………………………………………… 209
　　　　二、工艺设备布置设计 …………………………………………………………… 209
　　　　三、工艺管道布置设计 …………………………………………………………… 212
　参考文献 ………………………………………………………………………………………… 217
　习题 …………………………………………………………………………………………… 217
　【本章思政案例】 ……………………………………………………………………………… 218

第六章　公用工程与辅助工程设计 ……………………………………………………… 219
　【本章学习目标】 ……………………………………………………………………………… 219
　第一节　辅助生产工程设计 ……………………………………………………………… 219
　　　　一、综合办公楼和中心化验室 …………………………………………………… 219
　　　　二、空压站和维修间 ……………………………………………………………… 220
　　　　三、仓库和堆场 …………………………………………………………………… 223
　　　　四、其他辅助设施 ………………………………………………………………… 228
　第二节　公用工程设计 …………………………………………………………………… 228
　　　　一、建筑和结构 …………………………………………………………………… 228
　　　　二、给水和排水 …………………………………………………………………… 234
　　　　三、供电和供热 …………………………………………………………………… 238
　　　　四、采暖和通风 …………………………………………………………………… 245
　　　　五、自控和仪表 …………………………………………………………………… 247
　第三节　环境保护和综合利用工程 ……………………………………………………… 249
　　　　一、环境保护和综合利用概述 …………………………………………………… 249
　　　　二、废气、粉尘治理及利用 ……………………………………………………… 250
　　　　三、废水治理及利用 ……………………………………………………………… 250
　　　　四、废渣治理及利用 ……………………………………………………………… 254
　　　　五、噪声控制 ……………………………………………………………………… 255
　　　　六、绿化 …………………………………………………………………………… 255
　第四节　劳动安全卫生 …………………………………………………………………… 255
　　　　一、劳动安全卫生概述 …………………………………………………………… 256
　　　　二、工程项目危险和有害因素分析 ……………………………………………… 257

三、劳动安全卫生措施 259
参考文献 265
习题 265
【本章思政案例】 266

第七章　工程设计常用软件 267
【本章学习目标】 267
第一节　绪论 267
第二节　通用设计软件 268
一、Microsoft Office 268
二、WPS Office 270
三、AutoCAD 271
第三节　专用二维软件 273
一、建筑专业 273
二、结构专业 274
三、暖通专业 276
四、给排水专业 279
五、电气专业 280
六、总图专业 280
七、热力专业 281
八、工艺及仪表专业 281
第四节　专用三维软件 281
一、BIM 软件 282
二、工艺、热力软件 285
三、Navisworks 291

参考文献 293
习题 293
【本章思政案例】 293

附录 294
一、化学制浆车间流程方框图 294
二、制浆造纸工艺流程图图例表 296
三、制浆造纸工艺设备布置图图例 300
四、制浆造纸工艺流程及管道介质代号 301
　（一）通则 301
　（二）细则 302
五、制浆造纸工艺流程仪表代号、符号 310
　（一）仪表图形代号 310
　（二）仪表图形符号 311

云文档 312
一、工程图纸示例（PDF 版） 312
　（一）制浆造纸工厂总平面布置图示例 312

（二）制浆造纸工艺流程图示例 ··· 312
　　（三）制浆造纸工艺设备布置图示例 ··· 312
　　（四）制浆造纸工艺管道布置图示例 ··· 312
　　（五）制浆造纸工艺设备一览表示例 ··· 312
　　（六）制浆造纸工艺材料汇总表示例 ··· 312
　　（七）制浆造纸工艺管道预留孔、预埋件布置图示例 ·· 312
二、政策、法规与标准 ··· 312
　　（一）政策法规类 ·· 312
　　（二）主要标准和规范类 ··· 313
　　（三）一些省份的地方标准 ·· 314

第一章　制浆造纸产业政策及行业标准

【本章学习目标】

学习本章内容可以提高学习者对工程对社会、环境的理解，理解工程与社会、环境和可持续发展的相互关系。具体应实现如下两个目标：

[目标1]　工程与社会：了解国家对轻化工程行业生产、设计、研究、开发、安全监管等方面的方针、政策和法规，能够运用工程相关背景知识评价轻化工程复杂问题的解决方案对社会、健康、安全、法律及文化的影响，并理解应承担的责任；

[目标2]　环境和可持续发展：理解国家环境保护和可持续发展战略、政策、法律法规，正确评价轻化工程行业生产实践中涉及的三废物质对环境的影响，能够利用轻化工程技术手段解决环境相关问题，促进社会可持续发展。

第一节　制浆造纸工业现状及发展趋势

只有充分研究制浆造纸行业的现状及发展趋势，才能在项目策划阶段，产品方案的制定和产品规模的确定等方面，做出符合未来发展方向的选择，为企业将来的发展奠定良好的基础。我国造纸历史悠久，新中国成立后造纸行业发展得到重视，特别是近20年我国造纸行业发展迅速，2009年后我国纸与纸制品生产量与消费量稳居世界第一，近几年的产量和消费量约占全世界的1/3。

一、造纸行业回顾

（一）造纸术在我国历史悠久

造纸术是我国古代四大发明之一。自蔡伦改进造纸术（公元105年）算起，迄今已经有1900多年的历史。在全国普及的同时，中国的手工造纸技术传入朝鲜和越南，经由朝鲜传入日本；经贸易传入中亚，印度；通过阿拉伯人传播到欧洲和美洲，到19世纪中国的造纸术传遍五洲。造纸术对于世界科学、文化和信息的传播，起到了举足轻重的作用，促进了世界科学文化的发展。

1884年中国建成第一家机制纸厂——上海华章纸厂，中国开始采用机器造纸，但机制纸一直发展缓慢。1949年全国纸浆生产量3.5万t，纸及纸板的生产量为22.8万t，其中机制纸及纸板生产量为10.8万t，手工纸生产量12万t。生产量远远不能满足需求，且生产品种很少，只能生产普通文化纸、生活用纸、包装用纸。

（二）新中国成立后我国造纸行业的发展

新中国成立后，造纸行业取得了长足的发展。由新中国成立之初的品种少、产量低、生产技术落后、产品结构不合理、产品和产量不能满足需求、消费主要依靠进口的局面，经过70余年的发展，至今我国造纸工业已经取得了令世界瞩目的成绩。图1-1为我国造纸工业新增固定资产投资及新增生产能力，从"一五"计划（1953—1957年）到"十三五"计划

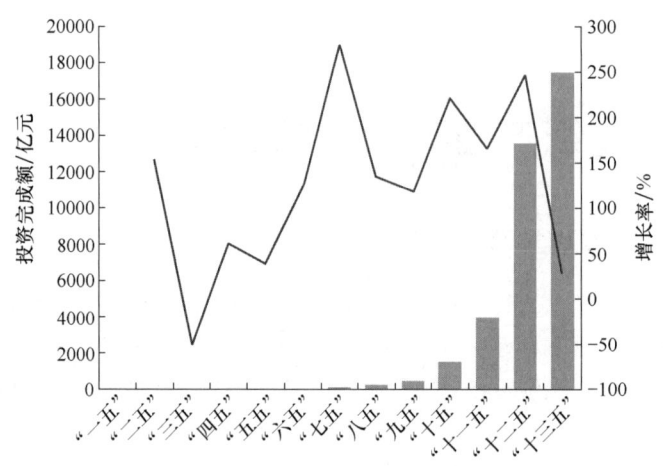

图 1-1 我国"一五"到"十三五"固定资产投资额及增长率
　　■ 固定资产投资完成额/亿元　　— 增长率/%

（2016—2020 年）的巨大进步。

造纸行业属于与人民生活水平息息相关的行业，"一五"期间新建和改扩建了一批造纸企业，固定资产投入较大；"二五"期间恰逢"大跃进"，造纸工业基本建设也出现冒进，没有任何计划性地大办小纸厂，大幅增加固定资产投入，全国经济发展进入低谷，出现了"三年困难时期"，随后我国国民经济进入调整期；"三五"期间，造纸工业也放缓了步伐，固定资产投资完成额比"二五"降低了 50% 以上；"三五"和"四五"处于我国十年动乱，"四五"期间固定资产的投入还不到"二五"的 80%，造纸工业处于一个比较混乱的阶段，发展缓慢；"五五"期间，改革开放给我国造纸工业的发展带来了机遇，造纸企业快速发展，每年的固定资产投入大幅增长，从"五五"期间的 10 亿元，增加到"十二五"期间的将近 1.4 万亿元，"十三五"则投入 1.8 万亿元。相比解放初，造纸工业的生产能力更是得到了极大的发展，我国"一五"到"十三五"新增生产能力详见图 1-2。

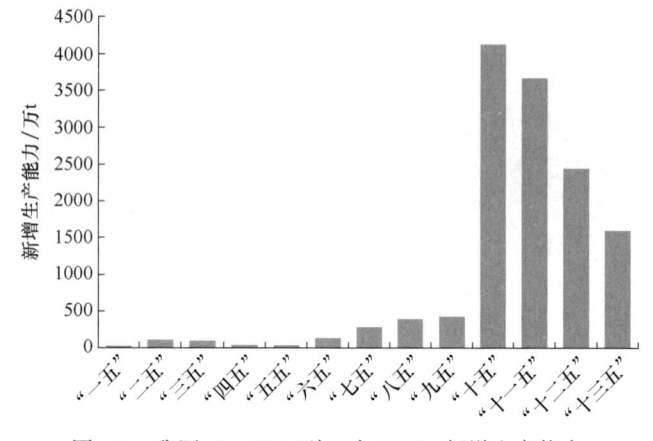

图 1-2 我国"一五"到"十三五"新增生产能力

1949 年，我国机制纸及纸板的生产量仅为 10.8 万 t，"十五"到"十一五"是我国造纸工业发展最快的十年，"十五"期间，生产能力的增长了 4000 万 t，"十一五"期间的 2009 年，我国纸及纸板生产量跃居世界第一，并一直保持至今。

二、全球制浆造纸工业现状及发展趋势

（一）全球纸及纸板生产和消费情况

20 世纪末，全球纸和纸板的生产和消费均进入快速发展期，2007 年达到一个高峰。2008 年受金融危机的影响，2008 年和 2009 年全球造纸工业大幅下降，2010—2014 年趋于稳定，2015 年开始缓慢增长，在 2017 年达到一个高点，随后几年，一直呈小幅下降的趋势，2020 年，世界纸及纸板的生产量降到了 40100 万 t，基本与 2011 年和 2012 年持平。1996—2020 年世界纸和纸板生产和消费情况见图 1-3。

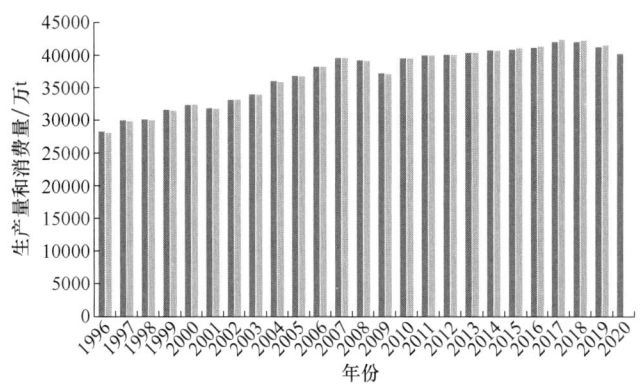

图 1-3　1996—2020 年世界纸和纸板生产和消费情况
■ 生产量　■ 消费量

（二）世界纸浆生产和消费情况

世界纸浆的生产和消费，一直维持在一个相对稳定的状态。2009 年受金融危机的影响，纸浆的生产量和消耗量都有一定幅度下降，2010 年有所增加，随后几年一直小幅下降，直到 2017 年和 2018 年全球纸浆的生产量和消耗量才有所增加。1996—2020 年世界纸浆生产和消费情况详见图 1-4。

三、我国造纸行业的现状

（一）纸及纸板

1. 生产、消费和进出口情况

我国 20 世纪末的 5 年，纸及纸板的生产和消费每年只是略有增长，2002—2012 年我国纸及纸板的生产和消费一直处于稳步上升阶段，2013 年小幅调整，之后几年虽维持增长，但增长幅度不大。2018 年因为环保、"禁废"等原因，造纸行业进入一个低谷，经过两年的调整，2020 年在受到新冠疫情影响的情况下，我国纸及纸板的生产量为 11260 万 t，消费量为 11827 万 t，人均纸及纸板的消费量为 84kg，达到了一个新的高点。我国 1996—2020 年纸及纸板的生产和消费情况见图 1-5，人均纸及纸板消费情况见图 1-6。

我国 1996—2020 年纸及纸板的进口量和出口量发生了很大

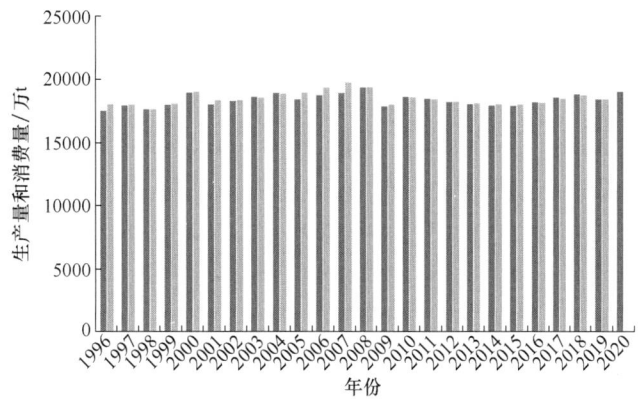

图 1-4　1996—2020 年世界纸浆生产和消费情况
■ 纸浆生产量　■ 纸浆消费量

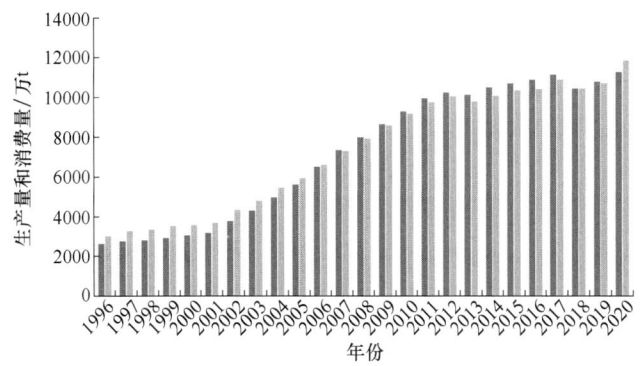

图 1-5　我国 1996—2020 年纸及纸板生产量和消费量情况
■ 生产量　■ 消费量

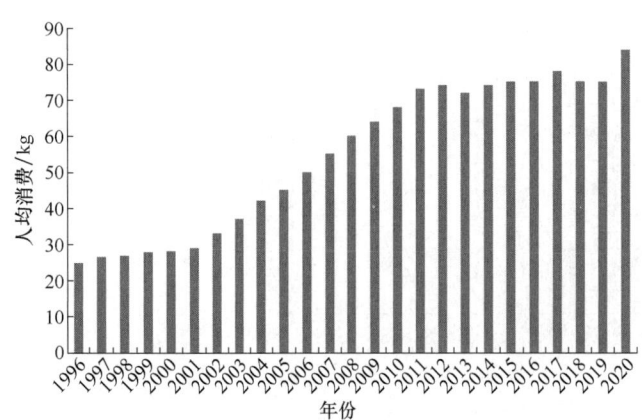

图 1-6 我国 1996—2020 年纸及纸板人均消费情况

变化,详见图 1-7。2005 年以前我国纸及纸板进口量远大于出口量,2007 年以后,我国纸及纸板的出口量开始大于进口量,2018 年和 2019 年基本持平。2020 年,由于禁止废纸进口,及全面推行禁塑,我国纸及纸板的进口量出现大幅增长,共进口纸及纸板 1154 万 t,比上年增长 84.64%。出口量则只有 587 万 t,比上年减少 14.43%。

2. 纸和纸板企业经济指标

(1) 收入和利润

从 21 世纪开始,我国纸和纸板生产企业销售收入多年来一直呈现上涨趋势,2017 年达到最高点。我国纸和纸板企业 2011—2020 年主营业务收入及同比增长情况详见图 1-8。

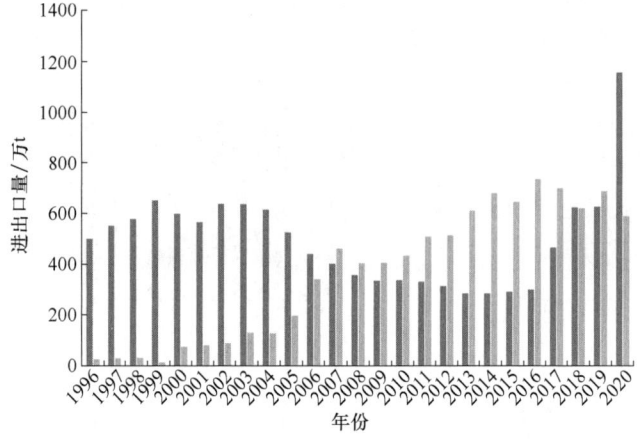

图 1-7 我国 1996—2020 年纸及纸板的进口和出口情况
■ 进口量　■ 出口量

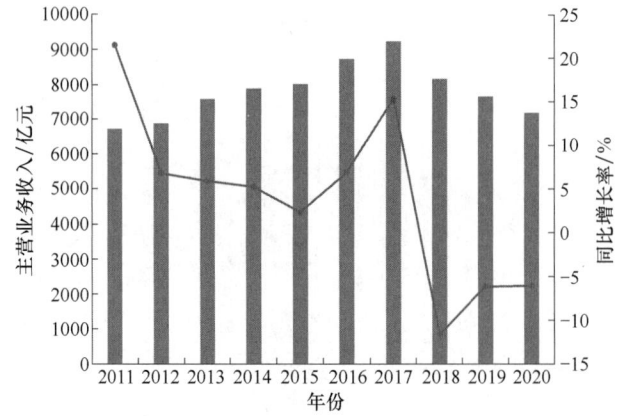

图 1-8 我国纸和纸板企业 2011—2020 年主营业务收入及同比增长
■ 主营业务收入　—●— 同比增长率

2017年纸和纸板企业的利润达到最高点,随后两年都出现下降,2020年虽然销售收入出现下降,利润却比上年有所增长。我国纸和纸板2011—2020年利润总额及同比增长详见图1-9。

（2）资产与负债

纸及纸板企业的资产负债长期维持在60%左右,属于相对合理的水平。2011—2020年纸及纸板企业的资产负债情况见图1-10。

（3）我国纸及纸板生产量区域布局变化

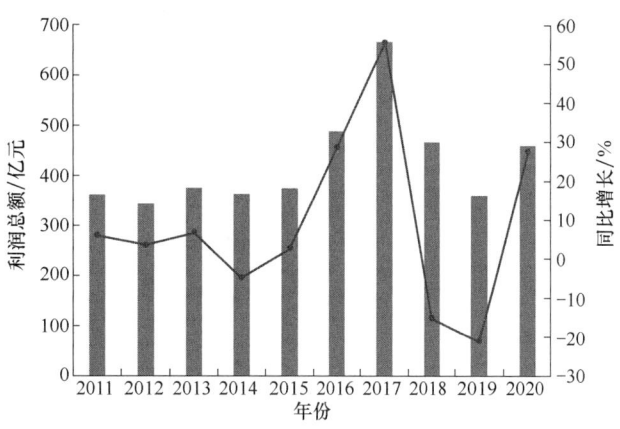

图1-9 我国纸和纸板2011—2020年利润总额及同比增长

经过多年发展,我国纸及纸板的生产量区域布局变化不大,仍然是东部拥有大部分生产量,东部和西部所占比例都有所提高,中部比例降低。我国2011—2020年纸和纸板生产量区域布局及变化见图1-11。

（二）我国近年纸浆生产、消费和进出口情况

我国1996—2020年纸浆的生产和消费情况见图1-12。

从图1-12中可见,我国纸浆的消费量一直高于生产量,其差

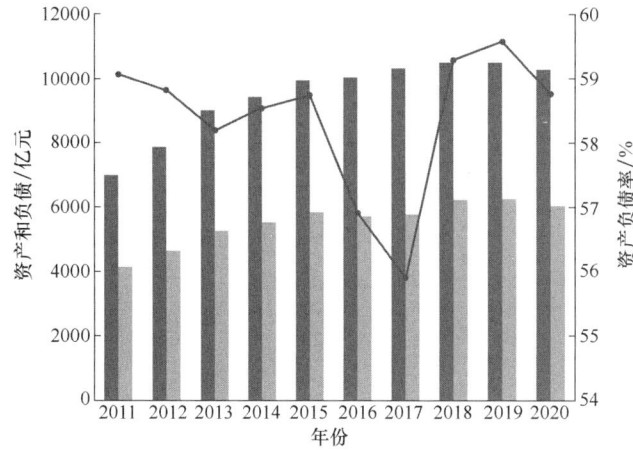

图1-10 2011—2020年纸及纸板企业的资产负债情况

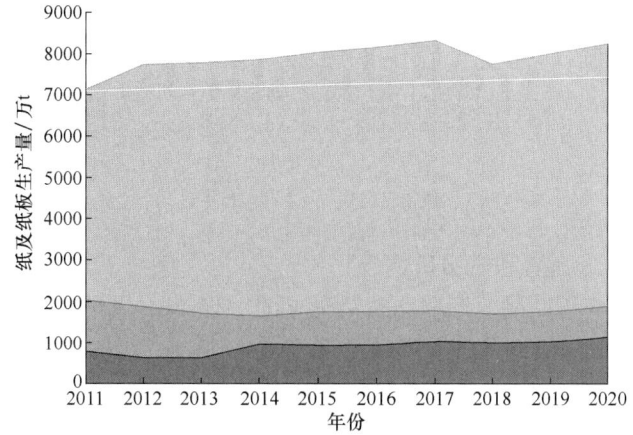

图1-11 我国纸及纸板生产量区域布局情况

额呈现出越来越大的趋势，说明未来一定时期内我国纸浆的缺口仍将存在。随着我国造纸行业的发展，纸浆的进口量在原料问题还未解决的情况下，会维持增长的趋势。我国 1996—2020 年纸浆进口情况见图 1-13。

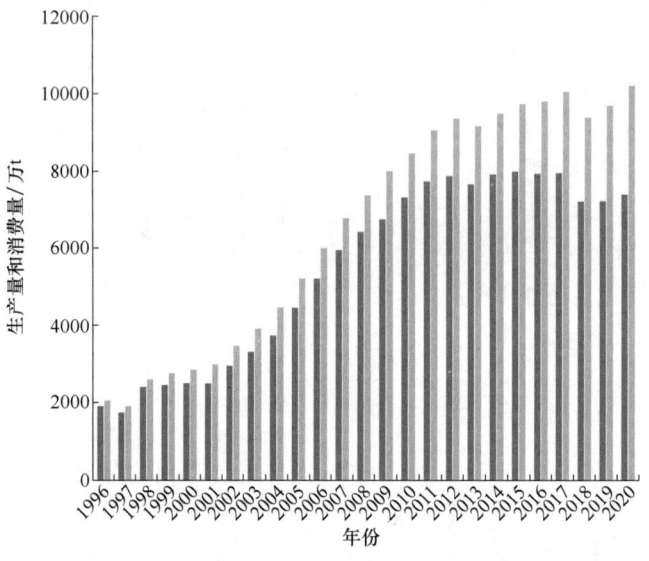

图 1-12　我国 1996—2020 年纸浆生产量和消费量情况

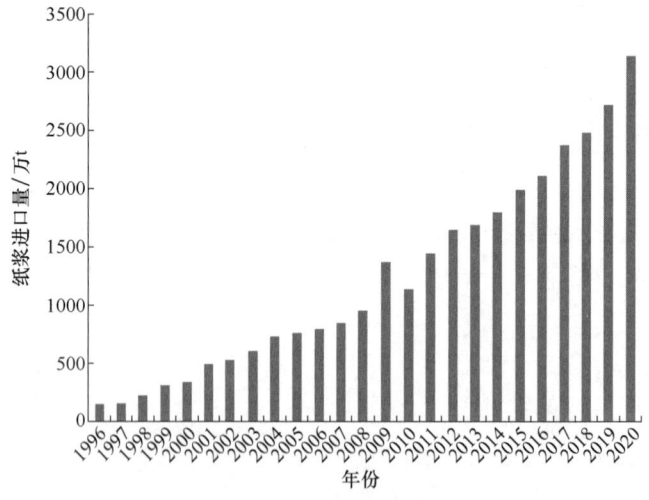

图 1-13　我国 1996—2020 年纸浆进口情况

（三）纸制品生产、消费和进出口情况

我国 2011—2020 年纸制品生产和消费情况见图 1-14。

由图 1-14 可见，我国纸制品产量略高于消费量。2011—2016 年处于平稳增长阶段，随后经历了连续两年的下跌，2019 年纸制品生产量和消费量基本和 2016 年的高点持平，2020 年则略有下降。我国 2011—2020 年纸制品的进出口情况见图 1-15。

由图 1-15 可见，我国纸制品进口较少，每年 12 万~20 万 t 不等。出口量虽然不大，基本上处于平稳增长的态势。

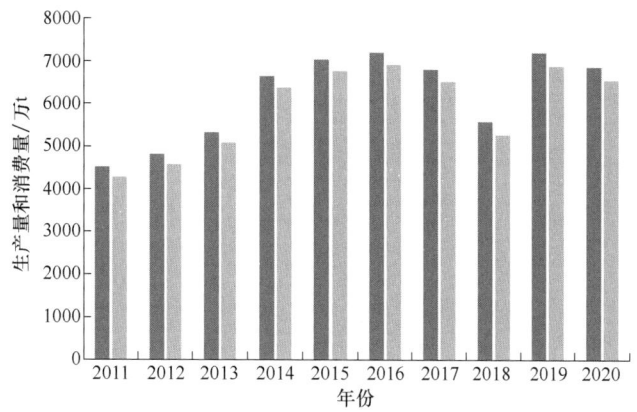

图 1-14 我国 2011—2020 年纸制品生产和消费情况
■ 生产量　■ 消费量

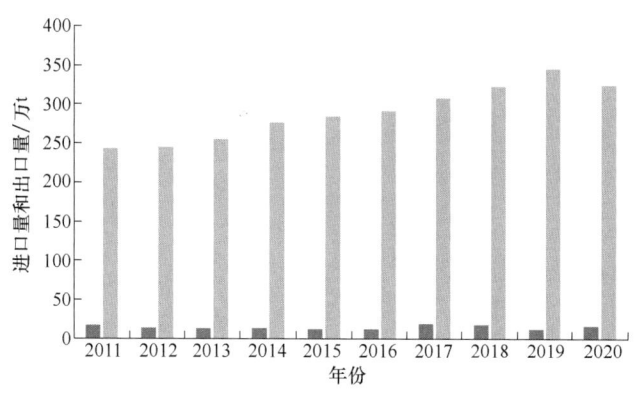

图 1-15 我国 2011—2020 年纸制品进出口情况
■ 进口量　■ 出口量

四、造纸行业存在的主要问题

《造纸行业"十四五"及中长期高质量发展纲要》指出了造纸行业亟须解决的问题：

① 高质量发展需要高质量的人才队伍，行业人才短缺问题将制约行业的高质量发展；

② 行业面临着部分产品产能结构性和阶段性过剩，产品同质化现象严重，差别化、功能化能力欠缺，原料对外依存度不断提高，技术创新能力不强，中小企业数量偏多及资源利用效率不高、环境治理能力尚需提高等问题；

③ 随着禁止废纸进口政策实施和碳达峰、碳中和目标的确立，行业面临着原料结构调整、能源结构变革、技术开发和探索未来技术突破等多重挑战，原料短缺问题应被作为战略问题，认真研究。

（一）制浆造纸原料的瓶颈问题

我国制浆造纸原料对外依存度一直较高。受"禁废"政策的影响，国内废纸浆生产量大幅下降，纸浆的供给出现短缺，且短期内难以填补，造纸原料结构调整的任务依然艰巨。2011—2020 年我国纸浆生产情况见图 1-16。

我国的纸浆消耗量巨大，图 1-17 为我国 2011—2020 年国产纸浆、进口纸浆和进口纸浆

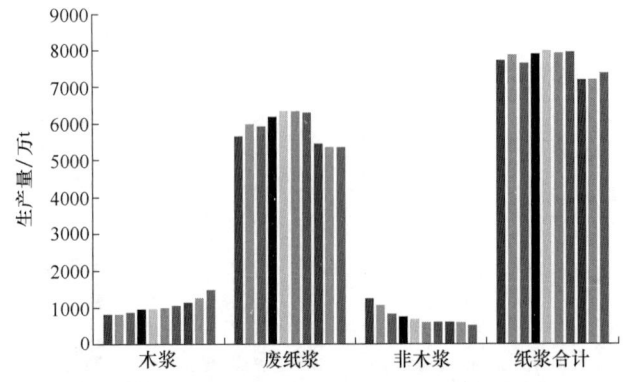

图 1-16　2011—2020 年我国纸浆生产情况

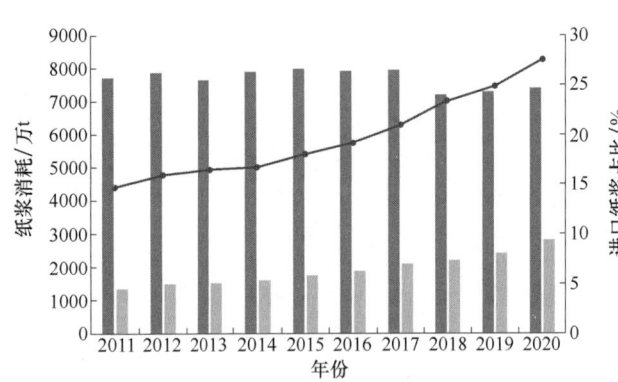

图 1-17　2011—2020 年我国纸浆消耗及进口纸浆占比情况

占比情况，进口纸浆占我国纸浆消耗量的比例从 2011 年的不到 15%，连年上涨，2020 年已经达到了 27.5%。

而从木浆的消耗情况看，我国木浆消耗中进口木浆量也是连年上升，虽然随着国产木浆产量有所增加，但进口木浆所占比例仍然较大，一直保持在 60% 以上，我国对进口木浆过度依存的情况未得到有效改善。2011—2020 年我国木浆消耗及进口木浆占比情况见图 1-18。

（二）能源短缺，发展受限

能源危机席卷全球，国际上天然气、石油价格都大幅度上涨。国内的煤炭价格的上涨，导致能源成本居高不下，造纸企业的生产成本被抬升。

（三）成本大幅上涨，纸企难以消化

在供给出现问题的同时，造纸行业还面临着成本暴涨的局面。

废纸占我国制浆原料总量的 60%~70%，2017 年是"禁废"第 1 年，废纸价格翻倍，经过两年的调整，2020 年下半年废纸价格再度开始上涨。商品木浆的价格长期以来呈波浪形，起伏不定。2020 年同样也经历了一轮涨价周期，从 2020 年年底开始，商品浆价格短短 5 个月的时间涨幅超过 50%，

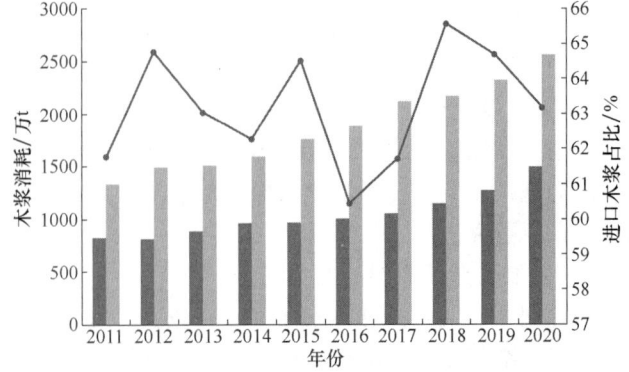

图 1-18　2011—2020 年我国木浆消耗及进口木浆占比情况

涨势迅猛；2021年虽然有所下降，但仍处于较高水平。

进口废纸浆问题是在"禁废"之后出现的新情况，废纸进不来，导致纸浆严重短缺，造纸原料价格暴涨，所有造纸原料价格都处在高位，大幅增加了造纸企业的成本压力，也在不断消耗企业所获得的利润，导致造纸上下游产业的利润空间被严重挤压。

（四）产品质量问题

部分造纸产品出现同质化严重问题，未考虑市场的细分和消费需求的差异化。一方面，产品满足不了部分人群的需要，另一方面，产品功能的盲目开发与加载，不仅不能物尽其用，还将导致产品成本增加，反过来制约了产品换代升级。

（五）产业链较短，利润低

我国造纸企业，一般就是制浆与造纸的综合体，很少有企业拥有自己的林业基地，未形成从原木到纸制品的全产业链，虽然造纸工业的生产量和消费量都在大幅上升，但是由于产业链短，受制于上下游原料/产品的波动和变化，大大挤压了企业利润。甚至出现销售收入上涨，但利润却下降的现象。

（六）核心技术与欧美发达国家还有较大差距，装备制造业亟待发展

我国的造纸装备制造虽然有了一些进步，但和欧美发达国家相比，还有较大差距，尤其是大型核心设备的自主研发水平和投入不足，未能实现国产化。

（七）以成本要素大规模、高强度的投入已经难以为继

新中国成立以来，我国造纸行业投入连年增加，2016年纸及纸板生产企业的总资产已超过万亿元。造纸行业为了响应国家环境保护、节能减排、治理污染的号召，不断进行技术改造和装备水平提升，淘汰不符合国家环保要求和技术落后的设备，不断加大投入，进行原料平衡和产能扩张。但是，造纸行业已经进入产品生命周期的成熟期，成本要素的投入不仅不能提高行业在国民经济中所占比例，提升地位，还给企业带来了沉重的负担，造成了利润的下滑。

五、我国造纸行业展望

（一）我国造纸的国际地位继续提升

我国造纸产量从2009年起已经连续12年位居全球第一。2009年开始，我国纸及纸板生产量保持稳定增长，占全球比例在23%以上，2020年我国纸张产量再度大幅增长，达到11260万t，占全球造纸产量的比例超过28%；我国纸及纸板的消费量自2009年以后，也一直保持在23%~25%的水平。在纸浆消费市场，我国更是消费大国。从2012年开始，即占据了全球50%的纸浆消费市场。作为全球造纸行业最大的生产和消费市场，中国造纸产业在全球地位稳固提升。

（二）造纸行业中远期目标

《造纸行业"十四五"及中长期高质量发展纲要》中提出了"十四五"的发展目标，具体包括如下5个方面：

1. 调整原料结构

原料供求矛盾突出，木片、纸浆、纸张的对外依存度还将逐年增高，在充分利用国外纸浆、林木资源，实现林纸产业链优势互补的同时，需强化原料结构的调整。林纸一体化工程建设将成为一项持续不断的持久性工作，是行业未来的发展方向。

补齐产业链、供应链短板，继续充分利用有限的资源，加大对林业"三剩物"、制糖工业废甘蔗渣、农业秸秆、湿地芦苇和回收废纸等废弃物的利用，降低造纸纤维原料对外依存度过高的风险，保障产业安全。

2. 优化企业结构

大中小企业专业化分工，引导大宗产品生产专业化、规模化，引导中小造纸企业向专、精、特、新方向发展；提高产能集中度，提升企业规模效益；主动淘汰落后产能，持续技术改造，持续对产能进行优化提升，保持产能技术水平和竞争力处于国际先进水平。

3. 坚持节能减排

造纸行业要加大投资节能改造，最大限度实现资源化，确保达峰后碳排放逐步降低；巩固减排成果，保持污染物低排放水平。

4. 提升品质品种

以精益生产助推产业升级，提升行业地位和行业形象；主动引领多元化消费市场需求，形成高、精、特、差异化、个性化的产品结构。

5. 明确阶段目标

按照《中华人民共和国国民经济和社会发展第十四个五年规划和2035年远景目标纲要》，到2035年人均国内生产总值达到中等发达国家水平，到2035年实现经济总量或人均收入翻一番的目标，预计到2035年国内纸及纸板需求量将达到1.9亿t。如果兼顾2030年国家碳达峰目标，纸及纸板产能增长可能被迫受到抑制，因此2035年纸及纸板国内生产量应控制在1.7亿t以内，年均增长约2.5%。

（1）2025年发展目标

全国纸及纸板总产量达到1.4亿t（年人均消费量达到100kg）；原生纸浆产量3000万t；纸制品产量9000万t；单位产品浆耗、能耗、水耗、污染物排放量保持国际先进水平；产品结构继续调整，产品品质持续提高、品种不断丰富。

（2）2035年发展目标

全国纸及纸板总产量达到1.7亿t（年人均消费量达到120kg以上）；原生纸浆比例30%以上；纸制品产量1.2亿t；力争生物质能源利用占能源消耗35%以上；热电联产比例达到90%以上；单位产品浆耗、水耗、能耗、污染物排放量达到国际领先水平。

第二节　发展规划及造纸产业政策

发展规划及造纸产业政策，在编写企业中长期规划、确定企业发展方向、以及进行项目的新建或者改扩建等方面，都具有指导性和前瞻性的意义。国家和地方各级发展规划和造纸产业政策，是编写可研报告、项目申请报告等前期报告的重要依据。

《轻工业建设项目可行性研究报告编制内容深度规定》提出，可行性研究报告的编制要有"产业政策、行业发展规划、地区发展规划"的依据。

《项目申请报告通用文本》将"拟建项目与国民经济和社会发展总体规划、主体功能区规划、专项规划、区域规划等相关规划衔接和协调情况，拟建项目的产业政策、技术标准和行业准入分析"作为重要内容，放入报告第一章。

一、发展规划

（一）造纸行业相关发展规划的重要性

造纸行业相关规划，包括发展规划、专项规划、区域规划和空间规划等，涉及国家及地方各个层面。造纸行业任何项目的提出，必须符合国家和地方各级政府各种规划针对造纸行业提出的具体要求，比如国民经济规划、专项规划和行业规划等。

（二）国民经济和社会发展总体规划

发展规划，尤其是国民经济和社会发展总体规划，集中展现了国家及地方各级政府对国内外经济社会发展环境、未来发展趋势的分析和研判，并提出经济社会发展的指导方针、主要目标、战略意图、工作重点及引导方向。如我国颁布的《中华人民共和国国民经济和社会发展第十四个五年规划和2035年远景目标纲要》，主要阐明国家战略意图，明确政府工作重点，引导规范市场主体行为，是我国开启全面建设社会主义现代化国家新征程的宏伟蓝图，是全国各族人民共同的行动纲领，是最高层级的规划，其他各级规划都要遵循这一规划的规定并结合各自情况进行制定。

造纸行业作为国计民生的重点基础行业，国家和地方各级国民经济和社会发展总体规划，针对造纸行业提出目标和要求，为造纸行业的未来发展指明了方向。从近年来国家发布的国民经济和社会发展规划中与造纸行业相关内容看，"十二五"的工作重点是推进重点产业结构调整，推进林纸一体化建设；"十三五"是推动传统产业升级改造，实施制造业重大技术改造升级工程；"十四五"则是推动制造业优化升级，改造提升传统产业，加快化工、造纸等重点行业企业改造升级，完善绿色制造体系。

2020年年末和2021年年初，三十余个省市级政府围绕《中华人民共和国国民经济和社会发展第十四个五年规划和2035年远景目标纲要》，制定了本地的"十四五"规划和2035年远景目标，都强调了加快制造业绿色改造升级，全面推进重点行业清洁生产，促进全产业链和产品全生命周期绿色发展，构建绿色制造体系。

表1-1分别列出了近年国家层面的和部分有代表性的省市层面的国民经济和社会发展规划。

表1-1　　　　　　　　　　近年发布的国民经济和社会发展规划

序号	发布时间	规划名称	造纸行业相关内容
一、国家层面国民经济和社会发展规划			
1	2011年3月	《中华人民共和国国民经济和社会发展第十二个五年规划纲要》	改造提升制造业，推进重点产业结构调整，继续推进林纸一体化工程建设； 实施主要污染物排放总量控制。加强造纸、印染、化工、制革、规模化畜禽养殖等行业污染治理
2	2016年3月	《中华人民共和国国民经济和社会发展第十三个五年规划纲要》	推动传统产业改造升级，实施制造业重大技术改造升级工程，支持企业瞄准国际同行业标杆全面提高产品技术、工艺装备、能效环保等水平，实现重点领域向中高端的群体性突破
3	2020年3月	《中华人民共和国国民经济和社会发展第十四个五年规划和2035年远景目标纲要》	推动制造业优化升级，改造提升传统产业，扩大轻工、纺织等优质产品供给，加快化工、造纸等重点行业企业改造升级，完善绿色制造体系
二、部分省市层面的国民经济和社会发展规划			
1	2020年12月	《广东省国民经济和社会发展第十四个五年规划和2035年远景目标纲要》	推动纺织服装、塑料、皮革、日化、五金、家具、造纸、工艺美术等行业创新发展模式，培育全国乃至国际知名品牌； 推动废旧物资循环利用，全面推进垃圾分类和减量化、资源化、无害化，建设"无废城市""无废湾区"

续表

序号	发布时间	规划名称	造纸行业相关内容
2	2020年12月	《山东省国民经济和社会发展第十四个五年规划和2035年远景目标纲要》	优化提升传统产业，做优做精纺织服装、食品、造纸、建材、家具制造等经典产业，占据全国产业链中高端优势位置； 加快推进绿色制造，完善循环经济产业链，大力发展再制造业
3	2020年12月	《广西壮族自治区国民经济和社会发展第十四个五年规划和2035年远景目标纲要》	实施产业基础再造和全产业链提升工程； 加快制糖、航械、有色企属、冶金、建材、造纸和木材加工、茧丝绸等传统产业向智能化、高端化转型升级； 进一步做大做强千亿元产业，打造先进装备制造、绿色新材料等万亿元产业集群
		……	

（三）和轻工造纸相关的行业发展规划

国家针对一些重点行业发布行业规划。造纸行业相关规划发布时间、发布部门和主要内容见表1-2。

表1-2 近年来发布的造纸行业规划

发布时间	发布部门	行业规划名称	主要内容
2001年8月	国家经贸委	《造纸工业"十五"规划》	到"十五"末，使造纸工业现有规模小、技术落后、污染严重的状况得到较大改善，促进原料结构和产品结构趋于合理，推进重点企业实现大型化和生产现代化，使环境污染基本得到控制，造纸工业整体素质得到较大提高，基本实现制浆造纸生产技术现代化和行业可持续发展
2007年8月	中国造纸协会	《中国造纸协会关于造纸工业"十一五"发展的意见》	实施专项规划，优化原料结构；加大企业重组力度，优化企业组织结构；提高产品质量，优化产品结构；合理区域布局，协调行业发展；鼓励自主创新，提高技术与装备水平；加大污染治理，保护生态环境
2011年12月	国家发改委、工信部、国家林业局	《造纸工业发展"十二五"规划》	加强政策扶持，推进林纸发展；鼓励自主研发，发展国产装备；完善激励政策，推进节能减排；增加废纸回用，引导绿色消费；加大支持力度，促进境外投资；加大投资力度，开拓融资渠道
2016年7月	工信部	《轻工业发展规划（2016—2020年）》	推动造纸工业向节能、环保、绿色方向发展。加强造纸纤维原料高效利用技术，高速纸机自动化控制集成技术，清洁生产和资源综合利用技术的研发及应用。 重点发展白度适当的文化用纸、未漂白的生活用纸、高档包装用纸和高技术含量的特种纸，增加纸及纸制品的功能、品种和质量。 充分利用开发国内外资源，加大国内废纸回收体系建设，提高资源利用效率，降低原料对外依赖过高的风险
2021年12月	中国造纸协会	《造纸行业"十四五"及中长期高质量发展纲要》	以"加快结构调整，提高发展质量，推进产业升级，坚持创新驱动，促进绿色发展，维护公平竞争"为指导思想，以"调整原料结构、优化企业结构、坚持节能减排、提升品质品种、明确阶段目标"为发展目标，实现高质量发展

续表

发布时间	发布部门	行业规划名称	主要内容
2021年7月	中国轻工业联合会	《轻工业"十四五"高质量发展指导意见》	"十四五"期间,自行车、家电、家具等12大轻工行业实现高端化发展,造纸、电池、食品等20大轻工行业实现领头式发展,钟表、眼镜、日化等10个轻工行业实现突破性发展

（四）区域规划

国家针对重点区域制定了区域规划。旨在新形势下,推进各重点区域充分利用自身优势,加快经济发展,增强我国综合实力,提高国际竞争力,并辐射和带动周边区域的协调发展。表1-3是我国近年发布的与造纸行业相关的区域规划。

表1-3　　　　　　　　我国近年发布的与造纸行业相关的区域规划

发布时间	发布部门	行业规划名称	主要内容
2008年12月	国家发展和改革委员会	《珠江三角洲地区改革发展规划纲要（2008—2020年）》	改造提升优势传统产业,做优造纸等优势传统产业,增强整体竞争力; 推动产业链条向高附加值的两端延伸。加大研发投入,强化工艺设计,提高技术装备水平,大力发展环保、节能、高附加值产品,推动优势传统产业向品牌效益型转变; 加快优势传统产业组织结构调整,打造一批具有知名品牌的龙头企业; 提高产业准入门槛,促进资源型低端产业逐步退出,淘汰落后产业和落后生产能力
2009年12月		《黄河三角洲高效生态经济区发展规划》	严格控制污染,提升纺织、造纸工业技术含量和产品附加值,建设全国重要的轻纺工业基地。……因地制宜推进林浆纸一体化,积极发展生态造纸
2013年3月		《全国老工业基地调整改造规划（2013—2022年）》	积极推进节能减排,加快淘汰造纸等行业的落后产能; 全面实施主要污染物排放总量控制制度,大力推行清洁生产。以造纸等行业为重点,加大污水深度处理力度
2016年10月		《关于贯彻落实区域发展战略促进区域协调发展的指导意见》	加强区域合作互动,推进区域协同发展。推动京津冀、长三角、珠三角不断扩大协同合作领域和范围,促进环渤海地区合作发展,推动东北地区新一轮振兴,深化泛珠三角、泛长三角区域合作,提升合作层次和水平。支持成渝、中原、长江中游、关中—天水、北部湾等中西部重点经济区结合贯彻国家战略规划,加快一体化发展进程
2019年1月	生态环境部、国家发展和改革委员会	《长江保护修复攻坚战行动计划》	制定造纸、焦化、氮肥、有色金属、印染、农副食品加工、原料药制造、制革、农药、电镀等十大重点行业专项治理方案,推动工业企业全面达标排放,深入推进排污许可证制度。2020年年底前,完成覆盖所有固定污染源的排污许可证核发工作
……			

（五）专项规划

"十四五"期间,绿色发展将贯穿始终。"十三五"时期起,相关部门开始发布关于工业绿色发展的规划，就能效提升、清洁生产、资源综合利用等方面，提出了建议，"十四五"期间，更是提出了整体工作安排，以期为2030年碳达峰奠定基础。与造纸有关的专项规划见表1-4。

表1-4　　　　　　　　　　　　　　与造纸有关的专项规划

发布时间	发布部门	规划名称	主要内容
2016年7月	工业和信息化部	《关于印发工业绿色发展规划（2016—2020年）的通知》	大力推进能效提升，造纸行业实施纸机高效成形、高效双盘磨浆机等技术改造； 　扎实推进清洁生产，大幅减少污染排放，围绕造纸等高耗水行业，大力推进节水技术改造； 　加强资源综合利用，鼓励造纸行业利用林业废物及农作物秸秆等制浆； 　提升科技支撑能力，造纸行业研发高速造纸机智能化控制设备、非木浆黑液高浓度提取及蒸发工艺；实施绿色制造+互联网，造纸等行业继续普及和完善能源管控中心建设； 　积极开展国际交流合作，造纸等行业注重以循环经济模式进行合作
2021年11月	工业和信息化部	《"十四五"工业绿色发展规划》	提出"聚焦1个行动、构建2大体系、推动6个转型、实施8大工程"的整体工作安排。 　到2025年，工业产业结构、生产方式绿色低碳转型取得显著成效，绿色低碳技术装备广泛应用，能源资源利用效率大幅提高，绿色制造水平全面提升，为2030年工业领域碳达峰奠定坚实基础

（六）城市规划

主要指项目建设的地点是否符合城市的规划和布局，是否符合该地点今后的发展方向。2021年是"十四五"第一年，根据国家和地方"十四五规划"，很多城市也在重新考量今后的发展重点和方向，城市的布局也面临重新规划。项目的建设务必密切注意项目所在地城市规划的新变化和新趋势，及时把握发展机会。

二、造纸产业政策

根据国民经济发展规划、专项规划和行业规划提出的原则和要求，制定行业政策和产业政策，以引导和规范行业的健康发展。

2007年，国家发展和改革委员会颁布的《造纸产业发展政策》提出：

（1）坚持科学发展观

发展我国造纸产业，必须坚持循环发展、环境保护、技术创新、结构调整和对外开放的基本原则，坚决贯彻落实科学发展观和走新型工业化道路的要求；进一步完善市场环境，加大自主创新，转变发展模式，加快企业重组，加大环境整治力度；促进林纸一体化建设；以企业为核心，以市场为导向，提高制浆造纸装备国产化水平；更好体现造纸产业循环经济的特点，推进清洁生产，节约资源，关闭落后草浆生产线，减少污染，贯彻可持续发展方针；全面构建装备先进、生产清洁、发展协调、增长持续、循环节约、竞争有序的现代造纸产业，进一步适应国民经济发展的要求和世界经济一体化的形势。

（2）充分利用国内外两种资源

提高木浆比重、扩大废纸回收利用、合理利用非木浆，逐步形成以木纤维、废纸为主、非木纤维为辅的造纸原料结构。

(3) 加快推进林纸一体化工程建设

大力发展木浆,鼓励利用木材采伐剩余物、木材加工剩余物、进口木材和木片等生产木浆,合理进口国外木浆。

(4) 鼓励企业采用先进节能技术

改造、淘汰能耗高的技术与装备,充分发挥制浆造纸适宜热电联产的有利条件,提高能源综合利用效率。

(5) 大力推进清洁生产工艺技术

实行清洁生产审核制度,要以水污染治理为重点,采用封闭循环用水、白水回用、中段水处理及回收、废气焚烧回收热能、废渣燃料化处理等"场内"环境保护技术与手段,加大废水、废气和废渣的综合治理力度。要采用先进成熟废水多级生化处理技术、烟气多电场静电除尘技术、废渣资源化处理技术,减少"三废"的排放。

三、造纸行业准入标准

项目的提出和建设,必须符合国家和地方相关规划、行业政策和产业政策,并达到行业的准入标准。造纸行业的准入标准,在产品品种、规模和生产工艺方面都作出了明确的规定,并随着市场环境和行业发展的变化,及时进行调整。

根据前述的 2007 年 10 月国家发改委《造纸产业发展政策》内容,新建、扩建制浆项目的年产量起始规模:化学机械浆 10 万 t,化学木浆 30 万 t;新建或扩建箱纸板、白纸板、新闻纸项目 30 万 t,文化用纸 10 万 t。

《国家产业结构调整指导目录(2019年本)》提出鼓励类:单条化学木浆 30 万 t/年及以上、化学机械木浆 10 万 t/年及以上、化学竹浆 10 万 t/年及以上的林纸一体化生产线及相应配套的纸及纸板生产线(新闻纸、铜版纸除外)建设;采用清洁生产工艺、以非木纤维为原料、单条 10 万 t/年及以上的纸浆生产线建设;先进制浆、造纸设备开发与制造;无元素氯(ECF)和全无氯(TCF)化学纸浆漂白工艺开发及应用。

四、环保及其他相关政策

环保问题一直伴随着造纸行业的发展,针对造纸行业发展中出现的问题,国务院、国家发改委、生态环境部、工信部等部门,陆续出台相关政策,来规定并约束造纸工业的清洁生产、污染物排放、污染治理及循环利用、废弃物处理,大力推动造纸行业的绿色发展。随着国家环保政策的越来越严苛,造纸行业在环保方面的投入持续加大,生产过程越来越规范,在一定程度上改变了造纸行业长期以来的公众印象。我国近年颁布的造纸行业相关环保政策及主要内容见表1-5。

表1-5　　　　　　　　　造纸行业相关环保政策及主要内容

发布时间	发布部门	政策名称	相关内容
2005年3月	国务院	《关于加快发展循环经济的若干意见》	大力推进节约降耗;全面推行清洁生产,从源头减少废物的产生,实现由末端治理向污染预防和生产全过程控制转变;大力开展资源综合利用,最大程度实现废物资源化和再生资源回收利用;大力发展环保产业,注重开发减量化、再利用和资源化技术与装备,为资源高效利用、循环利用和减少废物排放提供技术保障

续表

发布时间	发布部门	政策名称	相关内容
2008年4月	生态环境部	《造纸行业建设竣工环境保护验收规范》	规定了造纸工业建设项目竣工环境保护验收技术工作范围的确定、执行标准选择的原则;工程及污染治理、排放分析要点;验收监测布点、采样、分析方法、质量控制及质量保证、监测结果评价的技术要求;验收调查主要内容及方案、报告编制的技术要求
2008年6月	生态环境部	《制浆造纸工业水污染物排放标准》	调整了标准指标体系,增加了控制排放的污染物项目,提高了污染物排放浓度限值;规定了污染物排放监测要求和水污染物基准排放量;将可吸附有机卤素指标调整为强制执行项目
2013年11月	生态环境部	《关于进一步加强造纸和印染行业总量减排核查核算工作的通知》	通知要求,各地要加强造纸、印染行业建设项目环境管理,落实主要污染物排放总量控制要求,把污染物排放总量指标和特征污染物达标排放作为环评审批和排污许可证管理的前置条件。新建、改建、扩建的造纸和印染项目均需有明确的总量指标及来源。督促造纸、印染企业建设废水深度处理设施,实施工艺技术改造,稳定达标排放等八项内容
2013年12月	生态环境部	《造纸行业木材制浆工艺污染防治可行技术指南(试行)》等三项指导性技术文件	《造纸行业木材制浆工艺污染防治可行技术指南(试行)》《造纸行业非木材制浆工艺污染防治可行技术指南(试行)》《造纸行业废纸制浆及造纸工艺污染防治可行技术指南(试行)》等三项技术文件由环保部科技标准局提出并组织制定。均以当前技术发展和应用状况为依据,可分别作为木材制浆、非木材制浆、废纸制浆及造纸污染防治工作的参考技术资料
2015年4月	国务院办公厅	《水污染防治行动计划》	全部取缔不符合国家产业政策的小型造纸等严重污染水环境的生产项目,2017年底前,造纸行业力争完成纸浆无元素氯漂白改造或采取其他低污染制浆技术
2016年7月	工业和信息化部	《关于印发工业绿色发展规划(2016—2020年)的通知》	大力推进能效提升,造纸行业实施纸机高效成形、高效双盘磨浆机等技术改造; 扎实推进清洁生产,大幅减少污染排放,围绕造纸等高耗水行业,大力推进节水技术改造; 加强资源综合利用,鼓励造纸行业利用林业废物及农作物秸秆等制浆; 提升科技支撑能力,造纸行业研发高速造纸机智能化控制设备、非木浆黑液高浓度提取及蒸发工艺; 实施绿色制造+互联网,造纸等行业继续普及和完善能源管控中心建设; 积极开展国际交流合作,造纸等行业注重以循环经济模式进行合作
2016年11月	国务院办公厅	《控制污染物排放许可制实施方案》	按行业分步实现对固定污染源的全覆盖,率先对火电、造纸行业企业核发排污许可证
2017年1月	国务院	《"十三五"节能减排综合性工作方案》	强化节能环保标准约束,对电力、钢铁、建材、…、造纸等行业中,环保、能耗、安全等不达标或生产、使用淘汰类产品的企业和产能,要依法依规有序退出;钢铁、水泥、造纸等重点行业,升级改造环保设施,确保稳定达标

续表

发布时间	发布部门	政策名称	相关内容
2017年1月	工业和信息化部 商务部 科技部	《关于加快推进再生资源产业发展的指导意见》	提升废纸分拣加工自动化水平和标准化程度,推广废纸回收利用率和高值化利用水平。推动废纸利用过程中的废弃物资源化利用和无害化处理,降低废纸加工利用工程中的环境影响。到2020年,国内废纸回收利用规模达到5500万t,国内废纸回收利用率达到50%
2017年8月	生态环境部	《造纸工业污染防治技术政策》	从生产过程污染防控、污染治理及综合利用、二次污染防治和鼓励研发的新技术四个方面对造纸行业污染防治工作进行指导
2018年1月	第十二届全国人民代表大会常务委员会第二十五次会议	《中华人民共和国环境保护税法》	将倒逼造纸企业降低固体废弃物的产生,促使造纸企业采用清洁的废纸原料进行制浆
2018年1月	环境保护部	《关于印发制浆造纸等十四个行业建设项目重大变动清单的通知》	适用于制浆、造纸、浆纸联合(含林浆纸一体化)以及纸制品建设项目环境影响评价管理。木浆或非木浆生产能力增加20%及以上;废纸制浆或造纸生产能力增加30%及以上
2018年1月	环境保护部	《制浆造纸工业污染防治可行技术指南》	规定了制浆造纸工业废水、废气、固体废物和噪声污染防治可行技术。适用于制浆造纸工业污染物排放许可管理,可作为建设项目环境影响评价、国家污染物排放标准的制定与实施、制浆造纸工业企业污染防治技术选择的依据
2018年6月	国务院办公厅	《关于全面加强生态环境保护坚决打好污染防治攻坚战的意见》	在能源、冶金、建材、有色、化工、电镀、造纸、印染、农副产品加工等行业,全面推进清洁生产改造或清洁化改造
2020年1月	国家发展和改革委员会、生态环境部	《关于进一步加强塑料污染治理的意见》	提出要有序禁止、限制部分塑料制品的生产、销售和使用,积极推广替代产品,规范塑料废弃物回收利用,建立健全塑料制品生产、流通、使用、回收处置等环节的管理制度
2020年12月	生态环境部	《火电、水泥和造纸行业排污单位自动监测数据标记规则(试行)》	本规则规定了火电、水泥和造纸行业排污单位根据生产设施、污染治理设施和自动监控系统运行情况,如实标记生产设施及污染治理设施工况、自动监测异常的规则
2020年11月	生态环境部、商务部、国家发展和改革委员会、海关总署	《关于全面禁止进口固体废物有关事项的公告》	2021年1月1日起禁止以任何方式进口固体废物,造纸原料"废纸=再生纤维"也包含在内
2021年1月	国家发展和改革委员会	《关于推进污水资源化利用的指导意见》	重点围绕火电、石化、钢铁、有色、造纸、印染等高耗水行业,组织开展企业内部废水利用,创建一批工业废水循环利用示范企业、园区,通过典型示范带动企业用水效率提升
2021年2月	国务院办公厅	《关于加快建立健全绿色低碳循环发展经济体系的指导意见》	加快实施钢铁、石化、化工、有色、建材、造纸、皮革等行业绿色化改造,推行产品绿色设计,建设绿色制造体系

续表

发布时间	发布部门	政策名称	相关内容
2021年3月	国家发展和改革委员会	《关于加快推动制造服务业高质量发展的意见》	开展绿色产业示范基地建设,搭建绿色发展促进平台,培育一批具有自主知识产权和专业化服务能力的市场主体,推动提高钢铁、石化、化工、有色、建材、纺织、造纸、皮革等行业绿色化水平
2021年9月	生态环境部	《"十四五"全国危险废物规范化环境管理评估工作方案》	落实企业主体责任,推动政府和部门落实监管责任,建立分级负责评估机制
2021年9月	国家发展和改革委员会、生态环境部	《"十四五"塑料污染治理行动方案》	积极推动塑料生产和使用源头减量;加快推进塑料废弃物规范回收利用和处置;大力开展重点区域塑料垃圾清理整治。 科学稳妥推广塑料替代产品,充分考虑竹木制品、纸制品、可降解塑料制品等全生命周期资源环境影响,完善相关产品的质量和食品安全标准

对造纸行业来说,越来越严格的环保要求,一方面是挑战,另一方面,也给造纸行业带来了发展机遇。如"禁废"令的实施,倒逼企业对现有原料进行挖潜,调整原料结构,并为企业的长远发展考虑,在国内外布局,充分利用国内国外资源,向上下游延伸产业链,"禁塑"政策的发布,"以纸代塑"一定时期内都将成为造纸行业的一个新的发展增长点。前提是要能生产出符合食品安全标准和质量要求的产品。这就要求发挥创新能力,专注技术研发,及时跟进市场变化,以需求为导向,开发出差别化、专业化的产品,功能上满足用户需要而不过分地发展功能,既能有效降低成本,又能满足用户需求。

第三节　行业标准和规范

制浆造纸行业标准和规范主要涉及生产、环保、设计、项目、装置等各方面。制浆造纸厂工程设计当中,需要严格遵守国家、部门、行业的相关标准和规范,确保在工艺、安全、环保等各方面达到相关要求。

表1-6　　　　造纸行业主要标准和规范

类别	标准或规范名称	标准号	主管部门
生产类	《制浆造纸行业清洁生产评价指标体系》		国家发改委/环保部/工信部
	《清洁生产标准　造纸工业》(漂白化学烧碱法麦草浆生产工艺)	HJ/T 339—2006	环境保护部
	《清洁生产标准　造纸工业》(硫酸盐化学木浆生产工艺)	HJ/T 340—2006	
	《清洁生产标准　造纸工业》(漂白碱法蔗渣浆生产工艺)	HJ/T 317—2006	
	《清洁生产标准　造纸工业》(废纸制浆)	HJ/T 468—2006	
	《排污单位自行监测技术指南　造纸工业》	HJ 821—2006	
	《取水定额　第5部分:造纸产品》	GB/T 18916.5—2012	国家标准化管理委员会

续表

类别	标准或规范名称	标准号	主管部门
环保类	《大气污染物综合排放标准》	GB 16797—1996	环境保护部
	《恶臭污染物排放标准》	GB 14554—93	
	《制浆造纸工业水污染物排放标准》	GB 3544—2008	
	《制浆造纸工业污染防治可行技术指南》	HJ 2302—2018	
	《污染源源强核算技术指南 制浆造纸》	HJ 887—2018	
	《造纸及纸制品卫生防护距离 第1部分:纸浆制造业》	GB 11654.1—2012	卫生健康委员会
咨询设计类	《轻工业建设项目可行性研究报告编制内容深度规定》	QBJ S5—2005	国家发展和改革委员会
	《轻工业建设项目初步设计编制内容深度规定》	QBJ S6—2005	
	《轻工业工程设计概算编制方法》	QBJ S10—2005	
	《轻工业建设项目施工图设计编制内容深度规定》	QBJS34—2005	
	《制浆造纸厂设计规范》	GB 51092—2015	
项目类	《建设项目竣工环境保护验收技术规范 造纸工业》	HJ/T 408—2007	环境保护部
装置类	《碱回收锅炉》	GB/T 36514—2018	市场监督管理局

同时制浆造纸厂工程设计需要满足项目建设地的地方标准要求。一些省份的环境保护类标准，见表1-7。

表1-7 一些省份的地方标准

序号	出台省份	标准名称	标准编号
1	四川	《四川省岷江、沱江流域水污染物排放标准》	DB 51/2311—2016
2	广东	《汾江河流域水污染物排放标准》	DB 44/1366—2014
3	湖北	《湖北省汉江中下游流域污水综合排放标准》	DB 42/1318—2017
4	河北	《大清河流域水污染物排放标准》	DB 13/2795—2018
5	河南	《河南省黄河流域水污染物排放标准》	DB 41/2087—2021
6	福建	《制浆造纸工业水污染物排放标准》	DB 35/1310—2013
7	山东	《流域水污染物综合排放标准 第1部分:南四湖东平湖流域》	DB 37/3416.1—2018
8	山东	《流域水污染物综合排放标准 第2部分:沂沭河流域》	DB 37/3416.2—2018
9	山东	《流域水污染物综合排放标准 第3部分:小清河流域》	DB 37/3416.3—2018
10	山东	《流域水污染物综合排放标准 第4部分:海河流域》	DB 37/3416.4—2018
11	山东	《流域水污染物综合排放标准 第5部分:半岛流域》	DB 37/3416.5—2018

一、咨询设计文件编制内容深度的规定

项目前期、建设期的各类咨询设计文件内容包括：可行性研究报告、初步设计、概算、施工图设计，对每部分编制内容的深度都有明确规定，遵守轻工行业标准，由国家发改委批准实施。咨询设计单位在编制过程中要严格遵守规定的章节、内容、深度、图纸目录、顺序等。咨询设计文件编制参照的主要标准如表1-8所示。

表 1-8　　　　　　　　　　轻工行业标准编号、名称及实施日期

序号	标准编号	标准名称	代替标准	实施日期
1	QBJS 10—2005	《轻工业工程设计概算编制办法》	QBJS 10—1993	2006—05—01
2	QBJS 5—2005	《轻工业建设项目可行性研究报告编制内容深度规定》	QBJS 5—1992	2006—05—01
3	QBJS 6—2005	《轻工业建设项目初步设计编制内容深度规定》	QBJS 6—1991	2006—05—01
4	QBJS 34—2005	《轻工业建设项目施工图设计编制内容深度规定》	QBJS 34—1993	2006—05—01

以《QBJS 34—2005 轻工业建设项目施工图设计编制内容深度规定》为例，标准里详细明确了总图、工艺、建筑、结构、给水排水、自动控制测量仪表、供电、采暖通风、热能动力等各专业的设计文件组成和目录，对设计、施工说明、设计图样等都提出了明确的标准要求。

二、制浆造纸厂设计规范

QBJ 101—88《制浆造纸厂设计规范》最早由中华人民共和国轻工业部批准，轻工业部设计院、轻工业部上海轻工设计院主编，自 1988 年 10 月 1 日起在全国试行。规范共分总则、工艺、总平面布置、建筑、结构、电力、热力、给水排水、采暖通风、自动控制仪表装置等十章。规范适用于以木材及草类纤维中的荻苇、麦、稻、甘蔗渣为原料，制成机械浆、硫酸盐法或烧碱法化学浆，以长网造纸机生产新闻纸、书写印刷纸或纸袋纸，生产规模为年产 1 万 t 以上的制浆造纸厂新建、扩建工程设计。使用其他原料、其他制浆方法，生产其他纸种的造纸厂新建、扩建工程设计也应参照使用。

1991 年 12 月作为 QBJ 101—88 的一部分，完成了《QB 6001—91 制浆造纸厂设计规范（碱回收工艺部分）》的编制。

根据住房和城乡建设部《关于印发 2009 年〈工程建设标准规范制定、修订计划〉（建标〔2009〕88 号）的通知》的要求，由中国海诚工程科技股份有限公司会同有关单位编制新的《GB 51092—2015 制浆造纸厂设计规范》，并于 2015 年 3 月由住建部发布。规范的制定主要是为了在制浆造纸厂设计中，贯彻执行国家有关法律、法规、方针、政策，合理利用资源、节约能源、保护环境、节省工程投资、缩短工程建设周期，做到技术先进、经济合理、清洁生产、运行安全可靠。规范适用于新建、改建、扩建、技术改造，采用木材、非木材、废纸为原料的制浆造纸厂的工程设计。规范共分 14 章和 6 个附录，主要技术内容为：总则术语、工艺、厂址与总体规划、热能动力、总平面与运输、电气系统、自控仪表、建筑、结构、给水排水、采暖通风与空气调节、清洁生产、节能减排和环境保护、职业安全卫生等。规范中以黑体字标志的条文为强制性条文，必须严格执行。

三、制浆造纸工业污染防治可行技术指南

为贯彻《中华人民共和国环境保护法》《中华人民共和国水污染防治法》和《中华人民共和国大气污染防治法》等法律的规定，落实《国务院办公厅关于印发控制污染物排放许可制实施方案的通知》（国办发〔2016〕81 号）要求，建立健全基于排放标准的可行技术体系，防治环境污染，改善环境质量，推动制浆造纸工业污染防治技术进步，由环境保护部科技标准司组织制定《HJ 2302—2018 制浆造纸工业污染防治可行技术指南》。

该标准规定了制浆造纸工业废水、废气、固体废物和噪声污染防治可行技术。标准适用于制浆造纸工业污染物排放许可管理，可作为建设项目环境影响评价、国家污染物排放标准

的制定与实施、制浆造纸工业企业污染防治技术选择的依据。不适用于制浆造纸工业企业的自备热电站和工业锅炉。标准定义了化学法制浆、化学机械法制浆、废纸制浆、机制纸及纸板四大类的生产工艺及产污环节，并分别针对这四类生产工艺，提出了污染预防技术、污染治理技术、污染防治可行技术。分别对废水、废气、固体废物提出了污染治理技术和污染防治可行技术。

四、制浆造纸行业清洁生产评价指标体系

为贯彻《中华人民共和国环境保护法》和《中华人民共和国清洁生产促进法》，指导和推动制浆造纸企业依法实施清洁生产，提高资源利用率，减少或避免污染物的产生，保护和改善环境，由国家发展和改革委员会、环境保护部会同工业和信息化部联合发布《制浆造纸行业清洁生产评价指标体系》。

本指标体系依据综合评价所得分值将清洁生产等级划分为三级：Ⅰ级为国际清洁生产领先水平；Ⅱ级为国内清洁生产先进水平；Ⅲ级为国内清洁生产基本水平。

本指标体系规定了制浆造纸企业清洁生产的一般要求，将清洁生产指标分为6类，即生产工艺及设备要求、资源和能源消耗指标、资源综合利用指标、污染物产生指标、产品特征指标和清洁生产管理指标。

该指标体系适用于制浆造纸企业的清洁生产评价工作，不适用本体系未涉及的纸浆、纸及纸板的清洁生产评价。指标体系定义了清洁生产，即不断采取改进设计、使用清洁的能源和原料、采用先进的工艺技术与设备、改善管理、综合利用等措施，从源头消减污染，提高资源利用率，减少或者避免生产、服务和产品使用过程中污染物的产生和排放，以减轻或者消除对人类健康和环境的危害。评价指标体系根据清洁生产的原则要求和指标的可度量性，进行指标选取。根据评价指标的性质，可分为定量指标和定性指标两种。定量指标选取了有代表性的、能反应"节能""降耗""减污"和"增效"等有关清洁生产最终目标的指标，综合考评企业实施清洁生产的状况和企业清洁生产程度。定性指标根据国家有关推行清洁生产的产业发展和技术进步政策、资源环境保护政策规定以及行业发展规划选取，用于考核企业对有关政策法规的符合性及其清洁生产工作实施情况。

第四节 制浆造纸工程咨询特点、原则与作用

一、工程咨询

工程咨询，通常是为了管理服务，特别是为了管理中的决策服务，是科学化、民主化决策的基础和依据，是主要的决策支持体系，在决策的各个阶段、各个环节，都发挥着重要的作用。

现代工程咨询遵循独立、公正、科学原则，综合运用多学科知识、工程实践经验、现代科学管理方法，在经济社会发展、生态建设与环境保护、资源开发与有效利用以及各类投资建设项目决策与实施活动中，为投资者和政府部门提供阶段性或全过程咨询和管理的智力服务。现代工程咨询具有综合性、系统性和跨学科、多专业等特点。因此，现代工程咨询方法是融合工程、技术、经济、管理、财务和法律等专业知识和分析方法，在工程咨询领域综合运用的方法体系。

根据国家发改委 2005 年颁布的《工程咨询单位资格认定办法》，我国工程咨询单位资格服务范围包括以下 8 项内容：

① 规划咨询。含行业、专项和区域发展规划编制、咨询；

② 编制项目建议书。含项目投资机会研究、预可行性研究；

③ 编制项目可行性研究报告、项目申请报告和资金申请报告；

④ 评估咨询。含项目建议书、可行性研究报告、项目申请报告与初步设计评估，以及项目后评价、概预决算审查等；

⑤ 工程设计；

⑥ 招标代理；

⑦ 工程监理、设备监理；

⑧ 工程项目管理 含工程项目的全过程或若干阶段的管理服务。

工程咨询工作贯穿项目实施的全过程：项目前期阶段、项目准备阶段、项目实施阶段、项目运营阶段。2017 年 2 月，国务院办公厅《关于促进建筑业持续健康发展的意见》（国办发〔2017〕19 号），明确提出在完善工程建设组织模式方面要培育全过程工程咨询，引起了行业的普遍关注。

二、造纸行业工程咨询

（一）进入造纸行业的壁垒

造纸行业属于技术密集、资金密集、受资源和环保制约的行业。进入造纸行业有以下壁垒。

1. 准入壁垒

造纸业是我国经济发展基础工业之一，为提高我国造纸业整体水平，国家制定了一系列准入门槛，提高先进产能比例，优化产品结构，引导行业健康发展。我国《造纸工业发展"十二五"规划》中规定要严格造纸行业准入条件。同时，在国家《产业结构调整指导目录》里，进一步明确了淘汰落后、低效产能的标准，提高鼓励类项目建设的门槛。"十二五"期间，我国继续实行产业退出机制，调整和明确淘汰标准，量化淘汰指标，加大了淘汰力度。

《中国造纸协会关于造纸工业"十三五"发展的意见》中提出，"十三五"期间制浆造纸项目的建设要贯彻适度经济规模的要求，发挥规模效益。例如：新建化学木浆，单条生产线 30 万 t/年及以上；化学机械木浆，单条生产线 10 万 t/年及以上；箱板纸，单条生产线 30 万 t/年及以上。

严格的行业准入条件和较高的规模经济起点排斥小型企业的进入，形成了较高的行业壁垒。

2. 资金壁垒

造纸业属于资金密集型产业，取得建设用地，建设厂房、购买设备及环保排污系统等前期建设投入较大，资金起点较高。同时造纸行业具有明显的规模效应，大型专用造纸机产能及效率与小型生产设备差异较大，规模生产可以满足大规模订单需求，稳定产品质量，降低生产成本，但规模生产需要大量的资金投入。另外造纸业属于原料加工型行业，废纸、木材等原料需求量较大，大规模采购商对上游原材料供应者具有较强的议价能力，行业新进入者将面临较高的资金壁垒。

3. 环保壁垒

造纸业是国家环境保护领域重点关注的产业之一，因造纸过程中会产生废水等污染源，在国家当前大力治理环境的政策实施下，面临更加严格的准入门槛。《中华人民共和国环境保护法》《GB 1629—1996 大气污染物综合排放标准》《GB 3544—2008 制浆造纸工业水污染物排放标准》《HJ 2302—2018 制浆造纸工业污染防治可行技术指南》等相关政策出台后，进一步加大了对造纸企业的环境保护要求，造纸企业势必将在环保方面投入更多的资金，企业的成本将会进一步增加，新进入的造纸项目在投产建设时必须配套完善高标准的环保设备，对新进入者形成了一定的壁垒。

4. 技术壁垒

国民经济的发展带动了市场需求的多元化，消费者对纸及纸制品的质量、工艺、性能等需求越来越高，企业只有具备一定的技术积累及研发水平才能在越加激烈的市场竞争中不断开发出符合下游客户需求的新产品，保持行业先进性并赢得市场利润。另一方面生产工艺等技术的不断改进和更新，能够提高原材料利用率，稳定产品质量，从而降低生产成本，而新进入企业缺乏必要的技术积累，对新产品研发水平有限，进入行业具有较大难度。

因此制浆造纸工程的建设，需要咨询人员从政策、市场、资源（原料、水、能源等）、环保、技术、经济等多方位，运用充足的知识、技能、经验、信息，为建设工程提供高水平高质量的咨询服务。

（二）项目前期咨询

制浆造纸项目现阶段最重要的三个前期咨询报告：

1. 可行性研究报告

可行性研究是通过对项目的主要内容和配套条件、市场需求、资源供应、建设规模、工艺路线、设备选型、环境影响、投资融资等，从技术、经济、工程等多方面进行调查研究和分析比较，并对项目建成以后可能取得的财务、经济效益及社会、环境影响进行预测，从而提出项目是否值得投资和如何进行建设的分析评价意见。

制浆造纸项目重点应研究分析制浆造纸行业准入、产品市场、工艺路线、厂址选择、环境保护等内容在技术、工程、经济等方面的多方案比选，为决策者提出全方位的依据。

2. 环境影响报告（环评）

环境影响报告书，是指环境影响评价过程与内容的书面表现形式。由环境影响评价单位完成并提交，从保护环境的目的出发，对建设项目进行可行性研究，听取各方面意见，通过综合评价，论证和选择最佳方案，使之达到布局合理、环境污染与破坏的可能性最小，环境影响报告是上述一系列活动所取得的资料与结果及其他相关资料如实记录、反映出来的建设项目的程序性与实体性相结合的文件，简称"环评"。

制浆造纸项目重点从水污染物（COD）、大气污染物（氮氧化物、二氧化硫、烟尘）、固废污染物、噪声等方面论证对项目所在地的环境影响和解决方法。

3. 节能评估报告（能评）

节能评估报告是指通过对建设项目分析，核算该项目的各种能源的消费结构和消费量，核算主要用能设备的能源利用状况，分析各种节能降耗措施的效果，核算该项目单位产品和单位产值能源效率指标和经济指标，评价该项目的用能合理性和先进性的一种评价方法。简称"能评"。

为加强固定资产投资项目节能管理，促进科学合理利用能源，从源头上杜绝能源浪费，提高能源利用效率，依据《中华人民共和国节约能源法》和《国务院关于加强节能工作的决定》（国发〔2006〕28号），为加强固定资产投资项目节能管理，2010年制定《固定资产投资项目节能评估和审查暂行办法》并发布实施。固定资产投资项目节能评估按照项目建成投产后年能源消费量实行分类管理。

制浆造纸项目具有高耗能的特点，应重点从能源消耗、能源供应、节能措施等方面进行多方论证。

（三）项目准备阶段咨询

项目准备阶段的咨询服务包括：工程勘察、工程设计、融资咨询、工程和货物采购咨询、招标代理等内容。其中工程设计体量最大，贯穿于项目实施的各个阶段。

工程设计又分初步设计和施工图设计。

1. 初步设计

初步设计工作应遵循国家规定的建设程序，遵守国家的法律、法规和规章，执行国家和地方颁布的工程建设标准。需要特别说明适用的设计规范和标准，应在其相应专业的设计依据中列举。

初步设计应贯彻执行国家的建设方针和产业政策；结合投资方（建设方）要求，合理确定设计标准；做到技术先进、经济合理、安全适用；合理利用资源、节约用地、节约能源、节约用水、保护环境和维护公共利益，使项目能达到预期的经济效益和社会效益。

初步设计应积极开发、采用和推广新技术。采用的新技术必须经过试验、试用和鉴定或经生产实践证明是成熟可靠的。有关资源利用、环境保护、消防、劳动安全、工业卫生、节能节水、计量、抗震等方面的设计内容，除必须贯彻执行国家有关标准、法规外，还应遵守工程所在地区的有关标准、规定。

技术复杂的项目在编制初步设计过程中，可根据需要，将重要技术问题的设计方案（多方案比选后的优化方案）报有关方面（含投资方）进行中间审查，必要时应在初步设计文件中附有该重要技术问题的方案比选及说明。技术改造项目设计拟利用工厂原有工程设施和公用工程系统的，应注意对原有设施的评价和新、旧设施之间的相互衔接。

初步设计文件一般由说明书、图样（含表格）、总概算书（另册）组成。设计文件应满足以下工作的要求：

① 主要设备和材料的订货准备。对个别需要试制的设备或部件，应提出委托设计或试制的技术要求。

② 概算工程造价，控制项目总投资。

③ 确定劳动定员指标。

④ 各有关部门对初步设计的审核。

⑤ 编制施工图设计。

初步设计文件由各专业章节和若干综合章节组成。各专业章节，如总平面布置及运输、工艺、自动控制测量仪表、建筑、结构、给水排水、供电、信息化、热能动力、采暖通风与空气调节等；综合章节，如计量、环境保护与综合利用、节能与节水、消防、劳动安全、工业卫生等。各章的设计依据及基础资料，凡总论中已阐述的内容可从略。综合章节的编写应汇总各专业的设计要点，按照有关部门的规定和审核要求统一编写。未列入本规定的某些配套工程，如煤气发生站、水厂、窑炉、供油站、厂外管线工程（如引入供热、油、汽、气等）、计算机控制中心、技术开发中心等工程内容，有国家专业部门规定的，应按其规定立专章叙述，没有特别规定的，参照《QBJS 6—2005 轻工业建设项目初步设计编制内容深度规定》相应章节专章叙述。

设计文件格式、表示方法应执行有关技术标准、规范。所用的符号、代号和图形表示方法应符合标准。各种术语除采用国家、行业的规定外，对尚无统一规定的则应采用专业的惯用术语或给予自定义。设计文件文字说明应简洁明了，图面应整齐清晰。设计内容较多的项目，文字说明部分也可分册编写。

2. 施工图设计

施工图设计必须根据审核的初步设计（某些特殊情况为方案设计）编制，并按初步设计所列的单项工程、车间、工段的规模和建设标准等进行设计，如有重大变化，应取得初步设计的原审核机关或授权的部门核准。

施工图设计必须执行现行的有关建设工程的法律、法规、规章和国家、行业及地方的设计标准、规范。

施工图设计内容深度应能满足以下要求：a. 编制工程预算或工程量清单；b. 安排材料和设备的订货、采购；c. 非标准设备的委托设计和制造；d. 进行工程施工、安装。

施工图设计应因地制宜，在确保安全的前提下，充分考虑施工、安装的经济合理性，积极推广和准确选用国家、行业及地方的标准图、通用图等符合相关规范的图纸；设备、管道的设计应符合国家有关抗震标准的规定；施工安装中与设计直接相关的安全措施，应在有关设计说明中列出。

施工图设计以子项（车间、工段、系统）为单元，分专业（工种）编制，子项的名称在项目内必须统一。设计文件的组成一般应包括：设计文件目录、设计说明、设计图样（含表格）、计算书等。各专业的计算书（若需要，经施工图审查后）作为技术文件内部归档，不予外发。

对于环境保护、消防、劳动安全、工业卫生、节能节水、抗震以及其他与工程所在地区相关的设计要求，应遵照初步设计（某些特殊情况为方案设计）审核意见，在施工图设计过程中予以具体贯彻实施。

各类图样和文件采用的图例、符号、代号、术语、专业名词和计量单位等，应符合国家、行业现行的标准、规定，并在设计说明中或在图样的首页或在图样的显著位置上标注其含义，说明其代表的内容，以便于采购、施工和安装。国家、行业尚未规定的，可使用专业及企业惯用词语或符号，但必须做到本项目内统一和方便识别，不致产生误解、混淆。

施工图设计应内容完整、计算准确；文字说明简洁明了；图形表达清楚、比例适当；图样必须经过校审，主要图样要会签。

《GB 51092—2015 制浆造纸厂设计规范》作为制浆造纸项目施工图设计的重要依据，对施工图设计当中的工艺、总图、建筑、结构、给排水、采暖通风、电气、仪表控制等各专业作出了约束性规定。并从清洁生产、节能减排、环境保护和职业安全卫生各方面作出了要求。

（四）项目实施阶段咨询

项目实施阶段的咨询主要包括合同管理、工程监理、设备监理、竣工验收等。

（五）项目运营阶段咨询

项目运营阶段咨询主要包括项目后评价、工程项目管理。

随着全过程工程咨询的提出和发展，项目实施阶段和项目运营阶段的咨询活动日益增多。对工程公司、咨询单位提出了更高的要求，也提供了更多的发展机遇。

2012年，原建设部设计司司长吴奕良在《纵论中国工程勘察设计咨询业的发展道路》一书中，曾就如何组织全过程工程咨询服务做过介绍：所谓全过程服务是指总体服务功能但并不是要求每一个企业都做到"大而全""小而全"的全过程功能服务。大型骨干企业可组成集咨询、规划、勘察、设计、研发、设备采购、项目管理、施工管理、建设监理、试车生产、考核验收、融资、培训、诊断评价等诸多功能的大型集团型工程公司，从事工程建设项目全过程、各个阶段的技术性、管理型服务；而一般的中小型工程勘察企业可以依据自身的条件和能力，为工程建设全过程中的几个阶段或某一个阶段提供不同层面的技术性或管理性服务。这样，可形成工程咨询业从不同的层次构建起为工程建设提供全过程、多功能、全方位、多层次、广范围、宽领域的服务体系。

参 考 文 献

[1] 中国造纸协会，中国造纸学会，中国制浆造纸研究院，中国中轻国际工程有限公司. 中国造纸工业六十年（1949—2009）[J]. 中国造纸增刊，2009.

[2] 全国咨询工程师（投资）职业资格考试参考教材编写委员会. 宏观经济政策与发展规划[M]. 北京：中国统计出版社，2021.

[3] 中国造纸学会. 中国造纸年鉴[M]. 北京：中国轻工业出版社，2021年.

[4] 中国造纸协会. 中国造纸工业年度报告[R]. 历年.

[5] 中国制浆造纸研究院有限公司，中国造纸杂志社. 中国造纸产业竞争力报告[R]：2020.

[6] 中国造纸协会. 造纸行业"十四五"及中长期高质量发展纲要[R]. 2021（内部资料）.

[7] 前瞻产业研究院，中国造纸行业政策汇总及解读[OL]，https：//www. qianzhan. com/analyst/detail/220/210421-4b92202a. html.

[8] 全国注册咨询工程师（投资）资格考试参考教材编写委员会. 工程咨询概论[M]. 北京：中国计划出版社，2008.

[9] 住房和城乡建设部. GB 51092—2015 制浆造纸厂设计规范[S]. 北京：中国标准出版社，2015.

[10] 国家发展和改革委员会. QBJS 5—2005 轻工业建设项目可行性研究报告编制内容深度规定[S]. 北京：中国轻工业出版社，2005.

[11] 国家发展和改革委员会. QBJS 6—2005 轻工业建设项目初步设计编制内容深度规定[S]. 北京：中国轻工业出版社，2005.

[12] 国家发展和改革委员会. QBJS 10—2005 轻工业工程设计概算编制方法[S]. 北京：中国轻工业出版社，2005.

[13] 国家发展和改革委员会. QBJS 34—2005 轻工业建设项目施工图设计编制内容深度规定[S]. 北京：中国轻工业出版社，2005.

[14] 发改委/环境保护部/工业和信息化部. 制浆造纸行业清洁生产评价指标体系[S]. 2015.

[15] 环境保护部. HJ 2302—2018 制浆造纸工业污染防治可行技术指南[S]. 北京：中国环境科学出版社，2018.

[16] 环境保护部. GB 3544—2008 制浆造纸工业水污染物排放标准[S]. 北京：中国环境科学出版社，2018.

习　　题

[目标1]　工程与社会

1. 新中国成立后，我国制浆造纸行业经历了70余年的发展，已取得令世界瞩目的成绩，但各阶段发展很不均衡。请结合国民经济的发展阶段，总结并分析影响我国制浆造纸行业发展的主要因素。

2. 我国制浆造纸行业近年虽然取得一定发展，但在发展中存在不少问题。请分别列出，并就其中某一问题进行深入探讨，并提出你的解决方案。

3. 环保问题一直伴随着制浆造纸行业的发展，而制浆造纸行业一直与我们的生活息息相关。近年来国家出台了一系列与造纸行业相关的环保政策，请列出已经影响到了你日常生活的政策，并写出你对这些政策的看法。

[目标2]　环境和可持续发展

4. 我国各层面制浆造纸行业相关规划，随着我国经济的发展有所变化。请比较近二十年我国制浆造纸行业相关规划的变化，并据此分析我国制浆造纸行业的发展方向。

5. 我国造纸行业准入标准，随着经济的发展，日趋严格的环保要求也在发生变化，请列出变化的因素，并分析产生这些变化的原因。

6. 2020年11月，生态环境部、商务部、国家发展和改革委员会、海关总署联合颁布了《关于全面禁止进口固体废物有关事项的公告》，请概括其具体内容，并分析其对我国制浆造纸行业产生的影响。

7. 2020年1月，国家发展改革委、生态环境部颁布了《关于进一步加强塑料污染治理的意见》，请概括其具体内容，并分析其对我国制浆造纸行业产生的影响。

【本章思政案例】

序号	案例名称	案例教学目标	案例内容
1	制浆造纸行业数据收集整理	培养学生形成良好的数据整理、市场分析的能力	从事制浆造纸行业的相关工作，要对造纸行业的发展方向进行研判和预测，都离不开对造纸行业的数据整理和分析。制浆造纸产能、产量、消费量、浆纸产品的价格等，都需要长时间进行跟踪、整理、分析，以研究整个行业的整体发展趋势，其中某一领域或者具体产品的发展方向。对相关企业的发展方向具有指导作用
2	制浆造纸行业相关规划的变化	培养学生发现问题、分析问题的能力	新中国成立后，制浆造纸行业相关的各个层面规划，一直指导着制浆造纸行业的发展，且随着制浆造纸行业的发展，一直在调整变化。这些规划从国家、地方、行业、区域等各个层次、各个方面，对制浆造纸行业提出要求。从这些规划的变化中，分析出我国制浆造纸行业将来的发展方向
3	"以纸代塑"对制浆造纸行业的影响	培养学生观察生活、发现问题、分析问题、解决问题的能力，并且对资源循环利用身体力行的精神	"以纸代塑"政策对日常生活的影响：塑料袋使用减少，纸包装的使用越来越广泛；塑料吸管被纸吸管替代；外卖餐盒中纸餐盒越来越多…… 对制浆造纸行业的影响： 纸包装行业加速投入，产能和产量快速提高；"代塑"产品的研制开发；下游产业的拓展……

第二章 工程项目建设决策

【本章学习目标】

学习本章内容可以提高学习者对工程与社会、工程实践对环境和可持续发展的影响、工程管理等的认知。具体包括:

[目标1] 工程与社会:能够基于制浆造纸工程相关背景知识进行合理分析,评价制浆造纸工程实践和复杂工程问题解决方案对社会、健康、安全、法律以及文化的影响,并理解应承担的责任;

[目标2] 环境和可持续发展:能够理解和评价针对复杂工程问题的制浆造纸工程实践对环境、社会可持续发展的影响;

[目标3] 项目管理:理解并掌握工程管理原理与经济决策方法,并能在多学科环境中应用。

第一节 工 程 项 目

一、工程项目及其分类

(一) 工程项目及其特征

项目(Project)是为创造独特产品、提供独特服务、达到独特成果而进行的临时性工作。安排一次演出活动、开发一种新产品、设计一个计算机系统、新建一家造纸厂等都可以称为项目。

工程项目是以工程建设为载体的项目,是需要一定的投资,按照一定程序,在一定时间内完成,应符合质量要求的,以形成固定资产为目标的特定性任务。

一般来说,工程项目具有以下特征:

① 工程项目具有明确的建设目标。项目实施具有明确的目标,项目建成后,可以提供某种期望的产品或服务,并满足特定的经济目标和社会目标。

② 工程项目具有资源约束性。项目的实施具有资源约束性,项目实施过程中需要耗用人、财、物等大量资源,资源的可获得性、价格与质量影响项目的决策以及目标的实现。

③ 工程项目实施具有一次性。项目的实施具有一次性,项目从立项、建设到投产,结果往往是不可逆的,因此前期的调研、可行性研究、环境评价、安全评价等工作至关重要,越早发现潜在的风险,越有可能将损失减少到最小。

④ 工程项目具有系统性。工程项目是一个系统工程,内部存在众多子系统,各个子系统之间功能各异,但相互协作,有明确的组织联系。

(二) 工程项目分类

根据不同的分类标准,可以将工程项目分为不同的类型。

1. 根据项目内容

根据建设项目的内容将其分为工业投资项目和非工业投资项目。工业投资包括钢铁、石油化工、煤炭、机械、轻工、纺织等门类的项目，非工业项目包括农业、水利、铁路、公路、邮政、电信等门类的项目。

2. 根据项目用途

按投资建设的用途可以划分为生产性建设项目和非生产性建设项目。生产性建设项目是指直接用于物质生产或为满足物质生产需要，能够形成新的生产能力的工程建设项目，如工业建设项目、运输工程项目、农田水利项目、能源项目等，即用于物质产品生产的建设项目。非生产性建设项目是指能够满足人们物质文化生活需要的项目，如住宅、文教、卫生和公共事业建设项目等。非生产性建设项目又可分为经营性项目和非经营性项目。

3. 根据建设性质

按照建设性质，可以将工程项目分为新建、扩建、改建、迁建、恢复。新建项目属于从零开始；扩建项目是在原有基础上扩大产品生产能力或增加新产品生产能力；改建项目是为提高生产效率，对原有生产设备或工程进行改造的项目；迁建项目是将原有生产设施搬迁至新地址的项目；恢复是指由于自热灾害、战争等因素使原有生产设备损毁，以后又投资按照原有规模恢复的项目。

4. 根据项目规模

按国家相关标准规定，基本建设项目按照项目规模可划分为大型、中型、小型项目三类。技术改造项目可分为限额以上项目以及限额以下项目。项目的大中小型规模区分一般是按照项目的建设总规模或总投资来确定的。习惯上将大型和中型项目合称为大中型项目。基本建设项目大中小型划分标准，是国家规定的，按总投资划分的项目，能源、交通、原材料工业项目投资5000万元以上，其它项目3000万元以上的为大中型项目，在此标准以下的为小型项目。

5. 根据资金来源

根据资金来源，工程项目可以分为国家预算拨款项目、银行贷款项目、企业联合投资项目、企业自筹项目、利用外资项目和外商投资项目等。

（三）造纸工业的特点

造纸工业是技术密集型产业，体现在跨领域、多学科，包含多个技术领域或交叉学科，涉及植物化学、微生物学、流体力学、电子和计算机、热力学、数学、材料科学、化学工程、机械和自动化、环境科学、甚至工艺美术等。现代化的造纸设备体现了高技术含量、高度自动化、超高制造精度和材料要求，并正在向信息化、数据化、智能化方向发展，实现高速运转条件下高可靠性和产品质量性能，同时还要满足节能环保、降低成本的要求。

造纸工业产业链长、涉及面广。造纸生产以木材加工剩余物、竹、芦苇、麻类、农业秸秆等原生植物纤维和废纸等再生纤维为原料，上游产业广泛涉及农业、林业、化工、机械制造、电子仪器、能源电力、环保、贸易物流等领域；造纸产品应用下游产业包含文化传播、印刷出版、生活居住、卫生护理、商务办公、贸易物流、交通运输、教育培训、产品包装、装潢、工农业技术、科研国防等多个方面。造纸工业既是为文化生活提供消费材料的工业，也是为制造业提供基础原材料的制造业，还是为工农业、技术、科技、国防提供功能性材料的工业；既是产品的供应者，也是社会经济链条上不可缺少的重要一环。

造纸工业具有资金技术密集和规模效益十分显著的特点，对纤维原料的依赖性高。造纸项目的投资巨大、回收期长、经济效益受外部环境影响明显；造纸项目施工周期长、施工环节多、设备和技术比较复杂；造纸纤维原料价格变动大，市场难以预测，经济效益的核算难度大。另外，虽然我国造纸行业整体技术装备水平大幅度提升，污染防治措施日趋完善，但我国造纸工业污染问题在社会上的负面影响长期以来未能全面扭转，企业工程建设从提出之日起，就会备受社会关注，环保问题可能要在一个较长的时期伴随着造纸工业的发展。

目前，随着以资源、能源、环境等要素为支撑的潜在经济增长空间大幅下降，单纯依靠规模扩张带来的增长已不可持续，行业面临着诸多问题：a. 部分产品产能结构性和阶段性过剩；b. 产品同质化现象严重；c. 差别化、功能化能力欠缺；d. 原料对外依存度不断提高；e. 技术创新能力不强；f. 中小企业数量偏多；g. 资源利用效率不高；h. 环境治理能力尚需提高等。

面对原料、环保、能源、投融资等政策不断严苛的环境，造纸行业的天然绿色属性未得到充分体现，需在发展中充分发挥好行业的绿色优势，争取得到全社会广泛认同。同时加快提高行业生物质能源应用比例，尽早在生物质能应用方式变革和理论及技术上实现突破，支撑进一步节能减碳，否则，行业降低碳排放可能不得不依靠以政策性措施约束行业产能发展来实现。

因此，在进行制浆造纸项目的投资决策时，要充分考虑到造纸工业的特点和面临的现实问题。

二、工程项目生命周期

项目作为一种创造独特产品与服务的一次性活动是有始有终的，项目从始到终的整个过程构成了一个项目的生命周期。一个组织在完成一个项目时会将项目划分成一系列的项目阶段，以便更好地管理和控制，更好地将组织的日常运作与项目管理结合在一起，项目的各个阶段放在一起就构成了一个项目的生命周期。项目生命周期是指一个投资项目从提出项目设想、立项、决策、开发、建设、施工到竣工验收、开始生产活动和总结评价的整个过程，一般不包括正常运营和撤除阶段。虽然每个项目所处的社会、经济、技术、体制和政治等外部环境与内部结构不相同，但大多数项目都经历一个由产生、发展和终结的循序发展的生命周期。

（一）工程项目建设周期的阶段划分

项目是分阶段完成的一项独特性的任务，通常，工程项目建设周期可划分为四个阶段：工程项目决策阶段、工程项目准备阶段、工程项目施工阶段和工程项目运营（使用）阶段。有时将工程项目准备阶段和施工阶段合并，将工程项目建设周期可划分为三个阶段：工程项目决策阶段、工程项目实施阶段和工程项目运营阶段。这些阶段是相互联系并遵循一定的逻辑程序不断发展的渐进过程，每个阶段的工作又相互衔接、相互制约，上一阶段的工作是下一阶段工作的先导和基础，下一阶段的工作是上一阶段工作的延续、深入和发展，项目最后阶段工作的结束又导致产生新的项目设想和选定的开始，从而使项目周期的内容不断更新。

1. 工程项目决策阶段

此阶段的主要目标是对工程项目投资的可能性、必要性、可行性等重大问题，进行科学论证和多方案比较。该阶段工作量不大，但却十分重要，是投资者最为重视的，因为它对工程项目的长远经济效益和战略方向起着决定性的作用。为保证工程项目决策的科学性、客观性，可行性研究和项目评估工作可委托高水平的咨询公司独立进行，可行性研究和项目评估应由不同的咨询公司来完成。

工程项目决策阶段的主要工作包括：投资机会研究、初步可行性研究、详细可行性研究、项目评估及决策。

① 投资机会研究。机会研究（Opportunity Study）也称投资机会论证，是对投资的方向提出建议，即在一个确定的地区或部门内，根据自然资源、市场需求、国家产业政策和国际贸易情况，通过调查、预测和分析研究，选择建设项目，寻找最有利的投资机会。投资机会研究可分为一般投资机会研究和具体项目投资机会研究。研究重点是分析投资环境、鉴别投资方向和选择建设项目，是进行可行性研究之前的准备性调查研究。

② 初步可行性研究。初步可行性研究又称为预可行性研究，是可行性研究的前期活动，是通过进一步收集材料对机会研究所提出的投资项目的前景作出进一步分析判断的过程，初步可行性研究结果决定着是否继续进行详细可行性研究。

③ 详细可行性研究。详细可行性研究又称为技术经济可行性研究，是在通过初步可行性研究认为基本可行的基础上，对项目各方面材料进行全面的搜集、掌握，以此对项目的技术、经济、社会和环境等方面进行综合考察分析，对项目建成后提供的生产能力、产品质量、成本、费用、价格及收益情况进行科学的预测，为决策提供依据。经过可行性研究后，对项目建设的必要性和可行性做出科学的结论，形成可行性研究报告。

④ 项目评估及决策。项目评估及决策是投资决策部门组织和授权有关咨询公司或专家，代表项目业主和出资人对建设项目可行性研究报告进行全面的审核和再评价。其主要任务是对拟建项目的可行性研究报告提出评价意见，判断该项目是否可行，确定最佳投资方案。项目评估是项目投资前期进行决策管理的重要环节，其目的是审查项目可行性研究的可靠性、真实性和客观性，从项目（或企业）、国民经济、社会角度出发，对拟建项目建设的必要性、建设条件、生产条件、产品市场需求、工程技术、经济效益和社会效益等进行评价、分析、论证和判断，写出项目评估报告，为有关部门决策提供科学依据。

2. 工程项目准备阶段

此阶段是战略决策的具体化，在很大程度上决定了工程项目实施的成败及能否高效率地达到预期目标。主要工作包括：a. 工程项目征地及建设条件的准备；b. 工程项目的初步设计和施工图设计；c. 设备、工程招标及承包商的选定；d. 签订承包合同等。

① 勘察过程。对于复杂工程分为初步勘察和详细勘察两个阶段，为设计提供实际依据。

② 工程设计过程。一般划分为两个阶段，即初步设计阶段和施工图设计阶段，对于大型复杂项目，可根据不同行业的特点和需要，在初步设计阶段之后增加技术设计阶段。

③ 建设准备阶段。主要内容包括：a. 建项目法人、征地、拆迁、"三通一平"乃至"七通一平"；b. 组织材料、设备订货；c. 办理建设工程质量监督手续；d. 委托工程监理；e. 准备必要的施工图纸；f. 组织施工招投标，择优选定施工单位；g. 办理施工许可证等。

3. 工程项目施工阶段

此阶段的主要任务是将"蓝图"变成工程项目实体，实现投资决策意图。在这个阶段，通过施工，在规定的范围、工期、费用、质量内，按设计要求高效率地实现工程项目目标。本阶段在工程项目建设周期中工作量最大，投入的人力、物力和财力最多，工程项目管理的难度也最大。此阶段的主要工作包括：工程项目施工、联动试车、试生产、竣工验收等。工程项目试生产正常并经业主验收后，工程项目施工阶段即告结束。

4. 工程项目运营（使用）阶段

该阶段的工作不同于上述三个阶段，主要工作由业主方自行完成或者成立专门的项目公司承担。运营是指通过开展持续的活动生产规定产品或提供服务的一种组织职能，工程项目运营管理与项目管理存在着本质的差别，工程项目运营一般不包括在工程项目管理的范畴内，但在工程项目管理的全过程中必须考虑到运营问题，因为工程项目管理的成果最终是为项目运营服务的。

从工程项目管理的角度看，在项目运营期间，主要工作包括工程的保修、回访、相关后续服务、项目后评价等。项目后评价是指对已经完成的项目的目的、执行过程、效益、作用和影响所进行的系统的、客观的分析，一般在项目竣工验收后 2~3 年内进行。它通过对项目实施过程、结果及其影响进行调查研究和全面系统回顾，与项目决策时确定的预期目标以及技术、经济、环境、社会等相关指标进行对比，找出差别和变化，分析原因，总结经验，吸取教训，得到启示，提出对策建议，通过信息反馈，改善投资管理和决策，达到提高投资效益的目的。

（二）工程项目生命周期的特点

工程项目生命周期具有以下共同的特点：

① 大多数工程项目建设周期有相同的人力和费用投入模式，当工程项目开始时投入比较少，在向后发展过程中需要越来越多，而当工程项目接近结束时又迅速减少。

② 在工程项目开始时，项目成功的概率是最低的，而风险和不确定性是最高的。随着项目逐步地向前发展，项目成功的可能性也越来越高。

③ 在工程项目开始阶段，项目涉及人员的能力对项目产品的最终特征和最终成本的影响力是最大的，随着项目的进行，这种影响力逐渐削弱，主要是由于随着项目的逐步发展，投入的成本在不断增加，而出现的错误也不断得以纠正。

三、工程项目建设程序

工程项目建设程序是指工程项目从策划、评估、决策、设计、施工、竣工验收到投入生产或交付使用的整个建设过程中，各项工作必须遵循的先后工作顺序、内在规律和组织制度，它是人们长期在工程项目建设实践中得到的经验总结，是建设工程项目科学决策和顺利进行的重要保证。工程项目建设程序通常是有关行政部门或主管单位按项目建设客观规律、项目周期各阶段的内在联系和特点，对工程项目投资建设的步骤、时序和工作深度等提出的管理要求。工程项目建设程序由客观规律性程序和主观调控性程序构成。客观规律性程序是指由工程项目投资建设内在联系所决定的先后顺序，例如，先勘察、后设计，先设计、后施工，先竣工验收、后投产运营等。主观调控性程序是指有关行政管理部门按其调控意愿和职能分工制定的管理程序，例如，政府投资项目先评估、后决策，先审批、后建设等，这些程序具有行政强制约束作用，项目单位不得绕过或逃避管理程序违规建设。

为了顺利完成工程项目的投资建设，通常要把每一个工程项目划分成若干个工作阶段，以便更好地进行管理。根据项目生命周期，一般把工程项目建设分为四个阶段：工程项目建设决策阶段、工程项目建设准备阶段、工程项目建设施工阶段和工程项目建设运营阶段。每一个阶段又由若干工作阶段组成，以一个或数个可交付成果作为其完成的标志。可交付成果是某种有形的、可以核对的工作成果，一般使用该可交付成果的名称命名该工作阶段，作为项目进展的里程碑。可交付成果及其对应的各工作阶段组成了一个逻辑序列，最终形成了工程项目成果。

（一）工程项目建设决策阶段

也称工程项目的前期工作阶段，该阶段的主要成果有项目建议书、可行性研究报告或项目申请报告（对企业投资建设应报政府核准的项目而言），而项目立项是该阶段的重要标志。此外，在该阶段还要根据政府的相关法律法规要求编报环境影响评价报告、安全预评价报告、节能评估报告和社会稳定风险评估报告等。

1. 项目建议书

对于政府投资工程项目，编报项目建议书是项目建设最初阶段的工作。其主要作用是为了推荐建设项目，以便在一个确定的地区或部门内，以自然资源和市场预测为基础，选择建设项目。项目建议书按要求编制完成后，应根据建设规模和限额划分分别报送有关部门审批。项目建议书经批准后，可进行可行性研究工作，但批准的项目建议书不是项目的最终决策。

2. 可行性研究报告

可行性研究报告是在前一阶段的项目建议书获得审批通过的基础上，对项目市场、技术、财务、工程、经济和环境等方面进行精确、系统、完备的分析，完成包括市场和销售、规模和产品、厂址、原辅料供应、工艺技术、设备选择、人员组织、实施计划、投资与成本、效益及风险等的计算、论证和评价，选定最佳方案，为决策者和主管机关审批的上报文件。可行性研究报告是在招商引资、投资合作、政府立项、银行贷款等领域常用的专业文档。若没有特殊要求，可行性研究报告可用于代替项目建议书、项目申请报告、资金申请报告。

3. 我国制浆造纸项目的立项管理

立项特指建设性项目已经获得政府投资计划主管机关的行政许可，可以进入项目实施阶段。我国现阶段投资项目立项管理方式分为审批、核准和备案三种，每个项目只适用其中一种方式。根据2004年《国务院关于投资体制改革的决定》，政府投资项目和非政府投资项目立项管理方式不同，政府投资项目实行审批制，非政府投资项目实行核准制或备案制。

审批是指政府机关或授权单位，根据法律、法规、行政规章及有关文件，对相对人从事某种行为、申请某种权利或资格等进行具有限制性管理的行为。核准是指政府机关或授权单位，根据法律、法规、行政规章及有关文件，对相对人从事某种行为、申请某种权利或资格等，依法进行确认的行为。备案是指相对人按照法律、法规、行政规章及相关性文件等规定，向主管部门报告制定的或完成的事项的行为。

审批制针对使用政府投资建设的项目，对于采用直接投资和资本金注入方式的政府投资项目，政府需要从投资决策的角度审批项目建议书和可行性研究报告，除特殊情况外不再审批开工报告，同时还要严格审批其初步设计和概算；对于采用投资补助、转贷和贷款贴息方式的政府投资项目，则只审批资金申请报告。

对于企业不使用政府资金投资建设的项目，一律不再实行审批制，区别不同情况实行核准制或备案制。项目的市场前景、经济效益、资金来源和产品技术方案等均由企业自主决策、自担风险，并依法办理环境保护、土地使用、资源利用、安全生产、城市规划等许可手续和减免税确认手续。核准制针对企业不使用政府性资金投资建设的重大和限制类固定资产投资项目。企业投资建设《政府核准的投资项目目录》中的项目时，仅需向政府提交项目申请报告，不再经过批准项目建议书、可行性研究报告和开工报告的程序。备案制针对《政府核准的投资项目目录》以外的企业投资项目，除国家另有规定外，由企业按照属地原则向地方政府投资主管部门备案。

简单来说，适用审批制和核准制的项目都有上级发改委部门制定的参照目录，这两种参照目录之外的项目都施行备案制。

2004年国家投资体制改革后，政府对制浆造纸行业投资项目不再实行审批制，而是区别不同情况实行核准制和备案制。企业投资建设制浆造纸项目，通常根据投资额、投资企业性质、资金来源、项目规模来划分立项管理的形式及权限。

外商投资建设制浆造纸项目，有中方控股（含相对控股）要求的总投资（含增资）3亿美元以上（含3亿美元）及3亿美元以下的鼓励类项目，分别由国家发展和改革委员会、地方政府（省、自治区、直辖市及计划单列市等省级政府投资主管部门）核准方式立项。

国内企业投资建设造纸项目采用备案的方式立项。根据2013年《国务院关于取消和下放一批行政审批项目等事项的决定》（国发〔2013〕19号）文件规定，取消"企业投资纸浆项目核准"，改为备案，也就是说，对国内企业投资的所有制浆、造纸或制浆造纸综合项目均采用备案制。

根据不同情况，对境外投资项目分别实行核准和备案管理。中方投资额10亿美元及以上的境外投资项目，由国家发展改革委员会核准。中央管理企业实施的境外投资项目、地方企业实施的中方投资额3亿美元及以上境外投资项目，由国家发展和改革委员会备案；地方企业实施的中方投资额3亿美元以下境外投资项目，由省级政府投资主管部门备案。

2013年12月2日，国务院发布了《关于发布政府核准的投资项目目录（2013年本）的通知》（国发〔2013〕47号），明确指出企业投资建设本目录内的固定资产投资项目须按照规定报送有关项目核准机关核准，企业投资建设本目录外的项目实行备案管理。法律、行政法规和国家制定的发展规划、产业政策、总量控制目标、技术政策、准入标准、用地政策、环保政策、信贷政策等是企业开展项目前期工作的重要依据，是项目核准机关和国土资源、环境保护、城乡规划、行业管理等部门以及金融机构对项目进行审查的依据。对取消的投资审批项目，国土资源、环保、安全生产监管等有关部门要切实履行职责，加强监管，投资主管部门通过备案发现不符合国家有关规划和产业政策要求的投资项目，要通知有关部门和机构，在职责范围内依法采取措施，予以制止。针对制浆造纸项目耗能大、环境影响面广、公众关注度高等特点，制浆造纸项目在立项时要做好环评审核、用地审查、节能评估、安全评价等工作，以获得立项通过。

（二）工程项目建设准备阶段

1. 工程设计

工程设计一般划分为两个阶段，即初步设计和施工图设计。

初步设计是在可行性研究之后进行的，是为了进一步认证项目的技术和经济上的可行与合理，并基本确定设计方案，是工程建设项目的宏观设计，包括总体设计、布局设计、工艺流程设计、设备选型和安装设计、土建工程量、投资概算等，应满足编制施工招标文件、主要设备材料订货和编制施工图设计文件的需要。初步设计文件由设计说明书、设计图纸、主要设备及材料表和工程概算书四部分内容组成。

施工图设计是根据已批准的初步设计而编制的可供进行施工和安装的设计文件。施工图设计内容以图纸为主，应包括封面、图纸目录、设计说明、图纸和工程预算等。施工图设计文件的深度应满足以下要求：能据以编制施工图预算；能据以安排材料、设备订货和非标准设备的制作；能据以进行施工和安装；能据以进行工程验收。

2. 工程项目在开工之前准备工作

工程项目在开工之前准备工作包括：征地、拆迁和场地平整，完成施工用水、电、通讯、道路等接通工作，组织招标选择工程监理单位、承包单位及设备、材料供应商，准备必要的施工图纸等。建设单位完成工程建设准备工作并具备工程开工条件后，应及时办理建设工程质量监督手续和施工许可证。按规定做好施工准备，具备开工条件后，建设单位申请开工，进入施工阶段。

（三）工程项目建设施工阶段

施工阶段是工程项目建设的重要阶段，在施工中必须按照工程设计、施工组织设计以及施工验收规范的要求，保证质量如期完工。与此同时，建设单位应进行其他有关工程项目建设工作及生产准备工作。

1. 施工

建设工程具备了开工条件并取得施工许可证后方可开工，施工是将工程项目由设计变成现实的关键环节。项目开工时间是指工程项目设计文件中规定的任何一项永久性工程第一次正式破土开槽开始施工的日期，不需开槽的工程，正式开始打桩的日期即开工日期。铁路、公路、水库等需要进行大量土、石方工程的，以开始进行土方、石方工程的日期作为正式开工日期。工程地质勘察、平整场地、旧建筑物的拆除、临时建筑、施工用临时道路和水电等工程开始施工的日期不能算作正式开工日期。

工程项目施工管理是一项复杂的工作，施工过程中要考虑的措施有：加强质量管理，合理控制进度，做好项目安全控制，完善项目成本控制，做到文明施工，提升项目管理队伍素质等。项目负责人在提高对人力资源优化配置关注度的同时，要注意利用现场管理队伍在项目进度、安全、质量及成本等方面实施标准化、制度化管理，保障现场管理中各项工作的有序运行。

2. 生产准备

对于生产性建设项目，在其竣工投产前，建设单位应适时地组织专门班子或机构，有计划地做好生产准备工作，包括招收、培训生产人员；组织有关人员参加设备安装、调试、工程验收；落实原材料供应；组建生产管理机构，健全生产规章制度等。生产准备是由建设阶段转入经营的一项重要工作。

3. 竣工验收

工程竣工验收是全面考核建设成果、检验设计和施工质量的重要步骤，也是建设项目转入生产和使用的标志。验收合格后，建设单位编制竣工决算，项目正式投入使用。

竣工验收的范围和标准：

① 生产性项目和辅助公用设施已按设计要求建完，能满足生产要求；

② 主要工艺设备已安装配套，经过负荷联动试车合格，形成生产能力，能够生产出设计文件规定的产品；

③ 职工宿舍和其他必要的生产福利设施，能适应投产初期的需要；

④ 生产准备工作能适应投产初期的需要；

⑤ 环境保护设施、劳动安全卫生设施、消防设施已按设计要求与主体工程同时建成使用。

（四）工程项目建设运营阶段

工程项目试生产正常并经业主验收后，工程项目建设即告结束。但从工程项目管理的角度看，在保修期间，仍要进行工程项目管理，主要工作有工程的保修、回访、相关后续服务、项目后评价等。建设项目后评价是工程项目竣工投产、生产运营一段时间后，对项目的立项决策、设计施工、竣工投产、生产运营等全过程进行系统评价的一种技术活动，是固定资产管理的一项重要内容，也是固定资产投资管理的最后一个环节。

第二节 工程项目管理

工程项目管理是指为实现预期目标，有效地利用资源，对工程所进行的决策、计划、组织、指挥、协调与控制。工程项目管理是以工程为对象的管理，是对工程全生命周期管理，包括对工程前期决策管理、设计和计划管理、施工管理、运营维护管理等，工程管理目标是取得工程的成功。工程项目管理是工程管理的一个主要组成部分，是自项目开始至项目完成，通过项目策划和项目控制，以使项目的费用目标、进度目标和质量目标得以实现，核心任务是目标控制。工程管理不仅包括工程项目管理，还包括工程决策、工程估价、工程合同管理、工程经济分析、工程技术管理、工程质量管理、工程投融资、工程资产管理（物业管理）等。

一、工程项目管理及其分类

工程项目管理，是为了使工程项目在一定的约束条件下取得成功，对项目的所有活动的实施决策与计划、组织与指挥、控制与协调等一系列工作的总称。

工程项目管理的特点是一种一次性管理、是一种全过程的综合性管理、是一种约束性强的控制管理。

工程项目管理的职能包括计划职能、组织职能（包括组织设计、组织联系、组织运行、组织行为和组织调整）、控制职能（包括预先控制、现场控制、反馈控制）、协调职能（包括人际关系协调、组织关系协调、供求关系协调、配合关系协调、约束关系协调）。

工程项目管理的内容包括项目组织协调、合同管理、进度控制、投资控制（编制投资计划、审核投资支出、分析投资变化情况、研究投资减少途径、采取投资控制措施）、质量控制、风险管理、信息管理、环境保护等。

工程项目管理是为保证项目在设计、采购、施工、安装调试等各个环节的顺利进行，围绕"安全、质量、工期、投资、决算"控制目标，在项目集成管理、范围管理、时间管理、成本管理、质量管理、人力资源管理、沟通管理、风险管理、采购管理、结算管理、决算管理等方面所做的各项工作。根据工程项目不同参与方的工作性质和组织特征划分，工程项目管理有如下类型：业主方的项目管理、设计单位的项目管理、施工单位的项目管理、供货方的项目管理、建设项目总承包方的项目管理等。各参与方所处角度不同，工程管理的职能重点也不同。

① 业主方的项目管理是全过程的，也即从编制项目建议书开始，经可行性研究、设计和施工，直至项目竣工验收、投产使用的全过程管理，是工程项目生产过程的总集成者和总组织者，是工程项目管理的核心。

② 设计单位的项目管理是指设计单位受业主委托承担工程项目的设计任务后，根据设计合同所界定的工作目标及责任义务，对建设项目设计阶段的工作所进行的自我管理。设计单位通过设计项目管理，对建设项目的实施在技术和经济上进行全面而详尽的安排，引进先

进技术和科研成果,形成设计图纸和说明书,以便实施,并在实施过程中进行监督和验收。由此可见,设计项目管理不仅仅局限于工程设计阶段,而是延伸到了施工阶段和竣工验收阶段。

③ 施工单位通过投标获得工程施工承包合同,并以施工合同所界定的工程范围组织项目管理,施工项目管理的目标体系包括工程施工质量(Quality)、成本(Cost)、工期(Delivery)、安全和现场标准化(Safety),简称 QCDS 目标体系,该目标体系既和整个工程项目目标相联系,又带有很强的施工企业项目管理的自主性特征。

④ 供货方的项目管理工作主要在施工阶段进行,也涉及工程设计、生产准备和保修期等阶段。

⑤ 在建设项目总承包的情况下,业主方在项目决策之后,通过招标择优选定总承包单位方负责工程项目的实施过程,直至最终交付使用功能和质量标准符合合同文件规定的工程项目。由此可见,总承包方的项目管理是贯穿于项目实施全过程的全面管理,既包括工程项目的设计阶段,也包括工程项目的施工安装阶段。

二、工程项目管理的基本原理

工程项目管理就是运用各种知识和资源通过计划、组织、协调、控制等工作以达到工程项目的建设目标,满足各方要求。工程项目管理的知识、技能、手段和方法很多,并不断发展,但工程项目管理的基本原理主要是目标的系统管理和过程管理。

(一) 目标的系统管理

目标的系统管理就是把整个项目的工作任务和目标作为一个完整的系统加以统筹、控制管理。首先确定工程项目总目标,采用工作分解结构(Work Breakdown Structure,WBS)方法将总目标层层分解成若干个子目标和可执行目标,并将它们落实到工程项目建设周期的各个阶段和各个负责人,建立由上而下、由整体到局部的目标控制系统。另外,要做好整个系统中各类目标的协调平衡和各分项目标的衔接及协作工作,使整个系统步调一致有序进行,从而保证总目标的实现。

1. 工程项目管理的目标

工程项目管理的目标是运用各种知识、技能、手段和方法去满足或超出工程项目各利害关系者的要求和期望。因此,首先要认真识别和理解同工程项目密切相关的各方不同要求和期望,相关各方总体利益是一致的,但关注的焦点不同,有时还在一些问题上有冲突需要加以协调。识别和理解过程如下:a. 工程项目具有哪些利害关系;b. 他们具有哪些方面的要求和期望;c. 他们在每一个方面的具体要求和期望是什么;d. 这些要求和期望具有什么样的冲突;e. 要运用各种知识、技能、手段和方法协调这些冲突并去满足或超出他们的要求和期望。

工程项目目标是实施一个工程项目所要达到的预期结果。工程项目目标必须明确、可行、具体和可以度量,并需要在工程项目投资方、业主、承包商之间达成一致。为了清晰、准确地定义工程项目的目标,降低项目实施过程中发生变更的可能性,工程项目目标应满足如下条件:a. 目标应是具体的、具有可评估性和量化性,不应含混模糊;b. 目标应与上级组织目标一致;c. 在某个节点,以可交付成果的形式对目标进行说明,如评估报告、设计图纸等;d. 目标是可理解的,即必须让其他人知道你正努力去达到什么;e. 目标是现实的,即是你应该去做的事情;f. 目标应具有时间性,如果目标没有时间限制,可能永远无法达到；g. 目标是可达到的，但需要努力和承担一定的风险；h. 目标的可授权性，即每个目标均可授权给具体的人来负责。

工程项目与一般的项目不同，工程项目目标的特点如下：

① 多目标性。工程项目是一个多目标系统，而且不同目标之间可能相互冲突，因此，必须在多个目标之间找到平衡点。实现工程项目的过程就是多个目标协调一致的过程，这种协调包括同一层次的多个目标之间的横向协调，工程项目总目标与子目标之间的纵向协调，以及工程项目目标与组织之间的协调等。工程项目目标可以表现为进度、费用、质量、客户满意度等，也就是充分利用可获得资源，在规定时间和预算内，按照一定的质量完成工程项目，最终使客户满意。

② 优先性。工程项目的多目标性和各目标之间的相互冲突等特点，使工程项目组织在建立工程项目目标系统、协调各目标间的关系时，表现为需要对某些目标优先考虑。

③ 层次性。工程项目目标系统表现为一个递阶层次结构，是一个有层次的体系。上层目标是下层目标的目的，下层目标是实现上层目标手段，层次越低，目标越具体和易于操作，各个层次的目标具有一致性。

2. 工程项目目标系统的建立

工程项目目标系统是一种层次结构，将工程项目的总目标分解成子目标，子目标再分解成可执行的第三级目标，如此一直分解下去，形成层次性的目标结构。

(1) 目标系统的建立过程

目标系统建立的过程包括工程项目构思、识别需求、提出工程项目目标和建立目标系统等工作。

① 工程项目构思。影响因素包括市场需求、经营需要、客户要求、技术进步、法律要求、国家为了解决社会问题等。

② 识别需求。在工程项目构思的基础上，需要对投资方的具体需求进行识别和评价，形成理性的目标，使得投资方的需求更加合理。

③ 提出项目目标。通过对工程项目本身和工程项目环境的分析，确定符合实际情况的需求目标，分析的具体内容包括：Ⅰ工程项目拟提供的产品或服务的市场现状分析和前景预测；Ⅱ投资方的发展战略、现状和能力分析；Ⅲ工程项目环境分析，包括政治、法律、经济、技术、社会文化、自然环境等分析。

④ 建立目标系统。目标系统是一种层次结构，至少由系统目标、子目标、可执行目标三个层次构成：Ⅰ系统目标 即整个工程项目的总目标，可分为功能目标、技术目标、经济目标、社会目标和生态目标等；Ⅱ子目标 仅适用于工程项目的某一方面，相当于目标系统中的子系统目标；Ⅲ可执行目标 该级目标应具有可操作性，也称操作目标，用于确定工程项目的详细构成。更细的目标分解，一般在可行性研究以及技术开发、设计和实施中形成，并得到进一步解释和定量化，逐渐转化为具体的工作任务。

(2) 目标系统建立的依据

① 业主的需求说明，包括项目目的、规模、产品方案、资源情况、建设条件等；

② 国家、地方政府颁布的法律、法规、规章等；

③ 国家和行业颁布的强制性标准、规范、规程等；

④ 其他资料，如类似的历史数据，与本工程项目相关的最新技术发展资料。

(3) 目标系统的建立方法

可以采用工作分解结构（WBS）方法建立工程项目的目标系统。WBS 是一种层次化的树状结构，是将工程项目划分为可以管理的工程项目单元，通过控制这些单元的费用、进度和质量目标达到控制整个工程项目的目的。目标系统中的各级目标对应工程项目组织机构中相应级别的职能部门，高层管理人员制定工程项目的总目标，工程项目组织中的各级职能部门根据总目标的要求制定相应的目标和实现目标的工作计划，而职能部门人员则根据本部门目标确定各自的工作职责范围和工作结果。工程项目目标管理方法就是要求每个工程项目组成员必须明确工程项目目标，将实现个人目标作为实现总目标的重要组成部分和保证。

（二）过程管理

过程管理是指使用一组实践方法、技术和工具来策划、控制和改进过程的效果、效率和适应性。过程管理的基本做法多采用国际通用的 PDCA（Plan-Do-Check-Act）循环方法，包括 4 个阶段：计划（Plan）、实施（Do）、检查（Check）和处理（Action）。PDCA 循环又称为戴明循环，是质量管理大师戴明在休哈特统计过程控制思想基础上提出的。

1. PDCA 循环的过程

① 计划（P）。通过计划，确定质量管理的方针、目标，以及实现该方针和目标的行动计划和措施。计划阶段包括以下四个步骤：第一步：分析现状，找出存在的质量问题；第二步：针对找出的质量问题，分析产生的原因和影响因素；第三步：找出主要的影响因素；第四步：制定改善质量的措施，提出行动计划，并预计效果。

② 实施（D）。执行计划或措施。

③ 检查（C）。检查计划的执行效果。通过自检、互检、工序交接检、专职检查等方式，将执行结果与预定目标对比，认真检查计划的执行结果。

④ 处理（A）。包括两个具体步骤，第一是总结经验，对检查出来的各种问题进行处理，正确的加以肯定，总结成文，制定标准；第二是提出尚未解决的问题，通过检查，对效果还不显著，或者效果不符合要求的一些措施，以及没有得到解决的质量问题，不要回避，本着实事求是的精神，把其列为遗留问题，反映到下一个循环中去。

处理阶段是 PDCA 循环的关键，因为处理阶段是解决存在问题、总结经验和吸取教训的阶段，该阶段的重点又在于修订标准，包括技术标准和管理制度，没有标准化和制度化，就不可能使 PDCA 循环转动向前。

2. PDCA 循环的特点

PDCA 循环作为质量管理的基本方法，不仅适用于整个工程项目，也适用于整个企业和企业内的科室、工段、班组以至个人。PDCA 循环的特点是：

① 大环套小环，小环保大环，推动大循环。根据企业的方针目标，各级部门都有自己的 PDCA 循环，层层循环，形成大环套小环，小环里面又套更小的环。大环是小环的母体和依据，小环是大环的分解和保证。各级部门的小环都围绕着企业的总目标朝着同一方向转动。通过循环把企业上下或工程项目的各项工作有机地联系起来，彼此协同，互相促进。

② 不断前进、不断提高 PDCA 循环就像爬楼梯一样，一个循环运转结束，生产的质量就会提高一步，然后再制定下一个循环，再运转、再提高，不断前进，不断提高。

三、工程项目管理模式

随着社会技术、经济水平的发展，工程项目业主的需求也在不断变化和发展，总的趋势是期望简化自身的管理工作，得到更全面、更高效率的服务，更好地实现建设工程预定的目标。与此相适应，工程项目管理模式也在不断发展，目前主要有以下几种项目管理模式。

（一）项目业主自行管理工程项目模式

多年来，我国的工程项目多采用这种模式。由业主（或建设单位）组建基建处、筹建处、指挥部进行管理。优点是充分保障业主方对工程项目的控制，随时采取措施保障业主利益的最大化。缺点是建设单位的项目管理团队通常都是从单位内部抽取人员临时组建的，在项目结束以后管理团队也随之解散，管理团队缺乏专业性的理论知识作为支撑，无法有效满足项目管理的实际需求，进而出现资源浪费的现象。

（二）设计-招标-建造模式（DBB模式）

DBB（Design-Bid-Build）模式是一种协助管理的模式，是一种在国际上比较通用且应用最早的工程项目发包模式之一，指由业主委托建筑师或咨询工程师进行前期的各项工作（如进行机会研究、可行性研究等），待项目评估立项后再进行设计。在设计阶段编制施工招标文件，随后通过招标选择承包商，而有关单项工程的分包和设备、材料的采购一般都由承包商与分包商和供应商单独订立合同并组织实施。在工程项目实施阶段，咨询工程师则为业主提供施工管理服务。项目咨询机构介入的时间比较早，对于项目管理得较为全面，他们可以为建设单位提供全面的管理方案、建议，但是整个项目的管理实际上还是由建设单位执行。其最突出的特点是强调工程项目的实施必需根据设计、招标、建造的顺序进行，只有一个阶段结束后另一个阶段才能开始。

DBB模式的优点是：参与项目的三方即业主、项目咨询机构、承包商在各自合同的约定下，各自行使自己的权利和履行着义务，因而，这种模式可以使三方的权、责、利分配明确，避免了行政部门的干扰。缺点是：a. 设计基本完成后，才开始施工招标，对于工期紧的项目十分不利；b. 项目周期长，业主管理费较高，前期投入较高；c. 变更时容易引起较多的索赔，业主在控制造价和工期方面信心不足；d. 出现工程质量事故后，责任不易清楚辨别，设计和施工相互推诿，业主利益得不到充分保障；e. 业主与项目咨询机构、施工方之间协调比较困难；f. 施工方无法参与设计工作，设计的"可施工性"差；g. 变更频繁，会导致索赔较多。

（三）施工管理承包模式（CM模式）

CM（Construction Management）模式是由业主委托CM单位，以一个承包商的身份，采取有条件的"边设计、边施工"，着眼于缩短项目周期，采用快速路径法（Fast Track）进行施工管理，直接指挥施工活动，在一定程度上影响设计活动，而它与业主的合同通常采用"成本+利润"方式，此方式通过施工管理商来协调设计和施工的矛盾，使决策公开化。这种模式与过去那种设计图纸全部完成后才进行招标的连续建设生产模式不同，其特点是由业主和业主委托的工程项目经理与工程师组成一个联合小组共同负责组织和管理工程的规划、设计和施工，完成一部分分项（单项）工程设计后，即对该部分进行招标，发包给一家承包商，无总承包商，由业主直接按每个单项工程与承包商分别签订承包合同。

CM模式的两种实现形式：一是代理型CM（"Agency" CM）：以业主代理身份工作，收取服务酬金。二是风险型CM（"At-Risk" CM）：以总承包身份，可直接进行分发包，直接与分包商签合同，并向业主承担保证最大工程费用，如果实际工程费超过了最大工程费用，超过部分由CM单位承担。

（四）设计-采购-建造模式（EPC模式）

EPC（Engineering-Procurement-Construction）模式在我国又称之为"工程总承包"模式。

EPC 是现阶段比较流行的一种项目管理模式，它是指由一家单位对工程的设计、施工、采购、试运行等过程进行统筹管理的工作模式，从而使得工程满足质量、安全等方面的要求。在 EPC 模式下，业主仅仅需要与一家工程公司签订合同即可，承包合同中应该明确地指出项目的总造价、施工工期以及施工质量要求，项目建设期间的管理应该由承包单位进行负责，业主不需要参与其中。合同内容不仅包括详细的设计工作，而且可能包括整个建设工程内容的总体策划以及整个建设工程实施组织管理的策划和详细工作，一般采用总价合同。业主不聘请监理工程师来管理工程，而是自己或委派业主代表来管理工程；承包商承担设计风险、自然力风险、不可预见的困难等大部分风险。EPC 合同的基本出发点是业主参与工程管理工作很少，因承包商已担当了工程建设的大部分风险，业主重点进行竣工验收。

EPC 管理模式可以更好地加强设计、采购、施工之间的交流。业主所面临的风险主要是施工质量无法得到保障、施工成本变更。为了有效降低双方之间所面临的风险，通常情况下大型工程建设项目在基础设计工作完成、相关施工技术、机械设备已经确定的情况下才开始进行承包，这是因为在这种情况下，项目的具体情况基本上已经稳定，不会出现较大的波动，所面临的各种风险比较小。

（五）项目管理承包模式（PMC 模式）

PMC（Project Management Contractor）模式是业主聘请专业的项目管理公司，代表业主对工程项目的组织实施进行全过程或若干阶段的管理和服务。由于 PMC 承包商在项目的设计、选购、施工、调试等阶段的参与程度和职责范围不同，PMC 模式具有较大的灵活性，总体而言，PMC 有三种基本应用模式：

① 业主选择设计单位、施工承包商、供货商，并与之签订设计合同、施工合同和供货合同，托付 PMC 承包商进行工程项目管理；

② 业主与 PMC 承包商签订项目管理合同，业主通过指定或招标方式选择设计单位、施工承包商、供货商，但不签合同，由 PMC 承包商与之分别签订设计合同、施工合同和供货合同；

③ 业主与 PMC 承包商签订项目管理合同，由 PMC 承包商自主选择施工承包商和供货商并签订施工合同和供货合同，但不负责设计工作。

（六）建造-运营-移交模式（BOT 模式）

BOT（Build-Operate-Transfer）模式是 20 世纪 80 年代兴起的一种将政府基础设施建设项目依靠私人资本的一种融资、建设的项目管理方式，或者说是基础设施国有项目民营化。政府开放本国基础设施建设和运营市场，授权项目公司负责筹资和组织建设，建成后负责运营及偿还贷款，协议期满后，再无偿移交给政府。BOT 方式不增加东道主国家外债负担，又可解决基础设施不足和建设资金不足的问题。项目发起人必须具备很强的经济实力，资格预审及招投标程序复杂。

（七）合伙模式（Partnering 模式）

合伙模式是在充分考虑建设各方利益的基础上确定建设工程共同目标的一种管理模式。它一般要求业主与参建各方在相互信任、资源共享的基础上达成一种短期或长期的协议，通过建立工作小组相互合作，准时沟通以避免争议和诉讼的产生，共同解决建设工程实施过程中出现的问题，共同分担工程风险和有关费用，以保证参与各方目标和利益的实现。合伙协议并不仅仅是业主与施工单位双方之间的协议，而需要建设工程参与各方共同签署，包括业主、总包商、分包商、设计单位、咨询单位、主要的材料设备供应单位等。合伙协议围绕建设工程的三大目标以及工程变更管理、争议和索赔管理、安全管理、信息沟通和管理、公共关系等问题做出相应的规定。

四、造纸行业的工程项目管理

现代造纸工业是一项极为复杂的系统工程，一次性投入大，产出慢，利润率低，投资风险大。造纸项目建设过程中，不仅要运用科学的工程管理方法和手段，而且要充分考虑到造纸项目特点，建立具有行业特色的项目管理模式。随着造纸工业技术的不断发展，其规模的扩大，工艺装备水平的提高，项目建设技术要求也越来越高，不仅要求质量高，投资低，而且要求工期短。这就要求项目管理者必须对工程项目全过程进行有效的管理控制，以最优化的条件实现工程项目的目标。建立从管理、投资、质量、工期等方面项目管理机制，以确保项目在保证质量的前提下实现低投入、高质量、高产出，确保项目的成功运作。例如，a. 在管理机制上，建立项目法人责任制、投资责任约束机制和跟踪管理机制，引入项目绩效评价奖惩制度，以经济、组织、合同措施明确责、权、利，保证项目按计划实施，提高投资效益；b. 在投资费用上，建立一套科学、合理的工程费用管理系统，从项目决策、准备、实施、试生产及竣工等阶段实行项目费用的全程跟踪管理，以确保项目投资的有效控制；c. 在施工质量上，建立工程监理制度，以保证施工质量，为项目的成功运作奠定基础；d. 在进度管理上，通过确定合理的工作排序和工作周期，在满足项目时间要求的情况下，使资源配置和费用支出达到最佳状态。此外，项目建设要"三快"，即快建设、快投入、快产出，以最快的速度抢占市场赢得先机，以化解投资风险，提高项目投资运作的成功率。

第三节　工程项目决策

决策是人们在政治、经济、技术和日常生活中普遍存在的一种行为，是管理中经常发生的一种活动，是为了实现特定的目标，根据客观的可能性，在占有一定信息和经验的基础上，借助一定的工具、技巧和方法，对影响目标实现的诸因素进行分析、计算和判断选优后，对未来行动做出决定。工程项目决策是在项目前期通过客观全面的市场调研，对项目建设的可能性、必要性与可行性进行分析，以及针对项目实施的方案进行论证、比较与选择并形成决策的过程。决策是投资者最为重视的，因为它对工程项目的长远经济效益和战略方向起着决定性的作用。

工程项目决策阶段的主要目标是对工程项目投资的可能性、必要性和可行性，以及为什么要投资、何时投资、如何实施等重大问题，进行科学论证和多方案比较。本阶段工作量不大，却十分重要。该阶段的主要成果有项目建议书和可行性研究报告。在国家投资体制改革后，企业投资建设报政府核准的项目时，为获得项目核准机关对拟建项目的行政许可，按核准要求报送项目申请报告。

制浆造纸工业是资金密集型产业，工厂和设备的生命周期长，可长达几十年，某些造纸机和制浆系统生产的灵活性小，项目一旦上马往往是不可逆转的。任何项目决策都必须精心策划，深入调查，集思广益，严格把握科学的方法和程序，谨慎决策，绝不可把可行性研究当作走过场，以免决策失误，造成不可挽回的经济损失。

一、项目建议书

项目建议书由建设单位根据国民经济的发展、国家和地方中长期规划、产业政策、生产力布局、国内外市场、所在地的内外部条件，就某一具体建设项目提出的项目建议文件，是对拟建项目提出的框架性的总体设想，从宏观上论述项目设立的必要性和可能性，把项目投资的设想变为概略的投资建议。其主要作用是为了推荐建设项目，以便在一个确定的地区或部门内，以自然资源和市场预测为基础，选择建设项目。

项目建议书编制是项目建设周期最初阶段的工作，是初始阶段基本情况汇总，是上级主管部门审批决策的依据，是项目批复后编制项目可行性研究报告的依据。项目建议书主要论证项目建设的必要性，研究内容包括市场调研、项目建设内容、生产技术和设备及重要技术经济指标等，并对主要原材料的需求量、投资估算、投资方式、资金来源、经济效益等进行初步测算。项目建议书的建设方案和投资估算相对较粗，投资误差率控制在20%左右。

一般项目建议书应包括以下几方面内容：

① 总论。项目名称、建设单位概况、拟建地点、建设内容与规模、建设年限、概算投资、效益分析。

② 项目建设的必要性和条件。建设的必要性分析、建设条件分析（包括场址建设条件）、其他条件分析、资源条件评价（指资源开发项目）。

③ 建设规模与产品方案。达产达标后的规模、拟开发产品方案。

④ 技术方案、设备方案和工程方案。技术方案包括生产方法、工艺流程；主要设备方案包括主要设备选型、来源；工程方案包括建筑物和构筑物的特征、结构及面积方案，建筑安装工程量及"三材"用量估算，主要建、构筑物工程一览表。

⑤ 投资估算及资金筹措。投资估算包括建设投资估算、流动资金估算、投资估算表；资金筹措包括自筹资金、其他来源。

⑥ 效益分析。经济效益包括销售收入估算、成本费用估算、利润与税收分析、投资回收期、投资利润率和社会效益。

⑦ 结论。对于政府投资工程项目，编报项目建议书是项目建设最初阶段的工作，主要是为了推荐建设项目，项目建议书经批准后，方可进行可行性研究工作。对于非政府投项目，决策者可以在对项目建议书中的内容进行综合评估后，做出对项目批准与否的决定。项目建议书通过并不表明项目非上不可，项目建议书不是项目的最终决策。虽然工程项目建设与否，不完全取决于项目建议书，但是工程项目的实践证明，项目建议书阶段是非常必要的，特别是对制浆造纸工程项目来说，建设周期长、投资大、利润低、投资回收期长，为了避免投资失误，更应该做好项目建议书工作。

二、可行性研究报告

可行性研究（Feasibility Study）是在工程项目拟建之前，针对市场需求、资源供给、技术工艺、环境影响、社会效益和经济效益等方面的问题进行全面而客观的分析、论证与评价，从而确定项目是否可行并且选择最佳实施方案的工作，为投资决策提供科学依据。可行性研究在国内外被广泛应用，理论与方法日臻完善，是一种综合性的为项目决策提供依据的系统分析方法。

（一）可行性研究的作用

可行性研究是决策科学化的必要步骤和手段，还能为银行贷款、合作者签约、工程设计等提供依据和基础资料，可行性研究的作用如下：

1. 为项目决策提供依据

针对项目建设的必要性、建设方案选择、经济与社会效益评价、风险分析等进行深入分析、论证与评价，为有关决策主体提供依据。

2. 为项目融资提供依据

工程项目庞大的建设规模需要充分的资金支撑，项目通过银行贷款、发行债券等方式进行融资，对于资金供给方而言，可行性报告是其评估项目的重要依据。

3. 为商务谈判提供依据

工程项目的建设往往需要引入合作方，可行性报告构成了商务谈判中的基础文件，对于达成合作意向至关重要。

4. 为工程设计和后续项目建设提供依据

可行性研究为后续工程设计、项目的建设等工作提供了依据。

（二）可行性研究内容

可行性研究主要内容包括三方面：进行市场研究，以解决项目建设的必要性问题；进行工艺技术方案的研究，以解决项目建设的技术可行性问题；进行财务和经济分析，以解决项目建设的经济合理性问题。

① 市场研究。调查和预测拟建项目产品国内、国际市场的供需情况和销售价格；研究产品的目标市场，分析市场占有率；研究确定市场主要产品竞争对手和自身竞争力的优势、劣势，以及产品的营销策略，并研究确定市场风险和风险程度。对资源开发项目要深入研究确定资源的可利用量，资源的自然品质，资源的贮存条件和开发利用价值。

② 深入进行项目建设方案设计，包括项目的建设规模与产品方案、工程选址、工艺技术方案和主要设备方案、主要材料和辅助材料、环境影响问题、节能节水、项目建成投产及生产经营的组织机构与人力资源配置、项目进度计划、所需投资进行详细估算、融资分析、财务分析、国民经济评价、社会评价、项目不确定性分析、风险分析和综合评价等。

③ 财务和经济分析。可行性研究要对所有的商务风险、技术风险和利润风险进行准确落实，如果经研究发现某个方面的缺陷，应该通过敏感性参数的揭示，找出主要风险原因，从市场营销、产品及规模、工艺技术、原料、设备方案以及公用辅助设施方案等方面寻找更好的替代方案，以提高项目的可行性。如果所有方案都经过反复筛选，项目仍是不可行的，应在研究文件中说明理由。研究结果即使是不可行的，这项研究仍然是有价值的，因为避免了资金的滥用和浪费。

（三）可行性研究流程

项目的可行性研究工作是一个由浅到深、由粗到细、前后衔接、反复优化的研究过程。前阶段研究是为后阶段更精确的研究创造条件。工程项目的可行性研究可以按照系列步骤进行。

1. 成立项目可行性研究小组

项目可行性研究是一个系统工程，可行性研究小组的人员结构要合理，既要包括专业技术工程师，也要包括市场分析人员、土木建筑工程师和财务分析人员等。

2. 资料调研

可行性研究初期的资料调研应该全面、客观和深入，为后期的方案设计和筛选提供依据。调研主要包括以下内容：

① 市场需求的现状与趋势、竞争对手的情况。针对产品或服务的市场需求进行调研，了解其发展趋势，有利于决策者对产品的市场前景进行预判，对项目建设的必要性进行评

价。对竞争对手的调查有利于投资决策者对未来产品或服务的特色、定位进行分析。

② 工艺技术。针对现有工艺技术及技术发展趋势进行调研，初步提出可供选择的方案。

③ 原料、能源供给。针对项目所需原料、能源等投入要素的数量、质量及价格进行调研，有助于后续工艺技术的选择、成本费用的测算。

④ 储运条件。针对项目的建设地址和主要市场之间的运输距离、运输设施及运输成本的调研，有助于优化项目选址，明确仓储设施的布局并测算相关运输成本。

⑤ 人力资源。对项目建设区域的人力资源数量、质量进行调研，有助于项目选址决策的优化并测算人工成本及管理费用。

⑥ 相关政策、法律法规。对项目建设区域的相关产业政策、税收政策及法律法规进行调研，这些环境因素对项目的立项、审批、建设和运行有至关重要的影响。

3. 在前期调研的基础上，完成可行性研究报告初稿

完成可行性报告的初稿时，要重点解决建设的必要性问题，要认真核实数据来源与可靠性，对项目的选址、工程设计、工艺技术等关键问题提出可供选择的方案。

4. 中期报告

在可行性研究初稿的基础上，研究小组与相关决策机构和决策者深入沟通，优化项目方案并完成中期报告。

中期报告要明确设计原则，从技术和经济角度对初稿中提出的各项方案比较，并选择合理的方案，同时要初步估算建设投资与生产成本。在项目决策者认可中期研究的基础上，项目可行性研究进入后期；如决策者认为项目经济性确实较差，则可及时终止研究工作；如决策者对推荐方案有疑义，则可对方案进行补充和修改。

5. 完成最终报告

这一阶段的重点任务是进一步优化工艺流程，明确设备选型，估算项目总投资，确定融资计划，进行经济效益和社会效益评价，完成可行性研究最终可行性研究报告。

（四）可行性研究报告的编写

1. 项目可行性研究报告与项目建议书区别

项目可行性研究报告与项目建议书通常在研究范围和内容结构上基本相同，但是因为二者研究目的和工作条件不同，所处工作阶段的作用和要求不同，故在计算精度、深度和研究重点要求有所不同。项目建议书只要求一个大概的轮廓，内容概略简洁，而可行性研究报告必须详细深入，分析细致，内容翔实。项目建议书是为发现市场投资机会提出项目（立项）所做的研究分析，可行性研究报告为最终决策提供可靠的依据。项目建议书与实际发生的投资额差距较大，投资误差率允许控制在±20%以内，而可行性研究报告对建设投资和生产成本应该进行分项详细估算，其投资误差率应该控制在±10%以内。

2. 可行性研究报告的编制

参考《轻工业建设项目可行性研究报告编制内容深度规定》，制浆造纸项目可行性研究报告的内容和编写格式如下：

（1）总论

包括项目背景与概况、研究工作概述、研究结论、问题与建议等。总论作为可行性报告的首要部分，要综合叙述研究报告中各部分的主要问题和研究结论，并对项目的可行与否提出最终建议，为可行性研究的审批提供方便。

项目背景与概况应说明项目的发起过程、提出的理由、前期工作及成果、投资者的意

向、投资的必要性、重要问题的决策和决策过程等，同时应能清楚地提出项目可行性研究的重点和问题。

（2）市场预测

市场分析在可行性研究中的重要地位在于，任何一个项目，其生产规模的确定、技术的选择、投资估算甚至厂址的选择，必须在对市场需求情况有充分了解以后才能决定，是后期决策的依据。对现实和潜在市场进行分析，并结合竞争分析，明确营销方案，判断产品是否具有市场潜力，并对产品的销售规模进行合理预测。市场分析的结果，还可以决定产品的价格、销售收入，最终影响到项目的盈利性和可行性。

（3）建设规模及产品方案

建设规模也称生产规模，是指项目在正常生产年份可能达到的生产能力，市场需求预测和价格分析是确定一个工程项目生产规模的依据。产品方案即拟建项目的主导产品、辅助产品或副产品及其生产能力的组合方案，包括产品品种、产量、规格、质量标准、工艺技术、材质、性能、用途、价格、内外销比例等。确定产品方案需要研究的主要因素有市场需求、产业政策、专业化协作、资源综合利用、环境条件、原材料燃料供应、技术设备条件和生产储运条件等。

经过对建设规模和产品方案的论证，提出两个或两个以上方案进行比选，分别说明各方案的优缺点，并提出推荐方案。比选内容主要有：单位产品生产能力投资、投资效益（即投入产出比、劳动生产率等）、多产品项目资源综合利用方案与效益等。

（4）厂址选择

厂址选择是指在一定范围内，选择和确定拟建项目建设区域，并在该区域内具体地选定项目建设的坐落位置。根据产品方案与建设规模的论证与建议，研究资源、原料、燃料、动力等需求和供应的可靠性，符合国家和地区规划的要求，并对可供选择的厂址作进一步技术和经济分析，确定厂址方案。

（5）技术方案、设备方案和工程方案

该部分是可行性研究的重要组成部分，主要研究包括项目采用的生产方法、工艺和工艺流程，重要设备及其相应的平面布置，主要车间组成及建构筑物型式等方案，并在此基础上，估算土建工程量和其它工程量。在这一部分中，除文字叙述外，还应将一些重要数据和指标列表说明，并绘制总平面布置图、工艺流程图等。

生产工艺技术方案的比选，包括对各技术方案的先进性、适用性、可靠性、可得性、安全环保性和经济合理性等进行论证。工艺技术方案比选的内容与行业特点有关，要突出创新性，重视对专利、专有技术的分析。比选后提出推荐方案，推荐方案的工艺流程应标明主要设备名称和主要物料、燃料流量及流向。项目属一次规划分期建设分期投产的，应有分期流程的说明和流程图。

（6）主要原辅材料、燃料供应

对产出所需的主要原材料及投入物进行选择和说明，并针对主要原材料和投入物的供应趋势和成本进行测算。

造纸项目对纤维原料的依赖性高，原料的供应、质量和价格是非常重要的因素，必须有可靠保证。既要确保原料有充足的数量，也要确保物流设施有能力供应。

（7）节能、节水措施

对项目建设方案的能耗及水耗指标进行分析，阐述工程建设方案是否符合节能及节水政策的有关要求，给出提高能源及水资源利用效率、降低能耗和水耗等方面的对策。

造纸行业要加大投资节能改造，充分发挥热电联产作用，充分利用生产环节产生的余压、余热等能源，加大有机废液、有机废物、生物质气体的回收利用，固体废物近零排放，最大限度实现资源化。

（8）环境影响评价

在项目建设中，必须贯彻执行国家有关环境保护方面的法律、法规，对项目可能造成周边环境影响的因素，必须在可行性研究阶段进行论证分析，提出防治措施，并对其进行评价。推荐技术可行、经济且布局合理、对环境有害影响较小的最佳方案。按照国家现行规定，凡从事对环境有影响的建设项目都必须执行环境影响报告书的审批制度，同时，在可行性报告中，对环境保护要有专门论述。

（9）劳动安全、工业卫生与消防

在项目建设中，必须贯彻执行国家有关职业安全方面的法律、法规，对项目可能造成劳动者健康和安全的因素，必须在可行性研究阶段进行论证分析，提出防治措施，并对其进行评价。

（10）组织机构与人力资源配置

在可行性报告中，根据项目规模、项目组成和工艺流程，研究提出企业组织机构、劳动定员总数、劳动力来源及相应的人员培训计划。

（11）项目实施进度

项目实施时期的进度安排是可行性报告中的一个重要组成部分。项目实施时期亦称投资时间，是指从正式确定建设项目到项目达到正常生产这段时期，包括项目实施准备、资金筹集安排、勘察、设计、设备订货、施工准备、施工、生产准备、试运转、竣工验收和交付使用等各个工作阶段，这些阶段的各项投资活动和各个工作环节，有些是相互影响的、前后紧密衔接的，也有同时开展、相互交叉进行的。因此，在可行性研究阶段，需将项目实施时期每个阶段的工作环节进行统一规划，综合平衡，作出合理又切实可行的安排。

（12）投资估算

投资估算是在对项目的建设规模、技术方案、设备方案、工程方案及项目实施进度等进行研究并基本确定的基础上，估算项目投入总资金（包括建设投资和流动资金），并估算建设期内分年度资金需要量。投资估算是制定融资方案、进行经济评价的依据，内容包括固定资产投资估算、流动资金估算和投资估算表（总资金估算表、单项工程投资估算表）。投资估算的误差率应控制在10%以内。投资估算是进行详尽经济评价，决定项目可行性，选择最佳投资方案的主要依据，也是编制设计文件，控制初步设计及概算的主要依据。

（13）融资方案

建设项目所需要的投资资金，可以从多个来源渠道获得。资金筹措工作是根据对建设项目固定资产投资估算和流动资金估算的结果，研究落实资金的来源渠道和筹措方式，从中选择条件优惠的资金，进行合理运用，应该从融资组织形式选择、资金来源选择、资本金筹措、债务资金筹措、融资方案等方面分析。

投资项目的资金来源可分为国内、国外两大来源。国内资金包括企业自有资金、国家和地方财政拨款、银行贷款、股票、债券等；国外资金包括国家的外汇收入以及利用外资。由各种渠道筹措得来的资金是否可用，在很大程度上取决于项目的偿还能力，资金运用是否合理则要看资金的使用效益。对于投资方案财务评价可行的项目，应进一步进行融资方案分析,选择最佳的融资方案。投资方案分析的对象是项目本身,融资方案分析的对象则是项目的融资主体,如果项目的融资主体不是项目本身设立的项目公司,就要对项目所依托的整个企业进行分析。

项目投资估算与资金筹措分析,是项目可行性研究内容的重要组成部分。每个项目均需计算所需要的投资总额,分析投资的融资方式,并制定用款计划。

(14) 财务评价

建设项目财务评价,也称"财务分析",是指在国家现行财税制度和价格体系的前提下,从项目的角度出发,按规定科目详细估算营业收入和成本费用,预测现金流量;编制现金流量表、利润表、资产负债表等财务报表,计算相关指标;进行财务盈利能力、偿债能力分析以及财务生存能力分析,评价项目的财务可行性和合理性,明确项目对财务主体的价值以及对投资者的贡献,为投资决策、融资决策以及项目审贷提供依据。

财务评价是项目经济效益分析的首要内容,也是核心要点之一。它是从企业或项目的微观视角,根据国家有关规定,从企业财务管理角度计算和分析项目财务盈利能力和偿付能力,据以判断项目的财务前景。对于企业来说,财务评价是一个重要决策依据,因为项目盈利能力的高低,对于企业的经济效益来说影响很大,对于企业的投资决策也是直接的影响指标。

(15) 国民经济评价

财务评价只是从项目本身的财务状况来评判项目的价值,是一个微观的视角,实际上,一个项目的价值不仅仅对企业本身有影响,对整个国民经济发展和社会进步都有直接的关系,所以,还需要从宏观视角来考察项目客观发生的经济效果,以评价和判断项目的可行性。国民经济评价,也称"经济分析",是指在合理配置社会资源的前提下,从国民经济总体利益角度出发,计算项目对国民经济贡献,分析项目的经济效率、效果和对社会的影响,评价项目在宏观经济上的合理性。项目的国民经济效益评价,通常采用影子价格、社会贴现率、影子工资等工具或通用参数,计算和分析项目为国民经济带来的净效益,以使有限的社会资源得到合理配置,实现国民经济的可持续发展。

经济效益分析包括项目的财务分析和国民经济评价。项目经济效益分析的主要内容及侧重点,应根据项目性质、项目目标、投资主体以及项目对经济与社会的影响程度等具体情况而定。项目投资人决策是否发起或进一步推进该项目的建设,权益投资人决策是否投资于该项目及投资比例,债权人决策是否贷款给该项目及贷款额度,审批人决策是否批准该项目,都要以经济效益分析作为重要参考依据。对于那些需要政府核准的建设项目,各级政府审批部门在作出是否核准该项目的决策时,相关的财务数据可作为项目社会和经济影响大小的估算基础。

(16) 社会评价

对于涉及社会公共利益的项目,如农村扶贫项目,要在社会调查的基础上,分析拟建项目的社会影响,分析主要利益相关者的需求和对项目的支持和接受程度,分析项目的社会风险,提出需要防范和解决社会问题的方案。

在建设项目的技术路线确定前,必须对不同的方案进行经济效益和社会效益评价,判断项目是否可行,并比选出优秀方案。经济效益和社会效益评价是建议方案取舍的主要依据之一。

(17) 风险分析

对项目主要风险因素进行识别，采用定性和定量分析方法估计风险程度。主要是对项目的市场风险、技术风险、财务风险、组织风险、法律风险、经济及社会风险等因素进行评价，制定规避风险的对策，为项目全过程的风险管理提供依据。

（18）研究结论和建议

根据前面各节的研究分析结果，对项目在技术上、经济上进行全面的评价，对建设方案进行总结，提出结论性意见和建议。

需要注意的是，建设项目环境影响评价、安全预评价和节能评估等是由环境影响评价机构、安全预评价机构、节能评估机构等具体执行的，是与项目可行性研究工作并行的重要工作。可行性研究报告项目建设方案中提出的环境保护治理、保障建设和运行安全以及节能的措施与方案，应充分体现环评、安评和能评的具体要求。

3. 可行性研究报告的用途

① 用于国家发展和改革委员会立项的可行性研究报告。根据《中华人民共和国行政许可法》和《国务院对确需保留的行政审批项目设定行政许可的决定》而编写，是大型基础设施项目立项的基础文件，发改委根据可行性研究报告进行核准、备案或批复，决定某个项目是否实施。

② 用于银行贷款的可行性研究报告。商业银行在贷款前进行风险评估时，需要项目方出具详细可行性研究报告，对于国家开发银行等国内银行，可行性研究报告代写由甲级资格单位出具，通常不需要再组织专家评审；部分银行的贷款可行性研究报告不需要资格，但要求融资方案合理、分析正确、信息全面；另外在申请国家的相关政策支持资金、工商注册时往往也需要编写可行性研究报告，该文件类似用于银行贷款的可行性研究报告。

③ 用于商业计划、企业融资、对外招商合作的可行性研究报告。此类可行性研究报告通常要求市场分析准确、投资方案合理，并提供竞争分析、营销计划、管理方案、技术研发等实际运作方案。

④ 用于申请进口设备免税的可行性研究报告。主要用于进口设备免税用的可行性研究报告，申请办理中外合资企业、内资企业项目确认书的项目需要提供项目可行性研究报告。

⑤ 用于境外投资项目核准的可行性研究报告。企业在实施全球战略时，对国外矿产资源和其他产业投资时，需要编写可行性研究报告报给国家发展和改革委员会或省发展和改革委员会，需要申请中国进出口银行境外投资重点项目信贷支持时，也需要可行性研究报告。

三、项目申请报告

项目申请报告是指国家投资制度改革之后，企业投资建设应报政府核准的项目时，为获得项目核准机关对拟建项目的行政许可，按核准要求报送的项目论证报告。编写项目申请报告时，应根据政府公共管理的要求，对拟建项目从规划布局、资源利用、征地移民、生态环境、经济和社会影响等方面进行综合论证，为有关部门对企业投资项目进行核准提供依据。

（一）项目申请报告与可行性研究报告的区别

项目申请报告与可行性研究报告在分析论证的角度、包含的内容和发挥的作用等方面都有区别。

可行性研究报告主要是从微观角度对项目本身的可行性进行分析论证，侧重于项目的内部条件和技术分析，包括市场前景是否看好、投资回报是否理想、技术方案是否合理和先进、资金来源是否落实、项目建设和运行的外部配套条件是否有保障等内容，主要作用是帮助投资者进行正确的投资决策、选择科学合理的建设实施方案。

项目申请报告主要是从宏观角度对项目的外部影响进行论证，侧重于经济和社会分析，主要包括拟建项目的基本情况和该项目的外部影响，如该项目对国家经济安全、地区重大布局、资源开发利用、生态环境保护、防止行业垄断和保护公共利益等方面造成的影响。项目申请报告是政府对需核准项目进行审查以决定是否允许其投资建设的重要依据，至于项目的市场前景、经济效益、资金来源、产品技术方案等内容，不必在项目申请报告中进行详细分析和论证，均由企业自主决策、自担风险。

（二）项目申请报告的编制

项目申请报告重点阐述项目的外部性、公共性等事项，包括维护经济安全、合理开发利用资源、保护生态环境、优化重大布局、保障公众利益、防止出现垄断等内容，具体如下：

1. 申报单位及项目概况

① 项目申请单位概况。包括申请单位的主营业务、经营年限、资产负债、股东构成、主要投资项目、现有生产能力等内容。

② 项目概括。包括拟建项目的建设背景、建设地点、主要建设内容和规模、产品和工程技术方案、主要设备选型和配套工程、投资规模和资金筹措方案等内容。

2. 发展规划、产业政策及行业准入

① 发展规划分析。拟建项目是否符合有关的国民经济和社会发展总体规划、专项规划、区域规划等要求，项目目标与规划内容是否衔接和协调。

② 产业政策分析。拟建项目是否符合有关产业政策的要求。

③ 行业准入分析。项目建设单位和拟建项目是否符合相关行业准入标准的规定。《造纸行业"十四五"及中长期高质量发展纲要》将造纸行业"十四五"及以后的发展总体目标提出指导性意见，可供参考。

3. 资源开发及综合利用

① 资源开发方案。包括对金属矿、煤矿、石油天然气矿、建材矿以及水（力）、森林等资源的开发，应分析拟开发资源的开发量、自然品质、赋存条件、开发价值等，评价是否符合资源综合利用的要求。

② 资源利用方案。包括项目需要占用的重要资源品种、数量及来源情况；通过对单位生产能力主要资源消耗量指标的对比分析，评价资源利用效率的先进程度；分析评价项目建设是否会对地表（下）水等其他资源造成不利影响。

③ 资源节约措施。阐述项目方案中作为原材料的各类金属矿、非金属矿及水资源节约的主要措施方案。对拟建项目的资源消耗指标进行分析，阐述在提高资源利用效率、降低资源消耗等方面的主要措施，论证是否符合资源节约和有效利用的相关要求。

4. 节能方案分析

① 用能标准和节能规范。阐述拟建项目所遵循的国家和地方的合理用能标准及节能设计规范。

② 能耗状况和能耗指标分析。阐述项目所在地的能源供应状况，分析拟建项目的能源消耗种类和数量。根据项目特点选择计算各类能耗指标，与国际国内先进水平进行对比分析，阐述是否符合能源准入标准的要求。

③ 节能措施和节能效果分析。阐述拟建项目为了优化用能结构、满足相关技术政策和设计标准而采用的主要节能降耗措施，对节能效果进行分析论证。

5. 建设用地、征地拆迁及移民安置分析

包括项目选址及用地方案、土地利用合理性分析、征地拆迁和移民安置规划方案等内容。

① 项目选址及用地方案。包括项目建设地点、占地面积、土地利用状况、占用耕地情况等内容。分析项目选址是否会造成相关不利影响，如是否压覆矿床和文物，是否有利于防洪和防涝，是否影响通航及军事设施等。

② 土地利用合理性分析。分析拟建项目是否符合土地利用规划要求，占地规模是否合理，是否符合集约和有效使用土地的要求，耕地占用补充方案是否可行等。

③ 征地拆迁和移民安置规划方案。对拟建项目的征地拆迁影响进行调查分析，依法提出拆迁补偿的原则、范围和方式，制定移民安置规划方案，并对是否符合保障移民合法权益、满足移民生存及发展需要等要求进行分析论证。

一方面，造纸企业要求较好的配套设施和充足的土地资源，另一方面，造纸企业资源消耗量大，且存在一定的污染，因而造纸项目能否取得土地资源审批对于项目的核准和备案非常关键。

6. 环境和生态影响分析

包括项目所在地的环境和生态现状、项目对生态环境的影响、生态环境保护措施、地质灾害影响等内容，此外还要论述特殊环境影响及对策。

① 环境和生态现状。包括项目厂址的自然环境条件、现有污染物情况、生态环境条件和环境容量状况等。

② 生态环境影响分析。包括排放污染物类型、排放量情况分析，水土流失预测，对生态环境的影响因素和影响程度，对流域和区域环境及生态系统的综合影响。

③ 生态环境保护措施。按照有关环境保护、水土保持的政策法规要求，对可能造成的生态环境的影响因素和影响程度，对治理方案的可行性、治理效果进行分析论证。

④ 地质灾害影响分析。在地质灾害易发区建设的项目和易诱发地质灾害的项目，要阐述项目建设所在地的地质灾害情况，分析拟建项目诱发地质灾害的风险，提出防御的对策和措施。

⑤ 特殊环境影响。分析拟建项目对历史文化遗产、自然遗产、风景名胜和自然景观等可能造成的不利影响，并提出保护措施。

7. 经济影响分析

包括对项目的经济效益分析、行业影响分析、区域经济影响分析和宏观经济影响分析等内容。

① 经济效益分析。从社会资源优化配置的角度，通过经济效益分析，评价拟建项目的经济合理性。

② 行业影响分析。阐述行业现状的基本情况以及企业在行业中所处地位，分析拟建项目对所在行业及关联产业发展的影响，并对是否可能导致垄断等进行论证。

③ 区域经济影响分析。对于区域经济可能产生重大影响的项目，应从区域经济发展、产业空间布局、当地财政收入、社会收入分配、市场竞争结构等角度进行分析论证。

④ 宏观经济影响分析。投资规模巨大、对国民经济有重大影响的项目，应进行宏观经济影响分析。涉及国家经济安全的项目，应分析拟建项目对经济安全的影响，提出维护经济安全的措施。

8. 社会影响分析

要分析项目对当地社会的影响和当地社会条件对项目的适应性和可接受程度,评价项目的社会可行性。

① 社会影响效果分析。阐述拟建项目的建设及运营活动对项目所在地可能产生的社会影响和社会效益。

② 社会适应性分析。分析拟建项目能否为当地的社会环境、人文条件所接纳,评价该项目与当地社会环境的相互适应性。

③ 社会风险及对策分析。针对项目建设所涉及的各种社会因素进行社会分析,提出协调项目与当地社会关系、规避社会风险、促进项目顺利实施的措施方案。

9. 结论与建议

根据前面各节的研究分析结果,对项目提出结论性意见和建议。

在编写具体项目的项目申请报告时,可根据拟建项目的实际情况进行适当的调整与删减。项目单位在报送项目申请报告时,应当根据国家法律法规的规定附送以下文件:

① 城乡规划行政主管部门出具的选址意见书(仅指以划拨方式提供国有土地使用权的项目)。

② 国土资源行政主管部门出具的用地预审意见(不涉及新增用地,在已批准的建设用地范围内进行改扩建的项目,可以不进行用地预审)。

③ 环境保护行政主管部门出具的环境影响评价审批文件。

④ 节能审查机关出具的节能审查意见。

⑤ 根据有关法律法规的规定应当提交的其他文件。

第四节 工程项目相关专题报告的编制

环境影响评价(环评)、安全评价(安评)、节能评估(能评)和社会稳定风险评估(稳评)等是近年来分别由环境保护行政主管部门、安全监管部门和发改委等专门进行的专项审批内容,是工程项目前期立项审批的要求,审批时须提供相应的专题报告。目前制浆造纸工程项目也要求进行相应的评价或评估工作。

一、环境影响评价

造纸行业资源消耗量大、对环境影响大、公众关注度高,建设项目环境影响评价对于项目的核准、备案管理有着举足轻重的作用。项目单位要做好项目的环境影响评价工作,积极采取管理减排、工程减排、结构减排等措施,以顺利获得环境影响评价审批意见。

环境影响评价(Environmental Impact Assessment,简称 EIA)是指对规划和建设项目实施后可能造成的环境影响进行分析、预测和评估,提出预防或者减轻不良环境影响的对策和措施,进行跟踪监测的方法与制度。环境影响评价必须客观、公开、公正,综合考虑规划或者建设项目实施后对各种环境因素及其所构成的生态系统可能造成的影响,为决策提供科学依据。

按评价对象,环境影响评价分为规划的环境影响评价和建设项目的环境影响评价;按时间顺序分为环境质量现状评价、环境影响预测评价和环境影响后评价;按照环境要素,环境影响评价可以分为:大气环境影响评价、地表水环境影响评价、声环境影响评价、生态环境影响评价和固体废物环境影响评价等。

（一）环境影响评价的作用

环境影响评价是预测项目开发环境后果的方法和技术，是由一系列程序和方法组合而成的，也是一项法律制度，是强化环境管理的有效手段。

环境影响评价对保护环境和确定经济发展方向等一系列重大决策都有重要作用。

① 环境影响评价明确项目开发建设者的环境责任，对建设项目的工程设计提出环保要求和建议，保证建设项目选址和布局的合理性，指导环境保护方案的设计。

② 环境影响评价为环境管理者提供对建设项目实施有效管理的科学依据，是管理部门对建设项目环境管理重要手段。

③ 环境影响评价为区域社会经济发展提供导向，促进相关行业及其环保科学技术的发展。

（二）环境影响评价的审批程序

根据我国的《建设项目环境保护管理条例》规定，建设项目对环境可能造成重大影响的，应当编制环境影响报告书，对建设项目产生的污染和对环境的影响进行全面、详细的评价；建设项目对环境可能造成轻度影响的，应当编制环境影响报告表，对建设项目产生的污染和对环境的影响进行分析或者专项评价；对环境影响很小、不需要进行环境影响评价的，应当填报环境影响登记表。建设项目环境影响评价文件是建设项目环境影响报告书、环境影响报告表和环境影响登记表的统称。

国家根据建设项目对环境的影响程度，对建设项目的环境影响评价实行分类管理。建设项目的环境影响评价分类管理名录，由国务院生态环境主管部门制定并公布。根据建设项目环境影响评价分类管理名录（2021年版）规定，制浆项目和造纸项目（包括废纸造纸，但手工纸、加工纸制造除外）应当编制环境影响报告书，手工纸制造和有涂布、浸渍、印刷、黏胶工艺的加工纸制造应当编制环境影响报告表，有涂布、浸渍、印刷、黏胶工艺的纸制品制造也应当编制环境影响报告表。

按照国家规定实行审批制的建设项目，建设单位应当在报送可行性研究报告前报批环境影响评价文件。按照国家规定实行核准制的建设项目，建设单位应当在提交项目申请报告前报批环境影响评价文件。按照国家规定实行备案制的建设项目，建设单位应当在办理备案手续后和开工前报批环境影响评价文件。

开展环境影响评价时，首先由建设单位或主管部门通过签订合同委托其它评价单位或自行进行调查和评价工作；评价单位通过调查和评价制作环境影响报告书（表），评价工作要在项目的可行性研究阶段完成；建设单位应当在报批建设项目环境影响报告书（表）前，举行论证会、听证会，或者采取其他形式，征求有关单位、专家和公众的意见；建设单位上报有审批权的生态环境行政主管部门审批；建设项目环境影响报告书（表）由有审批权的生态环境行政主管部门审查批准，在作出批准的决定前，在政府网站公示拟批准的建设项目目录，作出批准决定后，在政府网站公告建设项目审批结果。

依法应当编制环境影响报告书、环境影响报告表的建设项目，环境影响评价文件未依法经审批部门审查或者审查后未予批准的，建设单位不得开工建设，审批通过后才能开始建设。依法应当填报环境影响登记表的建设项目，建设单位应当按照国务院生态环境行政主管部门的规定，将环境影响登记表报建设项目所在地县级生态环境行政主管部门备案。

（三）环境影响评价报告

环境影响评价报告，即环评报告，是新建、扩建、改建项目对环境造成的影响的预见性评定。根据对项目所在地的地下水、土壤的监测，对项目所用原材料、可能产生的废弃物、项目的环保设施的设计的评价，从而评估项目建成对环境的影响。对于制浆造纸行业，根据建设项目环境影响评价分类管理名录，环境影响评价报告有两种形式，即建设项目的环境影响报告书和建设项目的环境影响报告表。

1. 建设项目的环境影响报告书

环境影响报告书，简称环评报告书，是由建设单位委托技术单位或自行编制对可能造成重大环境影响的建设项目产生的环境影响进行全面评价的一种环境影响评价文件。

根据《中华人民共和国环境影响评价法》第17条和《建设项目环境保护管理条例》第8条规定，建设项目的环境影响报告书应当包括下列内容：a. 建设项目概况；b. 建设项目周围环境现状；c. 建设项目对环境可能造成影响的分析、预测和评估；d. 建设项目环境保护措施及其技术、经济论证；e. 建设项目对环境影响的经济损益分析；f. 对建设项目实施环境监测的建议；g. 环境影响评价的结论。

2. 建设项目的环境影响报告表

环境影响报告表是环境影响评价结果的表格表现形式，由建设单位委托从事环境影响评价工作的单位或自行编制，由建设单位就拟建项目向生态环境主管部门提交。主要适用于小型建设项目、国家规定的限额以下的技术改造项目、省级生态环境部门确认的对环境影响较小的大中型项目和限额以上技术改造项目。内容包括：建设项目概况；建设项目所在地自然环境社会环境简况；建设项目工程分析；建设过程中和拟建项目建成后对环境影响的分析；建设项目拟采取的防治措施及预期治理效果；结论和建议等。

二、安　全　评　价

安全评价（Safety Assessment），是以实现工程、系统安全为目的，应用安全系统工程原理和方法，对工程、系统中存在的危险、有害因素进行辨识与分析，判断工程、系统发生事故和职业危害的可能性及其严重程度，从而为制定防范措施和管理决策提供科学依据。安全评价是探明系统危险、寻求安全对策的一种方法和技术，是安全系统工程的重要组成部分。安全评价的意义在于可有效地预防事故的发生，减少财产损失和人员伤亡。

（一）安全评价的作用

安全评价旨在建立必要的安全措施前，掌握系统内可能的危险种类、危险程度和危险后果，并对其进行定量、定性的分析，从而提出有效的危险控制措施，指导危险源监控和事故预防，以达到最低事故率、最少损失和最优的安全投资效益。

安全评价的作用表现在：a. 可以使系统有效地减少事故和职业危害；b. 可以系统地进行安全管理；c. 可以用最少投资达到最佳安全效果；d. 可以促进各项安全标准制定和可靠性数据积累；e. 可以迅速提高安全技术人员业务水平。

（二）安全评价的分类

安全评价按照实施阶段的不同分为三类：安全预评价、安全验收评价和安全现状评价。

① 安全预评价是根据建设项目可行性研究报告内容，分析和预测该建设项目可能存在的危险、有害因素的种类和程度，提出合理可行的安全对策措施及建议。在建设项目可行性研究阶段，需要做安全预评价并出具安全预评价报告，再由设计单位以此进行设计。

② 安全验收评价是在建设项目竣工、试生产运行正常后，通过对建设项目的设施、设备、装置实际运行状况及管理状况的安全评价，查找该建设项目投产后存在的危险、有害因素的种类和程度，提出合理可行的安全对策措施及建议。在工程验收时进行安全验收评价，通过验收评价后，安全生产监督管理部门会以此核发安全生产许可证或安全经营许可证。

③ 安全现状评价是在系统生命周期内的生产运行期，通过对生产经营单位的生产设施、设备、装置实际运行状况及管理状况的调查、分析，运用安全系统工程的方法，进行危险、有害因素的识别及其危险度的评价，查找该系统生产运行中存在的事故隐患并判定其危险程度，提出合理可行的安全对策措施及建议，使系统在生产运行期内的安全风险控制在安全、合理的程度内。已建成项目在安全生产许可证或安全经营许可证快到期时，需要做安全现状评价，安全生产监督管理部门依照此报告核发换证。

我国的安全评价机构实行准入制度，资质审查通过后可从事相关业务，具有安全评价资质的注册安全评价师可在评价报告上签名。

（三）**安全预评价程序**

在项目决策阶段主要涉及安全预评价，安全预评价内容主要包括危险与有害因素识别、危险度评价和安全对策措施及建议。

安全预评价程序一般包括以下步骤：

1. 准备阶段

明确被评价对象和范围，进行现场调查和收集国内外相关法律法规、技术标准及建设项目资料。

2. 危险、有害因素识别与分析

根据建设项目周边环境、生产工艺流程或场所的特点，识别和分析其潜在的危险、有害因素。

3. 确定安全预评价单元

在危险、有害因素识别和分析基础上，根据评价的需要，将建设项目分成若干个评价单元。划分评价单元的一般性原则：按生产工艺功能、生产设施设备相对空间位置、危险有害因素类别及事故范围划分评价单元，使评价单元相对独立，具有明显的特征界限。

4. 选择安全预评价方法

根据被评价对象的特点，选择科学、合理、适用的定性、定量评价方法。

5. 定性、定量评价

根据选择的评价方法，对危险、有害因素导致事故发生的可能性和严重程度进行定性、定量评价，以确定事故可能发生的部位、频次、严重程度的等级及相关结果，为制定安全对策措施提供科学依据。

6. 安全对策措施及建议

根据定性、定量评价结果，提出消除或减弱危险、有害因素的技术和管理措施及建议。

7. 安全预评价结论

简要列出主要危险、有害因素评价结果，指出建设项目应重点防范的重大危险、有害因素，明确应重视的重要安全对策措施，给出建设项目从安全生产角度是否符合国家有关法律、法规、技术标准的结论。

（四）**安全预评价报告**

安全预评价报告应当包括以下重点内容。

1. 概述

① 安全预评价依据。有关安全预评价的法律、法规及技术标准；建设项目可行性研究报告等建设项目相关文件；安全预评价参考的其他资料。

② 建设单位简介。

③ 建设项目概况。包括建设项目选址、总平面图及平面布置、生产规模、工艺流程、主要设备、主要原材料、中间体、产品、经济技术指标、公用工程及辅助设施等。

2. 生产工艺简介

在分析建设项目资料和对同类生产厂家初步调研的基础上，对建设项目建成投产后生产过程中所用原辅材料和中间产品的数量、危险性、有害性及其贮运，以及生产工艺、生产设备、公用工程、辅助工程和地理环境条件等方面危险及有害因素进行分析，确定主要危险及有害因素的种类、产生原因、存在部位和可能产生的后果，以便确定评价对象和选用评价方法。

3. 安全预评价方法和评价单元

根据建设项目主要危险及有害因素的种类和特征，选用评价方法。不同的危险及有害因素，选用不同的方法；对重要的危险及有害因素，必要时可选用两种或多种评价方法进行评价，相互补充和验证，以提高评价结果的可靠性。在选用评价方法的同时，应明确所要评价的对象和进行评价的单元。

4. 定性、定量评价

定性、定量安全评价是预评价报告书的核心章节，应分别运用所选取的评价方法，对相应的危险及有害因素进行定性论述、定量计算。根据建设项目的具体情况，对主要危险及有害因素应分别采用相应评价方法进行评价，对危险性大且容易造成群死群伤事故的危险因素，也可选用两种或几种评价方法进行评价，以相互验证和补充。

5. 安全对策措施及建议

由于安全方面的对策措施对建设项目的设计、施工和今后的安全生产及管理具有指导作用，倍受建设和设计单位的重视。因此，提出的安全对策措施针对性要强，要具体、合理、可行，一般情况下分别列出可行性研究报告中已提出的和建议补充的安全对策措施：a. 总图布置和建筑方面的安全措施；b. 工艺、设备和装置方面的安全措施；c. 安全工程设计方面的对策措施；d. 安全管理方面的对策措施；e. 应采取的其他综合措施。同时，应列出建设项目必须遵守的国家和地方安全方面的法规、法令、标准、规范和规程。

6. 安全预评价结论

主要内容应包括：简要地列出对主要危险有害因素评价（计算）的结果；明确指出本建设项目今后生产过程中应重点防护的重大危险因素；指出建设单位应重视的重要安全技术措施和管理措施，以确保今后的安全生产。

建设单位按有关要求将安全预评价报告交由具备能力的行业组织或具备相应资质条件的中介机构组织专家进行技术评审，并由专家评审组提出评审意见。

预评价单位根据审查意见，修改、完善安全预评价报告后，由建设单位按规定报有关安全生产监督管理部门备案。

三、节能评估

造纸企业作为用能大户，在节能降耗方面担负着重任。造纸企业在向发展和改革部门报送建设项目备案或核准材料的同时，需要报送建设项目的节能评估报告。

固定资产投资项目节能评估和审查是指根据节能法规、标准，对各级人民政府发展和改革部门管理的在我国境内建设的固定资产投资项目的能源利用是否科学合理进行分析评估，并编制节能评估文件或填写节能登记表，对项目节能评估文件进行审查并形成审查意见，或对节能登记表进行登记备案，并将审查意见或节能登记表作为项目审批、核准或开工建设的前置性条件以及项目设计、施工和竣工验收的重要依据。其中，节能评估是指根据节能法规、标准，对固定资产投资项目的能源利用是否科学合理进行分析评估，并编制节能评估报告书、节能评估报告表或填写节能登记表的行为；节能审查是指根据节能法规、标准，对项目节能评估文件进行审查并形成审查意见，或对节能登记表进行登记备案的行为。

（一）节能评估的目的和意义

节能评估的目的和意义：

① 根据节能法规、标准，对投资项目的能源利用是否科学合理进行分析评估；

② 对项目工艺工序以及工艺设备在能源消耗方面是否先进可行，进行评估；

③ 阐述建设项目设计用能的情况，以科学、严谨的评估方法，客观、全面地分析项目合理用能的先进点和薄弱环节，判定项目合理用能的政策符合性、科学性、可行性，提出合理用能的建议措施；

④ 根据节能评估的结论和建议，为实现国家、地方有关节能减排及碳达峰碳中和的宏观政策目标，加强项目合理用能管理，从源头严把节能关。

（二）节能评估原则

节能评估工作的开展应遵循以下原则：

① 真实性原则。节能评估机构应当对所依据资料、文件和数据的真实性做出分析和判断，本着认真负责的态度对项目用能情况进行分析评估，确保评估结果的真实性。

② 科学性原则。节能评估机构应当严格按照评估目的、评估程序，从项目实际出发，对项目相关数据、文件和资料等进行研究、计算和分析，得出科学、正确和公正的评估结论。

③ 可行性原则。节能评估机构在评估过程中，应当根据项目特点，依据适宜的法规、政策、标准、规范，采取合理可行的评估方法，以保证项目节能评估能够顺利完成。

④ 独立性原则。节能评估机构应当立足自身评估技术知识和水平，客观、公正进行独立评估。

（三）节能评估类型

固定资产投资项目节能评估按照项目建成投产后，按年综合能源消费量（电力折算系数按当量值，下同）实行分类管理。

① 年综合能源消费量大于等于3000t标准煤或年电力消费量500万kW·h以上，或年石油消费量1000t以上，或年天然气消费量100万m^3以上的固定资产投资项目，应单独编制节能评估报告书。

② 年综合能源消费量1000~3000t标准煤（不含3000t），或年电力消费量200万~500万kW·h，或年石油消费量500~1000t，或年天然气消费量50万~100万m^3的固定资产投资项目，应单独编制节能评估报告表。

③ 年综合能源消费量1000t标准煤以下（不含1000t），或年电力消费量200万kW·h以下，或年石油消费量500t以下，或年天然气消费量50万m^3以下的固定资产投资项目，

应填写节能登记表。

(四) 节能评估程序

项目建设单位应根据项目建成投产后的年能源消费量，按照《固定资产投资项目节能评估和审查暂行办法》节能评估分类标准，确定需要编制节能评估文件（节能评估报告书与节能评估报告表合称节能评估文件），进行节能登记。如需编制节能评估文件，建设单位应委托有能力的机构进行编制；如需进行节能登记，建设单位可自行填写节能登记表报送备案。节能评估机构接到项目节能评估文件编制任务后，可按照工作程序完成相关任务。

节能评估工作程序主要包括：前期准备（收集项目的基本情况及用能方面的相关资料）、选择评估方法、项目节能评估、形成评估结论、编制节能评估文件、根据评审意见对评估文件进行修改完善等。

节能评估机构在编制节能评估文件时，应与项目建设单位充分沟通。报送节能审查的节能评估文件应由节能评估机构和项目建设单位分别加盖公章。

(五) 节能评估报告

节能评估报告是指在项目节能评估的基础上，由有能力单位出具的节能评估报告书、节能评估报告表或节能评估登记表（也可以自行编制）。

按照《固定资产投资项目节能评估和审查暂行办法》，固定资产投资项目节能评估报告书应包括下列内容：a. 评估依据；b. 项目概况；c. 能源供应情况评估，包括项目所在地能源资源条件以及项目对所在地能源消费的影响评估；d. 项目建设方案节能评估，包括项目选址、总平面布置、生产工艺、用能工艺和用能设备等方面的节能评估；e. 项目能源消耗和能效水平评估，包括能源消费量、能源消费结构、能源利用效率等方面的分析评估；f. 节能措施评估，包括技术措施和管理措施评估；g. 存在问题及建议；h. 结论。

节能评估文件和节能登记表应按照《固定资产投资项目节能评估和审查暂行办法》附件要求的内容深度和格式编制。

固定资产投资项目节能审查按照项目管理权限实行分级管理。由国家发展和改革委员会核报国务院审批或核准的项目以及由国家发展和改革委员会审批或核准的项目，其节能审查由国家发展和改革委员会负责；由地方人民政府发展和改革部门审批、核准、备案或核报本级人民政府审批、核准的项目，其节能审查由地方人民政府发展和改革部门负责。节能审查机关收到项目节能评估文件后，要委托有关机构进行评审，形成评审意见，作为节能审查的重要依据。未按规定进行节能审查，或节能审查未获通过的固定资产投资项目，项目审批、核准机关不得审批、核准，建设单位不得开工建设，已经建成的不得投入生产、使用。

按照有关规定实行审批或核准制的固定资产投资项目，建设单位应在报送可行性研究报告或项目申请报告时，一同报送节能评估文件提请审查或报送节能登记表进行登记备案。按照省级人民政府有关规定实行备案制的固定资产投资项目，按照项目所在地省级人民政府有关规定进行节能评估和审查。

四、社会稳定风险评估

社会稳定风险评估是指与人民群众利益密切相关的重大决策、重要政策、重大改革措施、重大工程建设项目、与社会公共秩序相关的重大活动等重大事项在制定出台、组织实施或审批审核前，对可能影响社会稳定的因素开展系统的调查，科学的预测、分析和评估，制定风险应对策略和预案。根据《国家发展改革委重大固定资产投资项目社会稳定风险评估暂行办法》，国务院有关部门、省级发展改革部门、中央管理企业在向国家发展改革委报送项目可行性研究报告、项目申请报告的申报文件中，应当包含对该项目社会稳定风险评估报告的意见，并附社会稳定风险评估报告。各地区也相继出台了类似规定，由地方审批核准的项目也要进行社会稳定风险评估，审批政府投资项目可行性研究报告和核准企业投资项目的项目申请报告阶段，进行社会稳定风险评估，社会稳定风险评估工作由项目所在地政府或发展改革部门负责开展。社会稳定风险评估有效规避、预防、控制重大事项实施过程中可能产生的社会稳定风险，更好的确保重大事项顺利实施。

（一）重大固定资产投资项目社会稳定风险分析篇章编制大纲

为切实规范和全面推进重大固定资产投资项目社会稳定风险分析和评估工作，根据《国家发展改革委重大固定资产投资项目社会稳定风险评估暂行办法》和国家、地方相关规定，对于需要开展稳评的重大固定资产投资项目，项目建设单位在组织编制项目可行性研究报告、项目申请报告时，应当同时进行社会稳定风险分析，并作为项目可行性研究报告、项目申请报告中的独立篇章。

重大固定资产投资项目社会稳定风险分析篇章主要内容如下：

1. 编制依据

重大固定资产投资项目社会稳定风险分析及其篇章编制，应依据法律、法规、规章和规范性文件、拟建项目所在地区的社会稳定风险评估要求，以及拟建项目建设方案等相关资料开展工作。编制依据主要包括：a. 相关法律、法规、规章、规范性文件以及其他政策性文件；b. 项目单位的委托合同；c. 项目单位提供的拟建项目基本情况和风险分析所需的必要资料；d. 国家出台的区域经济社会发展规划、国务院及有关部门批准的相关规划；e. 其他依据。

2. 风险调查

社会稳定风险调查重点围绕拟建项目建设实施的合法性、合理性、可行性和可控性等方面开展。调查范围应覆盖所涉及地区的利益相关者，充分听取、全面收集群众和各利益相关者的意见，包括合理和不合理、现实和潜在的诉求等。结合拟建项目特点，重点阐述以下部分或全部：a. 调查的内容和范围、方式和方法；b. 拟建项目的合法性；c. 拟建项目自然和社会环境状况；d. 利益相关者的意见和诉求、公众参与情况；e. 基层组织态度、媒体舆论导向，以及公开报道过的同类项目风险情况。

3. 风险识别

在风险调查的基础上，针对利益相关者不理解、不认同、不满意、不支持的方面，或在日后可能引发不稳定事件的情形，全面、全程查找并分析可能引发社会稳定风险的各种风险因素。重点阐述：在政策规划和审批程序、土地房屋征收方案、技术和经济方案、生态环境影响、项目建设管理、当地经济社会影响、质量安全和社会治安、媒体舆论导向等方面重点分析查找各风险因素。

4. 风险估计

根据各项风险因素的成因、影响表现、风险分布、影响程度、发生可能性，找出主要风险因素。采用定性与定量相结合的风险分析方法，估计主要风险因素的风险程度；分析主要因素之间是否相互影响。重点阐述：按照风险可能发生的项目阶段（决策、准备、实施、运营），结合当地经济社会与拟建项目的相互适应性，从初步识别的各类风险因素中筛选、归纳出主要风险因素。对每一个主要风险因素进行分析、估计，两个或多个风险因素相互作用的影响，包括可能引发风险事件的原因、时间和形式，风险事件的发生概率、影响程度和风险程度。

5. 风险防范和化解措施

根据风险识别和风险估计的结果，研究提出风险防范化解措施。重点阐述：针对主要风险因素研究提出各项综合和专项的风险防范、化解措施，提出落实各项措施的责任主体和协助单位、防范责任、具体工作内容、风险控制节点、实施时间和要求的建议。

6. 风险等级

分析各项风险防范、化解措施落实的可行性和有效性，预测落实措施后每一个主要风险因素可能引发风险的变化趋势，包括发生概率、影响程度、风险程度等，综合判断拟建项目落实风险防范、化解措施后的风险等级。重点阐述：预测各主要风险因素变化趋势及结果，综合判断落实措施后风险等级。

7. 风险分析结论

阐述拟建项目社会稳定风险分析的主要结论，包括：a. 拟建项目主要的风险因素；b. 主要的风险防范、化解措施；c. 拟建项目风险等级；d. 落实风险防范、化解措施的有关建议。

（二）重大固定资产投资项目社会稳定风险评估报告编制大纲

重大固定资产投资项目社会稳定风险评估主体由项目所在地人民政府或其有关部门指定。评估主体组织对拟建项目的社会稳定风险开展评估论证，对项目单位组织编制的社会稳定风险分析篇章进行评估，根据实际情况，采取多种方式听取各方面意见，分析判断并确定风险等级，提出社会稳定风险评估报告。评估主体要按规定程序和要求进行评估，遵守工作纪律和保密规定，对评估报告负责。

社会稳定风险评估报告主要内容如下。

1. 基本情况

① 项目概况。简述项目基本情况，主要包括：项目单位、拟建地点、建设必要性、建设方案、建设期、主要技术经济指标、环境影响、资源利用、征地搬迁及移民安置、社会环境概况（含当地经济发展及社会治安、群体性事件、信访等情况）、投资及资金筹措等内容。

② 评估依据。社会稳定风险评估工作所依据的相关法律、法规和规范性文件等；国家出台的区域经济社会发展意见、国务院及有关部门批准的相关规划、采用的项目所在地人民政府确定的社会稳定风险评判标准或指标体系。

③ 评估主体。拟建项目的评估主体指定方、评估主体的组成及职责分工，并具体说明其相关部门、社会组织、专业机构、专家学者、群众代表等参与评估工作情况。

④ 评估过程和方法。简述评估工作的程序、步骤和主要过程；说明评估工作所采用的主要方法。

2. 评估内容

① 风险调查评估及各方意见采纳情况。阐述对社会稳定风险分析篇章中风险调查的广泛性、代表性、真实性等进行评估的过程和结果。说明评估主体根据实际需要直接开展或者要求项目单位开展补充风险调查的情况。对收集的拟建项目各方面意见进行梳理和比较分析，形成能够反映实际情况的信息资料，并阐述其采纳情况。

② 风险识别和估计的评估。一是风险识别评估，对风险分析篇章中风险识别的完整性和确定性提出评估意见；根据风险调查评估结果，对拟建项目可能引发的主要社会稳定风险因素进行补充完善，并汇总。二是风险估计评估，对风险分析篇章中风险估计的客观性、分析内容的完备性、分析方法的适用性提出评估意见；预测估计主要风险因素发生概率、影响程度和风险程度。

③ 风险防范和化解措施的评估。对社会稳定风险分析篇章中提出的风险防范、化解措施进行评估，并补充完善。针对拟建项目可能引发的社会稳定风险，进一步补充完善和明确落实各项防范、化解措施的责任主体和协助单位、具体负责内容、风险控制节点、实施时间和要求。

④ 落实措施后的风险等级确定。对风险分析篇章中风险等级判断方法、评判标准的选择运用是否恰当、风险等级判断结果是否客观合理提出评估意见；结合补充的重要风险因素，综合以上评估结果，确定项目落实防范、化解风险措施后的项目风险等级。

3. 评估结论

评估结论包括：a. 拟建项目存在的主要风险因素；b. 拟建项目合法性、合理性、可行性、可控性评估结论；c. 拟建项目的风险等级；d. 拟建项目主要风险防范、化解措施；e. 根据需要提出应急预案和建议。

参 考 文 献

[1] 陆惠民，苏振民，王延树. 工程项目管理 [M]. 3 版. 南京：东南大学出版社，2015.
[2] 张建新，杜亚丽，鞠蕾，李楠楠. 工程项目管理 [M]. 3 版. 北京：清华大学出版社，2019.
[3] 中国造纸协会，中国造纸学会. 中国造纸工业可持续发展白皮书 [R]. 北京：中国造纸协会和中国新闻出版传媒集团有限公司，2019.
[4] 郭薇，周立明，王谦利. 十八大后造纸项目备案或核准探讨 [J]. 中华纸业，2015，36（3）：68-71.

习 题

[目标 1] 工程与社会

1. 简述安全预评价程序。
2. 重大固定资产投资项目社会稳定风险分析篇章和社会稳定风险评估报告分别包括哪些主要内容？

[目标 2] 环境和可持续发展

3. 结合环境影响评价，制浆造纸企业可以采取哪些环境保护措施，以减轻对环境的影响？
4. 造纸企业作为用能大户，在节能减排方面担负着重任，结合造纸技术发展，谈谈降低能耗可以采取哪些措施？

[目标 3] 项目管理

5. 工程项目建设程序一般分为几个阶段？每个阶段的主要工作或成果是什么？
6. 简述过程管理的 PDCA 循环过程和特点。
7. EPC 模式是现阶段比较流行的一种项目管理模式，在我国称之为"工程总承包"模式，分析该模式的特点。
8. 根据我国现阶段投资项目立项管理政策，企业投资建设制浆造纸项目采用什么方式立项？
9. 轻工业建设项目可行性研究报告编制内容包括哪些方面？
10. 简述项目申请报告与可行性研究报告的区别。

【本章思政案例】

序号	案例名称	案例教学目标	案例内容
1	造纸工业绿色循环发展潜力巨大	培养学生职业素质、科学精神	造纸工业使用的原料和生产过程中排放的固态、液态和气态的废物基本可以回收利用,纸产品也可以循环利用,这一特性奠定了造纸工业循环经济的基础。造纸工业实行全生命周期管理,致力于提高资源的高效循环利用,开发绿色产品,创建绿色工厂,引导绿色消费,转变发展方式,按照减量化、再利用、资源化的原则,提高水资源、能源、土地及植物原料的利用效率,减少能源消耗和污染物排放。造纸工业开展循环经济、节能减排等工作,对产业结构调整和产业升级起到重要支撑和推动作用
2	造纸工业实施严格的环保标准	培养学生环保意识、法治意识	目前我国造纸工业执行的环保标准,部分指标比欧美国家还要严格。以生产漂白硫酸盐浆为例,对于 COD 指标,制浆企业的国家标准要求 4.5kg/adt,而世界银行 EHS 导则给出的是 20kg/adt,欧美最佳技术导则(BAT)给出的是 3~23kg/adt,美国 EPA 对 COD 没有提出具体要求。对于 BOD_5 指标,制浆企业的国家标准要求 0.9kg/adt,而世界银行 EHS 导则给出的是 1kg/adt,欧美最佳技术导则(BAT)给出的是 0.3~1.5kg/adt,美国 EPA 的标准是 2.41kg/adt。在环保的高标准倒逼下,造纸企业通过使用先进的技术准备,加大技术改造投入,增加运行成本等措施,全行业基本做到了达标排放,实现了增产减污目标
3	造纸工业国产装备水平不断提升	培养学生的家国情怀、工匠精神	随着造纸工业的发展和需求的不断增长,中国造纸装备经过多年努力,技术水平和国际竞争力有较大提升,整体实力逐步增强。近年来,国产造纸机技术进步较大,在幅宽和车速上均有提高。尤其是卫生纸机从原来车速 250m/min、幅宽 2.5m 以下的圆网纸机发展到车速超过 1000m/min、幅宽超过 3.6m 的新月形夹网纸机。在关键技术方面,如水力式流浆箱、叠网成形、稀释水装置、自动引纸、大型焊接烘缸等技术装备已经成熟,并得到较好应用。夹网成形、靴式压榨等技术已突破并推向市场。目前,中国制造的中等规模、中档制浆造纸生产线在国际上已经具备一定的竞争力。近年来,东南亚、中东和少数欧洲国家的造纸生产线更多地选择了中国制造的造纸装备

注:ad—风干浆。

第三章 工程项目经济分析与评价

【本章学习目标】

本章内容介绍工程项目的投资估算与融资方案,以及生产成本、利润、税金、财务评价、国民经济评价与社会评价等主要内容。通过本章学习,能够加深学习者对工程与社会的理解,并培养其项目管理能力。具体包括:

[目标1] 项目管理:理解并掌握工程管理原理与经济决策方法,并能在多学科环境中应用;

[目标2] 工程与社会:能够基于制浆造纸工程相关背景知识进行合理分析,评价制浆造纸专业工程实践和复杂工程问题解决方案对社会、健康、安全、法律以及文化的影响,并理解应承担的责任。

工程项目经济分析是从经济学角度对工程技术方案进行评价的理论与方法,是为投资决策服务的。经济分析工作主要在建设前期,而估算、概算、预算、结算与决算等计算则贯穿建设全过程,因此,经济分析与评价一直延伸到建设期的实施阶段。工程项目经济分析的内容不仅涉及经济评价本身,还必须考虑安全、环境、社会等不能用金钱衡量的因素,这种决策过程称为经济分析与评价。

经济评价是项目可行性研究中,对拟建项目各种有关技术经济因素和项目投入与产出的有关财务、经济资料数据进行调查、分析和预测,对项目的财务、经济、社会效益进行计算和评价,分析比较各工程项目方案的优劣,从而确定和推荐最佳的工程方案。经济评价是建设项目可行性研究和评估的核心内容,其目的在于避免或减小投资风险,明了项目投资的财务效益水平及其对国家经济发展及社会福利的贡献大小,最大限度地提高项目投资的综合经济效益,为项目投资决策提供科学的依据。

建设项目经济评价是在完成项目相关的市场需求预测、拟建规模、厂址选择、技术设计方案、环境保护、投资估算与融资方案等可行性分析的基础上,在遵循动态分析与静态分析相结合、定量分析与定性分析相结合、宏观效益分析与微观效益分析相结合、价值量分析与实物量分析相结合、预测分析与统计分析相结合的原则下,计算项目建设所需投入的费用,对项目建成投产后的经济效益进行计算、分析和评价,预测项目建成投产后的销售收入、利润额、获利程度、投资清偿能力、贷款偿还能力以及净现值等经济效益指标所能达到的程度,对工程项目在经济上的可行性、合理性、合算性进行分析论证,做出全面的经济评价,选出经济效益最优的投资方案,并提出结论性意见或建议,提供给决策者作为投资决策的依据。

第一节 投资估算及融资方案

一、投资估算

(一)概述

投资估算是指对拟建项目固定资产投资、流动资金和项目贷款利息的估算。在国内,主

要是两阶段的投资估算:

① 投资机会研究或项目建议书阶段的投资估算。对固定资产投资主要采用指数估算法和系数估算法。对流动资金采用流动资金占产值、固定资金、成本等的比率进行估算的方法。对建设期的贷款利息可不予考虑。

② 可行性研究阶段的投资估算。对固定资产投资一般采用概算指标估算法进行结算。概算指标法需按固定资产投资的建筑工程、设备购置、安装工程、其他费用以及它们的具体费用项目进行估算。各阶段的估算方法有粗细程度之别。对流动资金除采用项目建议书的上述估算方法外,还可采用定额流动资金的测算方法。对项目建设贷款利息,则通过借款偿还平衡表及财务平衡表进行结算。

项目投资估算对投资决策、项目规划、建设规模、资金筹措、投资概算及核算、优化设计方案、投资效果具有重要的作用:

① 建议书阶段的投资估算,是主管部门审批项目建议书的依据之一,并对项目的规划和规模起参考作用。

② 可行性研究阶段的投资估算是项目投资决策的重要依据,也是研究、分析和计算项目投资经济效果的重要条件。

③ 项目投资估算对工程设计概算起控制作用,设计概算不得突破有关部门批准的投资估算,并应控制在投资估算额以内。

④ 项目投资估算可作为筹措资金及制定建设贷款计划的依据,建设单位可根据批准的项目投资估算额,进行资金筹措和向银行申请贷款。

⑤ 项目投资估算是核算建设项目固定资产投资需要额和编制固定资产投资计划的重要依据。

⑥ 项目投资估算是进行工程设计招标、设计方案优选的依据之一。

工程项目投资是项目建设并使之投入生产和连续运行所需的资金。从满足建设项目经济评价的角度,总投资估算包括固定资产投资估算和流动资金估算;从满足建设项目投资计划和投资规模的角度,投资估算包括固定资产投资估算和铺底流动资金估算。根据国家现行规定,要求新建、扩建和技术改造项目,必须将铺底流动资金列入投资计划。铺底流动资金不落实的,国家不予批准立项,银行不予贷款。

(二) 投资估算的内容

总投资构成包括:

① 建设投资。建筑工程投资、设备购置及安装费用、其他工程及费用(辅助工程、公用工程、其他费用)、预备费、建设期利息。其他工程费用还包括:土地征用费、建设单位管理费、前期工作准备费、职工培训费、联合试车费、办公及生活家居购置费、编制项目可行性研究费、设计费、勘察费、工程监理费、施工图审查费、招投标代理服务费、工程质量安全服务费、城镇基础设计配套费、竣工图编制费、环境影响评价咨询费、工程保险费等。

② 流动资金。流动资产(应收账款、存货、原料/辅料、燃料动力、在产品、产成品)、流动负债(应付账款)、流动资金。

(三) 投资估算依据

进行经济分析与评价时必须确定下列要素:a. 建设项目有关文字说明、图纸;b. 建筑工程投资参考近期同类型结构造价指标计算;c. 前期工作费计取执行计价格按国家计委《关于印发建设项目前期工作咨询收费暂行规定》的通知([1999] 1283号)计取;d. 设备运杂费按设备购置价的7%计算，设备安装费按建设部《QBJS 10—2005 工程设计概算编制办法》中规定费率计取；e. 设计费按计价格《工程勘察设计收费管理规定》（〔2002〕10号）计取；f. 建设项目环境影响咨询费按计价格〔2002〕125号《关于规范环境影响咨询收费有关问题的通知》计取；g. 建设单位管理费按财政部财建〔2002〕394号《基本建设财务管理法规》计算；h. 其他费用按《QBJ S10—2005 工程设计概算编制办法》中规定的费率计算。

（四）投资估算程序

不同类型的工程项目可选用不同的投资估算方法，不同的投资估算方法有不同的投资估算编制程序。现从工程项目费用组成考虑，介绍一般的投资估算编制程序：a. 熟悉工程项目的特点、组成、内容和规模等；b. 收集有关资料，数据和估算指标等；c. 选择相应的投资估算方法；d. 估算工程项目各单位工程的建筑面积及工程量；e. 进行单项工程的投资估算；f. 进行附属工程的投资估算；g. 进行工程建设其他费用的估算；h. 进行预备费用的估算；i. 计算固定资产投资方向调节税；j. 计算贷款利息；k. 汇总工程项目投资估算总额；l. 检查，调整不适当的费用，确定工程项目的投资估算总额；m. 估算工程项目主要材料、设备及需用量。

（五）投资估算方法

常用的估算方法有：比例估算法、生产能力指数估算法、分项比例估算法、单位面积综合指标估算法、单元指标估算法等。各有其适用的条件和范围，而且精度也各不相同。在工作中应根据工程项目的性质和范围，占有的技术经济资料和数据的具体情况，选用合适的估算方法。

1. 比例估算法

当无任何类似数据可参考时，只能采用比例估算法，即年销售总额与总投资的比值。年销售总额是年销售量与平均销售价格的乘积。对于不同的工程项目，销售总额与总投资额之比相差悬殊，其范围在0.2~5。所以，比例估算法是一种简便快速，节约时间和费用，但是不精确的估算方法。

2. 生产能力指数估算法

生产能力指数可按式（3-1）估算。

$$x = y\left(\frac{C_2}{C_1}\right)^n \times C_f \tag{3-1}$$

式中　x——拟建项目的投资额，元

　　　y——已知同类型项目的投资额，元

　　　C_1——已知同类型项目的生产规模，t/年

　　　C_2——拟建项目的生产规模，t/年

　　　C_f——增价系数

　　　n——生产规模系数

该法中生产规模指数n是一个关键因素。不同行业、性质、工艺流程、建设水平、生产率水平的项目，应取不同的指数值。选取n值的原则是：靠增大设备或装置的尺寸扩大生产规模时，n取0.6~0.7；靠增加相同的设备或装置的数量扩大生产规模时，n取0.8~0.9。

3. 分项比例估算法

固定资产估算一般采用分项详细估算法，该法是将项目的固定资产投资分为设备投资、

建筑物与构筑物投资、其他投资三部分，先估算出设备的投资额，然后再按一定比例估算出建筑物与构筑物的投资及其他投资，最后将三部分投资加在一起。

4. 单位面积综合指标估算法

该法适用于单项工程的投资估算，投资包括土建、给排水、采暖、通风、空调、电、气、动力管道等所需费用。可按式（3-2）计算。

$$单项工程投资额 = 建筑躺 \times 单位面积造价 \times 价格浮动指数 \pm 结构和建筑部分的差价 \qquad (3-2)$$

5. 单元指标估算法

该法在实际工作中使用较多，工业建设项目单元指标估算法，可按式（3-3）计算。

$$项目投资额 = 单元指标 \times 生产能力 \times 物价浮动指标 \qquad (3-3)$$

建设项目总投资由建设投资、固定资产投资方向调节税、建设期借款利息和流动资金组成。其中建设投资分为固定资产、无形资产、递延资产及预备费四个部分；固定资产费用由工程费用和固定资产及其他费用组成。项目总投资估算表见表3-1和表3-2。

表3-1　　　　　　　　　　　　　　项目总投资估算表之一

序号	工程或费用名称	估算价值/万元					占总投资的比例/%	备注
		设备购置费	安装工程费用	建筑工程费	其他建设费	合计		
一	建设投资							
1.1	固定资产费用							
1.1.1	工程费用							
1.1.1.1	主要生产项目							
（1）	××装置(装置)							
（2）	…							
	小计							
1.1.1.2	辅助生产项目							
	…							
	小计							
1.1.1.3	公用工程项目							
（1）	供排水							
（2）	供电及电讯							
（3）	供汽							
（4）	总图运输							
（5）	厂区外管							
（6）	…							
	小计							
1.1.1.4	服务性工程项目							
	…							
	小计							
1.1.1.5	生活福利设施项目							
	…							
	小计							

续表

序号	工程或费用名称	估算价值/万元					占总投资的比例/%	备注
		设备购置费	安装工程费用	建筑工程费	其他建设费	合计		
1.1.1.6	厂外工程项目							
(1)	…							
(2)	…							
	小计							
1.1.2	固定资产及其他费用							
1.1.2.1	土地征用及拆迁补偿费							
1.1.2.2	超限设备运输特殊措施费							
1.1.2.3	工程保险费							
1.1.2.4	锅炉和压力容器检验费							
1.1.2.5	施工机构迁移费							
1.1.2.6	…							
	小计							
1.2	无形资产费用							
1.2.1	勘察设计费							
1.2.2	技术转让费							
1.2.3	土地(场地)使用权							
1.2.4	…							
	小计							
1.3	递延资产费用							
1.3.1	建设单位管理费							
1.3.2	生产准备费							
1.3.3	联合试运转费							
1.3.4	办公及生活家具购置费用							
1.3.5	研究实验费							
1.3.6	供电贴费							
1.3.7	城市基础设施配套费用							
1.3.8	…							
	小计							
1.4	预备费							
1.4.1	基本预备费							
1.4.2	涨价预备费							
	小计							
	建设投资合计							
二	固定资产投资方向调节税							
三	建设期贷款利息							
四	流动资金							
	项目总投资							

表 3-2　　项目总投资估算表之二

序号	工程或费用名称	估算价值/万元					占总投资的比例/%	备注
		设备购置费	安装工程费用	建筑工程费	其他建设费	合计		
一	建设投资							
1.1	工程费用							
1.1.1	主要生产费用							
(1)	碎解车间							
(2)	造纸车间							
(3)	厂区工艺管网							
	小计							
1.1.2	辅助生产项目							
	各类库房							
	小计							
1.1.3	公用工程项目							
(1)	供排水管网							
(2)	供电及电讯							
(3)	热力管网							
(4)	照明及防雷接地							
	小计							
1.1.4	环境保护工程项目							
	废水处理							
	小计							
1.1.5	总图及运输工程项目							
(1)	原料堆场							
(2)	厂区道路							
(3)	绿化							
	小计							
1.2	其他工程费用							
1.2.1	建设单位管理费							
1.2.2	办公、生活用品购置费							
1.2.3	可行性研究费							
1.2.4	勘察设计费							
1.2.5	联合试车费							
1.2.6	环境影响评价费							
1.2.7	工程建设监理费							
1.2.8	培训费							
	小计							
1.3	基本预备费							
二	固定资产投资方向调节税							
三	建设期借款利息							
四	流动资金							
	项目总投资							

二、融 资 方 案

项目的资金来源可分为投入资金和借入资金,前者形成项目的资本金,后者形成项目的负债。融资方案,即企业资金形成的渠道,它可以分为两类:债务性融资和权益性融资。前者包括银行贷款、发行债券和应付票据、应付账款等,后者主要指股票融资。债务性融资构成负债,企业要按期偿还约定的本息,债权人一般不参与企业的经营决策,对资金的运用也没有决策权。权益性融资是指向其他投资者出售公司的所有权,即用所有者的权益来交换资金。这将涉及公司的合伙人、所有者和投资者间分派公司的经营和管理责任。权益融资可以让企业创办人不必用现金回报其他投资者,而是与它们分享企业利润并承担管理责任,投资者以红利形式分得企业利润。

(一) 项目资本金

项目资本金是指投资项目总投资中必须包含一定比例的、由出资方实缴的资金,这部分资金对项目的法人而言属于非负债资金。除了主要由中央和地方政府用财政预算投资建设的公益性项目等部分特殊项目外,大部分投资项目都应实行资本金制度。项目资本金的形式,可以是现金、实物、无形资产。但无形资产的比重要符合国家有关规定。根据出资方的不同,项目资本金分为国家出资、法人出资和个人出资。

根据国家法律、法规规定,建设项目可通过争取国家财政预算内投资、自筹投资、发行股票和吸收国外资本直接投资等多种方式来筹集资本金。

1. 国家财政预算内投资

简称"国家投资",是指以国家预算资金为来源并列入国家计划的固定资产投资。目前它包括:国家预算,地方财政,主管部门和国家专业投资公司拨给或委托银行贷给建设单位的工程建设拨款或中央工程建设基金,拨给企业单位的更新改造拨款,以及中央财政安排的专项拨款中用于工程建设的资金。

对于国防、科研、文教卫生、行政事业单位等非营业性的无偿还能力的国家预算内投资,采用通过建设银行进行拨款的方式。对于实行独立核算有偿还能力的企业,则实行工程建设投资拨款改贷款的方式,简称"拨改贷"。如造纸项目可以向国家贷款进行建设。贷款利率实行行业差别利率,借款单位定期还本付息。

2. 自筹投资

自筹投资指用于进行固定资产投资的上级主管部门、地方和单位、个人的自筹资金。目前,自筹投资占全社会固定资产投资总额的一半,已成为筹集建设项目资金的主要渠道。

建设项目自筹资金来源必须正当,应上缴财政的各项资金和国家有指定用途的专款,以及银行贷款、信托投资、流动资金不可用于自筹投资。自筹投资要符合一定时期国家确定的投资使用方向,投资结构趋向应合理,以提高自筹投资的经济效果。

3. 发行股票

股票是股份公司发给股东作为投资入股的证书和索取股息的凭证,它可作为买卖对象或抵押品的有价证券。股票的种类按股东承担风险和享有权益的大小,可分为普通股和优先股两大类。

① 普通股。在公司利润分配方面享有普通权利的股份。普通股股东除能分得股息外,还可在公司盈利较多时再分享红利,所以普通股获利水平与公司盈亏息息相关。股票持有人不仅据此可分摊股息和获得股票涨价时的利益,且有选举该公司董事、监事的机会,有参与

公司管理的权利，股东大会的选举权根据普通股持有额计票。

② 优先股。在公司利润分配方面较普通股票有优先权的股票。优先股的股东，按一定的比率取得固定股息；企业倒闭时，能优先得到剩下的可分配给股东的部分财产。

4. 吸收国外资本直接投资

吸收国外资本直接投资主要包括与外商合资经营、合作经营、合作开发及外商独资经营等形式，国外资本直接投资方式的特点是：不发生债务、债权关系，但要让出一部分管理权，并且要支付一部分利润。

① 合资经营（股权式经营）。合资经营是由外国公司、企业经我国政府批准，同我国的公司、企业在我国境内举办合营企业。合资经营企业由合营各方出资认股组成，各方出资多寡，由双方协商确定。合资企业各方的出资方式可以是现金、实物，也可以是工业产权和专有技术。按照国际惯例，合资各方的出资比例，决定了分享利润的份额和对风险及亏损所分担的责任，也关系到对企业管理的控制权。

② 合作经营（契约式经营）。这种经营方式是一种无股权的合约式经济组织，是由我方提供土地、厂房、劳动力，由国外合作方提供资金、技术或设备，共同兴办的企业。合作经营企业的合作双方权利、责任、义务由双方协商并用协议或合同加以规定。双方签署的协议书、合同经我国政府（或有关部门）批准后，便受法律保护。

③ 合作开发。主要指对海上石油和其他资源的合作勘探开发，合作方式与合作经营相类似。一般作法是：第一阶段，主要是进行地质勘探，一切费用由外国公司支付；第二阶段，根据地质勘探结果，选出一部分有希望的地区进行招标，签订合同。合作勘探开发，双方应按合同规定分享产品或利润。

④ 外资独营。外资独营是由外国投资者独自投资和经营的企业形式。按我国规定，外国投资者可以在经济特区、开发区及其他经我国政府批准的地区开办独资企业。企业的产、供、销由外国投资者自行规定。外资独营企业的一切活动应遵守我国的法律、法规和我国政府的有关规定，并照章纳税。纳税后的利润，可通过中国银行按外汇管理条例汇往国外。

（二）负债融资

项目的负债是指项目承担的能够以货币计量的，需要以资产或者劳务偿还的债务。它是项目融资的重要方式，一般包括银行贷款、发行债券、设备租赁和借用国外资金等融资渠道。

1. 银行贷款

银行贷款是银行利用信贷资金所发放的投资性贷款，是建设项目投资资金的重要组成部分。为了规范贷款行为，维护借贷双方的合法权益，保证信贷资产的安全，提高贷款使用的整体效益，促进社会经济的持续发展，根据《中华人民共和国商业银行法》等有关法律规定，制定《贷款通则》，自1996年8月1日起施行。银行贷款的发放和使用应当符合国家的法律、行政法规和中国人民银行发布的行政规章，应当遵循效益性、安全性和流动性的原则。借款人与贷款人的借贷活动应当遵循平等、自愿、公平和诚实信用的原则。

2. 发行债券

债券是借款单位为筹集资金而发行的一种信用凭证，它证明持券人有权按期取得固定利息并到期收回本金。一般来说，当企业预测未来市场销售情况良好、盈利稳定，预计未来物价上涨较快，企业负债比率不高时，可以考虑以发行债券的方式进行融资。

3. 设备租赁

设备租赁是出租人和承租人之间订立契约，由出租人应承租人的要求，购买其所需的设备，在一定时期内供其使用，并按期收取租金。租赁期间设备的产权属出租人，用户只有使用权，且不得中途解约。期满后，承租人可以从以下的处理方法中选择：a. 将所租设备退还出租人；b. 延长租期；c. 作价购进所租设备；d. 要求出租人更新设备，另订租约。

4. 借用国外资金

① 外国政府贷款。外国政府贷款指外国政府通过财政预算每年拨出一定款项直接向我国政府提供的贷款。这种贷款的特点是利率较低（年利率一般为2%~3%），期限较长（平均为20~30年），但数额有限，所以这种方式的贷款，比较适用于建设周期较长，金额较大的工程建设项目，如发电站、港口、铁路及能源开发等项目。

② 国际金融组织贷款。主要是指国际货币基金组织、世界银行、国际开发协会、国际金融公司、国际农业发展基金会、亚洲开发银行等组织提供的贷款。近年来，我国利用大量世界银行贷款进行项目建设。这类贷款由我国财政部负责谈判并签订协定。各种大型项目由世界银行直接贷款，各中小工业项目由中国投资银行负责转贷，各中小型农业项目由中国农业银行负责转贷。

③ 国外商业银行贷款。包括国外开发银行、投资银行、长期信用银行以及开发金融公司对我国提供的贷款。建设项目投资贷款主要是向国外银行筹措中长期资金。一般通过中国银行、国际信托投资公司和中国投资银行办理。这种贷款的特点是可以较快筹集大额资金，借得资金可由借款人自由支配，但它的利息和费用负担较重。

④ 在国外金融市场上发行债券。这种债券的偿付期限较长，融得的款项可以自由运用。但债券发行手续比较繁琐，且发行费用较高，同时还要求发行人有一定的信誉，精通国际金融业务。所以这种融资方式适用于金额不大，资金运用要求自由的建设项目。

⑤ 吸收外国银行、企业和私人存款。吸收国外的存款主要是通过我国的金融机构（主要是中国银行），特别是设在经济特区、开发区和海外的金融机构，广泛吸收包括私人客户外汇存款、同业银行存款、企业外汇存款在内的各类外汇存款。这类存款的特点是分散、流动性大，但成本低、风险小。若安排得当，不失为利用外资的一种好方式。

⑥ 利用出口信贷。出口信贷是西方国家政府为了鼓励资本和商品输出而设置的专门信贷。这种贷款的特点是利息率较低，期限一般为10~15年，借方所借款项只能用于购买出口信贷国设备。出口信贷可根据贷款的对象不同分为买方信贷与卖方信贷。买方信贷是指发放出口信贷的银行将贷款直接贷给国外进口者（即买方）；卖方信贷是指发放出口信贷的银行将资金贷给本国的出口者（即卖方）以便卖方将产品卖给国外进口者（即买方），而不致发生资金周转困难。

投资计划与融资方案见表3-3。

表3-3　　　　　　　　　　　投资计划与融资方案　　　　　　　　　　单位：万元

序号	费用名称	建设期						投产期						合计
		1			2			3			4			
		外币	折人民币	人民币	小计	外币	折人民币	人民币	小计	外币	折人民币	人民币	小计	
1	总投资													
(1)	固定资产投资													

续表

序号	费用名称	建设期								投产期								合计
		1				2				3				4				
		外币	折人民币	人民币	小计	外币	折人民币	人民币	小计	外币	折人民币	人民币	小计	外币	折人民币	人民币	小计	
(2)	建设期利息																	
(3)	流动资金																	
2	融资方案																	
(1)	自有资金 其中,用于流动资金																	
(2)	借款																	
	长期借款																	
	流动资金借款																	
	其他短期借款																	
(3)	其他																	

第二节 生产成本、利润和税金

一、直接生产成本

直接生产成本由直接材料、直接人工和制造费用三部分组成。直接材料是指在生产过程中的劳动对象，通过加工使之成为半成品或成品，它们的使用价值随之变成了另一种使用价值；直接人工是指生产过程中所耗费的人力资源，可用工资额和福利费等计算；制造费用则是指生产过程中使用的厂房、机器、车辆及设备等设施及机物料和辅料，它们的耗用一部分是通过折旧方式计入成本，另一部分是通过维修、定额费用、机物料耗用和辅料耗用等方式计入成本。

二、期间生产成本

期间成本是指企业日常活动中不能直接归属于某个特定成本核算对象的，在发生时应直接计入当期损益的各种费用。期间费用包括管理费用、销售费用、财务费用和研发费用。期间成本是企业日常活动中所发生的经济利益的流出。之所以不计入特定的成本核算对象，主要是因为期间费用是企业为组织和管理整个经营活动所发生的费用，与可以确定特定成本核算对象的材料采购、产成品生产等没有直接关系，因而期间费用不计入有关核算对象的成本，而是直接计入当期损益。期间费用包含以下两种情况：一是企业发生的支出不产生经济利益，或者即使产生经济利益但不符合或者不再符合资产确认条件的，应当在发生时确认为费用，计入当期损益；二是企业发生的交易或者事项导致其承担了一项负债，而又不确认为一项资产的，应当在发生时确认为费用计入当期损益。

三、总成本

生产总成本是企业生产产品所需费用的总和，也就是企业生产产品所耗用的以货币量反映的人力、物力的总和。生产总成本可分解为固定成本和可变成本。可变成本包括原材料、公共设施消耗费用；固定成本包括人工费、车间经费、企业管理费、折旧费。在项目可行性研究中计算生产总成本是编制收入报表和计算流动资金需要量的依据。根据国务院经济研究中心与国家科委合编的《工业建设项目可行性研究经济评价方法》的规定：生产总成本即为销售成本，为工厂成本与销售费用之和。

四、利　　润

利润是企业劳动者为社会创造的剩余产品的价值表现形式。利润的本质是企业盈利的表现形式，是全体职工的劳动成绩，企业为市场生产优质商品而得到利润，与剩余价值相比利润不仅在质上是相同的，而且在量上也是相等的，所不同的只是，剩余价值是对可变资本而言的，利润是对全部成本而言的。利润的具体形式有：实现利润，即企业销售收入减去各项费用支出的余款；上缴利润，即按规定上缴给国家财政部门的利润；税后利润，即企业实现利润按国家规定上缴一定比例后留归企业的部分。

五、税　　金

税金是指企业发生的除企业所得税和允许抵扣的增值税以外的各项税金及其附加。税金通常包括纳税人按规定缴纳的消费税、营业税、税金、城市维护建设税、资源税、教育费附加等，以及发生的土地使用税、车船税、房产税、印花税等。按照《财政部　税务总局关于实施小微企业普惠性税收减免政策的通知》（财税〔2019〕13号）规定，由省、自治区、直辖市人民政府根据本地区实际情况，以及宏观调控需要确定，对增值税小规模纳税人可以在50%的税额幅度内减征资源税、城市维护建设税、房产税、城镇土地使用税、印花税（不含证券交易印花税）、耕地占用税和教育费附加、地方教育附加。

第三节　财务评价

财务评价是项目经济评价的第一步，是从企业角度，根据国家现行财政、税收制度和现行市场价格，计算项目的投资费用、产品成本与产品销售收入、税金等相关财务数据，进而据此计算、分析项目的盈利状况、收益水平、清偿能力、贷款偿还能力及外汇效果等，来考察项目投资在财务上的潜在获利能力，据此可明确建设项目的财务可行性和财务可接受性，并得出财务评价的结论。投资者可根据项目财务评价结论、项目投资的财务经济效果和投资所承担的风险程度，决定项目是否应该投资建设。

一、现金流通图

在项目经济评价时，为了简单、明了地反映各方案投资、运营成本、收益等的大小和它们相应发生的时间，一般用一个数轴图形来表示各现金流入流出与相应时间的对应关系，它就称为现金流量图。所谓现金流量图，就是将现金流量绘入时间坐标中。横轴表示一个从零开始n的时间序列，每一个刻度表示一个时间单位（或一个计息期）。随计息期长短的不同，时间单位可以取年、半年、季或月等。"0"表示时间序列的起点，同时它也是第一个计息期的起始点。从1至n分别代表各计息期的终点，第1个计息期的终点，也就是第二个计息期的起点。某期的现金收入（现金的增加），以垂直向上的箭头表示；某期的现金支付

（现金的减少），以垂直向下的箭头表示，箭头的长、短与收、支的大小成比例。图 3-1 所示为贷款人的现金流量图。对借款人来说，由于立足点不同，绘成的现金流量图和图 3-1 大小相等，方向相反，如图 3-2 所示。

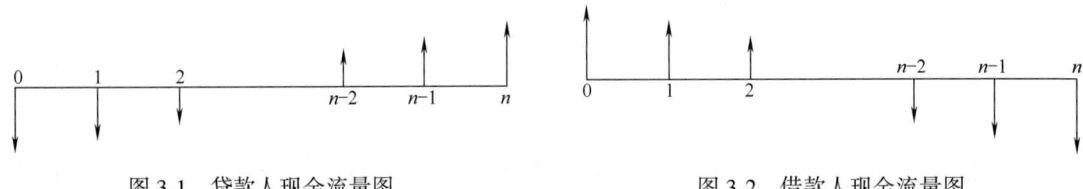

图 3-1　贷款人现金流量图　　　　　　图 3-2　借款人现金流量图

二、金钱的时间价值

由于货币通过投资在一定时期内能获得一定利息，每一元钱在将来和现在相比，其价值都不一样。正是由于利息和时间的这种关系，得出了"货币的时间价值"这一概念。货币的时间价值意味着相等的货币量，在不同的时间点，获得不同的价值。

在工程经济计算中，无论是技术方案所发挥的经济效益，还是所消耗的人力、物力和自然资源，最后都是以价值形态，即资金的形式表现出来的。资金运动反映了物化劳动和活劳动的运动过程，而这个过程也是资金随时间运动的过程。因此，在工程经济分析时，不仅要着眼于方案资金量的大小（资金收入和支出的多少），而且也要考虑资金发生的时间。资金的价值是随时间变化而变化的，是时间的函数，随时间的推移而增值，其增值的这部分资金就是原有资金的时间价值。

（一）影响资金的时间价值的因素

影响资金的时间价值的因素很多，其中主要有：

1. 资金的使用时间

在单位时间的资金增值率一定的条件下，资金使用时间越长，则资金的时间价值就越大；使用时间越短，则资金的时间价值就越小。

2. 资金数量的大小

在其他条件不变的情况下，资金数量越大，资金的时间价值就越大；反之，资金的时间价值则越小。

3. 资金投入和回收的特点

在总投资一定的情况下，前期投入的资金越多，资金的负效益越大；反之，后期投入的资金越多，资金的负效益越小，而在资金回收额一定的情况下，离现在越近的时间回收的资金越多，资金的时间价值就越大，反之离现在越远的时间回收的资金越多，资金的时间价值就越小。

4. 资金周转的速度

资金周转越快，在一定的时间内等量资金的时间价值越大；反之，资金的时间价值越小。

总之，资金的时间价值是客观存在的，了解这一概念是进行项目经济分析的出发点，无论是借贷、投资都要考虑它。投资经营的一项基本原则就是充分利用资金的时间价值，并最大限度地获取其时间价值，这就要加速资金周转，早期收回资金并不断进行高利润的投资活动，而任何积压资金或闲置资金，不用，就是白白的损失资金的时间价值。

（二）资金时间价值的计算

在考虑资金时间价值时，还应明确以下几个概念：

① 现值（记为 P）——资金发生在（或折算为）某一特定时间序列起点时的价值；

② 终值（记为 F）——资金发生在（或折算为）某一特定时间序列终点的价值；

③ 等额年金（记为 A）——资金发生在（或折算为）某一特定时间序列各计算期末（不包括零期）的等额资金序列的价值。

资金的时间价值的计算方法与采用复利法计算利息的方法相同，利息是资金时间价值的一种表现形式。我们介绍几种常用的资金时间价值计算公式。

（1）一次支付终值公式

已知初期一次投入的现值为 P，求 n 期末的终值 F，即 n 期末的本利和，按式（3-4）计算。

$$F = P \times (1+i)^n \tag{3-4}$$

式中　i——利息率，%

　　　n——贷款期限，年

　　　P——现值，元

　　　F——终值，元

【例1】 某公司向银行贷款 50 万元，年利率为 11%，贷款期限为 2 年，到第 2 年年末一次偿清，应付本利和多少元？

【解】 已知：$P=50$ 万元，$i=11\%$，$n=2$ 年，则：

$$F = P \times (1+i)^n = 50 \times (1+11\%)^2 = 61.6 \text{（万元）}$$

（2）一次支付现值公式

已知未来某一时点上投入资金 F，年利率为 i，投入资金的时期数为 n，求其折现值 P。按式（3-5）计算。

$$P = F \times (1+i)^{-n} \tag{3-5}$$

式中符号含义同式（3-4）。

把未来时刻资金的价值换算为现在时刻的价值，称为折现或贴现。

【例2】 某公司两年后拟从银行取出 50 万元，现应存入多少元钱？假定银行存款利率为年息 3%。

【解】 已知：$F=50$ 万元，$n=2$ 年，$i=3\%$，则：

$$P = F \times (1+i)^{-n} = 50 \times (1+3\%)^{-2} = 47.13 \text{（万元）}$$

（3）等额年金终值公式、等额存储偿债基金公式

从第 1 年到第 n 年，逐年年末的等额资金存入银行，到第 n 年末一次取出的资金本利和 F。已知 n 年内每年年末投入 A，年利率为 i，求到 n 年末的终值 F 式（3-6）；互换式见式（3-7）。

$$F = A \left[\frac{(1+i)^n - 1}{i} \right] \tag{3-6}$$

$$A = F \left[\frac{i}{(1+i)^n - 1} \right] \tag{3-7}$$

式中　F——终值，元

　　　A——n 年内每年年末投入，元

　　　i——利息率，%

n——贷款期限,年

【例3】 如果从1月开始每月月末储存100元,月利率为8‰,求年末本利和。

【解】 已知 $A = 100$ 元,$i = 8‰$,$n = 12$ 月,则:

$$F = A\left[\frac{(1+i)^n - 1}{i}\right] = 100 \times 12.542 = 1254.2 \text{ (元)}$$

(三)贷款利息的计算

贷款的偿还性是银行信贷的一项基本原则。借款人不仅要按照借款合同的规定在还款期内如数偿还本金,而且还要根据结息时间和利率定期支付利息。利息的一般计算方法有"单利法"和"复利法"两种计算方式。

(1)单利法

计算利息时所依据的本金在整个贷款期内不变,仅按最初本金计算利息,其所生利息不再加入本金重复计算,按式(3-8)计算单利利息 L_1。

$$L_1 = P \times i \times n \tag{3-8}$$

式中 L_1——单利利息,元

P——现值,元

i——利率,%

n——计息期数,年

本利和计算按式(3-9)计算。

$$F_1 = P + L_1 = P \times (1 + i \times n) \tag{3-9}$$

式中 F_1——复利终值(本利和),元

L_1——单利利息,元

P——现值,元

i——利息率,%

n——计息期数,年

其余符号同前。

(2)复利法

用复利法计算利息时,每年期末计算的利息加入本金形成新本金,再计算下期的利息,逐期滚算,"利上滚利"。复利终值(本利和)F_2 按式(3-10)计算,复利利息 L_2 按式(3-11)计算。

$$F_2 = P \times (1+i)^n \tag{3-10}$$

$$L_2 = P \times [(1+i)^n - 1] \tag{3-11}$$

式中 F_2——复利终值(本利和),元

L_2——复利利息,元

P——现值,元

n——计息期数,年

i——计息期内的利率,%

【例4】 某公司向银行借款 $P = 10$ 万元,合同规定年利率 $i = 10\%$,求一年半(n)后的单利利息 L_1 和本利和 F_1、复利利息 L_2 和本利和 F_2。

【解】

单利法:$L_1 = P \times i \times n = 10 \times 10\% \times 1.5 = 1.5$(万元)

$$F_1 = P+L = P\times(1+i\times n) = 10\times(1+10\%\times 1.5) = 11.5 \text{（万元）}$$

复利法：$F_2 = P\times(1+i)^n = 10\times(1+10\%)^{1.5} = 11.5368$（万元）

$$L_2 = F-P = 1.5368 \text{（万元）}$$

通过计算可以看出，由于复利法是逐期滚算，利上加利，因此，复利利息大于单利利息并且随着计息时间的延长而迅速增加。

建设期的贷款利息和还款期的贷款利息，由于贷款总额的分期发放，及每一计息期内都要偿还贷款的部分本息，计算就比较复杂，这里不再叙述。

三、静 态 评 价

静态获利性分析的特点是把项目预计历年所需投入的资金和历年所得的收入的实际数值，分别直接地进行汇总以后计算评价指标。这种不考虑时间因素对货币价值的影响，而对现金流量分别进行直接汇总来计算评价指标的方法，称之静态分析法。静态评价指标包括投资利润率、投资利税率和静态投资回收期，它们的计算方法分别如下。

（一）投资利润率

投资利润率是指建设项目达到设计生产能力时的一个正常年份的利润总额与项目投资总额之比率。它表明建设项目正常生产年份中，单位投资每年所创造的利润额。当项目生产期内各年的利润总额变化幅度较大时，应计算项目生产期的年平均利润总额与项目总投资的比率。计算公式见式（3-12）。

$$\text{投资利润率} = \frac{\text{年平均利润总额}}{\text{项目投资总额}} \times 100\% \qquad (3\text{-}12)$$

式中　年平均利润总额——年产品销售收入-年产品销售税金及附加-年总成本费用

年产品销售税金及附加——年产品税+年增值税+年营业税+年资源税+年城市维护建设税+年教育附加税

项目投资总额——固定资产投资+投资方向调节税+建设期利息+流动资金

注：算式中所需的财务数据，均可从相关的财务报表中获得。

通常情况下，当计算出的投资利润率高于标准投资收益率时，则认为该项目方案是可行的。在其他条件相同的情况下，选择投资利润率高的方案实施，有利于取得好的投资经济效果。

（二）投资利税率

投资利税率是指项目达到设计生产能力后的一个正常生产年份的年利、税总额或项目生产期内的年平均利、税总额与项目投资总额的比率。它表明建设项目正常生产年份中，单位投资每年所创造的利税额。计算公式见式（3-13）。

$$\text{投资利税率} = \frac{\text{年利、税总额或平均利、税总额}}{\text{项目总投资}} \times 100\% \qquad (3\text{-}13)$$

式中　年利、税总额——年产品销售收入-年总成本费用

平均利、税总额——年利润总额+年销售税金及附加

（三）静态投资回收期

静态投资回收期是指由项目获得的净现金收益来回收其投资总额所需要的年限。也可以说，静态投资回收期就是一个建设项目为了补偿其投资总额而要积累足够的净现金收益所需要的时间。它是反映项目方案在财务上投资回收能力的重要指标。其理论数学表达式见式

(3-14)。

$$\sum_{t=1}^{P_t}(C_{It} - C_{Ot}) = 0 \tag{3-14}$$

式中 P_t——静态投资回收期，年
　　　C_{It}——第 t 年现金流入量，元
　　　C_{Ot}——第 t 年现金流出量，元

静态投资回收期不宜用理论数学式进行计算，而在实际工作中往往按项目的现金流量表列出的各年净现金收益来推算，现金流量表中累计净现金流量等于零的年份，即为项目的静态投资回收期，也就是在现金流量表中累计净现金流量由负值转向正值之间的年份。在具体运用现金流量表推算静态投资回收期时，应先确定出年末累计净现金流量由负值转变成正值的年数，然后再用插入法确定出实际年数，计算公式见式（3-15）。

$$投资回收期(P_t)= 累计净现金流量出现正值的上一年份数+\frac{上年累计净现金流量的绝对值}{出现正值年份的净现金流量}（年）$$

(3-15)

投资回收期可以从项目建设开始年算起，也可以从项目投产年开始算起，但是应予以注明。当推算出的投资回收期小于或等于可以接受的时间期限（国家或部门行业的基准投资回收期）时，则认为该项目方案在财务经济上可以接受，否则应予以否定。若在多个项目方案中选优时，应选择投资回收期短的项目方案。

投资回收期是反映建设项目本身的资金回收能力的重要指标。在项目资金相当短缺的情况下或特别强调项目的清偿能力时，它是一个有实用意义的判别标准。投资回收期可作为项目方案选择的评价指标。

其他的评价指标还包括资本金利润率、财务内部收益率（FIRR）、财务净现值（FNPV）等，如若对建设项目国民经济评价作详细深入的了解，请参考有关专著。

四、动态评价

动态评价是在评价投资项目经济效益时，对项目所涉及的各年现金流（所有支出和收入），除计算它们本身的原值外，还把资金的时间价值计算进去的一种评价方法。在国外，资金时间价值通常根据年利息率计算。例如年利息率为10%，则100元，一年后为100×(1+10%)＝110元（将来值）。或一年之后的110元只相当于110÷(1+10%)＝100元。从这个意义上说，100元同一年后的110元是"等价的"。在我国，计算资金时间价值，还要根据资金利润率进行。

五、财务不确定分析

不确定分析是指对决策方案受到各种事前无法控制的外部因素变化与影响所进行的研究和估计。它是决策分析中常用的一种方法，通过该分析，可以尽量弄清和减少不确定性因素对经济效益的影响，预测项目投资对某些不可预见的政治与经济风险的抗冲击能力，从而证明项目投资的可靠性和稳定性，避免项目投产后不能获得预期的利润和收益，致企业亏损。

为了提高技术经济分析的科学性，减少评价结论的偏差，就需要进一步研究某些技术经济因素的变化对技术方案经济效益的影响，于是就成了不确定性分析决策，在实施过程中，将受到许多因素的影响。产生不确定性的因素有：a. 通货膨胀与价格变动；b. 技术装备与

生产工艺变革；c. 生产能力的变化；d. 建设资金和工期的变化；e. 国家经济政策和法规规定的变化。例如，企业的经营决策将受到国家经济政策调整、市场需要变化、原材料和外部供应条件改变、价格涨落、市场竞争加剧等因素的影响，这些因素大都无法事先控制，因此，为了做出正确决策，需要对这些不确定因素进行技术经济分析，计算其发生的概率以及对决策方案的影响程度，从中选择经济效果最好或最满意的方案。

进行不确定性分析，需要依靠决策人的知识、经验、信息和对未来发展的判断能力。要采用科学的分析方法，通常采用的方法有：a. 计算方案的损益值，即把各因素引起的不同收益计算出来，收益最大的方案为最优方案。b. 计算方案的后悔值，即计算出由于对不肯定因素判断失误而采纳的方案的收益值与最大收益值之差，后悔值最小的方案为最佳方案。c. 运用概率求出期望值及方案比较的标准值，期望值最好的方案为最佳方案。

综合考虑决策的准则，要求不偏离规则。概括起来就是不确定，分析可分为盈亏平衡分析，敏感性分析，概率分析和准则分析，其中，盈亏平衡分析只用于财务评价，敏感性分析和概率分析，可同时用于财务评价和国民经济评价。

（一）盈亏平衡分析

1. 年销售收入的计算

年销售收入 Y 计算见式（3-16）。

$$Y = P \times X \tag{3-16}$$

式中　P——销售单价，元/t

　　　X——销售量，t

　　　Y——年销售收入，元

2. 年总支出的计算

年总支出 Y_1 计算见式（3-17。)

$$Y_1 = V \times X + f + T \times X \tag{3-17}$$

式中　V——产品单价成本，元/t

　　　f——年固定成本，元

　　　T——单位产品税金，元/t

　　　X——销售量，t

　　　Y_1——年总支出，元

3. 盈亏平衡产量或保本产量

由式（3-16）和式（3-17）可知：当利润=0时，$Y=Y_1$，即 $P \times X = V \times X + f + T \times X$，那么盈亏平衡产量或保本产量（$t$）如式（3-18）：

$$X = f/(P-V-T) \tag{3-18}$$

式中含义如上。

【例5】 某造纸厂产量 10×10^4 t/a，售价 4000 元/t，年固定成本为 7500 万元，产品单价成本 2350 元/t，税金 180 元/t，求该造纸厂盈亏平衡点 BEP。

【解】 盈亏平衡产量或保本产量（t）：

$$X = 7500 \times 10^4 / (4000 - 2350 - 180)$$
$$= 51020 \text{ (t)}$$
$$BEP = 51020/100000 = 51.02\%$$

当生产量达到 51020 t 时，即可保本。BEP 一般不大于 75%，40%～70% 比较合适，

<40%接近于暴利。

（二）敏感性分析

一般销售价格的提高和变化最为敏感，其次是生产成本的变化。因此，在项目建设和生产过程中，抓好建设质量和产品质量，争取实现最大的净利润，以取得良好的经济效益。下列情况被认为是敏感的：a. 若成本上升10%或下降10%；b. 若售价上升10%或下降10%；c. 若投资上升10%或下降10%；d. 若生产能力上升10%或下降10%。

第四节　国民经济和社会评价

一、国民经济评价

国民经济评价是在财务评价的基础上进行的高层次的经济评价，是从国家和社会角度，采用影子价格、影子工资、影子汇率、社会折现率等经济参数，计算项目需要国家付出的代价，项目对促进实现国家经济发展的战略目标和对社会效益的贡献大小，对增加国民收入、增强国民经济实力、创收外汇、充分合理利用国家资源、提供就业机会、开发不发达地区、促进科学技术进步和落后部门的发展等方面的贡献程度，即从国民经济的角度判别建设项目经济效果的好坏，分析建设项目的国家盈利性，决策部门可根据项目国民经济评价结论，决定项目的取舍。对建设项目进行国民经济评价的目的，在于寻求用尽可能少的社会费用，取得尽可能大的社会效益的最佳方案。

从社会经济资源有效配置的角度，识别与估算项目产生的直接和间接的经济费用与效益，编制经济费用效益流量表，计算有关评价指标，分析项目建设对社会经济所做出的贡献以及项目所耗费的社会资源，评价项目的经济合理性。对于非盈性项目以及基础设施、服务性工程等，主要分析投资效果以及财务可持续性分析，提出项目持续运行的条件。

建设项目的经济评价，通常是先进行财务评价，然后用影子价格、影子汇率、影子工资、社会折现率等经济参数对项目有关的费用、效益进行调整后再进行国民经济评价，计算项目的经济内部收益率、经济净现值等主要指标，或辅以就业效果、分配效果、外汇效果及出口产品价格竞争力等附加指标，以判断项目的宏观可行性。

对建设期和生产期较短、不涉及进出口平衡的项目，如其财务评价结果能满足最终决策的需要时，就不一定要作国民经济评价。但对国计民生有重大影响的、投资规模较大的重大项目，应作国民经济评价。

（一）财务评价和国民经济评价相同点

建设项目的经济评价，包括财务评价和国民经济评价，两者是互相联系的，它们之间有若干相同之处，表现在以下几个方面：

① 两者的评价目的相同。它们都要寻求以最小的投入获得最大的产出。

② 两者的评价基础相同。它们都是在完成市场需求预测、工程技术方案、融资方案等的基础上进行评价。

③ 两者的计算期相同。它们都要通过计算包括项目的建设期、生产期全过程的费用和效益来评价项目方案的优劣，从而得出项目方案是否可行的结论。

（二）财务评价和国民经济评价不同点

国民经济评价与财务评价虽然联系密切，但两者又有以下的不同之处：

① 评价的角度不同。财务评价是站在项目自身立场上,从财务角度考察项目的货币收支、财务盈利水平和借款偿还能力,以确定投资行为的财务可行性。它是以企业净收入最大化为目标的盈利性评价,它属微观经济评价。国民经济评价是站在国民经济综合平衡的立场上,考察项目需要国家付出的代价以及对实现国家经济发展的战略目标及社会福利的贡献大小,即考察工程项目方案的国民经济效益,以确定投资行为的宏观可行性。它是以全社会的资源获得最优配置,从而使国民收入最大化为目标的盈利性评价,它属宏观经济评价。

② 费用和收益的范围不同。财务评价中的费用和收益,由财务评价的目标所决定,凡是增加企业收入的就是财务收益,凡是减少企业收入的就是财务费用。财务评价是根据企业直接发生的财务收支,计算项目的收益和费用,即只考虑项目的直接货币效益。国民经济评价中的费用和收益,是由国民经济评价的目标所决定的,凡是增加国民收入的就是国民经济收益,凡是减少国民收入的就是国民经济费用。国民经济评价是根据项目所消耗的全社会有用资源和对社会提供的有用产品(包括劳务)来考察项目的费用和收益,即除了考虑项目的直接经济效果之外,还要考虑项目的间接效果(相关效果:包括定量效果和定性效果),考虑项目对全社会的全面的费用与收益状况。

③ 费用和收益的划分不同。财务评价是根据项目的实际收支确定项目的费用和收益,项目的收益仅包括净利润和折旧,而借款利息、税金则作为项目的费用支出。国民经济评价时,税金、国内借款利息视为国民经济内部转移支付,不列入项目的费用或收益。

④ 采用的价格不同。财务评价对投入物和产出物采用现行的市场实际价格,而国民经济评价采用根据机会成本和供求关系确定的影子价格。

⑤ 采用的贴现率不同。财务评价采用因行业而异的基准收益率作为贴现率,而国民经济评价采用国家统一测定的社会贴现率(是一个国家参数,由国家有关机关制定)。

⑥ 采用的汇率不同。财务评价采用官方汇率,而国民经济评价采用国家统一测定的影子汇率。

⑦ 采用的工资不同。财务评价采用当地通常的工资水平,而国民经济评价采用影子工资。

在我国,项目的财务评价是国民经济评价的基础,国民经济评价是决定建设项目是否可行的主要依据。国民经济效果对财务效果具有指导作用。项目的财务评价和国民经济评价各有其任务和作用,一般来说应以国民经济评价的结论作为项目或方案取舍的主要依据。

(三)财务评价和国民经济评价结论

项目的财务评价与国民经济评价的结论可能出现以下四种情况:

① 财务评价与国民经济评价均可行的项目应予通过。
② 财务评价与国民经济评价均不可行的项目应予否定。
③ 财务评价可行,国民经济评价不可行的项目,原则上来说应该否定,必要时可重新考虑方案进行再设计。
④ 财务评价不可行,国民经济评价可行的项目,应采取经济优惠措施。

二、社 会 评 价

社会评价是识别、监测和评价投资项目的各种社会影响,分析当地社会环境对拟建项目的适应性和可接受程度,评价投资项目的社会可行性。社会评价是初见利益相关者对项目投资活动的有效参与、优化项目建设实施方案、规避投资项目社会风险的重要工具和手段。经国家计委组织专家审定，2001年底国家计委正式向全国发文，推荐使用《投资项目可行性研究指南》，首次将社会评价作为投资项目可行性研究的重要组成部分，并推荐在全国推广使用。

社会发展是以各种各样的发展项目为载体的，可持续发展是项目的目标之一。社会评价试图解决不可"货币化"的问题，体现了"以人为中心的可持续发展"，社会评价是以可持续发展为目标的项目评价方法。社会评价与经济评价、环境评价一样，都是项目评价的一个重要方面。项目社会评价着重研究项目的社会可持续性，即项目与社会协调的问题、项目与所在地的互适性分析；研究项目与人之间的关系问题，这些问题是经济评价、环境评价所不能解决的。虽然同属于项目评价的重要组成部分，但社会评价与经济评价、环境评价之间也有相当大的差异。

（一）社会评价的特点

1. 宏观性和长期性

对投资项目进行社会评价所依据的是社会发展目标，考察投资项目建设和运营对实现社会发展目标的作用和影响及对社会发展目标的促进作用，而社会发展目标本身是依据国家和地区的宏观经济与社会发展需要来制定的，包括经济增长目标、国家安全目标、人口控制目标、就业目标、减少贫困目标、环境保护目标等，涉及社会生活的各个方面，虽然不是每一个投资项目的社会效益都覆盖了以上社会目标的所有领域，但在进行投资项目的社会评价时却要认真考察与项目建设相关的各种可能的影响因素，无论是正面影响还是负面影响，是直接影响还是间接影响，这种分析和考察是全面的，是全社会性质的，因而比财务评估和国民经济评估更具广泛性和宏观性。所以，社会评价应着眼大局，把握整体，权衡社会效益的利弊。同时，社会评价也是长期性的。一般地，社会进行经济评价时只需要考察项目不超过20年的经济效果，而社会评价通常要考虑一个国家、一个地区的中期和远期发展规划和要求，涉及对有些领域的影响或效益可能不是短短的几十年，而是上百年，甚至是关系到几代人，如建设三峡工程这样的投资项目在考察项目对生态环境、人民生活、国家发展的影响时，考察的时间跨度势必是几代人。

2. 评价目标的多样性和复杂性

财务分析和经济分析的目标通常比较单一，主要是衡量财务盈利能力高低和对国民经济贡献的大小；而社会评价的目标则是多样和复杂的。首先，社会评价的目标分析是多层次的，是针对国家、地方和当地社区各层次的发展目标，以及各层次的社会政策为基础所开展的。通常较低层次的社会目标是依据较高层次的社会目标制定的，但各层次在就业、扶贫、妇女的参与程度以及地位、文化、教育、卫生保健等方面可能存在不同情况，要求和侧重点也不尽相同。因此，社会评价需要从国家、地方、社区三个不同的层次进行分析，做到宏观分析与微观分析相结合。其次，社会评价的目标分析也是多样性的，它需要综合考虑社会生活的各个领域和项目之间的相互关系和影响，必须分析多个项目发展目标、多种社会政策、多种社会效益和多种的人文因素和环境因素。需要分析各个不同的社会发展目标对项目的影响程度及其重要程度，要结合项目的性质和特点，具体问题具体分析。因此，综合考察项目的社会可行性，通常要采用多目标综合评价法。

（二）社会评价的作用

社会评价旨在系统调查和预测拟建项目的建设、运营产生的社会影响与社会效益，分析项目所在地的社会环境对项目的适应性和可接受程度。通过分析项目涉及的各种社会因素，评价项目的社会可行性，提出项目与当地社会协调关系、规避社会风险、促进项目顺利实施、保持社会稳定的方案。具体来说，项目社会评价的作用主要表现在以下几个方面：

1. 有利于国民经济发展目标与社会发展协调一致

社会评价应有利于国民经济发展目标与社会发展协调一致，防止单纯追求项目的财务效益。如果项目投资建设前没有作社会评价，项目的社会、环境问题未能在实施前解决，将会阻碍项目预期目标的实现。例如，有些项目的经济效益不错，但可能对生态环境污染严重；有些项目建成了，社会安全问题解决不好，将会严重影响项目的投产运营。有些项目在少数民族地区建设，可能因没有充分了解当地的风俗习惯而导致当地居民和有关部门的不配合。有些项目由于移民安置没有解决好，会导致人民生活水平下降等。实践证明，社会影响较大的投资项目将直接关系到国家和当地的经济发展目标和社会发展目标的协调一致，在项目评价中，进行必要的社会评价，可以使项目建设与社会发展相协调，可以促进经济发展目标的实现和社会效益的提高从而使国家和地区发展相得益彰。

2. 有利于项目与所在地区利益协调一致

社会评价应有利于项目与所在地区利益协调一致，减少社会矛盾和纠纷，防止可能产生不利的社会影响和后果，促进社会稳定。投资项目在客观上一般都会对所在地区产生有利影响和不利影响。有利影响与所在地区利益相协调，对地区社会发展和人民生活水平起到促进和推动作用；不利影响则会对地区的局部利益或社会环境带来一定的损害。分析有利影响和不利影响的作用范围，判断有利影响和不利影响在项目作用中的程度，是社会评价中判断一个项目好坏的标准。

3. 有利于避免或减少项目建设和运营的社会风险，提高投资效益

项目建设和运营的社会风险是指在项目评价阶段忽视社会评价工作，致使在项目的建设和运营过程中与当地社区发生种种矛盾，因长期得不到解决，而导致工期拖延、投资超计划、经济效益低下等与当初的经济评价结论相背离的可能性。这就要求项目评价人员在进行社会评价时要侧重于分析项目是否适合当地人民的文化生活需要，包括文化教育、卫生健康、宗教信仰、风俗习惯等；考察当地人民的需求如何，对项目的态度如何，是支持还是反对。同时，也要求社会分析要广泛深入并应结合实际，提出合理的针对性建议以降低项目的社会风险。只有消除了项目的不利影响，避免了社会风险，使项目与当地居民的需求相一致，才能保证项目的顺利实施，持续发挥项目的投资效益。

（三）社会评价的内容

社会评价从以人为本的原则出发，评价内容包括项目的社会影响评价、项目与所在地的相互适应性分析和社会风险分析。

1. 社会影响分析

项目的社会影响分析旨在分析预测项目可能产生的正面影响（通常称为社会效益）和负面影响。

2. 互适性分析

主要是分析预测项目能否为当地的社会环境、人文条件所接纳，以及当地政府、居民支持项目存在与发展的程度，考察项目与当地社会环境的相互适应关系。

3. 社会风险分析

对可能影响项目的各种社会因素进行识别和排序，选择影响面大、持续时间长，并容易导致较大矛盾的社会因素进行预测，分析可能出现这种风险的社会环境和条件。

参 考 文 献

[1] 黄汉江. 投资大辞典 [M]. 上海：上海社会科学院出版社，1990.
[2] 何盛明. 财经大辞典 [M]. 北京：中国财政经济出版社，1990.
[3] 刘炳胜. 工程项目经济分析与评价 [M]. 北京：中国建筑工业出版社，2020.

习　题

[目标1]　项目管理

1. 在技术改造项目中，如何拟定合理生产规模对提高投资效果有直接影响。请根据投资估算相关知识，选择评价技改项目的投资价值的方法和解决方案。

2. 企业在进行基本建设或生产经营活动时，不论资金来源于哪里，都必须认真考虑和计算资金的时间价值因素，以及如何提高投资的经济效果。请结合资金的时间价值相关知识，剖析项目资金的价值对投资效果的影响。

3. 成本控制所面临的问题是如何使企业达到成本最小化。请结合直接生产成本、期间生产成本和总成本构成相关知识，剖析影响成本控制的原因，如成本控制出现异常，请给出你的解决方案。

4. 项目投资可能面临某些不可预见的政治与经济风险，导致投资后不能获得预期的利润和收益，甚至亏损，如何避免风险确保投资可靠性和稳定性十分重要。请结合财务不确定性分析相关知识，如果不确定性因素对经济效益产生了影响，应该如何解决？

[目标2]　工程与社会

5. 工程项目在追求经济效益的同时，如何兼顾社会效益。请结合财务评价、国民经济评价相关知识，分析制浆造纸工程项目对国民经济的影响。

6. 工程项目除了增加当地财政收益外，还对当地社会发展有着积极作用。请结合社会评价相关知识，阐述制浆造纸工程项目对当地社会的积极作用。

【本章思政案例】

序号	案例名称	案例教学目标	案例内容
1	工程项目经济分析	树立科学发展观的理念	通过工程项目投资经济效益分析和评价知识的讲授，让学生了解工程项目投资必须注重经济效益，只有好的经济效益企业才能可持续发展，树立科学发展观的理念
2	生产成本和利润	树立终身学习意识和企业主人翁的责任感	通过教授工程项目生产成本和利润相关知识，启发学生思考如何降低企业生产成本和提高利润，让学生意识到专业素养和企业主人翁责任感在生产成本控制中的重要性
3	财务评价	树立风险意识和敢于担当的责任意识	通过教授资金的时间价值、财务不确定分析等知识，启发学生思考如何避免和减少投资风险，并结合制浆造纸工艺特点发挥自己作为专业人才的作用

第四章　工程项目建设与厂址选择

【本章学习目标】

本章主要介绍工程项目的建设程序、设计内容、建设条件、厂址选择以及总平面布置和运输设计等主要内容。通过本章学习，能够加深学习者对工程与社会的理解。具体包括：

[目标]　工程与社会：能够基于制浆造纸工程相关背景知识进行合理分析，评价制浆造纸专业工程实践和复杂工程问题解决方案对社会、健康、安全、法律以及文化的影响，并理解应承担的责任。

工程项目建设是指为完成依法立项的新建、扩建、改建和恢复工程而进行的、有起止日期的、达到规定要求的一组相互关联的受控活动。建设活动属于国民经济的特定领域，与国民经济的各个部门息息相关，影响到社会生产和人民生活水平。因此，一切工程项目的投资方向、工程规模、区域布置等重大问题上必须按照各个时期的经济建设方针，服从国家长远规划。

第一节　我国工程项目建设发展历程与配套机制

工程项目建设程序是指工程项目从策划、评估、决策、设计、施工到竣工验收、投入生产或交付使用的过程中，各项工作必须遵循的次序。建设程序是人们长期在工程项目建设实践中的经验总结，反映了建设过程客观规律，不能任意颠倒，但可以合理交叉。建设程序是工程项目建设科学决策和顺利进行的重要保证。详细内容请参考第二章第二节相关内容。下面仅就我国工程项目建设发展历程与配套机制加以介绍。

一、我国工程项目建设的发展历程

国家和地区的各级主管部门对于建设项目的立项、决策、资金筹集、物资分配以及涉外事宜等方面要实行有效的宏观控制。根据权限划分为国家、部门和地区（即各省、市、自治区）三级管理。这些相关的管理内容构成了工程项目建设程序的组成部分。

20世纪50年代至70年代，由国家统一对有关工程项目建设程序各个阶段的划分以及内容要点，制定颁发执行，是建设领域内的立法文件。1951年政务院财经委员会颁发了《基本建设工作程序暂行办法》，将基本建设的全部过程分为4个阶段，即：计划的拟订及核准、设计工作、施工与拨款、工程决算与验收交接。

20世纪70年代末至80年代，1978年国家计委、国家建委、财政部联合发布了《关于基本建设程序的若干规定》，明确规定工程项目从计划建设到建成投产必须经过以下几个阶段：a. 编制计划任务书，选定建设地点；b. 批准后，进行勘察设计，初步设计；c. 再经批准列入国家年度计划后，组织施工；d. 工程按设计建成，进行验收，交付使用。1979年又决定建立建设项目开工报告制度。1981年对利用外资、引进技术项目提出要编制项目建议书和可行性研究报告的要求。1983年国家计委印发了《基本建设设计工作管理暂行办法》，规定国内项目也试行项目建议书和可行性研究报告的做法。1984年确定所有项目都实行项目建议书和设计任务书审批制度，利用外资和引进技术项目以可行性研究报告代替设计任务书。

20世纪90年代以后，1991年12月国家计委下文明确规定，将现行国内投资项目的设计任务书和利用外资项目的可行性研究报告统一称为可行性研究报告。1995年建设部印发了《工程建设项目实施阶段程序管理暂行规定》。2003年9月颁布的《中华人民共和国环境影响评价法》强制对工程项目建设施行环境影响评价制度。2004年中华人民共和国国家发展和改革委员会第19号令制定了《企业投资项目核准暂行办法》。规定项目投资建设实行核准制和备案制，按国家有关要求编制项目建议书或项目申请报告。2006年8月国务院印发《国务院关于加强节能工作的决定》中明确要求有关部门和地方人民政府对固定资产投资项目进行节能评估和审查。2020年生态环境部发布《关于加强高能耗、高排放建设项目生态环境源头防控的指导意见》，将工程项目建设对碳排放影响评价纳入环境影响评价体系。这些法规的颁布实施，逐步完善和明确了实施建设项目的工作程序，有力地保证了工程建设项目实施服从国家长远规划。

二、工程项目建设程序配套机制

20世纪80年代中期我国借鉴西方工程建设的管理模式，即法人（业主）责任制、咨询评估制、招标投标制和建设工程监理制。

（一）业主负责制

业主负责制是以工程项目为对象，以项目业主管理为基础，以取得综合经济效益为中心，通过工程发包手段，统筹安排、合理调度，使社会资源和生产要素得到充分利用的市场管理制度。它是由企业法人对项目的策划、资金筹措、建设管理、生产经营、贷款还本付息以及资产的保值增值负全责。业主管理打破了传统的计划经济体制下建设和经营分离体制而建立的现代企业制度，完全符合市场经济的客观规律要求，它与建设和经营分离体制比较有5大好处：

① 有利于引导投资方向。重点工程由国家无偿投资变为业主向国家借贷，各地势必对项目的选择慎重起见。有利于国家通过贷款及税收，对产业进行宏观调控，促进人财物向需求大、效益好的方向投入。

② 有利于减轻国家财政负担。变无偿投入为贷款，业主既要还本，还得付息。

③ 有利于提高投资的综合效益。由于业主资金来源属于借贷，在建设、管理过程中，得进行通盘考虑，要按市场机制进行安排，以求达到尽快投产还贷、滚动发展。

④ 有利于企业经营机制的转换。实施业主负责制的施工项目，管理体制上完全同上级脱钩，国家只用投资和税收进行调控，而不能以行政命令的手段来指挥企业，使企业享有充分的自主权而实行自我约束、自我发展。

⑤ 有利于竞争机制的形成。行业保护、行政圈定，在业主管理的企业将丧失威力。业主管理走的全是市场经济的道路，就得完全遵照价值规律办事。例如，寻找施工队伍时，业主要以造价最低、工期最短、质量最好为目标。

（二）咨询评估制

在项目决策阶段实施项目咨询评估制，也就是对工程项目建设程序中的投资意向、项目建议书或项目申请报告和可行性研究等进行咨询评估工作。

工程建设项目的决策、咨询和评估，是具有相应资质的单位以知识和技术为基础，运用调查和分析的方法，对建设项目的项目建议书或项目申请报告、可行性研究报告等各个工作环节的技术可行性、经济合理性、与社会及环境的适应性进行综合评价和论证，从而帮助投资决策者进行工程建设项目方案优选、投资决策，确保项目顺利实施并实现期望效益的一种服务性活动。它在现代管理中居于特殊的地位，并越来越显示出其重要性和不可替代性。

（三）招标投标制

招标投标制也是国际工程项目建设通行方式。自 2000 年 1 月 1 日起，《中华人民共和国招标投标法》正式实施。建设工程招标投标是指招标人在发布建设项目之前，公开招标或邀请投标人，根据招标人的意图和要求提出方案。然后，由招标单位（业主）择优选择能保证工程质量、工期及标价最佳的施工企业来承担该项建设工程的施工任务。

投标单位则根据建设单位提出的要求，如建设规模、面积、质量、工期、造价及合同内容等，结合自己的技术力量、管理水平、施工经验及当地的地质、气候、道路、交通等条件，计算出造价去投标。若中标后，则根据建设单位提出的合同内容或条件，按照承包方式与建设单位正式签订承包合同。施工单位中标后，为了保证完成合同规定的各项任务，在企业内部一般也要采取分部、分项或专业承包，建立层层的经济责任制，用全面负责、一包到底的方式来完成工程任务。采用这种方式时，承包单位以法人资格，对投标承包的工程的工期、质量和造价全面负责。

推行的招标投标制基本形成了由市场定价的价格机制，使工程价格更加趋于合理，使工程价格得到有效控制，便于供求双方更好地相互选择。

（四）建设工程监理制

《中华人民共和国建筑法》明确规定："国家推行建筑工程监理制度"。建设工程监理制，是指具有相应资质的监理单位受工程项目建设单位的委托，依据国家有关工程建设的法律、法规，经建设主管部门批准的工程项目建设文件、建设工程委托监理合同及其他建设工程合同，对工程项目建设实施的专业化监督管理。实行建设工程监理制的目的是提高工程建设的投资效益和社会效益。

工程建设监理具有独立性、服务性、公正性和科学性。它与政府的工程质量监督有明显的区别，首先在性质上存在不同，工程建设监理是一种委托性的服务活动，以法律、法规和工程建设合同为依据，而政府工程质量监督是一种强制性的政府监督行为；其次在工作范围上存在不同，工程建设监理的实施者是社会化、专业化的监理单位，对工程建设进行全过程、全方位的监理，而政府质量监督只限于施工阶段工程质量的监督。

工程建设监理的范围包括：a. 大、中型工程项目；b. 市政、公用工程项目；c. 政府投资兴建和开发建设的办公楼、社会发展事业项目和住宅工程项目；d. 外资、中外合资、国外贷款、赠款、捐款建设的工程项目。

第二节　工程项目设计内容概述

一、总体工程设计

总体工程设计是指为解决工程建设的总体部署和总体开发方案而进行的全面规划设

计，它是编制单项工程初步设计的依据。主要任务是根据工程项目生产运行上的内在联系，本着有利生产、方便生活的原则，进行统一规划、部署和安排，使整个项目布局紧凑，流程顺畅，经济合理。总体工程设计应按照已批准的计划任务书和厂址选择报告，在工程项目初步设计之前编制。它的内容包括厂址选择、工厂布置、工厂运输及厂区绿化等。

（一）厂址选择

厂址选择一般包含两个概念，一个是建设地点的选择，它是指在一个较宽阔的地理区域内，如某省某地区内，某河流的某河段，沿海海岸某地段等地域。在这个地理区域范围内，可以有好多个建设工业项目的厂址或工业区用地。另一个是建设地点的选择，它是指某一拟建工业项目所应占用的土地面积的具体地块，它可以是一片单独的地块，也可以在某工业区内的某一地块，这就是一般所称为的"厂址"。厂址选择通常分为两个阶段：

① 确定选址范围和建厂地点。侧重考虑厂址的外部区域经济技术条件，包括：a. 距原材料、燃料动力基地和消费地的远近；b. 与各地联系的交通运输条件；c. 当地的厂际生产协作条件；d. 供水、排水及电源的保证程度；e. 原有城镇基础和职工生活条件；f. 有否可供工业进一步发展、工业成组布局和城镇发展的场地；g. 是否与城镇规划及区域规划相协调；h. 土地使用费用、建筑材料来源及施工力量等。

② 确定厂址最后具体位置。主要考虑项目设计任务书和厂区总平面布置的有关要求及投资约束条件。包括：a. 厂址场地条件，如建设用地的面积与外形、地势坡度、工程地质与水文地质状况、地震烈度、灾害性威胁（如土石方量、洪水、泥石流等）、土地征用的数量、质量及处理难度，厂址下有无矿藏等；b. 距水源地的远近和给排水的扬程；c. 修建铁路专用线、厂外公路等交通设施的工程量与投资；d. 供电、供热设施的工程量及投资；e. 距已有城镇生活区与公共服务设施的远近；f. "三废"排放对城镇和周围环境的影响及环保费用等。

（二）工厂布置

工厂布置是在厂址、厂区范围、生产结构等已定情况下，对厂内所有占据空间位置的组成部分和要素，包括生产车间、仓库、办公室、生活福利设施、设备和运输路线等，进行合理安排，使其在有限的空间内各得其所、协调一致，形成一个有机的整体。工厂布置合理，对保证生产的顺利进行，实现科学管理和安全文明生产，提高企业经济效益等，都有着重要的意义，而且是长期发生作用的。

工厂布置主要包括工厂总图布置和车间布置。工厂总图布置，是对其各个组成部分进行总体安排，合理确定其平面和立面的位置、范围和相应的物料流程、运输方式、运输线路；车间布置，主要是合理安排各基本工段、班组、工作地、设备、通道、中间仓库、办公室等的位置，它是工厂总体布置的延伸和具体化。

（三）工厂运输

工厂运输设计是指正确选择厂址内外的各种运输方式，合理布局厂内外运输系统和人流、货流的流向，使厂内外运输、装卸、储存或使用形成完整而连续的运输系统，并负责运输设施的设计或提出方案设计。

工厂常用的运输方式除铁路、公路、水路运输外，还有管道、车间轨道、架空索道等特种运输。所使用的运输工具除汽车、铁路机车与车辆外，还有输送机、行车、起重机、提升机等各种专用运输与装卸机具。其技术等级、标准与规格，因企业性质和规模不同而有较大差别。工业运输还是企业总平面布置的一项重要内容，其布置必须同整个企业总体规划相协调，并要求线路尽可能短捷，使物流、车流与人流顺畅，以有利于改善劳动条件、可靠安全及提高工作效率。

（四）厂区绿化

工厂绿化是以工业建筑为主体的环境净化与美化，它的相关设计与规划应体现本厂绿化的风格与特点，使绿化的整体效果达到最佳。工业生产往往会带来一定程度的污染，所以，工厂绿化的设计与规划一方面可根据设计者的意图组织景观、选择树种等，另一方面也要达到相应的除尘降噪的良好环境效果。它要求在与具体环境相和谐的前提下充分表现工厂特色与风貌。

二、工艺工程设计

工艺工程设计是制浆造纸工程总体设计的主导设计，它包括工艺流程设计、工艺平衡计算、车间平面布置设计、工艺管道布置设计、设备一览表、材料汇总表，以及与各辅助和公用工程配套等内容。

生产工艺流程是指从原料开始，经过各车间、工段的顺序加工，制成成品的生产过程。一个车间（或工段）的生产工艺流程是指自原料或半成品进入车间（或工段）经过各工序的加工，再从车间（或工段）输出半成品或成品的生产过程。生产工艺流程要反映出各车间（或工段）采用的生产方法、主要设备和加工过程，辅助物料的配制和加入位置，水和蒸汽的加入位置，排水、排气及内部循环等。工艺流程设计是工艺工程设计首先要考虑的技术关键，它对工艺工程设计的先进性和经济合理性起着决定性的作用。

在确定工艺流程和技术指标后，便进行工艺平衡计算。工艺平衡计算一般包括物料平衡计算、浆水平衡计算、设备平衡计算及热平衡计算。通过工艺平衡计算，编制各平衡图表及设备一览表。

车间布置设计是工艺工程设计中的重要组成部分。它是在确定生产流程与设备的型号、规格、数量的基础上进行的。车间布置设计的目的是确定各车间、工段每台设备与建构筑物的具体位置，决定车间、工段的长度、宽度、高度及建筑形式，各车间之间与工段之间的相互联系。车间布置是否合理，对工厂建成后的生产和管理效率、生产的经济性，操作和维修条件、卫生和安全等均有重要的影响，也在一定程度上决定着建筑投资。因此车间布置设计是一项涉及面广，复杂而细致、重要的设计内容。它不仅要求工艺设计人员要了解生产操作、设备维修和具有一定的安装知识，而且要具备一定的土建、电力、自控仪表等公用工程专业的基本知识。同时，在设计中还必须考虑各个方面的因素，提出不同方案进行比较，并与非工艺设计人员协作，获得良好的设计效果。

工艺管道布置设计是施工、安装的依据，属于施工图设计阶段的内容。工艺管道布置设计是一项繁杂而细致的工作，需要管道设计规范和手册作为支撑。有的设计单位把设备和管道绘在同一张图纸上，称为工艺设备管道布置图。

三、公用工程设计

公用工程设计是保证工艺工程正常运行不可或缺的重要组成部分。其内容包括：建筑、结构、给排水、供电、供热、采暖、通风、自控仪表、环境保护和综合利用工程。公用工程根据其自身的专业特点，或与工艺工程融为一体，如电气专业的配电、自控专业的控制器及测量仪表、暖通专业的通风等；或与主要生产车间分开自成体系，如热电站、给水站、废水处理站等。

制浆造纸工程设计是一个复杂的系统工程，它需要各专业的相互协调和密切配合，且必须贯穿于整个设计过程的始终。在工程项目的实施阶段，各专业根据主导专业的设计要求开展本专业的工程设计。

该部分内容详见第六章相关内容。

四、环保工程设计

制浆造纸工业是污染物防治强度较大的工业之一。生产过程中排放大量废水、废气、粉尘和废渣。制浆造纸企业排放的污染物质大体上可分为4种：

① 污染水体物质 悬浮固体，溶解有机物，溶解的无机物；

② 污染大气物质 硫化氢，甲硫醇，甲硫醚，二氧化硫和三氧化硫等；

③ 粉尘物质 碱回收炉、石灰窑等设备散发的碳酸钠、硫酸钠、硫酸钙、碳酸钙，燃煤工业锅炉散发的飞尘，草类原料在备料过程中散发的粉尘；

④ 固体废渣 制浆系统排出的树皮、浆渣，锅炉房或热电厂排出的煤渣、粉尘，碱回收车间排出的白泥、砂砾，以及废水处理系统排出的活性污泥等。

通过采取各种措施减轻对环境的污染。在环保工程设计中采用碱回收系统（碱法制浆）回收绝大部分的碱和能量；通过物理和生物相结合的方法处理中段废水；采用各种除尘设施减少粉尘的飞散；使用酸碱液吸收含碱酸的气体；采取焚烧、掩埋或作为建筑材料回收或综合利用废渣等。

在工程设计中严格执行《中华人民共和国环境保护法》《GBZ 1—2002 工业企业设计卫生标准》《GB 3544—2008 造纸工业水污染物排放标准》《GB 13271—2014 锅炉大气污染物排放标准》等国家标准和行业标准。

第三节 工程项目建设条件

一、原材料资源条件

在研究确定项目建设规模、产品方案、技术方案和设备方案的同时，还应对项目所需的原材料、辅助材料和燃料的品种、规格、成分、数量、价格、来源及供应方式，进行研究论证，以确保项目建成后正常生产运营，并为计算生产运营成本提供依据。

主要原辅材料是项目建成后生产运营所需的主要投入物。在建设规模、产品方案、技术方案确定后，应对所需主要原辅材料的品种、规格、成分、质量、数量、价格、来源、供应方式和运输方式进行研究。技术改造项目应结合企业使用原辅材料的数量、品种、来源、供应方式和运输方式及现状进行统筹研究。

（一）研究确定品种、质量和数量

1. 根据产品品种、规格

根据产品方案详细研究并提出所需各种物料的品种、规格；根据项目建设规模和物料消耗定额计算各种物料的年消耗量。为了保证正常生产，根据生产周期、生产批量、采购运输条件等计算物料的经常储备量，同时还要考虑保险储备量和季节储备量。保险储备量是指为预防物料延滞到货风险增加的储备量;季节储备量是指为预防由于季节变化可能导致的物料供应量、供应价格变化增加的储备量。经常储备量、保险储备量和季节储备量三者之和为物料储备总量,作为生产物流方案(包括运输、仓库等设施)研究的依据。

2. 根据产品质量

根据产品方案和技术方案,研究确定所需原辅材料的质量和性能。为确保采购的原材料、辅助材料的质量符合生产要求,应研究提出建立必要的检验、化验和试验设施。

(二) 研究确定供应来源与方式

1. 供应企业和地区研究

对可以从市场采购的原材料和辅助材料,应确定采购的地区。有特殊要求的原材料,应提出拟选择的供货企业及供货方案。

2. 供应方式

一般有市场采购、投资建立原料基地以及投资供货企业扩大生产能力等方式。

3. 进口原材料的供应

应调查研究国际贸易情况,分析拟选择的制造企业和供应企业的资信情况,确保原材料供应的可靠性。

4. 大宗原材料的供应

应调查研究主要供应企业的生产经营情况,并在可行性研究阶段与拟选择的供应企业签订供货意向协议。

(三) 研究确定运输方式

根据项目所需物料的形态(固态、液态、气态)、运输距离、包装方式、仓储要求、运输费用等因素研究确定物料运输方式。

(四) 研究选取原辅材料价格

在市场需求预测的基础上,对主要原辅材料的出厂价、到厂价,以及进口物料的到岸价和有关税费等做进一步计算,并进行比选。

二、燃料、动力资源条件

(一) 燃料供应方案

项目所需燃料包括生产工艺用燃料、公用和辅助设施用燃料、其他设施用燃料。主要研究内容如下:

① 燃料品种、质量和数量。根据拟建项目生产能力和燃料消耗定额,计算分析所需燃料的品种、数量和质量。生产工艺有特殊要求的,应分析论证确保燃料的品种、质量和性能满足生产工艺要求的方案。

② 燃料运输方式和来源。在选择燃料来源时,还要研究运输条件,包括运输距离、接卸方式和运输设备等。大宗燃料的来源和运输,在可行性研究阶段,应与拟选择的供应企业、运输企业签订燃料供应和运输意向协议。

③ 燃料价格。在市场需求预测的基础上,对燃料价格(包括运输费用)进一步测算,并进行比选。

(二) 主要原材料燃料供应方案比选

主要原材料燃料供应方案应进行多方案比选。比选的主要内容为:①满足生产要求的程度,即原材料、燃料在品种、质量、性能、数量上能否满足项目建设规模、生产工艺的要求；②采购来源的可靠程度，包括原材料、燃料供应的稳定程度（包括数量、质量）和大宗原材料、燃料运输的保证程度；③价格和运输费用是否经济合理。价格比选一般采用定性比较，必要时可采用定量分析，如单位产品边际利润法、盈亏平衡法和原材料最低成本法。运输费用，主要比选运输方式和单位运量的费用（如吨公里运费）。

经过比选提出推荐方案，分别编制原材料和燃料年需求量表。

三、环境容纳条件

工业企业向环境中排放的主要污染物数量，是环境保护考核指标之一。考核这一指标的目的是，要求工业企业逐年压缩污染物排放量，以减轻或消除对环境的危害。列为国家考核的主要污染物有12种。其中，废气有二氧化硫、烟尘和工业粉尘3种；废水有化学耗氧量、氰化物、石油类、汞、铬、砷、铅、镉8种及固体废弃物。各部门、各地区对每个企业考核的污染物项目，可根据企业污染物的排放情况和所在地的环境状况，选择几种排放量大或危害严重的主要污染物进行考核，并可增加污染物的种类。污染物排放量指标是从排放总量上进行控制，对企业污染源进行定量化、规范化、科学化的总量管理，强化环境管理的一项重大制度。中国在一些主要城市的部分行业对某些主要污染物进行总量控制试点工作后，于1996年决定在全国范围实施污染物总量控制并进行正式考核，这对中国环境质量改善和环境管理工作具有重大的战略意义。

全球变暖是人类的行为造成地球气候变化的后果。"碳"就是石油、煤炭、木材等由碳元素构成的自然资源。"碳"耗用得多，导致地球暖化的元凶"二氧化碳"也制造得多。随着人类的活动，全球变暖也在改变（影响）着人们的生活方式，带来越来越多的问题。2020年9月22日，中国政府在第七十五届联合国大会上提出，中国将提高国家自主贡献力度，采取更加有力的政策和措施，二氧化碳排放力争于2030年前达到峰值，努力争取2060年前实现碳中和。"碳达峰"指的是碳排放进入平台期后，进入平稳下降阶段。"碳中和"是指企业、团体或个人测算在一定时间内，直接或间接产生的温室气体排放总量，通过植树造林、节能减排等形式，抵消自身产生的二氧化碳排放，实现二氧化碳的"零排放"。简单地说，也就是让二氧化碳排放量收支相抵。2020年生态环境部发布《关于加强高能耗、高排放建设项目生态环境源头防控的指导意见》，将工程建设项目对碳排放影响评价纳入环境影响评价体系。2021年国务院政府工作报告中指出，扎实做好"碳达峰、碳中和"各项工作，制定2030年前碳排放达峰的行动方案，优化产业结构和能源结构。这对制浆造纸工程建设项目产生深刻的影响。

四、劳动力资源条件

合理、科学地确定项目的组织机构和人力资源配置是保证项目建设和生产运营顺利进行，提高劳动效率的重要条件。在可行性研究阶段，应对项目的组织机构设置、人力资源配置、员工培训等内容进行研究，比选和优化方案。

（一）组织机构设置及其适应性分析

根据拟建项目的特点和生产运营的需要，研究提出项目组织机构的设置方案，并对其适应性进行分析。根据拟建项目出资者特点，研究确定相适应的组织机构模式；根据拟建项目的规模大小，研究确定项目的管理层次；根据建设和生产运营特点和需要，设置相应的管理职能部门。

技术改造项目，应分析企业现有组织机构、管理层次、人员构成情况，结合改造项目的需要，制定组织机构设置方案。

经过比选提出推荐方案，并应进行适应性分析，主要分析：a. 项目法人的组建方案是否符合《公司法》和国家有关规定的要求；b. 项目执行机构是否具备指挥能力、管理能力和组织协调能力；c. 组织机构的层次和运作方式能否满足建设和生产运营管理的要求；d. 项目法人代表及主要经营管理人员的素质能否适应项目建设和生产运营管理的要求，能否承担项目筹资建设、生产运营、偿还债务等责任。

（二）人力资源配置

人力资源是社会各项资源中最关键的资源，对企业产生重大影响，历来被国内外的许多专家学者以及成功人士、有名企业所重视。现在的许多企业就非常重视人力资源的管理。人力资源配置就是指在具体的组织或企业中，为了提高工作效率、实现人力资源的最优化而实行的对组织或企业的人力资源进行科学、合理的配置。

1. 人力资源配置的依据

人力资源配置的依据包括：a. 国家有关劳动法律、法规及规章；b. 项目建设规模；c. 生产运营复杂程度与自动化水平；d. 人员素质与劳动生产率要求；e. 组织机构设置与生产管理制度；f. 国内外同类项目的情况。

2. 人力资源配置的内容

人力资源配置的内容包括：a. 研究制定合理的工作制度与运转班次，根据行业类型和生产过程特点，提出工作时间、工作制度和工作班次方案；b. 研究员工配置数量，根据精简、高效的原则和劳动定额，提出配备各职能部门、各工作岗位所需人员数量；c. 研究确定各类人员应具备的劳动技能和文化素质；d. 研究测算职工工资和福利费用；e. 研究测算劳动生产率；f. 研究提出员工选聘方案，特别是高层次管理人员和技术人员的来源和选聘方案。

3. 人力资源配置方法

人力资源配置方法包括：a. 按劳动效率计算定员，即根据生产任务和生产人员的劳动效率计算人数；b. 按设备计算定员，即根据设备数量、工人操作设备定额和生产班次计算人数；c. 按劳动定额定员，即根据工作量或生产任务量，按劳动定额计算人数；d. 按岗位计算定员，即根据设备操作岗位和每个岗位需要的工人数计算人数；e. 按比例计算定员，即按占职工总数或生产人员数的比例计算服务人员人数；f. 按组织机构职责范围、业务分工计算管理人员的人数。

（三）员工培训

企业员工培训，作为直接提高经营管理者能力水平和员工技能，为企业提供新的工作思路、知识、信息、技能的根本途径和方式，是最为重要的人力资源开发，是比物质资本投资更重要的人力资本投资。在可行性研究阶段应提出员工培训计划，包括培训岗位、人数、培训内容、目标、方法、地点和培训费用等。员工培训时间应与项目的建设进度相衔接，如设备操作人员培训完成后，可以参加设备安装、调试过程，熟悉设备性能，掌握处理事故技能等，保证项目顺利投产。

第四节 厂址选择

一、厂址选择的重要性和基本原则

(一) 厂址选择的重要性

厂址选择即新建项目具体位置的确定,这是一项政策性、技术性很强、牵涉面很广、影响面很深的工作。厂址选择合适与否,对生产力合理布局、项目投资效益、建设速度,以及生产成本等条件都会产生深远的影响,主要表现在:

① 厂址选择是一个关键环节。厂址选择是贯彻国家经济建设方针,落实长远规划,实现生产力合理布局的一个关键性的环节。国家的长远发展规划和工业布局,地区生产力、经济的发展一般都是通过许多具体的建设项目来实现的。不管是原先的大中型项目的定址或近年来的经济开发区的设立均体现国家的长远发展需要的具体步骤,意味着长远规划付诸实施的开始,也意味着全国生产力布局的确定。

② 厂址选择是进行建设项目可行性研究和项目设计的前提。因为只有工程项目的建设地点确定之后,才能比较准确地估算出建设项目的投资和生产产品的成本,进而对项目的各种经济效益进行分析和计算,得出项目是否可行的结论。

③ 厂址选择的合理与否对项目的投资效益会产生很重要的影响。如果厂址选择不当,可能造成基建投资的加大,影响建设进度,并且给生产和使用留下后患,影响投资的经济效果,甚至造成严重的损失。

④ 厂址选择的合理与否对国民经济、自然资源开发和环境保护会产生深远的影响。工厂建在固定的厂址,位置一经确定,就不能移动。厂址选择得当,不仅有利于建设和生产,还有利于促进所在地区的经济繁荣和城镇面貌的改善。厂址选择不当则会影响到社会各种资源的合理配置,可能造成环境污染,破坏生态平衡,进而影响到国民经济协调和稳定发展,而且项目布局失误一旦造成,改变起来十分困难。

综上所述,厂址选择不仅从宏观上对国家经济建设的发展规划和生产力布局有着重要的影响,同时从微观上对拟建项目的建设速度和投资效果也具有决定性的影响,因此在厂址选择工作中一定要慎重行事。

(二) 厂址选择的基本原则

1. 厂址选择应符合国家长远规划和城市规划布局

我国地域辽阔,各地区之间的发展不平衡不充分,布局也不尽合理,改变这种状况需要通过国家的长远发展规划来逐步实现。因此,厂址选择应该服从国家整体发展规划和所在城市发展规划的要求,并安排好与城镇配套的公用设施和生活设施,做到既有利于生产,又有利于生活。

2. 选择厂址必须要考虑到拟建项目的特点

制浆造纸工厂具有植物纤维原料需求大、生产规模大、技术密集、能源消耗大、水资源消耗大、劳动力密集等特点,因此,在厂址选择时应考虑指向性特点。

① 原材料指向性原则。原材料指向性原则是指以建项目的性质决定的,例如大型制浆厂是以大规模植物纤维原料消耗为基础的生产单位,化学浆单位产品的原料消耗量可达产品的 2.5 倍。厂址选择尽量靠近原料产地,这样有利于控制运输成本、损耗,提高企业综合竞

争力。原料主要依赖于进口的特大型制浆厂一般临海建设，甚至配套专用港口，既利于原料输入，也利于产品输出。

② 市场指向性原则。生活用纸、包装用纸和纸制品主要用于满足城市消费需求，这类工程项目的厂址应尽量靠近消费市场，这有利于准确掌握市场对产品的需求信息，及时调整产品策略，减少市场风险。因此，这类工程项目应按市场指向性原则选择建厂地点。

③ 技术指向性原则。技术指向原则是指对于那些技术密集型或知识密集型的工程项目，在选择建厂地点时，要充分考虑技术协作条件和技术水平的要求，比如生产加工纸、特种纸、功能纸具有技术含量较高、质量检测复杂、生产批量小、需要特殊的原材料等特点，同时产品的研究和开发需要多学科、多行业的技术协作和技术支持。因此，需要技术协作条件和技术支持的工程项目应遵循技术指向原则，即应将建厂地点选在相关科学技术比较发达的大中城市。

④ 能源/水源指向性原则。能源指向原则是指对于那些能源消耗量大的生产单位，为了减少运输费用和损耗，应靠近能源产地建厂。同样对于用水量较大或对水质有特殊要求的投资项目，可按水源指向性原则选择丰富或优质水源的地方。制浆造纸工业具有能耗高和耗水量大的特点，因此在选择厂址时一方面应考虑当地的能源供应，另一方面应考虑是否有充足的水源和良好的水质，甚至污染物排放条件。

⑤ 劳动力指向性原则。劳动力指向原则是指投资项目建厂地点应靠近劳动力充裕的地区。制浆造纸工业既属于技术密集型产业，又属于劳动力密集型产业。因此选择厂址既要考虑充足的劳动力资源，又要考虑到劳动力的素质和水平。

在选择厂址的实际工作中，情况往往比较复杂，需要满足厂址多方面的要求，因此，在具体的厂址选择上，要权衡不同的指向性原则。

3. 选择厂址必须控制建设用地

我国土地资源有四个基本特点：绝对数量大，人均占有少；类型复杂多样，耕地比重小；利用情况复杂，生产力地区差异明显；地区分布不均，保护和开发矛盾突出。制浆造纸工厂的占地面积一般较大，在厂址选择时应尽量控制建设用地，要因地制宜，提高土地利用效率，充分利用荒地、山地和空地，尽可能不占或少占耕地，力求节约土地资源。在预留发展用地时，必须根据正式规划，结合其他条件，确定适当的预留面积。

4. 选择厂址应有利于项目建设和生产运行

建厂位置与生活区尽可能的靠近，在条件允许的情况下，厂区和生活区都应靠近城镇，以便于职工的生活和居住。在评估厂址条件时，应综合而全面地考虑生产、生活和施工的方便。

5. 厂址选择应有利于保护自然环境和生态平衡

环境污染问题越来越受到世界各国的广泛重视，因为工业基地给环境带来一系列各种污染物排放问题。工业企业在生产过程中所排放的废渣、废水、废气以及各种迹象设备运转的噪声都会对环境造成污染，主要是大气污染、水体污染、土壤污染和噪声污染，使自然环境和生态平衡受到破坏。不仅影响附近居民的生活和健康，而且有些还可能危害耕地，甚至对河流、湖泊以及地下水造成污染。因此，在厂址选择时，必须认真考虑环境保护的要求，确保人民的健康及文化生活，减少和防止对环境的污染和破坏。

6. 厂址选择应考虑建厂地区社会协作及工业基础条件

生产协作是指与本项目的建设和生产具有紧密联系，可以相互依存的协作厂或机构，如为本项目提供零部件、技术服务、原材料、半成品或包装品的企业，或者是使用本项目的产品进行后加工销往市场的单位。工业基础好的地区，往往拥有良好的基础设施，如交通运输条件，水、电供应和通讯系统等，以社会协作为依托，新建项目可以少建或不建一些辅助设施，这样就容易实现专业化生产和分工协作，有利于节约用地和节省投资。工业基础好的地区容易获得熟练技术工人和工程技术人员，有利于工程项目的正常运营并获得较好的经济效益。

二、厂址选择的影响因素

影响厂址选择的主要因素包括工程项目的生产性质、当地的工业基础和社会经济环境、地区自然条件、当地的公共政策。

（一）制浆造纸工程项目的生产性质

制浆厂或林浆纸一体化工程项目是以植物纤维资源为基础的工业项目，以旋转位于靠近原料基地附近并在经济运输半径之内，在可能的条件下使生产的产品接近消费中心。纸餐具厂、制本厂等纸品加工工厂就应选择在临近市场消费中心的地区建厂。依赖废纸进口、原料进口或专门加工出口产品的工程项目，应选择在港口或有条件建设专用港口的地域建厂。特别是以外购湿浆为原料的造纸厂，应选择在制浆厂附近或者方便以水路交通连接的地区建厂。

（二）当地的工业基础和社会经济环境

制浆造纸工程项目是原料、燃料、水等资源消耗大的工业。当地工业企业之间的协作条件，原材料和能源供应、市场和产品销售条件、交通运输和通讯基础等工业基础对项目建设和生产运行产生较大影响。当地交通运输条件对建设项目运输各种原材料、燃料、产品制约，运输方式（水路、公路、铁路）和运价将影响生产成本。当地施工安装单位的力量、熟练和半熟练工人情况、劳动工资水平、文教科研单位、社会公共福利、医疗卫生条件、商业网点等社会经济环境的优劣对建设项目的投资、建设、生产成本、流动资金都会产生相应的影响。

（三）地区自然条件

地区自然条件包括气象、水文、工程地质和水文地质、地形地貌和地震等基础资料。这些自然条件的优劣，不仅影响建设项目的投资，还可能影响选择的结果。例如，水源地、水质保护区不能建厂。

（四）当地的公共政策

厂址选择过程应充分研究公共政策对建设项目的影响，分别计算建设项目的投资和同步建设项目增加的投资，以及产品运输费用和销售费用等直接经济影响。例如，国家为了开发一些不发达地区，鼓励到某些地区投资建设工业项目，专门给予财政补贴和税收减免，这样有利于减轻企业负担。在某些工业比较集中的地区，出于环境保护的原因，为了减少工业污染，规定了严格的环境标准，这样势必要增加在环境保护方面的投资和成本。

三、厂址选择的工作步骤

厂址选择可由筹建单位单独进行，通常则是按项目隶属关系，由主管部门组织有关规划、设计、地质、交通及地方有关单位联合进行。凡在城市辖区内选址的，要取得城市规划部门的同意，并且要有协议文件。不论单独选址或联合选址，都应对比选的各个地点，认真细致地收集有关的自然环境、社会经济情况，有关的厂矿企业的现状和发展规划等方面资料，经过实地查勘，综合研究，进行充分的论证，再比较确定。厂址选择可分为两个阶段：准备阶段和选址阶段。

（一）项目选址的准备阶段

项目选址的准备阶段包括组织选址工作组、拟订项目选址的经济技术指标和选址工作条件的准备三个方面。

1. 组织选址工作组

选址工作小组一般应由各方面的专家和相关主管部门人员组成，包括设计（包括总图、给排水、供电、土建、技术经济等有关专业）、勘测（包括工程地质、水文地质、测量专业）、工艺技术、城市规划、环境保护、交通运输等方面的工程技术人员。并由当地建委、城建、施工和建设单位的有关人员参加。

2. 拟定项目选址的经济技术指标

根据建设项目产品方案及规模，要初步拟订与建厂条件有关的经济技术指标，以此为依据进行厂址选址。主要的指标内容包括：

① 项目的占地面积。指可以利用的面积，包括生产区和生活区面积。生产区主要包括生产厂房或露天生产装置、公用工程、附属工程、厂区道路、铁路等。还应考虑到施工用地和适当的发展预留地。如果在生产过程中有废渣的排出，还应该考虑堆放废渣的用地。

② 项目的建筑面积。指房屋面积的总和，一般指生产区建筑面积，有时也包括生活区建筑面积。

③ 原材料及辅料。原材料、燃料和主要辅助材料的种类、数量及质量和产品的种类、数量 指在项目投产后，在正常生产年份所需要的原材料、燃料和主要辅助材料，以及正常生产条件下产品的种类和数量。

④ 运输量。指在项目投产后，正常生产条件下每年所需的原材料、燃料、主要辅助材料、其他物料、职工生活用品等的运进量和产品、副产品、废渣以及其他需要运出的货物的运出量，货物在运输和储存过程中如有特殊要求（如温度、湿度、安全等），也应该充分考虑到。

⑤ 用水与排水。用、排水量及水质包括生产用水、消防用水和生活用水的数量、质量和供应方式。还包括污水的排放量、排放方式和污水的性质及可能造成的污染情况。

⑥ 用电量及其要求。包括设备安装容量和需要容量，最高负荷量，电压和频率，用电特征和负荷等级。

⑦ 蒸汽用量。包括需要的高压及低压蒸汽用量。蒸汽包括生产用蒸汽、采暖用蒸汽及锅炉房用汽。

⑧ 员工。全厂定员及居住的职工人数。

⑨ 协作。对其他工业协作和社会协作的要求。

⑩ "三废"。企业排出的"三废"种类、数量及有害成分，"三废"治理的主要内容及标准。

⑪ 其他。如基建材料种类、数量和质量。

3. 选址工作的条件准备

包括准备现场勘察需要的地形图、专用手册、专用仪器仪表，安排选址工作人员的生活、工作条件等。

(二) 厂址选择阶段

厂址选择阶段的工作内容主要包括：现场调查、资料收集、勘察设计、厂址方案的技术经济分析比较和综合评价，以及确定厂址方案等。

1. 厂址勘察和收集基础资料

按照选址要求对备选厂址进行实地勘察，考察每个备选厂址所在地区的气象、地震情况，场地的地形、地貌、地质，地下水的水质、水位、水量等，了解现有房屋的具体情况以及征地拆迁情况。调查运输线路接轨点、电源、水源、废渣堆场位置、工人生活区位置和生活设施情况。询查生产及基建协作条件，原材料、燃料和主要辅助材料的供应地，了解环境保护的要求等。

厂址选择基础资料调查提纲内容如下：

(1) 地形地貌资料

包括地理位置地形图（比例为1∶25000）、区域位置地形图（比例为1∶10000）、厂址地形图（比例为1∶500）、厂外工程地形图（比例为1∶500）；铁路、公路、给水、排水、污水管线、热力管线、供电线路、原料输送路线的带状地形图，地带宽度（60~100m）、地貌类型、海拔高度、坡度，以及厂址土地调查。

(2) 工程地质

① 区域地质资料。建厂地区的地质构造、地层、土层成因及年代，以及地质图、剖面图、柱状图、地质构造及新构造运动的活动迹象，区域地质稳定情况。

② 工程地质资料。建厂地区现有工程地质资料、土层类别性质、地基土壤容许承载力，土壤冻结深度等。在搜集和分析已有资料的基础上，通过勘察了解场地的地层、构造、岩石和土的性质。场地稳定性，如岩崩、滑坡、崩塌、泥石流、采空区、地面沉降、强震区场地与地基断裂等。人为的地表破坏现象，地下古墓，人工边坡变形等。对于工程地质条件较复杂，已有资料不能符合要求，但其他条件较好且有可能选取的场地，应按具体情况进行工程地质测绘及必要的勘察工作。

③ 地震地质资料。建厂地区地震基本烈度，要求建构筑物地震设防烈度；地区历史地震资料（震源、震速、频率）；厂址附近断裂构造。

(3) 水文地质

建厂地区水文地质构造，地下水的主要类型和特性，土壤含水性，蓄水层深度及厚度、流向、流量和涌水量。地下水补给条件及变化规律、水井涌水量、抽水试验资料，开采储量。水质分析资料，地下水对混凝土基础的侵蚀性。

(4) 矿藏

矿区的矿产分布，有用矿藏及开采价值；矿区地质构造、采矿区位置及尺寸和发展趋势；矿区近、远期开采规划情况；矿区地表塌陷、变形资料。

(5) 气象和水文

① 气象资料：a. 逐月平均最高、平均最低及平均气温；各年逐月平均、最大、最小相对湿度和绝对湿度；b. 严寒期天数（温度在-10℃以下的时期），采暖期天数（温度在5℃以下的时期），以及最大冻土深度；c. 逐月的平均、最大、最小降雨量；d. 历年最早、最迟初雪日期，一般和最长的积雪时间，以及历年平均和最大积雪深度、积雪密度；e. 各风向频率（全年、夏季、冬季）、静风频率，以及风暴、大风情况及其原因，山区小气候风向频率变化情况；f. 全年晴天及阴天数，以及逐月阴天的平均天数，最多或最少天数，以及

雾天数；g. 逐月最高、最低平均气压，以及年最热 3 个月气压的平均值；h. 年、月平均蒸发量，空气污浊度；i. 地区性气候特点，以及其他不良气象（如大雾、沙暴、雪暴等）。

② 水文资料：a. 逐月最大、最小、平均河流流量和水位；b. 逐月最高、最低平均水温；c. 河床稳定性、河床与河岸变迁情况；d. 100 年和 50 年一遇洪水位；e. 最低水位，最小流量；f. 洪水淹没范围，灾害情况；g. 水库的水位、库容、灌溉面积、水库淤积情况、水温、水质、水库调节性能；h. 泉水的性质、成因、流量、水质、水温和开发利用情况；i. 湖泊的面积、容积、水量、水位、水深形成原因，补给来源与河流的关系，以及工农业用水情况和工厂用水条件；j. 结冰和解冻日期，冰块大小和最大冰厚，以及冰坝大小、危害程度和范围；k. 泥石流发生资料；l. 泥石流的形成原因，形态特征及流量大小。

（6）交通运输（需附交通位置图）

① 铁路：a. 铁路网的设计运量和实际运量、集装箱运输条件、铁路发展规划及运价等；b. 专用线接轨条件，如接轨位置、站场扩建（站名及里程），以及接轨引起车站或其他设施改造或增建情况。

② 公路：a. 公路等级、路面结构、路面宽度等技术条件，运输能力、行车密度、发展规划和运价；b. 进厂道路连接条件，如连接位置、里程、标高、专用线走向，沿线地形地貌、工程地质、占地面积、造价。

③ 水路：a. 通航河流系统、航道里程、航道宽度与深度、允许通行船只的吨位及吃水深度；b. 现通航船只吨位、型式、年运输量、通航时间、枯水期通航情况，航运发展规划和运价；c. 码头类别、码头地点、泊位、装卸设施的能力、允许卸货时间、码头利用的可能性；d. 可建码头的地点及其水文、地质资料。

（7）公用工程

① 给排水。给水水厂位置、规模、与项目距离、给水条件、给水方式、现给水量、富余水量、输水管线能力、可供本企业用水量、给水管连接地点、管道直径。排水系统的组成、排水能力、雨水管道敷设方式（明沟或暗沟）、允许排入排水系统的水质、粪便污水处理方式、排入下水道内要求污水净化程度、排污口的位置和要求；建设地区污水处理厂的规模、处理技术、与项目距离、进水水质与排水水质、接受项目污水处理可能性。

② 供电及通讯。发电厂或区域电源变电所的位置及距离；变电所的规模、现供电能力及电压等级、供电富余能力、供电可靠性。厂址周围的通讯网络情况。

③ 供热。供热单位名称、规模、燃料、蒸汽或热水的参数及单价，发展规划、与项目距离、供热可能性。

④ 工业气体（压缩空气、氧气、乙炔及其他气体）工厂名称、规模、可能供给的气量、气压及价格。

（8）主要原材料及燃料

主要原料、燃料及其来源、输送方式、运费、供应量、价格。

（9）城镇规划

包括地区工业布局及城镇规划、土地利用总体规划、居住建筑情况、文化福利设施、市政工程设施、搬迁工程等现状及发展规划对建设项目价值及影响。

（10）环保、特殊设施及人防

当地环保部门对建厂的要求和对厂址的意见，以及建设地区大气、地表水、地下水、噪声、生态等环境质量现状。地区文物情况及保护范围，当地文物部门对在附近建厂的要求，并应取得同意建厂的书面意见。动、植物自然保护区情况及范围，对在其附近建厂的意见和要求。地区居民对建厂的意见。当地人防部门对建厂的意见和要求。建厂地区有何特殊建（构）筑物，如机场、电台、军事设施等与厂址相对关系及对建厂的意见和要求。

（11）施工条件及人力资源

施工场地可能位置、面积、地形、占地情况。现有铁路、公路、水运技术条件，利用的可能性。允许通过的大件、重件运输尺寸及质量，运输路径、运输限界及运输车辆，现有装卸车船条件。砖、瓦、灰、砂石的产地，规格，供应情况，运距及价格。当地现有的施工技术力量及技术水平。当地现有的加工企业、加工项目、产品规格和产量以及利用的可能性。劳动力的来源、人数及生活安排。施工用水、用电、用地，可提供的地点、距离、数量、可靠性。

（12）厂址优惠政策

土地政策、税收政策，以及其他优惠政策。

2. 厂址方案比较

厂址方案比较是指从技术经济角度对若干可供选择的厂址方案进行综合比较。厂址方案比较应根据建设项目的主要要求，抓住几个主要因素进行分析比较，从中择优选定。方案确定后，就要与有关部门和地方机关签订土地使用、铁路接轨、电力供应、基本建设、设备安装等协议，最后编制厂址选择报告。

厂址方案比较的方法主要有：

（1）列表比选法

在规划性选厂阶段确定的建厂地区内选择二、三个比较理想的方案，进行详细的调查、勘察、钻探，列出不同方案的技术经济参数、基建投资和常年生产经营费进行分析论证。技术条件好，投资、经营费用省的方案为最佳方案。

（2）分级评分法

即对多因素进行目标决策，把所选地区和厂址按选择要求列出分项分级条件评分标准，选择综合分数最高的方案为最佳方案。

（3）数学模型法

根据所掌握的基建投资、生产经营费用等数据，列出数学模型，寻求最佳目标值。

（4）"重心"倾向法

从计算原材料和产品运输费用出发，根据"重心"原理，寻求最短运输线路、最低运输成本的厂址方案。

其中列表比选法内容具体，比较直观，是制浆造纸工厂进行厂址比选的常用方法。

根据项目所要求的各方面条件，首先确定几个备选厂址的方案，然后对厂址方案的列表比选，内容包括工程技术条件比较和经济条件比较，经济条件比较又包括建设投资费用和营运费用比较。

厂址方案的工程技术条件比选，主要有占用土地种类及面积、地形地貌气候地质条件、征地拆迁移民安置条件、社会依托条件、环境条件、交通运输条件、通讯条件、动力供应条件、施工条件以及当地政府及居民对项目的接受程度等，如表4-1所示。

厂址方案的建设投资费用比选，主要有土地购置费、场地平整费、基础工程费、厂外运输投资、厂外公用工程投资、防洪工程投资、环境保护投资、生活福利设施投资以及临时建筑设施费用等，如表4-2所示。

表 4-1　　　　　　　　　　　　　工程技术条件比较表

序号	比较内容名称	厂址方案			
		方案1	方案2	方案3	……
1	主要气象条件(气温、雨量、海拔)				
2	地形、地貌特征				
3	占地面积及情况				
	其中:耕地(亩)				
	荒地(亩)				
4	土石方开挖工程量/万 m³				
	其中:土方				
	石方				
5	区域稳定情况及地震烈度				
6	工程地质条件及处理工程				
7	水源及供水条件				
	自来水				
	地表水				
	地下水				
8	交通运输条件				
	铁路				
	公路				
	航空				
	水运				
	管道				
9	动力供应条件				
	电力				
	热力				
	其他				
10	通讯条件				
11	三废处理条件及对附近居民的影响				
12	拆迁工程量				
13	施工条件				
14	生活条件				

表 4-2　　　　　　　　　厂址方案建设投资费用比较表　　　　　　　　　单位:万元

序号	比较内容	方案1	方案2	方案3	……
1	土地购置费				
	土地费用				
	拆迁费用				
	……				

续表

序号	比较内容	方案1	方案2	方案3	……
2	场地平整费				
	土方工程费				
	石方工程费				
	……				
3	基础工程费				
	防震措施费				
	……				
4	厂外运输投资				
	铁路专用线				
	公路				
	码头				
	管道				
	……				
5	厂外公用工程投资				
	给水工程				
	排水工程				
	供电工程				
	供热工程				
	……				
6	防洪工程投资				
7	环境保护投资				
8	生活福利设施投资				
9	临时建筑设施费用				
	合计				

厂址方案的营运费用比选，包括原材料及燃料运输费、成品运输费、动力费、排污费和其他费用等，如表4-3所示。

表4-3　　　　　　　　　厂址方案营运费用比较表　　　　　　　　　单位：万元

序号	比较内容	运营费用			
		方案1	方案2	方案3	……
1	原材料及燃料运输费				
2	成品运输费				
3	动力费				
4	排污费				
5	其他				
	合计				

（5）回收期和年等值费用比较法

在方案比选中，如果该方案的建设投资和经营费用均较低，则自然是合适的方案。如果某方案建设投资高，但营运费用少，或者建设投资少，营运费用高，则可用增加投资的回收期和年等值费用两个指标进行比较。

1）增加投资的回收期

增加投资的回收期可按式（4-1）计算。

$$T=(K_2-K_1)/(C_1-C_2) \tag{4-1}$$

式中　T——增加投资的回收期，年

K_1、K_2——甲乙两方案的投资费用，万元/年

C_1、C_2——甲乙两方案的经营费用，万元/年

这个公式实质是用节省的经营费用来补偿多花的投资费用，需要多少年才能抵消完，也就是增加的投资要多少年才能通过经营费用的节约收回来。算出增加投资回收期后，与行业的标准投资回收期比较，如果小于标准投资回收期，说明增加投资的方案可取，否则不可取。

2）年等值费用

年等值费用可按式（4-2）计算。

$$A=P/T_0+D=P\times E+D \tag{4-2}$$

式中　A——方案年等值费用，万元

　　　P——方案投资费用，万元

　　　D——方案年经营费用，万元

　　　T_0——标准投资回收期（不含建设期），年

　　　E——标准投资效果系数（T_0的倒数）

实质是计算不同地址的年等值费用，以年等值费用最少的选址方案为好。

经过工程技术条件和经济条件的比选，就可以提出推荐厂址方案，并绘制厂址地理位置图。在等高线的地形图上，标明厂址的四周界址、厂址内生产区、生活区、厂外工程、取水点、排污点、堆场、运输线路等的位置与四邻居民点及其他单位的相互位置。

四、厂址选择报告

厂址选择报告编写内容是确定推荐厂址方案，落实建厂特定的技术经济条件，并征得当地政府部门同意建厂后，即可编写选择厂址报告，报送主管部门审批。编写选择厂址报告的内容有：

① 概述。扼要的叙述选择厂址的依据和主管部门的指示文件精神。选择厂址工作组的负责单位和参加单位。选择厂址的工作经过和时间，踏勘各预选厂址的概况、优缺点。对推荐厂址各方案的总评价。

② 选择厂址的主要技术经济条件。以简明表格数字列出选择厂址的主要技术经济条件，对可供选择的厂址方案进行比较并说明选择最终厂址的理由，包括厂址技术条件的比较和项目投资费用及运营费用的比较。

③ 建厂地区及厂址的概况。一方面要描述建设项目地区的位置和特征，包括自然地理、经济、社会概况。说明厂址与周围城市的关系，附近的交通设施情况，并附上地理卫星和总平面规划示意图。另一方面要说明厂址所在地的资源、原材料、燃料的供给情况，外部交通、供水、供电情况，工程地质、水文地质、施工条件、生产协作条件、通讯条件和市场条件。

④ 协议文件。说明征地、拆迁、供水、供电、运输、原材料供应方面的协议文件。
⑤ 当地主管部门对拟选厂址签署的意见。
⑥ 存在的问题及解决的办法。
⑦ 拟选厂址发展远景的描述。
⑧ 附件。附件应包括：a. 上级机关对选择厂址工作指示性文件；b. 有关单位对厂址方案的意见（会议纪要、书面意见、或合同协议书）；c. 选择厂址联合工作组成员（单位、姓名、职务、专业）；d. 城镇建设规划示意图；e. 各厂址方案位置图（厂界区外工程及生活区位置，水源地和污水排放出口的位置；厂外交通运输线路的规划）；f. 有关协议文件（包括意向性协议）；g. 工厂总平面布置示意图。

第五节　总平面布置和运输设计

建设项目从开始规划时就要根据各个车间和工段之间的相互关系，厂内外运输的具体要求和条件，考虑整体的布局。

总平面布置是指在选定的厂址上，为满足项目建设和生产运行在技术、安全、环境保护和经济等方面的要求，结合厂址特征对厂区各建筑物、构筑物及室外工程设施的平面位置及竖向布置进行的统筹安排。总平面布置设计具有较强的政策性及综合性，涉及的技术领域较广，总平面设计质量将直接影响工业企业生产的效率和成本，影响人民生活的舒适与方便与否，影响建设投资的大小及工期的长短等。

运输设计是根据建厂地区地理、自然和环境等条件，按照工艺要求、物料流程以及有关工程建设标准，合理确定各种建构筑物、交通运输设施、综合管线的平面关系、竖向关系、空间关系及与生产活动的有机联系，系统地处理物流、人流、能源流和信息流。

制浆造纸工厂的总平面布置和运输设计的主要工作包括：

① 决定全厂生产、辅助生产、动力、办公和服务的建筑物、构筑物，运输道路和设施（包括铁路专用线，公路和水运码头等），仓库和堆场等在厂区平面的相对位置和间距；

② 决定场地、道路、建筑物、构筑物的设计标高；

③ 根据全厂的年运输量，合理设计厂区内外的交通运输系统和搬运方式，保证工厂的正常运行；

④ 统一考虑全厂的地上和地下管线的综合布置，敷（埋）设的标高，合理设置管线构架和沟槽；

⑤ 规划全厂的环境，创造一个既能保持良好操作条件又能增强职工身心健康的美化和绿化的环境，使工厂成为一个生产和生活协调完整的建筑群体。

一、平面布置的一般原则

制浆造纸工厂的总平面布置设计一般是以生产车间为主轴线，据此考虑辅助车间、仓库、办公楼、道路以及铁路专用线等的安排。平面布置的一般原则如下：

① 总平面布置应根据车间的生产性质、建筑类别、防火、卫生、安全及施工要求，并结合场地的地形、地质、气象等自然条件，全面合理地进行安排，为生产运行创造条件，以取得良好的投资效果。

② 厂房、构筑物的布置应能达到使生产流程顺畅，保证从原料投入到成品产出形成连

贯的流水作业，尽量避免逆行或交叉。原材料、物料的搬运路线短、方便、避免频繁的货流与主要的人流交叉。大宗原料进厂应避免穿越主要生产区。

③ 生产车间和辅助建筑物在有条件时应尽量组合成联合厂房或多层建筑物。辅助车间、仓库、动力设备也应设在主要使用部门的附近，尽量缩短距离，以节约厂区用地。

④ 厂内应布置绿化和美化设施，工厂具有整洁优美的生产环境，为企业的文明生产创造必要的条件。

⑤ 应尽量使大多数厂房向阳、背风、避烟气、防灰尘，尽可能使各个车间有条件采用自然通风和自然采光。

⑥ 由福利区至生产区的主要干道，尽量缩短距离。并避免与铁路或主要运输道路交叉。铁路专线的布置要符合运输的要求，并保证与铁路干线接轨方便。

⑦ 按防火规范的要求，保证建筑物相互间的距离符合规定，修建方便。通道要满足消防车行驶的要求，并应设置具有消火栓的自来水网。

⑧ 根据卫生规范的要求，应将生产区布置在福利区的下风向。散发粉尘的备料车间、排出毒害气体和灰尘的车间，应尽量布置在其他车间的下风向。在考虑以生产车间为轴线的布置时，还要根据具体地形来进行平面布置安排，以求节约用地，减少土、石方工程量。

二、总平面布置

（一）按功能分区安排平面布置总体布局

制浆造纸工程项目的特点是工艺流程长、辅助车间多、原料贮存量大、仓储种类多，通常占地面积比较大，一般按照不同功能将全厂划分为若干个功能区，根据各功能区的性质和特点来确定其在总平面中的位置。

1. 原料贮存区

制浆厂所用的原料贮存量大，易燃，有粉尘污染。原料区应考虑布置在交通运输合理（靠近码头或铁路），锅炉房的上风向，生产区的下风向，并与生产区有一定距离的场地（50m以上）。一般是布置在工厂的后面，或者布置在厂区的一侧。

2. 生产区

一般由多车间组成，不仅出入人员多而且占地面积较大。生产区应布置在厂区的中心地带也便于相关与辅助车间联系，最好直通厂前区的大门，方便人员出入。

① 备料车间。靠近蒸煮工段，靠近原料场，方便运输，避免交叉，布置在下风向，有一定的空地以方便回车和物料暂存。

② 化浆车间。蒸煮因含硫气体（H_2S）、漂白工段有氯气（Cl_2）排出，并有大量湿热气体排出，因此应布置在远离厂前区并在主导风向的下风向。

③ 造纸车间。造纸车间一般由打浆、抄纸及完成工段组成。造纸车间要整洁，宜布置在靠近厂前区；由于车间较长，尽量布置在地形平整的地方，减少土石方量；造纸车间温度较高，通风要好，宜布置在主导风向的上风向。

④ 碱回收车间。碱回收车间在生产过程中排出有害气体和废渣，环境较差，应与清洁车间和厂前区有适当的防护间距并应位于上述建筑物的下风向，并设有废渣堆场。

3. 动力区

包括热电站、变电所、压缩空气站、煤气发生站、锅炉房等。它们应靠近其所服务的车间，这样可以减少管道的铺设、运送距离和运送中的损耗。同时，动力区有烟气和灰尘产生，易引起火灾和污染，应布置在生产区的下风向。

4. 给水区

包括水泵房、水处理设施、贮水池等，其位置应靠近水源入口，并在产生烟尘车间的上风向，一般在上风向或地势较高的地方，注重绿化。

5. 辅助生产区

包括机修车间、电修车间、仪表修理车间等，应靠近其所服务的生产车间。

6. 仓库区

应布置在材料、备品的入口处，成品的出口处，既方便与车间联系，又应靠近主要运输线路。

7. 厂前区

包括大门、办公大楼、食堂、宿舍、值班室、保健站、托儿所、停车场等。厂前区与厂区的位置关系是由工厂规模的大小、企业性质、建厂地点、自然条件、生产工艺流程、人流与货流组织以及城市规划等因素决定。确定厂前区位置应立足于建厂地点的用地条件，符合全厂总体规划布局，有利于生产功能分区组织，满足经营管理要求。

厂前区位置应方便与城市及居住区联系，一般面向城市或职工住宅区。厂前区应设置在环境较好的安静地段，不被铁路或运输干道所分割，远离产生烟尘、有害气体和噪声源的生产车间，并位于污染区的上风向。

8. 住宅区

设在城市区或厂区。设在产区应布置在主导风向的上风区，并应有卫生防护地带与厂区隔离，以减少噪声、粉尘及有害气体侵扰。

9. 卫生防护地带

产生有害物质（有毒气体、烟气、粉尘、不良气体等）工厂与处在其下风区的住宅区之间需要布置一定距离的卫生防护带。根据产生物质的毒害程度分为一至五级，其卫生防护地带的距离分别为1000m、500m、300m、100m和50m。硫酸盐浆厂、亚硫酸盐浆厂要求按照一级标准设置卫生防护地带。

进行平面布置较理想的厂区为长宽比为2:1的矩形，且常年主导风向与厂区的轴向呈45°，在这种情况下，比较容易满足各功能分区平面布置的要求。但在实际工作中，往往受到厂址地形的局限，很难完全满足各个功能分区的布置要求。因此在考虑各功能分区的相对位置时应结合厂区形状，综合考虑生产工艺流程、物料的输送和运输、安全和卫生等多方面的要求，合理安排。

(二) **确定厂址及建、构筑物和道路的标高**

确定厂址的标高应在近50年最高洪水位0.5m以上，建筑物基础、设备基础、管沟在地下水位0.5m以上。要妥善解决地形地貌的起伏、倾斜，以最少的挖填土石方量进行余缺平衡，尽量减少取土和弃土的土方量。厂区地坪应从中心向四周或从一侧向另一侧有3%~5%的坡度，以便于雨水排除顺畅。

建筑物室内外地坪应有一定的高差，防止雨水倒灌。厂前区的各建筑物的地坪为500~600mm，大门正面设置多级台阶，两侧设置汽车坡道。生产车间、仓库一般为150~300mm，不宜设置台阶，以便于运输车辆的出入。有贵重设备、仪器、材料或受水淹后对生产损失很大的车间、仓库的地坪标高宜略高于一般的车间、仓库。露天堆场的地面标高应高出周围场地，并设有5%的排水坡度。有铁路站台的成品库及需要铁路专用线运输的仓库或车间为

1000~1100mm，困难情况下可取 500~600mm。厂区道路标高宜等于或略低于车间外的地坪标高，以利于雨水排除。

（三）工程管线综合布置

管线综合布置是从生产使用和维护检修要求出发，根据生产工艺特点、管线性质及技术要求，在各专业管线工种配合下，综合布置各种工程技术管线，因地制宜地选择管线敷设方式，决定管线走向、间距与敷设宽度，规定管线的平面坐标及竖向标高，正确处理管线与建筑物、构筑物、道路、铁路、绿化及各种工程设施的相互关系，力求达到经济、合理、安全的目的。制浆造纸工厂需要配置各种工程技术管道和线路，输送和传递各种生产物料、能量及信息，这些管路系统犹如人体的血管和经络，它把厂区各个部分有机地联系起来，成为一个整体。管道输送的某些介质还具有高温、高压、腐蚀、易燃等危险特性，因此管线系统是制浆造纸工厂的重要组成部分。

管线综合布置通常以总图布置为基础，同时又是总图的重要组成部分。合理的管线综合布置对于减少工艺过程的能耗、节约投资、减少工厂占地面积、便于维护检修，以及安全生产等都具有重要意义。

1. 管线综合布置原则

管线综合布置是一项技术性、经济性都很突出的工作，除应严格执行有关专业管线技术规范标准之外，还应因地制宜地灵活解决特定条件下的管线综合布置问题。管线综合布置一般应遵循以下一些原则：

① 管线布置应与总平面和竖向布置协调。管线布置应尽量使管线之间及与建、构筑物之间在总平面和竖向关系上相协调，既要考虑节约用地，节约投资、节约能源，又要考虑施工、检修及安全生产要求，并注意不影响厂区的预留发展用地。在合理确定管线位置及其走向的同时，还应考虑与绿化带和人行道的协调关系。

② 管线走向。根据管线的不同性质、用途、相互联系及彼此之间可能产生的影响，以及管线的敷设条件和敷设方式，合理地选择管线走向，力求管线短捷、顺直、适当集中，并与道路、建筑物轴线或相邻管线相平行，尽量缩短主干管的敷设长度，以减少生产中的动力、热能损耗。同时，干管宜布置在靠近主要用户及支管较多的一边。

③ 管线交叉。尽量减少管线之间，以及管线与铁路、道路的交叉。当必须交叉时，宜为直角交叉或不小于45°的交角，并应视具体情况采取加固措施。

④ 管线与地形关系。管线线路应尽量避开坍方、滑坡、湿陷、深填土等不良地质地段。沿山坡、陡坎或地形高差较大地面布置管线时，宜尽量利用原有地形，并注意边坡稳定和防止冲刷。

2. 管线敷设方式及要求

管线敷设的方式可分为地下敷设、地面敷设和架空敷设，地下敷设又分为直埋敷设和地下综合管沟敷设。

（1）直埋敷设

直埋敷设能够避免管线的机械损伤，安全可靠，有利于降低运营成本和能耗，有助于卫生和环保，使场地地面、地上环境整洁，便于形成良好的场地景观，是采用较多的一种敷设方式。管线一般是直埋在道路与建筑物之间的空地下，它往往成为确定建筑物间距的决定因素。管线埋设的深度，是由防冻和防压要求决定的，一般要埋在冻土层以下，而且防压管道要埋深一些。一般按照管线的埋设深度，自建筑物基础开始向道路依次由浅至深排列，其顺序为：建筑物基础外缘，通讯电缆，电力电缆，热力管道及压缩空气管道，煤气、氧气/乙炔管道，上水管道，工业污水管道，雨水管道，电线杆，道路边缘。管道的埋设深度，还与地形、地质、管道互让有关；自流管道还要考虑流向和坡度。埋设深度相近、性质类似而又互不影响的管道尽量布置在一起，为维护检修和施工创造方便条件。力求管线间的平面距离紧凑、合理。地下管线不应布置在建构筑物、构筑物的基础压力范围以内。检修较少的管线（如上、下水管道）也可埋设在道路下面，但要偏向一边，以便检修时不影响交通。在特殊情况下，地下管线必须紧靠构筑物基础时，也应管底不低于构筑物基础底面，并采取有效措施防止相对沉陷的影响。为了便于检修地下管线，应避免与地面管线重叠。地下管线应避开堆放强腐蚀性介质的场地，如不能避开时，应考虑管线的有效防护措施。有爆炸危险的管道、容易破坏地面的管道（强酸、强碱）、附有保温吸水材料的管线均不能放在地下。

（2）地下综合管沟敷设

地下综合管沟布置具有占地少、有利于厂区的环境美化、管道检修方便等特点。但是地下综合管沟造价较高、工期较长，并须妥善解决好通风、排水、防水、施工及安全等问题。在管线密集、场地狭窄的地段或因生产使用与维修要求，并考虑施工条件限制而直接埋地敷设特别困难时，可以经过全面技术经济比较，证明经济合理时才采用地下管沟敷设方式。应当注意不同性质管线的相互干扰和可能引起的安全事故，对于产生相互干扰的管线不应敷设在同一管沟内，同时，容易腐蚀地面的强酸、强碱管道以及有爆炸危险的管道也不宜放在地下管沟里。由于地下管沟防水措施投资大，故不宜用于地下水位高的地区。

（3）地面敷设

地面敷设具有造价低、施工简单、检修和维护方便的优点，但在地面上形成的分割对交通组织极为不利；一般仅用于工业建筑场地的局部或边缘地段，以及长距离的管线敷设。地面敷设是采用低支架、管墩或管枕敷设地面管线，这种方式多用于车间内部工艺管道的敷设。如在室外采用地面敷设的方式应注意避免与人流、货流较多的道路交叉。

（4）架空敷设

架空敷设是将管道安放在单层或多层支架（或杆）上。这种敷设方式检修方便、占地面积少，在制浆造纸工厂采用较多。架空敷设应注意尽量不妨碍建筑物的自然采光和通风，并与建筑物及其环境、空间相协调，适当照顾厂区的视线美化要求。架空管线跨越铁路、道路及主要人行道时，应距离路面一定高度，不应影响交通运输及人员通过，并避免地上管线遭受机械损伤。架空主管线应远离火灾危险较大或腐蚀性较强的车间。易燃、可燃液体及可燃气体管道不宜敷设在与其无生产联系的建筑物（如办公室、休息室、汽车库以及生活福利设施等）内、外墙或屋顶上，不得靠近或穿过可燃材料的结构（如墙、柱、支架、屋顶等），不得穿越可燃、易燃材料堆场。厂内高压架空线路，一般沿厂区边缘布置，尽量减少其长度，并不能跨越生产厂房或屋盖为易燃、可燃性材料的行政与生活建筑。

（四）风玫瑰图

风玫瑰图分为风频玫瑰图和风速玫瑰图，是指在极坐标底图上点绘出的某一地区在某一时段内各风向出现的频率或各风向的平均风速的统计图。一般在总平面图上只表示出风频玫瑰图作为总图布置的依据。在看风玫瑰图时，风向是由外边吹向中心。实线表示全年风频情况，即若每年统计330次，有66次刮南风，那么南风的风频为66/330＝20%。在风向玫瑰图中，频率最大的方位，表示该风向出现次数最多。静风的频度放在中间。最常见的风玫瑰图是一个圆，圆上引出16条放射线，它们代表16个不同的方向，每条直线的长度与这个方向的风的频度成正比。正上方箭头方向指向北"N"。虽然总平面布置以常年主导风向频率布置，但是有时次主导风向频率虽然小，但风力强，危害也很大，有时必须考虑风速玫瑰图的影响。所以，风向因素也只能做到相对合理。图4-1表示方位线方向和代号，图4-2表示按8个方位角的风频率百分比绘制的风玫瑰图，在实际绘制时，往往简化，如图4-3、图4-4和图4-5，它们分别为大连、济南和南宁地区的风玫瑰图。

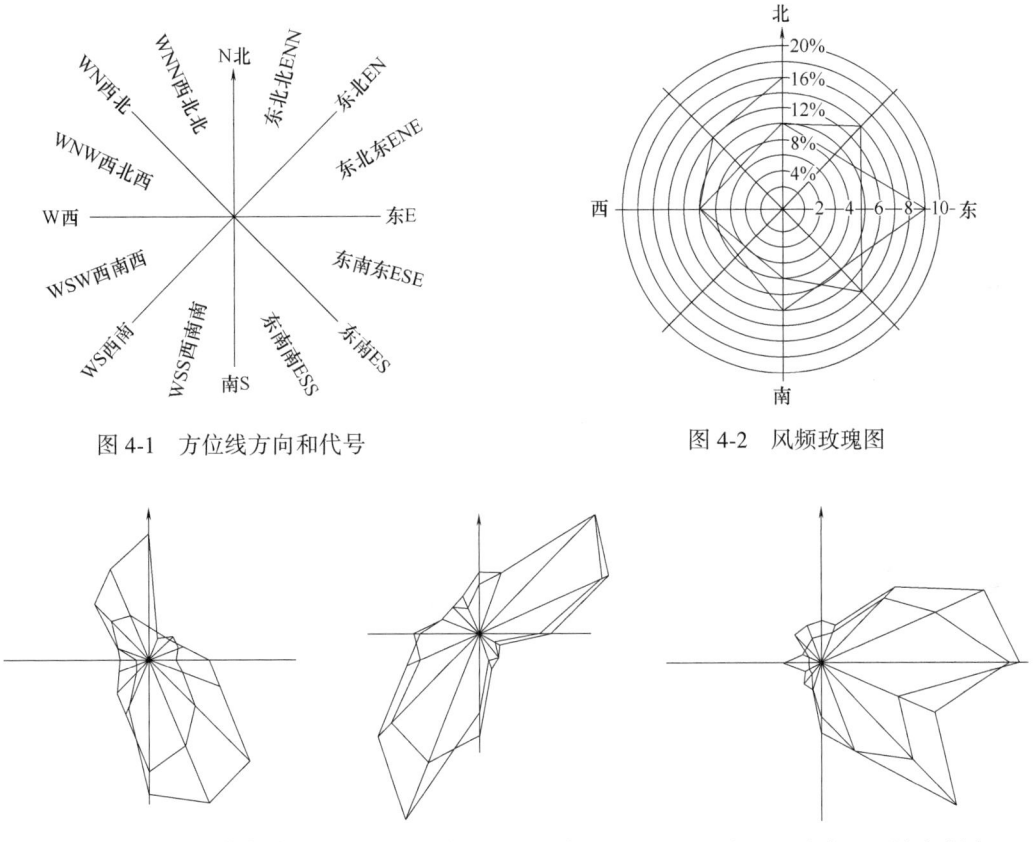

图4-1 方位线方向和代号　　　　　　　图4-2 风频玫瑰图

图4-3 大连地区风玫瑰图　　图4-4 济南地区风玫瑰图　　图4-5 南宁地区风玫瑰图

（五）总平面设计的技术经济指标

总平面设计的主要技术经济指标见表4-4。其中建筑系数为建筑物、构筑物和露天堆场占地面积之和与厂区占地面积之比的百分率，它表明厂区的建筑密度，大型制浆造纸工厂的建筑系数一般不低于25%。场地利用系数为建筑物、构筑物、露天堆场、铁路、道路和工程管线占地面积之和与厂区占地面积之比的百分率，它表明土地利用程度，一般不低于50%。

表4-4　　　　　　　　　　总平面设计的主要技术经济指标

指标名称	单位	数量	备注
原材料及燃料运输费	万元		
建筑物、构筑物、露天堆场占地面积	m^2		
建筑系数	%		
铁路长度	m		
道路长度	m		

续表

指标名称	单位	数量	备注
道路及广场占地面积	m²		
围墙长度	m		
绿化面积	m²		
土、石方工程量	m³		
场地利用系数	%		

三、运 输 设 计

综合性的制浆造纸工厂每生产1t纸产品,运进、运出的货物量超过4t,此还未包括厂内的货物运输量,因此制浆造纸工厂的总货物运输量很大。合理的运输设计不仅可以降低投资费用、节约用地面积,特别是可以降低运输费用,提高工厂长期运营的经济效益。运输设计的内容包括:计算全厂的货物周转量,其中包括进、出厂的货运量和厂内的货运量;选择运输方式,包括厂外运输方式和厂内运输方式,以及装卸工作的机械化;选择和计算运输工具;确定运输线路、仓库位置、主要装卸点的位置等。

（一）货物运输量和运输设备的计算

厂外货物运输量和厂内货物运输量,可分别按照表4-5和表4-6进行汇总。

表4-5　　　　　　　　　厂外货物运输量一览表　　　　　　　　单位：t/a

序号	物料名称	运输方式	起点	终点	运输量		物态	包装形式	备注
					运入	运出			
1									
2									
……									
合计									

表4-6　　　　　　　　　厂内货物运输量一览表　　　　　　　　单位：t/a

序号	物料名称	运输方式	装货点	卸货点	运输量	物态	包装形式	备注
1								
2								
……								
合计								

在确定货运量和选定运输方式后,便可计算所需要的运输工具及台数。可由式（4-3）与式（4-4）计算：

$$N = \frac{\Sigma Q - Q'}{Ek_1} k_2 \tag{4-3}$$

$$E = mk_3 k_4 \frac{8}{t_1 L + t_2} \tag{4-4}$$

式中　N——运输一定货物所需设备的台数（一个班的用量）

　　　ΣQ——货物运输总量

Q'——委托外单位的运输量

k_1——运输不平衡系数（修理、停歇）：火车为0.85；汽车为0.6~0.8；马车为0.5；手推车为0.5~0.7

k_2——未预计到的运输系数：火车为1.05；汽车为1.15；马车为1.3

E——运输设备的生产率，即每台运输设备每班8h的运输量，t

m——运输设备运货物标称质量，t

k_3——运输设备载量的利用系数：稻草散装为0.3，打包为0.5~0.6；原木为1；垃圾为0.9；化学药品、成材为0.7

k_4——汽车在夜间没有照明道路上运输，或者在泥泞的路面运输的修正系数为0.4~0.6（其他车辆不计）

t_1——运输设备行驶1km所需要的时间，h

t_2——运输设备的停歇、调车等辅助时间，h

L——双程运输距离，km

（二）厂内外运输形式的选择

制浆造纸工厂常用的厂外运输形式为水路、公路和铁路三种形式。它们各有特点。

（1）水路运输的特点

水路运输的最大特点是运输量大，运营费用低，在运量相同的情况下，水运比公路和铁路运输经济。由于制浆造纸工厂多靠近河流和湖泊建厂，因此水路运输应该是首选的主要运输方式。其次水路运输具有较大的灵活性，货物品种、性质、体积均可不受限制，适合运载系数较大的制浆造纸原料。水路运输的缺点是航速较低，一般天然河道每小时航速约30km；有些通航河道会受到枯、洪水位变化和冬季冰冻封闭航道，以及台风的影响；此外，修建码头要具有良好的地质条件。对此，应考虑采用其他辅助运输方式来解决其季节性运输问题。

（2）公路运输的特点

公路运输的特点是灵活性大、占地少、造价低、适应性强、运输设备以汽车为主。公路运输布置比较灵活，特别适用于山区丘陵地区及货流经常变动的运输。此外，公路修筑工程比铁路容易，工期短、投资较少，是一种较为理想的运输方式。

（3）铁路运输的特点

铁路运输具有运量大、速度快、不受气候条件限制，能够运输体积大的非超限物体，运费比汽车运费低（但比水运高）等特点。我国许多大型的制浆造纸工厂是以铁路为主要运输方式，用于大部分原料、燃料、材料的输入和成品的输出。但铁路运输与公路运输相比，投资费用大，修建技术条件要求高，线路布置对坡度、弯道等的限制严格，占地面积较多（厂内铁路每延长1m占地约5~6m^2），施工期限较长，管理与使用不如公路运输灵活方便。为了充分发挥工厂铁路运输效益，通常年货运量在30万~50万t及以上，且靠近铁路干线，有较好的接轨条件时采用铁路运输比较经济。

厂内运输形式主要有以下两类：

（1）窄轨铁路（轨距600、762、900mm）

不受国家线路接轨条件限制，可以在一个企业内部独立修建。具有占地少、施工快、投资省、运营费用低、维护检修容易的特点。多用于厂内水运码头货物的转运、原料从原料场到生产车间的运输等。

（2）其他运输方式

厂内运输形式除汽车运输和窄轨铁路运输外，还常采用拖车、电瓶车、自动搬运车、起重车、手推车等。厂内运输形式的选择主要根据货物的搬运量、包装形式、体积、形状、重量等因素来考虑。

（三）厂内道路的设计

1. 厂内道路种类和宽度设置

厂内道路是联系生产工艺过程和工厂内外交通运输的线路，是实现正常生产和组织人流、货流的重要组成部分，按其用途可分为以下5类：

① 主干道。包括货运车流频繁的道路，人流、自行车流及载人汽车流集中的道路，以及兼有上述两种情况的道路。

② 次干道。车间与车间、车间与仓库、车间与厂内码头等主要交通运输的道路。

③ 辅助道路。车辆和行人通行都较少的道路（如专供通往厂内外水泵站、总变电所等的道路）及消防道路等。

④ 车间引道。建、构筑物出入口与主干道、次干道、辅助道路相连接的道路。

⑤ 人行道。包括单独的只能供人行走和自行车行驶的道路以及汽车道路两边的人行道。

以上各类道路可根据企业生产规模和交通运输的需要进行设置，可参考表4-7。

表4-7　　　　　　　　　　厂内道路的宽度设置

道路种类	大型厂主干道	大型厂次干道中型厂主干道	中型厂次干道小型厂主干道	辅助道路	车间引路	人行道
路面宽度/m	7~9	6~7	4.5~6	3~4.5	3~4	1.5~2
路肩宽度/m	1~1.5					

2. 厂内道路布置基本要求

厂内道路的布置，应符合下列要求：

① 满足生产、运输、安装、检修、消防及环境卫生的要求；

② 划分功能分区，并与区内主要建筑物轴线平行或垂直，呈环形布置；

③ 与竖向设计相协调，有利于场地及道路的雨水排除；

④ 与厂外道路连接方便、短捷；

⑤ 建筑工程施工道路应与永久性道路相结合。

道路尽头设置回车场时，回车场面积应根据汽车最小转弯半径和路面宽度确定。地磅房进车端的道路，应为平坡直线段，其长度不宜小于两辆车长；出车端的道路，应有不小于1辆车长的平坡直线段。

3. 厂内道路布置形式

根据工厂生产工艺特点、交通运输量大小、总体规划及建、构筑物相互关系以及厂区地形地质条件等因素，一般可将厂内道路系统布置成环状式、尽端式和混合式三种形式。

① 环状式。围绕各车间环状式布置形式，道路多平行于主要建、构筑物，组成纵横贯通的道路网，使厂内各部分相互联系方便。但是，道路总长度及占地面积较大，对厂区地形条件要求也较高。一般适用于交通运输频繁、场地条件较好的大、中型工厂。

② 尽端式。运输量较小或受厂区地形条件限制，不需要或不可能使厂内道路循环跑通，而只将车道通至某个地方就终止的道路布置方式。采用尽端式道路布置时，线路一般不宜过长，并应在道路的尽头或适当的地方设置回车场，以便车辆调头。

③ 混合式。同时采用环状式和尽端式两种道路布置形式，它兼顾了环状式和尽端式布置方式的特点，在满足生产运输要求的条件下，兼顾人流、货流畅通，货流运输地址疏密程度的差别，较好地适应了地形条件，是普遍采用的一种道路布置形式。

四、厂区绿化

产区绿化不仅能防灾治害、改善气候、美化厂区，而且能过滤、阻挡、隔离、吸附和黏滞空气中的污染粉尘，能吸收有害气体，使空气得到净化。产区绿化是总体布置的必要组成部分。

（一）工厂绿化对环境保护的作用

环境保护是制浆造纸工厂的重要组成部分，而绿化又是保护环境、防止污染和维持自然生态平衡的一项重要措施。因此，厂区绿化对环境保护具有重要作用。

1. 吸收二氧化碳和二氧化硫气体

绿色植物不仅产生氧气，而且吸入二氧化碳。据报道 $1hm^2$（公顷）的阔叶林，每天吸收 lt 二氧化碳和释放 $0.75t$ 氧气。如果每人有 $10m^2$ 的森林面积，就可保持空气的新鲜。生长茂盛的草坪，$25m^2$ 生长茂盛的草坪在光合作用下每小时可吸收 $38g$ 二氧化碳，相当一个人每小时呼出的二氧化碳的量。

大气中的二氧化硫，除一部分散入高空被稀释外，大部分降到地面。研究表明植物叶片吸收二氧化硫的能力为其所占土地吸收能力的 8 倍以上。当二氧化硫被植物吸收后，便形成亚硫酸及亚硫酸盐，然后它能够以一定的速度将亚硫酸盐氧化成硫酸盐。只要大气中二氧化硫的浓度不超过一定的限度，植物叶片就不会受害，并能不断吸收大气中的二氧化硫。

2. 吸收放射性物质

工厂绿化选用抗辐射的树种建造防护林带，在一定程度内可以防御和减少放射性污染的危害，不但可以阻隔放射性物质和辐射的传布，并且可以起到过滤吸收作用。

3. 吸滞烟尘和粉尘

绿色植物对烟灰、粉尘有明显的阻挡、过滤和吸附作用。绿化区比非绿化区的飘尘浓度可减少 10%~15%，有的可减少 50%。一方面由于树木的枝冠茂密，具有降低风速的作用，使空气中携带的大颗粒灰尘沉降；另一方面是由于叶子表面不平，多茸毛，有的还分泌黏性的油脂或汁浆，吸附空气中粉尘起到过滤作用。草地的减尘作用也非常明显，草的茎叶也具有吸附飘尘作用，草的根部可以固定砂、土，防止尘土再飞扬。一般种草坪地区比地面裸露地区上空的含尘量可减少 65%~83%。

4. 有很好的杀菌作用

不少绿色植物能分泌出具有强大杀菌能力的挥发性物质——杀菌素，能杀死致病的微生物，从而有效地保护了环境卫生条件。

5. 调节和改善小气候的作用

树木对厂区的温度、湿度和风速都有良好的调节效果。在调节气温方面，夏季林荫下的气温比无林地带的气温低 3~5℃，而较有建筑物地区的温度低 10℃左右，草坪的温度比沥青路面的温度低 8~16℃，墙面有垂直绿化的表面温度比没有绿化的红砖墙表面温度低 5.5~14℃。而在冬季，却又可稍稍地提高气温，能起到冬暖夏凉的作用。提高空气湿度方面，在夏季大面积草坪可提高湿度 20%，小片草坪也能提高湿度 4%~12%。在其他季节也可不同程度地提高空气中的湿度。在对风的影响方面，在林带高度 1 倍的距离内，风速可减低

60%；10倍的距离时，风速可减低20%；20倍的距离时，可减低10%。可见林地能减少暴风的袭击。

6. 减弱噪声

噪声通过18m宽的林带，可减噪16dB；通过36m宽的林带，可降低30dB；一般绿化可降低噪声8~10dB；就是2.2m宽的绿篱也能降低噪声5~6dB。绿化树木的各组成部分（枝、叶、干）是决定绿化植物吸声减噪效用的重要因素。不同的树种，组合配植方式和地面覆盖情况不同，减噪效用也有差别。就整个绿化减噪效用来看，分枝低、树冠低的乔木减噪效果好。

7. 防火防爆和隐蔽隔离作用

绿化树木对重要车间、保密设施能起到隐蔽的作用，起隐蔽作用的树种以常绿树种为主。此外，绿化树木还可减轻因爆炸引起的震动，从而减少其所造成的损失。

（二）工厂绿化设计的要求

在工厂总平面设计中，应把绿化作为一项设计因素统一加以考虑。为了做好厂区绿化，在设计中应考虑以下几方面的要求：

① 满足生产和环境保护对绿化的要求。工厂绿化应根据工厂性质、规模、生产特点、环境条件等对绿化的不同功能要求进行设计。合理地进行规划，科学地进行布置，使绿化起到保证产品质量、保证职工健康、改善环境条件的效果。

② 重视绿化植物的选用和种植要求。绿化效果在很大程度上取决于树种选择。设计中应按绿地的功能，树种的生态习性和栽植地点的当地条件综合考虑。

③ 妥善处理绿化布置与管线的关系。工厂的地上、地下管网线路较多，给绿化布置带来许多制约条件。因此，在设计过程中应妥善处理好两者的关系，为绿化植物的种植创造良好的条件。

④ 厂区应有合适的绿地面积。一般来说，绿地面积越大，则其减尘、减噪、吸收毒气的作用就越大，因此，在可能条件下，争取多一点绿地面积，对防止污染，保护环境是必要的。应充分利用空地和不可建用地进行绿化，以发挥用地和绿化的最大效果。

⑤ 发挥绿化在完善建筑群体艺术方面的作用。要善于发挥绿化对于建筑的点缀、陪衬、指引、组织空间、美化等作用，使绿化与建筑群体布置互相配合，而且有助于提高建筑环境的美学价值。

（三）工厂绿化布置

1. 车间环境绿化

一般车间的生产状况要求比较清洁，对隔热（南方地区）、防风（北方地区）、采光、防尘、防噪都有一定要求，在树种选择和绿化布置方面就应考虑这些要求。例如，在车间的南面宜种落叶乔木，以便冬季采光和获得充足的阳光；在东西侧宜种高大荫浓的乔木以防夏日曝晒；在北侧宜种常绿、落叶乔木和灌木混交配植，以遮挡冬季的寒风和尘土。车间周围的空地，则尽量以草皮覆盖，使环境清新、明快。

面临主干道的车间入口处，可配合建筑造型和临近环境，种植常绿树和花灌木加以点缀，配植草花加以陪托，更能使入口环境富有生机，也烘托了入口的气氛。

此外，将绿化引进车间内部，可使室内环境得到进一步改善；墙面垂直绿化和屋顶绿化可在不占用土地的情况下，充分发挥绿化效果。

污染性车间会排出有害气体和粉尘，要求绿化能防烟、防尘、防毒。要使绿化植物能在不同的污染环境里发挥防护功能，关键在于选择合适的树种。但要达到预期的防护效果，还有赖于合理的绿化布置。若车间散发的有害物质在植物抗性所允许的限度内，可以采取密植，以充分发挥植物的净化能力来改善生产环境，如果毒性和浓度较大，仍采取密植方式，就会阻塞或降低气流的速度而使浓度提高。所以在这类车间附近，特别在污染较重的主导风向下侧，接近污染源的地段不宜植树，在此地段宜种抗性强的灌木、草类、沼池花卉。

有精密仪器设备的车间或实验室，对防尘、降温、美观要求较高，宜在车间周围种植不带毛絮的落叶乔木。在建筑物朝向主导风向的一侧，或干道侧，或有污染物排出的车间等处，应密植防护绿地，以避免或减少邻近有害气体、噪声、尘土等的侵袭。

2. 厂内道路绿化

厂内道路绿化一般应满足吸尘、防噪、遮阳、交通安全和路容美观的要求。道路绿化通常采取在道路两侧人行道上种植高大稠密的乔木，形成行列式的林荫道。当道路较窄时，可采取交错排列种植，或在道路一侧种植，以期获得遮阳效果。从道路绿化功能考虑，在车行道与人行道之间可配置绿化带，绿化带采取落叶大乔木与灌木混交种植，可获良好效果，既可防尘、防噪、遮阴，又可分隔人流与车流，还利于冬季车间的采光。

绿化树种应根据厂区条件和地方特点，选择耐剪修、主干挺直、树冠大、抗性强、生长迅速、易成活、便于管理的品种。对大型工厂中表现性要求较高的中央大道，视具体情况可增设绿化带，并应注意植物形态、高低、层次、色彩的配合和组织，使其成为富有生气的绿廊。

厂区道路绿化应注意不影响地下管线的布置，在道路转弯处不遮挡车辆运行和司机的视线。

3. 厂前区绿化

厂前区是居住区到厂区的枢纽，可沿厂前道路井然有序地种植树形美观的乔木，以引导人流通往厂区，在入口附近可重点进行装饰性绿化并配置建筑小品，以加强入口气氛。

在厂前布置有广场或绿地的工厂，其绿化要根据交通组织、视线要求、装饰效果、城镇规划及经济条件等综合考虑。一般可沿广场周边种植乔木，特别在南方更宜种植有浓荫的乔木，以防夏日暴晒。在广场适当的位置可设花坛或绿地。在要求较高的广场，还可以分不同情况配置喷水池、叠石、雕塑等，以丰富工厂入口面貌。

4. 卫生防护地带的绿化

卫生防护地带的绿化，是指在产生有害气体、烟、粉尘、臭气、噪声的工厂与居住区之间的防护距离内所布置的绿化。卫生防护地带是工厂绿化不可缺少的部分，它对减少城镇污染，保护农田，改善城镇环境卫生状况都有极为重要的作用。要求能达到阻挡空气中的尘埃、降低空气中有害气体的含量、改变小气候条件并防治噪声对居住区的干扰。

对于防护距离较宽的工厂，可在防护距离内设置毒害较小的车间或工厂、办公室、门诊部、浴室、食堂等。在这种情况下，防护林带的绿化要与这些设施的绿化相协调。

5. 绿化系数

绿化系数为绿化覆盖面积与厂区占地面积的百分率，它表明厂区的绿化覆盖面积占厂区总面积的比率，制浆造纸工厂的绿化系数一般为 15%~20%。

参 考 文 献

[1] 黄汉江. 投资大辞典 [M]. 上海：上海社会科学院出版社，1990.
[2] 何盛明. 财经大辞典 [M]. 北京：中国财政经济出版社，1990.

[3] 杨念椿. 制浆造纸工厂设计 [M]. 北京：中国轻工业出版社，1995.
[4] 王志杰. 制浆造纸工程设计 [M]. 北京：中国轻工业出版社，2009.
[5] 杨基和，蒋培华. 化工工程设计概论 [M]. 北京：中国石化出版社，2005.

习　题

[目标]　工程与社会

1. 建设活动与国民经济的各个部门息息相关，影响到社会生产和人民生活水平。因此，如何对工程项目建设进行有效管理，以服从国家长远规划。请结合工程项目建设程序配套机制相关知识，剖析制浆造纸工程项目的管理模式，并给出必要性的理由。

2. 制浆造纸工程项目具有植物纤维原料需求大、能源消耗大、水资源消耗大、劳动力密集、有机污染物产生量大等特点，如何高效利用自然资源、社会资源，并保护好生态环境的效率，是取得预期投资效果的前提。请结合工程项目建设条件相关知识，阐述制浆造纸工程项目资源配置方案。

3. 如何合理地选择厂址对生产力合理布局、项目投资效益、建设速度，以及生产成本等条件都会产生深远的影响。请结合制浆造纸工程项目特点以及指向性原则相关知识，为某沿海地区拟建年产150万t硫酸法桉木漂白风干浆工程项目的厂址选择提出你的解决方案，并分析原因。

4. 总平面布置受到车间的生产性质、建筑类别、防火、卫生、安全及施工要求，以及场地的地形、地质、气象等自然条件的限制，如何全面合理地进行安排，才能为生产运行创造条件，并取得良好的投资效果。请结合功能区卫生条件及规范要求和风玫瑰图等相关知识，阐述制浆造纸工厂布置方案。

5. 综合性的制浆造纸工厂每生产1t纸产品，运进、运出的货物量超过4t。合理的运输设计不仅可以降低投资费用、节约用地面积，特别是可以降低运输费用，提高工厂长期运营的经济效益。请结合主要运输方式及特点，为某沿海地区拟建年产150万t硫酸法桉木漂白风干浆工程项目的厂外运输提出你的解决方案，并给出理由。

6. 环境保护是制浆造纸工厂的重要组成部分，而绿化又是保护环境、防止污染和维持自然生态平衡的一项重要措施。因此，产区绿化对环境保护具有重要作用。请结合制浆造纸工程特点及绿化作用相关知识，提出产区绿化方案。

【本章思政案例】

序号	案例名称	案例教学目标	案例内容
1	厂址选择	树立大局观和整体观意识	厂址选择即新建项目具体位置的确定，这是一项政策性、技术性很强、牵涉面很广、影响面很深的工作。厂址选择从宏观上对国家经济建设的发展规划和生产力布局有着重要的影响，同时从微观上对拟建项目的建设速度和投资效果也具有决定性的影响，因此在厂址选择工作中一定要慎重行事，从"大处着眼，小处着手"
2	国家环保政策	树立环境保护意识	强调环境保护的重要性。环境保护是我国一项基本国策，是国家可持续发展的基础，企业发展经济的同时不能以破坏环境为代价，破坏环境是违法犯罪的行为。在改革开放初期，为了发展经济，环境遭到严重破坏，雾霾、沙尘暴等恶劣的气候环境，给人们的身心健康造成极大的危害，因此应培养爱护环境和保护环境的责任意识
3	环境容纳条件	树立人与自然和谐统一意识	中国明确提出2030年"碳达峰"与2060年"碳中和"的重大战略目标并落地实施。通过讲授"双碳"能源政策，让学生明白能源作为公有资源，是全球性的，高能耗会破坏大气臭氧层，造成温室效应，全球气候变暖，极端恶劣环境灾害频发，洪水泛滥，破坏人类的正常生活

第五章 生产工艺设计

【本章学习目标】

学习本章内容可以提高学习者针对制浆造纸产品工程项目设计等复杂工程问题，设计满足特定需求的生产工艺流程及设备配套与选型。具体包括：

[目标1] 问题分析：能够应用数学、自然科学和工程科学的基本原理，识别、表达、并通过文献研究分析复杂制浆造纸工程问题，以获得有效结论；

[目标2] 设计/开发解决方案：掌握制浆造纸工程设计和产品开发全周期、全流程的基本设计/开发方法和技术，知晓影响设计目标和技术方案的各种因素，针对特定对象或需求，设计工程单元和工段，并能够在设计环节中体现创新意识，考虑社会、健康、安全、法律、文化以及环境等因素。

第一节 生产工艺设计概述

今后若干年内，我国还将继续发展造纸工业，提高制浆造纸工业的生产能力。生产能力的提高可以通过对原有企业的技术革新、改建、扩建或增建新厂来实现。无论是改扩建，还是建设新工厂，都需要进行周密的生产工艺设计。

一、生产工艺设计在工程总体设计中的重要性

工程设计是一个工程项目的总体设计。一个制浆造纸综合企业的整个生产线是从原料处理开始，一直到成品入库贮存为止。所以，一个制浆造纸综合企业的工程设计范围包括了企业内应该配置的一切单项工程的完整设计，其中包括总平面布置，也包括生产车间、辅助生产车间（机电仪表修理、中心化验室、仓库等）、动力车间（如锅炉房、变电站、给排水工程等）、原料堆场、厂内外运输、环境保护工程、福利设施、办公楼等各单项工程的设计。

制浆造纸生产工艺设计的范围是生产车间及与生产紧密相关的辅助生产车间的综合设计。其中生产车间、辅助生产车间的设计主要由工艺专业人员负责，其余工程均要由相对应的配套专业人员承担设计。

在制浆造纸工厂设计中，生产工艺设计是总体设计的主导设计，而其他配套专业是协同的辅助生产设计。也就是说，配套专业是根据生产工艺提出的要求来进行设计的。但配套专业也有自身的工艺，如热电站、水厂等工程就要根据供热或给水排水专业知识进行相应的工艺设计。从生产角度看，制浆造纸生产工艺设计可能包括浆料的制备、造纸、药品回收等几个大的部分。

浆料制备部分包括备料、蒸煮、洗涤、筛选、漂白等化学制浆生产工序；或调木、磨木、筛选、浓缩和漂白等工序的机械木浆车间；或废纸拆包、碎解、脱墨、筛选、漂白等废纸制浆车间。

造纸部分包括打浆（包括辅料的制备）、纸的抄造、完成整理等造纸生产工序。

为了回收药品和保护环境,还必须设计将制浆造纸过程中产生的废气、废液、废渣进行治理与回收利用的车间,如碱回收车间(包括黑液的蒸发、燃烧、苛化、石灰回收、制药等药品回收和制备)、废水治理车间等。

制浆造纸生产工艺设计过程中,在进行车间布置时,工艺专业根据生产要求和设备配置对厂房的长、宽、层高以及门、楼梯、办公生活服务用房的位置提出要求,土建专业在设计中应尽可能满足工艺的合理要求。反过来,土建专业为了贯彻国家标准,便于施工,要求厂房的长、宽、高要服从模数制的规定,工艺专业也应执行。又如工艺专业根据生产某些特殊纸张品种(电绝缘纸类、化学加工处理纸类等)的质量标准,对工艺用水的水质提出比生产普通纸类标准更高的供水水质要求,供水专业在设计中就要考虑对水的处理工艺,以达到工艺生产用水的供水质量。在设计中会遇到很多诸如此类的协作配合设计问题,因此生产工艺设计不仅要求工艺设计具有先进性和合理性,而且也将直接影响到其他协同设计的配套专业设计的先进性和合理性,何况工艺专业向配套专业提出的要求还将作为配套专业设计的重要依据。一个新建工厂经过设计、施工、安装直至投产能否取得良好的技术经济效果,首先是考核产量、质量是否达到或超过设计所预期的要求,生产成本是否低于国内外的一般可比水平,在市场上是否具有很强的竞争力,从而能很快回收投资等等。归纳起来,评价一个工厂的设计水平,主要是看它工艺生产技术是否先进可靠、安全适用,在经济上是否合理有利。

另外,从建设程序上看,在改建、扩建或新建企业时,为了确保基本建设工程能顺利高效地完成,一般应按如下程序进行,即:远景规划→投资机会研究→项目建议书→厂址选择、勘察与调查研究(对新建厂)→初步可行性研究→编制设计任务书→初步设计→初步设计的审批→施工图设计。从这个程序中可以看出,当基建任务确定之后,设计就成为建设的首要环节。所以说,工艺设计的任务就是完成设计任务书所规定的全部内容,为基建施工和未来的生产经营提供最合理、最可行的方案与计划。

因此,一个技术先进、经济合理、优秀的工厂设计,它的生产和辅助生产工程的生产流程、设备选择及车间布置都应该是先进合理的。由此可见生产工艺设计在工程总体设计中是起着主导和决定性作用的。

二、生产工艺设计的依据

(一) 生产工艺设计依据

工艺专业设计人员在进行生产工艺设计时必须以批准的可行性研究报告中规定的生产纲领为依据,根据原材料的特性和产品的质量要求,以及厂址的现场条件,并结合国内设备制造供应条件和引进国外技术与装备的具体情况,尽量采用先进的工艺技术和装备。其设计的主要依据是:

① 厂址选择报告、可行性研究报告及环境评价影响报告。

② 项目工程师或项目总负责人下达的设计工作提纲和总工程师做出的技术决定。

③ 如采用新原料品种、新技术和新设备时,必须在技术上有切实把握并且依据了正式的试验研究报告和技术鉴定书,经相关部门核准后方可作为设计依据。

(二) 工艺设计工作的基本原则

根据国家的有关技术经济政策和过去制浆造纸工业的建厂经验,设计工作应遵循以下基本原则:

① 坚持实践第一和改革的设计思想，要体现我国的国情。既要反对贪大、求洋、求全；也要防止片面节约，不顾投资效益和产品质量。

② 贯彻技术先进与经济合理相结合的原则。要采用先进技术，但必须对先进技术进行可行性研究，使其符合当时当地的具体条件，把所采用的先进技术建立在可靠的基础上。

③ 整个设计要体现社会主义制度对劳动者安全与健康的关怀。

④ 体现协作的精神，充分利用当地资源和已有工业基地的潜力。

⑤ 要充分利用废渣、废水和废气，有可靠的回收综合利用和较好的经济处理、排放措施，保证环境不受到污染。

⑥ 要重视建厂的经济效益，节省投资，缩短工程投资的回收期。

⑦ 新建工厂要留有充分余地，要考虑到将来的发展和改、扩建的需要。

总之，搞好设计工作的关键，在于树立正确的设计思想。反对违反科学、脱离群众、脱离实践的错误观点。设计者，既要走群众路线，又要有相信科学、敢于负责的精神。使设计工作符合社会主义市场经济的总体要求和经济发展规律。

三、设计阶段的划分和各设计阶段的内容

（一）设计阶段的划分

设计阶段是根据设计厂规模的大小、技术复杂程度等条件划分的，总的可分为三阶段设计、两阶段设计和一阶段设计三种。具体包括：

① 三阶段设计包括 初步设计→技术设计→施工图设计。

② 两阶段设计包括 扩大初步设计（也简称初步设计）→施工图设计。

③ 一阶段设计 施工图设计。

对于新而复杂的、规模特大或缺乏该种设计经验的大、中型工程，经主管部门指定的才按三阶段进行设计；一般小厂的新建或小规模的改建、扩建工程，可采用一阶段设计；而我国目前对大多数改建、扩建和新建工程，都采用两阶段设计。两阶段设计综合了三阶段和一阶段设计的优点，既可靠，又节省时间。因此，本书主要介绍两阶段设计的步骤与方法。

（二）初步设计的原则

关于初步设计的内容国家有暂行规定，按着这个规定的精神，企业初步设计总的原则应该是：

① 对设计工作程序的要求。设计工作必须按照基本建设的程序办事，还必须坚持设计工作的程序。

② 初步设计的必要性。初步设计是基本建设前期工作的组成部分，是实施工程建设的基本依据，所有新建、改建、扩建和技术改造的建设工程都必须有初步设计。

③ 初步设计的依据。初步设计的依据是已批准的设计任务书及其附件可行研究报告（包括厂址选择报告及环境影响报告），工程地质和水文地质初步勘探报告和其他设计基础资料。按规定，设计工作必须按已批准的设计任务书规定的内容进行，当建设规模、产品方案、建厂地区、主要协作关系等方面发生变动时，必须经原批准机关同意。

④ 设计合法合规要求。设计工作要遵守国家的法律、规定，贯彻执行国家经济建设方针、政策，做到切合实际，技术先进，经济合理，安全适用，提高工程的经济效益。

⑤ 要保护环境。设计中应结合实际，尽可能采用先进的技术和设备，使废水、废气和废渣等污染物尽可能地在生产过程中消除，排出的"三废"物质在综合治理和利用后，应

符合排放要求。

⑥ 要节约能源。在设计中要采用耗能少的工艺和设备。要采取节约能源措施，重视余热利用。

⑦ 对新技术的要求。应积极开发、采用和推广新技术，但采用的新技术必须经过试验、试用和鉴定，或经生产实践证明是成熟可靠的。

⑧ 技术复杂的项目。对于技术复杂的项目，在编制初步设计的过程中，可根据需要，将主要技术方案报有关部门进行中间审查。

⑨ 设计中的重要技术方案要求。设计中的重要技术方案，应做到多方案比较，从中选取最佳方案。总平面布置设计和复杂的技术方案应在设计文件中附有比较、选择说明。

⑩ 初步设计说明书。初步设计说明书由文字的说明、图样、设备表、材料表和总概算书组成，设计深度应满足以下要求：a. 专业设备和主要通用设备的订货，对需要试制试验的设备，提出委托设计或试制的技术要求；b. 主要建筑材料、安装材料（钢材、木材、水泥、大型管材、高中压阀门及贵重材料等）的估算数量和预安排；c. 控制基本建设投资；d. 征用土地；e. 确定劳动指标；f. 核定经济效益；g. 设计审查；h. 建设准备；i. 编制施工图设计方案。

⑪ 设计执行标准的要求。设计必须执行国家和部颁的有关标准、规范和规定，所用的符号、代号和图形表示方法应符合标准（见附录二至附录五）。各种术语除应采用国家、行业的规定外，对尚无统一规定的，则应采用行业惯用的术语。文字说明应简洁明了，图面准确清晰。

（三）各设计阶段的内容

1. 制浆造纸厂初步设计内容简述

对一个制浆造纸综合厂的设计，应包括：a. 总论；b. 技术经济；c. 总平面布置及运输设计；d. 工艺设计；e. 自动控制测量仪表设计；f. 建筑结构设计；g. 给排水设计；h. 供电与电信工程设计；i. 供热设计；j. 采暖通风设计；k. 空压站设计；l. 环保及综合利用设计；m. 维修、仓库、生活福利设施和中心化验室的设计；n. 财务概算等。这些部分初步设计的内容可以归纳、概括成如下几个部分：

① 总论。扼要地阐明工程的设计规模、技术特征，着重综合各专业提出的主要技术结论和建设条件，论述设计的先进性和经济合理性以及环保的措施。对存在的问题提出解决的办法和意见等。总论说明书的内容应包括：设计依据；设计指导思想；设计范围（设计分工）；建设规模和产品方案；主要原材料、辅料、燃料的规格、数量及来源；生产方法；厂址概述等等。

② 工厂总平面布置及运输设计。概述选厂报告的结论；厂址的地理位置；厂址地貌、地形、地质和气象、水文等的特征；总平面布置的原则和竖向布置设计的原则；工厂运输的货物总量、运输方式；存在的问题；绘制厂区位置图和总平面布置图等。

③ 生产工艺部分。工艺设计是本书的主要内容，工艺初步设计阶段的内容详见后面的论述。

④ 仓库及机修车间部分。确定运输方式和设备选型，以及五金材料、化学药品、成品和包装材料存放方式和贮存面积；机修设备选型及车间布置图概况。

⑤ 动力部分。进行电、热及煤气等各种动力和能源的平衡计算，对供应提出要求。

⑥ 自动仪表部分。绘制工艺生产过程的各种流体的流量、液位、温度、压力指示、记

录、调节、就地或远距离操作的系统原理图、管线图、仪表盘正面布置图、背面接线图和编制材料表等。

⑦ 卫生技术（劳动保护）部分。进行通风、采暖、供排水及废气、废物处理等的设计。

⑧ 建筑部分。确定厂房的结构形式、大概尺寸、厂房平、剖面和正面草图等。

⑨ 住宅及文化福利设施。根据工厂所需职工人数、来源及附近城乡的住宅、交通、文化福利等情况，提出设计的方案。

⑩ 施工组织规划设计。提出施工的初步计划、组织和管理方案。

⑪ 财务总概算。按概算定额和单价综合计算各项工程和全部工程的投资额。

如果按三阶段设计，技术设计的内容基本与"扩初设计"相同，但对设计内容的要求更加详细和精确。应该指出的是，上述设计的内容中，除工艺设计由工艺设计人员负责外，其他非工艺设计的内容均由有关部门的设计人员担负，但工艺设计人员要与他们紧密配合，为他们提供所需要的工艺技术资料。非工艺设计的每个部分均应有自己的设计说明书和附件（图表等），然后汇总即为一个整体工程的设计文件，关于非工艺设计说明书的详细内容，请查阅相关的管理规定。

2. 施工图设计的内容

施工图设计阶段的依据是上级机关审查批准了的"初步设计"（或技术设计）和所订购设备的技术资料，其内容包括：

① 绘制厂房建筑物、构筑物的安装平、剖面图，图上要表明设备、工程管线及沟、孔等的位置。

② 绘制施工总平面图，图中要确定一切建、构筑物的坐标和标高。

③ 绘制各个厂房建筑物施工的平、剖面和正面图。

④ 绘制工地施工组织图。

⑤ 进行财务预算。

四、生产工艺设计的步骤

如前所述，工艺设计的依据是"设计任务书"（或计划任务书）。当设计者接到"设计任务书"之后，首先要根据任务书的要求收集、查阅有关的文献、资料，进行必要的实地考察和有关方面（如资源、厂地、环境等）的调查论证工作。然后按步骤要求进行设计工作。

（一）初步设计阶段

① 选择厂址（对新建厂）。

② 论述生产方法。通过可行性研究报告，论证所采用生产方法的可行性。

③ 工艺流程设计。设计工艺流程及绘制工艺流程图 工艺流程设计，是在设备选型的基础上进行的，这就要全面熟悉制浆造纸所用设备的结构特点和实际使用效果等。

④ 工艺衡算。按所设计的工艺流程，进行物料衡算和动力衡算，这是工艺衡算的基础。物料衡算包括浆水平衡、碱平衡（碱法制浆）和硫平衡（酸法制浆）等。工艺衡算是工艺设计中的重要环节。其目的就是通过工艺衡算，来确定各设备的能力与台数（设备平衡）；确定单位成品所需原料、化学药品的消耗量；得到副产品和"三废"的排出量，作为"三废处理"的设计基础，以及由此而进行的财务概算等。动力衡算包括电、热及煤气等各种动力和能源的平衡计算，根据计算结果，确定动力配置。应该指出，物料衡算不仅对工艺设

计，而且对已投入生产的各生产工序来说，也具有指导生产、及时发现问题、为技术管理和生产管理提供依据等重要意义。在正常生产中，往往以实际测定的数据，进行物料衡算，以检查各工序的生产和损失是否正常，从而可以及时采取措施，解决不正常的问题。

⑤ 设备平衡及设备一览表。设备平衡也是工艺衡算的内容之一，它主要是根据物料衡算所得到的单位时间内通过某设备的物料量，来确定该设备的能力和应选台数。计算出设备台数后列出设备一览表，其中有的设备应有备品，可在表的备注中注明。

⑥ 非定型设备的设计。主要是根据物料衡算所得到的数据，确定设计厂所需要的罐、槽、池等的个数和容积。

⑦ 绘制车间布置图。

⑧ 泵和风机的设计与选型。

⑨ 确定车间劳动组织和工作制度。

⑩ 向其他辅助设计部门提供他们所需要的工艺资料。

⑪ 编制工艺设计说明书。

表 5-1 为应提供资料的总目录。

表 5-1　　　　　　　　　　　应提供资料总目录

序号	资 料 名 称	接受资料单位
1	主要技术经济指标	项目负责人、技术经济
2	生产工艺流程	项目负责人、仪表部门
3	车间布置图资料	电力、通讯、土建、运输、总图、给排水、项目负责人、仪表
4	设备及电动机表	项目负责人、电力、通讯、土建、预算
5	供电资料	电力部门
6	弱电通讯资料	电力部门
7	特殊照明资料	电力部门
8	给排水资料	给排水部门
9	供汽及冷凝水资料	热力部门
10	原材料消耗、成品量、废品量资料	运输部门
11	采暖通风资料	采暖通风设计部门
12	设备荷重资料	土建设计部门
13	生活室资料	土建设计部门
14	设备设计任务书	设备设计部门
15	劳动组织资料	技术经济部门
16	管件概算资料汇总表	预算部门
17	工器具概算资料	预算部门
18	备品概算资料	预算部门
19	化验及检验仪器资料	预算部门

（二）施工图设计阶段

① 修改或复核初步设计文件和图纸，需要时进一步收集资料。

② 详细向各专业提供资料。

③ 详细绘制生产工艺流程图、设备一览图、车间布置图、管道布置图、设备及管道安装图、非标准图、编制材料汇总表等。

④ 文件及图纸经过各级校核、审核、审查、审定及各专业会签,经过晒图、盖章后,向建设单位发图。

五、生产工艺设计的深度要求

(一) 初步设计的深度

初步设计的深度应满足:a. 主要设备和材料的订货;b. 建设投资的控制;c. 提供主管部门和有关单位进行设计审查;d. 确定生产工人和生产管理人员的岗位、技术等级、人数并安排人员的技术培训;e. 进行施工安装准备和生产准备工作;f. 施工图设计的主要依据。

(二) 施工图设计的深度

施工图设计的深度除了和初步设计互相连贯衔接之外,还必须满足:a. 全部设备、材料的订货和交货安排;b. 非标准设备的订货、制造和交货安排;c. 能作为施工安装预算和施工组织设计的编制;d. 控制施工安装质量,并根据施工说明要求进行验收。

第二节　生产工艺流程设计

生产工艺流程的设计,也就是制定工艺设计方案。工艺设计方案制定的好坏,直接影响到设计、施工进度和投资,也会影响到工厂投产后产品的产量、质量和维护管理及其费用等诸多方面。

生产工艺流程是指从原料开始,经过各车间、工段的顺序加工,制成成品的整个生产过程。一个车间(或工段)的生产工艺流程是指自原料或半成品进入车间(或工段)经过各工序的加工,再从车间(或工段)输出半成品或成品的生产过程。生产工艺流程要反映出各车间(或工段)采用的生产方法、主要设备的选型、加工过程,以及辅助物料的调制和加入点、水和蒸汽的加入点、排水、排气及内部循环利用等。生产工艺流程的设计是工艺设计首先要考虑的技术关键。它对工艺设计的先进性和经济效益起着决定的作用,在确定流程时,往往要作多方案比较,并与设备选型、技术经济指标、车间布置原则及物料平衡等结合起来考虑。

一、生产工艺流程设计的原则和步骤

(一) 原则和要求

生产工艺流程设计的原则和步骤如下:a. 所设计的工艺流程必须充分保证所生产的产品符合国家规定的质量标准,这是工艺流程设计的出发点和归宿;b. 选择设备,确定技术路线时要实事求是,所选设备和工艺路线要成熟、先进,又要符合我国的国情;所选设备的先进性,主要表现在效率高、产量大、占地面积小、能量消耗低、便于维修和管理等方面;c. 为了节省投资,缩短施工期和工厂投产后便于对设备进行维修和管理,应尽可能的采用配套的定型设备;d. 要充分注意到对废水的处理、回收和"三废"的综合利用;e. 要考虑到工厂改产和扩建的需要。

(二) 步骤

生产工艺流程设计是在确定产品品种、原材料的供应、生产规模、选定生产方法和设备之后进行的。设计可按如下步骤进行:a. 根据产品品种和原料情况选择生产方法;b. 根据设备的特点、生产规模和投资情况,选择设备;c. 以流程方框图的形式,制定工艺流程方案。工艺流程是在根据已确定的生产方法和选择设备型号之后，以流程方框图（或称方案图）的形式，定性地表示出物料由原料变成半成品或成品的来龙去脉；d. 绘制工艺流程成品图（示意流程图）。

按上述绘制的流程方框图，进行物料和热量衡算，再按物料衡算所得到的数据进行设备平衡，计算出各设备的台数、浆池等容器的容积及主要尺寸等，然后绘制工艺流程成品图。

二、生产方法的选择

制浆造纸生产的特点是多原料、多工艺、多设备。也就是说，可以采用不同的原料，不同的方法（即不同的技术路线）来要满足某一产品的质量要求。即使原料相同，也可以采用不同的技术路线。而技术路线不同，生产工艺流程必然不同。因此，生产方法的选择是确定工艺流程方案的重要前提。在项目建议书中往往只根据国民经济发展的情况和投资机会研究的结果，规定产品的种类，而要完成该产品的生产，达到产品的质量要求，就要根据国家或地区供应原材料的情况，选择合适的生产方法（或技术路线）。其中包括制浆方法、打浆方法、抄纸方法、"三废"利用和处理的方法等。

（一）选择生产方法的依据

1. 产品的质量要求

纸和纸板的种类很多，每一种纸或纸板由于用途不同，都有不同的质量指标。所以选择生产方法的基础是产品质量的要求。产品的质量指标可以从相关的标准汇编中查得。比如说，制造新闻纸，其制浆方法，可采用磨石磨木浆，或者木片磨木浆及预热木片磨木浆作为制浆方法。而生产文化用纸时，则应采用化学制浆法。

2. 原料的种类

造纸原料的种类很多。生产同一种产品，所能供应的原料种类不同，生产方法也不同。比如生产新闻纸，如果采用白松制浆，可以采用磨石磨木浆法；如果采用杨木等阔叶木，最好采用化学机械浆或化学预处理预热木片磨木浆，才能尽量保持纤维长度，使阔叶木得到合理的应用。

3. 生产规模的大小

生产规模不同，生产同样的产品，可以选用不同的生产方法。如果所设计的工厂规模大，产量高，则多选用立式蒸煮锅蒸煮，长网造纸机抄纸；如果规模较小，产量较少的小厂，则可选用蒸球蒸煮，圆网纸机或生产能力较小的长网纸机抄纸。

4. 我国国情

我国的国情，特别是制浆造纸工业的实际情况是我们选择生产方法的重要依据之一。用少量的投资或同样的投资办大的事情，这是我们所希望的。从我国制浆造纸设备的生产情况看，尽管新中国成立以来有了很大的发展，工人的技术素质也有不同程度的提高，但是，有些设备、方法限于我们的实际，采用时应慎重，不要盲目引进。

5. 建厂地区

建厂地区（或地点）也是选择生产方法的依据。建厂地区（如城镇、农村或偏远的山区等）不同，原材料和化学药品供应的情况也不同，生产方法要与供应情况相适应。又由于建厂地区不同，对"三废"处理的要求也不同。因此要根据不同的建厂地区，决定"三废"处理的技术路线。

6. 要考虑经济上的合理性

生产方法不同，生产流程的长短、设备的类型和多少、工厂的组成情况、"三废"处理情况等都将不同。这些影响到基本建设的一次性投资，也影响日常的生产成本。因此，用不同的方法都可以满足产品质量要求时，必须充分比较其经济效益。

除上述 6 条之外，建厂的投资情况，工厂管理人员的管理水平和工人的技术素质等都是选择生产方法的依据。由于生产方法的选择影响到以后的设计和工厂投产后的生产，故选择生产方法时，必须全面考虑，通过科学的论证，确定出最合理的方案。

（二）选择生产方法的内容及其论证

选择生产方法的内容及其论证主要应从以下几个方面考虑（以制浆造纸厂为例）：a. 论证所用原料的配比；b. 论证采用什么样的备料路线，才能保证蒸煮的要求。如果是两种以上的原料，如何进行处理？c. 论证制浆（从蒸煮到漂白）方法的可靠性；d. 论证打浆方式和打浆的技术路线，说明打浆的质量要求；e. 说明选择的抄纸方式及抄纸前筛选、净化方式；f. 论证采用何种辅料及添加剂，说明添加地点；g. 详细说明"三废"的处理办法，论证其处理的可靠性等。

三、生产工艺流程图的绘制

绘制流程图的要求

绘制流程图（示例图见云文档）的要求如下：

① 以车间或工段为单元，形象地绘出设备的简单外形示意图形，图形与设备的大小相对可比，但可以不成比例。按各设备或特殊构筑物的流程（顺流程），自左向右排列。

② 图上的设备应表示出相对的布置高度，特别是布置在楼梯上的设备不要绘制在地坪上，图中各设备应按制图的要求，引出编号线编号，并在设备栏中标明设备名称，也可在图中直接标出设备编号和名称，设备名称与编号要与设备一览表对应。

③ 按流程顺序绘出流程线，并且需要用箭头表示处理的主次和介质流向，以便看清各种物料的流程。

④ 各种介质线均用实线绘制，主要流程（如浆料）的流程线较粗，其余较细。流程线要以不同的介质代号（见附录四）表明各种物料，如浆料、清水、白水、蒸汽、湿损纸等。另外，还要注明各种物料进出本车间或工段的来源和去向，以便与相邻车间或工段相衔接。

⑤ 采用新技术的生产流程图中，最好注明浆料浓度的变化、控制阀门、自控仪表等，以利审核。如为成熟的生产技术，可不注明。但采用新型自控系统，应在生产流程中绘出。

⑥ 在纵横流程线交叉处，应为纵线（垂直线）通过，横线（水平线）过渡。或者将细线断开。

⑦ 绘制线条的使用。设备轮廓线采用细实线（0.2mm 或随层线），主要介质线，如纸浆、纸料、纸张及原料采用特粗实线（1.0~1.2mm），其他介质线可采用一般粗实线（0.4~0.6mm）。

⑧ 图例。采用的介质代号、仪表代号、阀门及管件代号在流程图右上方列出图例，说明用途，常用的有如阀门、法兰堵盖、软管接头、试镜、地漏、地沟等图例的表示方式。

⑨ 介质代号。介质代号一般用介质的英文单词第一个字母表示。常见的介质代号见附录四。

⑩ 仪表代号、符号。分集中仪表和就地仪表，见附录五。

第三节 生产工艺设计的有关计算

生产方法和工艺流程确定之后,工艺设计的任务就是根据所确定的流程,依设备顺序进行工艺平衡计算。工艺平衡计算是工艺设计的一个重要环节,它包括生产过程各阶段的物料平衡计算、浆水平衡计算、设备平衡计算和动力平衡计算等。计算时所利用的参数指标应该是平时积累的统计数据、实际生产数据或者国家额定的技术经济指标等,计算的结果可作为专业、通用、运输设备容量及台数选择,以及管材、管径的配套与选择的依据,同时也为辅助部门的设计和经济概算提供了重要的数据资料。

一、技术经济指标和工艺参数

(一)技术经济指标

技术经济指标主要包括工艺操作和原材料动力消耗等主要指标,技术经济指标在工程设计中具有极其重要的作用。首先,各种设计计算的依据大多数取自技术经济指标;其次,技术经济指标是衡量一个工程项目设计是否先进可靠和经济合理的标准。设计中采用的技术经济指标应接近或略高于国内达到的平均先进定额。技术经济指标如果过于先进,将会造成投产后设备长期达不到生产能力,或各项经济指标长期超额而影响原材料、能源供应和增加成本。如果采用落后的技术经济指标,则不但浪费建设投资而且直接增加产品成本,使产品丧失竞争力,影响经济效果,甚至导致亏本。因此,慎重计算和选定技术经济指标是工艺设计人员的一项重要工作,这就要求工艺设计人员必须深入工程一线进行调查研究,收集制浆造纸厂实际生产的查定资料和统计资料,进行综合分析比较,并不断查阅文献,积累资料,结合项目的特点进行理论计算,全面权衡,正确制定。

技术经济指标的相关内容,可以在有关制浆造纸厂设计一些规范中查找到。这里需要强调的是,技术经济指标一般是指实际运行中应该达到的最低指标,如果采用了新工艺、新设备,技术经济指标值则应相应提高。

下面列出制浆造纸厂几个主要车间技术经济指标(表5-2至表5-9),供参考。

1. 贮料场及备料工序

表5-2 贮料场相关技术经济指标

技术指标	原料名称			
	原木	稻麦草	芦苇	蔗渣
全年工作日/d	306			
每班工作时间/h	8(一或二班制工作制)			
贮存量/月	2~3	7~10	7~10	7~10
单位垛基面积存量/(t/m²)	2.0~4.8*	0.8~1.00	0.8~1.10	1.40
单位总面积存量/(t/m²)	1.2~2.4*	0.15~0.20	0.15~0.20	0.315

*原木存量的单位:m³/m²

表5-3 木材备料损失率

序号	项目	损失率/%	说明
1	贮木场和备木工段剔除腐朽材的损失	3	制备机械浆和中等化学浆
		4	制造高级化学浆

续表

序号	项 目	损失率/%	说 明
2	案锯切长木料的锯末损失	0.7	切长1.2m原木
		0.5	切长2.0m原木
3	圆筒剥皮机湿法去皮损失	1.5	原木长1m,直径14~25cm
		2.5	原木长1m,直径8~14cm
		0.5	原木长2m,直径14~25cm
		1.5	原木长2m,直径8~14cm
4	人工去皮损失率	1.0	利用电动削刀,直径14~25cm
		2.0	利用电动削刀,直径8~14cm
		0.5	使用刮刀,直径14~25cm
		1.0	使用刮刀,直径8~14cm
5	削片(碎解)及筛选木片的损失	4~5	

表5-4　　　　　　　　一些工厂备料的实际损失率

序号	原料名称	损失率/%	序号	原料名称	损失率/%	序号	原料名称	损失率/%
1	白松	5.5~7.2	6	荻	7.5	11	竹	2.5~3.5
2	马尾松	3.1	7	麦草	3~9	12	破布	6~20
3	杨木	4.4~6.5	8	稻草	3~9	13	废麻	3~15
4	板皮	2.4~2.8	9	龙须草	2~3	14	高粱、玉米秸秆	5~8
5	芦苇	2.0~7.5	10	甘蔗渣	3~12			

2. 化浆车间

表5-5　　　　　　　　化浆车间生产的相关技术经济指标

序号	指标名称	红白松		马尾松		落叶松		荻苇	麦草
1	全年工作日数/d	340							
2	每日计算工作时数/h	22.5							
3	备料实际损失/%	5~7		3~3.5		6~8		7~8	3~9
4	装锅量/(kg/m³)	170		180		200		155	110
5		本色	漂白	本色	漂白	本色	漂白		
6	用碱量/%,以NaOH计	18	20	22	24	18	21	17	16
7	硫化度/%,以NaOH计	25	20	25	20	25	20	15	—
8	最低粗浆得率/%	48	44	49	46	44	42	48	47
9	硬度(卡伯值)	根据所产纸的品种确定							
10	洗涤损失/%	0.5						3	1
11	筛选损失/%	5	3	5	3	5	3	3	2
12	漂白损失/%	—	7~9	—	7~9	—	8~11	6~8	
13	黑液提取率/%	30~100t/d:≥92.5						>85	
14		30~100t/d:≥95						>90	
15	黑液温度/℃	>80						>70	

续表

序号	指标名称	红白松				落叶松		荻苇	麦草
16	黑液浓度/°Bé(15℃)	>9						>8	>7
17	*原料消耗量/kg(10%水分)	2200	2600	2400	2800	2150	2550	2400	2400
18	*清水消耗量/t	90	180	90	180	90	180	200	200
19	*蒸汽消耗量/t	2.5	3.5	2.5	3.5	2.5	3.5	3.5	3.5
20	*电力消耗量/kW·h	本色:200~300 漂白:300~350						300~450	250~400

*指1t风干浆的最高消耗量。

表 5-6　　　　　　　　　　不同原料不同设备装锅量

原料品种	装锅量(净重)/(kg/m³)		原料品种	装锅量(净重)/(kg/m³)		原料品种	装锅量(净重)/(kg/m³)	
	蒸球	立锅		蒸球	立锅		蒸球	立锅
白松		160	芦苇	140~150	175~190	甘蔗渣	110~130	120~130
红松		175~180	荻	150~160	175~200	竹	110~200	190~240
马尾松		185	麦草	110~150	140~180	破布	130~190	
杨木		170	稻草	100~140		废麻	145~168	
板皮	157	160	龙须草	124~156				

3. 造纸车间

以长网造纸机为例。

① 国产长网造纸机的主要工艺技术数据见表 5-7。

表 5-7　　　　　　　　　　主要工艺技术数据

序号	项目	新闻纸	书写印刷纸	纸袋纸
1	日作业小时数/h	22.5		
2	浆料配比			
3	机械木浆/%	80~88	≤50	
4	化学木浆/%	12~20	≥10	100
5	苇、草浆/%		≤90	
6	抄造率(对理论产量)/%	≥96	≥95	≥95
7	成品率(对卷纸机产量)/%	≥95	≥95	≥95
8	不可回收损失率/%	1.5~2.0	2.0~3.5	1.0~1.5
9	填料保留率/%	50~65	50~65	—
10	上网浓度/%	0.5~0.7	0.5~0.8	≤0.5
11	进烘缸前纸页水分/%	65~70	60~68	68~72

② 国产长网造纸机的主要技术经济指标见表 5-8。

表 5-8　　　　　　　　　　国产长网造纸机的主要技术经济指标

序号	项目		Ⅰ	Ⅱ	Ⅲ
1	铜网有效面积产纸量/[kg/(m²·h)]	新闻纸	35~55	40~60	55~80
		书写印刷纸	32~50	35~55	50~70
		纸袋纸	40~60	60~80	60~90

续表

序号	项目		I	II	III
2	烘缸有效面积产纸量 /[kg/(m²·h)]	新闻纸	9~12	8~12	8~12
		书写印刷纸	8~16	6~9	7~11
		纸袋纸	12~18	8~15	10~16
3	烘缸有效面积蒸发水量 /[kg/(m²·h)]	新闻纸	15~25	13~25	13~25
		书写印刷纸	10~30	8~17	11~23
		纸袋纸	22~40	15~24	18~35

注：I、II、III分别为ZW_{2-5}、ZW_{8-9}、ZW_{10}型号1760、2362、3150长网造纸机。

③ 吨成品纸消耗主要原材料及水电汽指标见表5-9。

表5-9　　　　　吨成品纸消耗主要原材料及水电汽指标

序号	项目	新闻纸	书写印刷纸		纸袋纸
			有机内表面施胶	无机内表面施胶	
1	风干浆浆耗/t	1015	980		1028
2	填料加入量/%	5~15	15~20		—
3	清水/t	≤70	≤90		≤60
4	蒸汽/t	≤3.6	≤4.2	≤4.0	≤3.8
5	电耗/kW·h	≤550	≤800		≤750

注：填料加入量是对成品纸，所用填料为滑石粉；进入造纸车间的清水的表压力≥0.25MPa；饱和蒸汽表压力≥0.35MPa。

（二）工艺参数

由于生产不同品种的浆或纸，所采用的流程和方法会有很大的差别，即使生产同一品种的纸浆或纸时，由于原材料和制浆方法的不同，所采用的设备和工艺流程也有差别，因此所采用的工艺参数必然不同。所以说，在实际生产中，各生产厂家的工艺参数存在较大差异，即使某一生产厂家，其工艺参数也会随着流程改进、技术革新进行适当调整。表5-10中的参数是结合设备要求和实际生产数据确定的一些定额范围，供参考。

表5-10　　　　　有关定额和工艺参数

序号	参数名称	定额	说明
1	剥皮损失/%	1.0000~1.2000	
2	削片损失/%	2.5000~3.0000	
3	木片水分/%	35.0000~45.0000	
4	木片密度/(t/m³)	0.4800~0.5000	
5	用碱量/%(以Na_2O计)		
6	硫化度/%(以Na_2O计)	23.0000~25.0000	
7	蒸煮液比/%	1:3.5~1:4.5	
8	粗浆得率/%	45.0000~47.0000	
9	蒸煮锅喷放浓度/%	10.0000~12.0000	
10	喷放锅出浆浓度/%	2.0000~3.0000	
11	高频筛进浆浓度/%	0.7000~1.2000	

续表

序号	参数名称	定额	说明
12	高频筛出浆浓度/%	0.6000~1.0000	
13	高频筛渣浆浓度/%	12.0000~15.0000	
14	高频筛纤维损失率/%	3.0000~5.0000	对进浆
15	压力洗浆机进浆浓度/%	1.0000~1.2000	
16	压力洗浆机出浆浓度/%	10.0000~12.0000	
17	洗后浆池出浆浓度/%	2.0000~3.0000	
18	压力筛进浆浓度/%	0.6000~1.0000	
19	压力筛良浆浓度/%	0.5000~0.8000	
20	压力筛尾浆浓度/%	1.8000~2.2000	
21	一段压力筛尾浆率/%	8.0000~10.0000	对进浆
22	二段压力筛尾浆率/%	1.5000~2.5000	对进浆
23	锥形除渣器进浆浓度/%	0.4000~1.0000	
24	锥形除渣器渣浆浓度/%	2.0000~3.0000	
25	一段锥形除渣器排渣率/%	20.0000~30.0000	对进浆
26	二段锥形除渣器排渣率/%	25.0000~30.0000	对进浆
27	三段锥形除渣器排渣率/%	1.5000~3.0000	对进筛选段浆量
28	圆网脱水机进浆浓度/%	0.4000~0.5000	
29	圆网脱水机出浆浓度/%	3.0000~4.0000	
30	圆网脱水机纤维流失率/%	0.4000~0.5000	
31	圆网脱水机喷水量/t	4.0000~6.0000	每 t 浆
32	筛后细浆贮浆浓度/%	3.0000~4.0000	
33	氯化塔浆料浓度/%	2.5000~3.5000	
34	氯化段损失率/%	1.5000~2.0000	氯化:1.2000~2.5000 洗损:0.3000~0.6000
35	碱处理塔浆料浓度/%	7.0000~10.0000	
36	碱处理段损失率/%	3.5000~5.0000	碱处理:3.0000~4.5000 洗损:0.3000~0.6000
37	次氯酸盐漂白塔浆料浓度/%	7.0000~10.0000	
38	次氯酸盐段损失率/%	1.1000~2.0000	漂白:0.8000~1.4000 洗损:0.3000~0.6000
39	CEH 三段漂总损失/%	6.0000~10.0000	对进氯化塔浆量
40	真空洗浆机进浆浓度/%	1.5000~2.5000	
41	真空洗浆机出浆浓度/%	10.0000~14.0000	
42	真空洗浆机喷水量/t	8.0000~12.0000	
43	立式贮浆池贮浆浓度/%	8.0000~10.0000	
44	立式贮浆池出浆浓度/%	2.0000~2.5000	

二、物料平衡计算

（一）物料平衡计算所遵循的原则

物料平衡计算是工艺生产过程中一切计算的基础。它包括备料、蒸煮（磨浆）、洗选、漂白、造纸等生产过程的浆水平衡计算；碱回收生产过程的物料（或碱）平衡计算；酸法浆制药生产过程的硫平衡计算等。计算过程所遵循的原则是质量守恒定律，也就是进入某一设备和系统的物料重量必等于操作或加工后所得产物的质量和损失的物料量之和，即进出物料量必须平衡。如果在该设备中没有发生化学反应，物料量是简单的加和关系，如果有化学变化，比如蒸煮过程、漂白过程，损失的物料量往往可以通过得率或损失量加以计算，设备进出物料示意图如图5-1所示，物料衡算按式（5-1）计算。

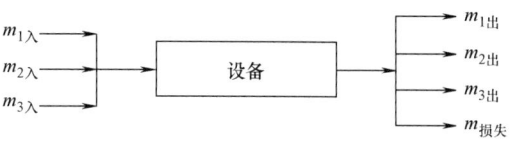

图5-1 设备进出物料示意图

经过物料衡算后，可以得出进入设备和离开设备的物料（包括原料、燃料、化学药品、半成品、成品、副产品和废物等）的质量（或体积）。

$$m_{1入}+m_{2入}+m_{3入}=m_{1出}+m_{2出}+m_{3出}+m_{损失} \tag{5-1}$$

式中　$m_{1入}$，$m_{2入}$，$m_{3入}$——进设备或系统的物料质量，kg

$m_{1出}$，$m_{2出}$，$m_{3出}$——从设备或系统中输出或损失的物料质量，kg

$m_{损失}$——从设备中输出的废料量或化学反应损失的量，kg

（二）物料平衡计算的目的

物料平衡主要有如下四个主要目的：

① 由于物料平衡计算是根据所设计的生产规模、所选用的生产方法、生产流程、主要设备类型的特性、工艺技术条件、所选择的工艺参数（包括消耗定额、损失率等）进行的严密计算，因而通过物料平衡计算可以确定出单位成品或半成品的消耗指标，即每吨产品所耗用的原材物料、化学药品、水以及其他副料的量，这就为经济概算和水、电、汽等辅助部门的设计提供了重要依据。

② 物料平衡计算可以确定出单位时间的生产能力、所需原材物料的消耗量，故物料平衡计算又为设备的台数的选择，以及非标准设备的设计确定了基础。

③ 通过物料平衡计算，可以得到废物的排出量，从而为"三废"处理、综合利用以及交通运输设计提供了数据。

④ 物料平衡计算也可以作为投产后生产检查和管理的手段。在生产管理中，可以根据物料平衡计算的数据，检查生产中原材物料的消耗是否符合设计要求，是否合理。如果对已投产的各生产工序以实际测定的数据进行物料平衡计算，就可以检查出各工序的生产和损失是否正常，及时发现问题，采取措施予以解决，从而可以减少和杜绝浪费，以保证企业活力和经济效益。

（三）物料平衡计算的方法和步骤

1. 计算方法

物料平衡计算一般是以1t产品（如1t风干浆或1t成品纸）为计算基础；或以每小时的产量（产量较小时）或每分钟的产量（产量较大时）为计算基础进行推算的。计算所使用的单位是公斤，液体物料也可以使用立方米。计算顺序是按生产流程的逆方向进行逐步推算。在计算之前根据文献资料、规范手册中记载的数据参数或国内外同一类型厂家的生产实际，合理的选择所需要的数据，这是物料平衡计算合理与否的关键。在选择各数据时，既要稳妥可靠，又要保证一定的先进性。如果所选择的不是先进的数据，则由此而进行的一系列计算结果也必然与先进水平存在着一定的差距。从而使整个工艺设计结果缺乏先进性。例如，留有余地越大、设备配备的台数越富裕，其他工程（水、电、汽）也越庞大。结果不但增加了建设投资，而且将长期存在着维持费用高的不合理现象。但是，如果选用的数据不可靠，则设计投产后，必将由于设备之间或车间（工段）之间的生产能力不平衡，而影响产品的产量和质量等，因此在综合考虑可靠性和先进性的基础上，才能合理的选取物料平衡计算所需要的一切数据。

2. 计算的一般步骤

① 先绘出生产流程方框图，按生产顺序的逆方向逐步推算。

② 查找资料，选取物料平衡计算所需的有关定额和工艺技术数据（已知数据）。

③ 画出一个环节（或一个设备）的物料进出方向图，并在图上标注设备名称和有关数据（见计算示例）。

④ 根据各物料之间的相互关系，遵循物料平衡计算的原则，根据已知数据进行计算，也可以根据某一环节的相互关系列方程并解出未知数。

⑤ 列出物料平衡表。

⑥ 按生产程序绘制物料平衡图。

（四）物料平衡计算的注意事项

1. 可视为清水的溶液或乳液

为计算方便，并且不会引起大的误差，下列物质可以视为清水计算。

① 漂白生产过程加入的漂液、制浆过程中加入的助剂，抄纸过程中加入量较小的助剂。

② 抄纸生产过程加入的矾土液和施胶用溶液或乳液。

③ 浓度小于 0.1% 的稀白水，实际计算过程中，也可以视为浆料计算。

2. 可视为纤维的物料

① 抄纸生产过程所加入的量较大的能够留在纸页中的功能助剂。

② 填料的加入量小于 10% 时，可将填料视为纤维；当填料加入量大于 10% 时，不能将填料视为纤维，要单独计算。

3. 总体物料的平衡要求

局部环节允许有 0.3%~1.0% 的误差。

4. 计算得数的有效数字

有效数字保留到小数点后 4 位。

5. 纸料或白水

纸料或白水的相对密度与水的比重相近，可近似地看作是水的相对密度。

（五）物料平衡表

物料平衡表有两种形式，一种是物料平衡明细表，另一种是物料平衡总表。

1. 物料平衡明细表

物料平衡明细表的平衡，是对每个计算单元而言的，因此它的制作是在物料平衡计算的同时进行的，其目的是通过该明细表的制作，可以清楚的看出每一个单元物料的来龙去脉，及时检查每一个计算单元的计算是否平衡，是否合理，同时它可以帮助发现问题，及时纠正。更为重要的是，明细表中的数据可以直接为设备选型与计算提供数据依据，因此说物料平衡明细表的制作是顺利进行物料平衡计算的一个不可忽视的手段。如果人工计算，出现问题没有得到及时更正，会影响整个计算过程，如果采用 Excel 计算，则可根据修正数据自动更正计算结果。

物料平衡明细表应表明以下内容：

① 计算单位名称。
② 各种物料进出单元的由来和去向。
③ 各物料（包括绝于物料）的收支数量，以及每种物料的收支总量。如果收入总量等于支出总量，表示计算平衡；否则不平衡，需检查、纠正。

2. 物料平衡总表

物料平衡总表的平衡，是对整个车间而言的，因此它的制作是在物料平衡计算和物料平衡明细表完成之后进行的。它所表明的是各种原材料等进出车间的收支情况。通过该表可以反映出某车间各种物料的消耗量、废物排出量和进出车间的物料平衡情况。因此物料平衡总表是对物料平衡计算的综合检查，是物料平衡计算环节之一，对评价设计的合理性及经济概算都具有很大的意义。

（六）物料平衡图及其绘制方法

物料平衡图可用两种方法绘制，一种是物料平衡方框图，另一种是物料平衡示意图。

1. 物料平衡方框图

物料平衡方框图就是在方框流程图上标出进出各单元物料量所得到的图形，如图 5-2 所示。

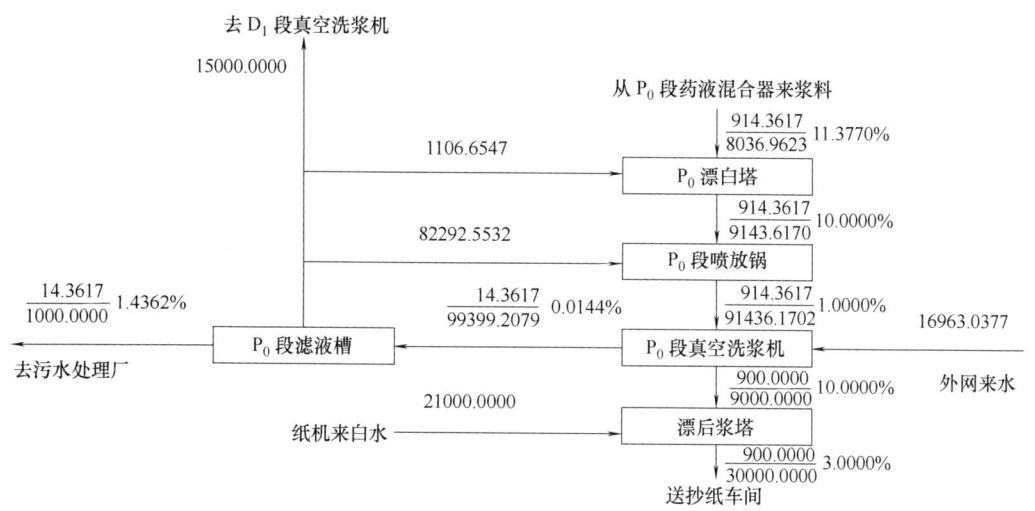

图 5-2　物料平衡方框图示例

该图是在物料计算的同时绘制的，即对每一个单元（或设备）进行物料平衡计算后，把计算所得结果标在流程图上。这样不但可以看出计算情况，而且可以根据图中的情况随时检查计算是否有误。最终把平衡计算的全部结果都在图上反映出来，即得到了物料平衡方框图。

在工程设计中，物料平衡方框图应用比较普遍。

该图的特点是：方便、具体。

2. 物料平衡示意图

物料平衡示意图是根据物料平衡计算的结果，用图示的方法按比例绘制所得到的图形，如图 5-3 所示。

从图中可以明显地看出，进出每个单元的各种物料的性质、物料走向、物料量、每一个单元的物料平衡和总体物料平衡情况。物料平衡示意图的绘制方法也是按流程顺序进行的，

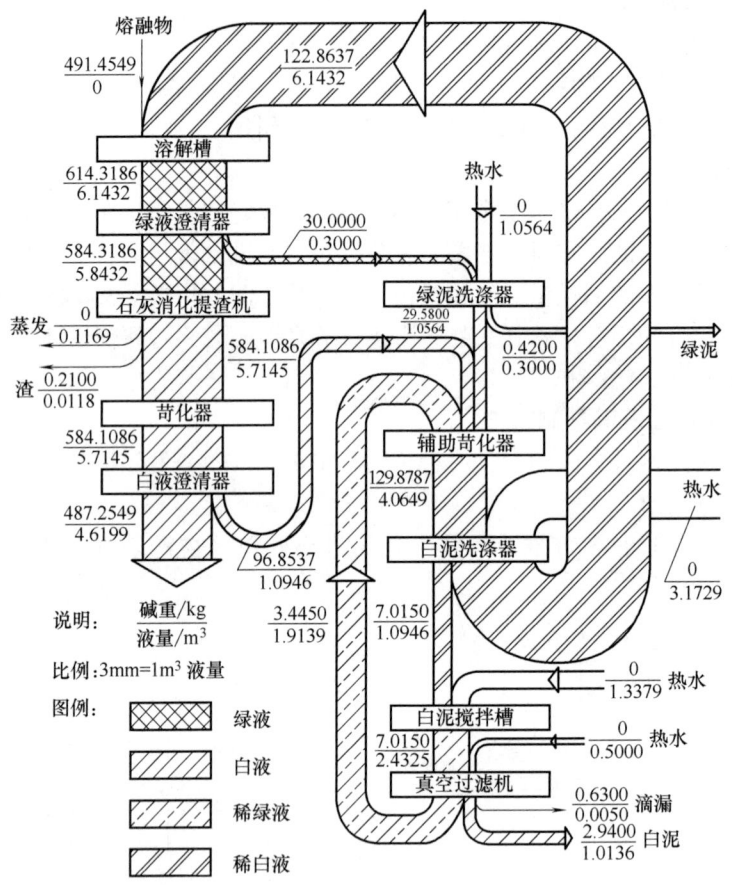

图 5-3 连续苛化系统液体、碱平衡示意图

但对不同性质的物料要使用不同符号，每种物料所占宽度要按计算结果采用一定的比例来决定。在绘图时要注意以下几点：

① 所采用的符号要尽量形象地表达物料性质。例如：浆料： ⬚⬚⬚ 白水： ⬚⬚⬚ 清水： ⬚⬚⬚ 空气： ⬚⬚⬚ 等等。
② 物料走向转弯时线条要圆滑，而且必须保持宽度与直线部分相等。
③ 进出某一单元（或设备）的物料必须相等。
④ 物料走向要尽量避免交叉。
⑤ 要标出物料走向和物料量（包括绝干物料量、物料总量和浓度）。
⑥ 图面上要有图例说明。

该图的特点是：直观、明了。

三、浆水平衡计算

（一）计算的基本原理

制浆造纸工艺过程的浆水平衡计算，是物料平衡计算的一种特殊形式，因为制浆造纸过程主要是湿法加工过程，主要物料是浆和水。浆水平衡计算说明了制浆和造纸过程中，浆料、副料和水进入某一设备前后的变化情况。进入的浆和水的总量必须等于操作后所得浆和水（包括粗渣和流失）的总和，从而计算出单位产品浆和水（包括原材物料）的消耗、白水的流失和粗渣的排出量。

浆水平衡计算一般是以一个车间（或工段）为计算单位。制浆车间和造纸车间的计算方法基本相同，但难易程度不同。浆水平衡计算过程中，要合理地选用有关的生产定额和工艺技术指标，在此基础上进行具体计算。它的计算的原理与方法同物料计算，一般是以 1t 风干细浆或 1t 纸或纸板为基础进行计算。

纤维的物料平衡方程式见式（5-2）：

$$m_0 = m_1 + m_2 \tag{5-2}$$

浆料平衡方程式见式（5-3）、式（5-4）：

$$\frac{m_0}{w_0} = \frac{m_1}{w_1} + \frac{m_2}{w_2} \tag{5-3}$$

$$\frac{m_0}{V_0} = w_0, \quad \frac{m_1}{V_1} = w_1, \quad \frac{m_2}{V_2} = w_2 \tag{5-4}$$

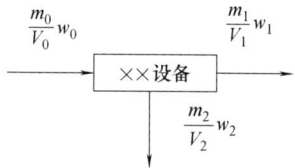

式中　m_0——进入某设备的纤维量，kg

m_1——自某设备输出的纤维量，kg

m_2——自某设备流失的纤维量，kg

w_0——进入某设备浆料的浓度，%

w_1——自某设备输出浆料的浓度，%

w_2——自某设备流失浆料的浓度，%

V_0——进入某设备浆料的总体积，m³

V_1——自某设备输出浆料的总体积，m³

V_2——自某设备流失浆料的总体积，m³

（二）**计算实例**

1. 化学制浆车间的计算实例

当生产一种纸浆时，首先要根据原料和制浆方法确定有关的工艺参数。下面以木浆洗涤、筛选、净化和漂白工段为例，对整个过程的浆水平衡计算步骤和方法进行详细说明。

（1）确定流程方框图

流程方框图是按照流程设计所定的流程图绘制的，详见附录中一。

（2）选定平衡计算所需的有关定额和工艺技术数据

以年产 30 万 t 漂白硫酸盐木浆生产为例，其生产有关定额和技术数据见表 5-11。

表 5-11　　　　年产 30 万 t 漂白硫酸盐木浆生产的有关定额和技术数据

序号	指标名称	单位	定额	备注
1	蒸煮锅浆浓 w_2	%	10.0000	
2	喷放锅浆浓 w_{45}	%	4.2000	
3	压力除节机进浆浓度 w_{45}	%	4.2000	

续表

序号	指标名称	单位	定额	备注
4	压力除节机良浆浓度 w_{32}	%	4.0000	
5	压力除节机渣浆浓度 w_{46}	%	1.0000	
6	压力除节机排渣率 d_{18}	%	2.0000	对进浆量
7	节子洗涤器出良浆浓度 w_{47}	%	0.4000	
8	节子洗涤器出节子浓度 w_{48}	%	20.0000	
9	节子洗涤器排渣率 d_{19}	%	50.0000	对进浆量
10	第一段高浓压力筛进浆浓度 w_{33}	%	3.5000	
11	第一段高浓压力筛良浆浓度 w_{29}	%	3.0000	
12	第一段高浓压力筛尾浆浓度 w_{34}	%	3.1000	
13	第一段高浓压力筛尾浆率 d_{14}	%	12.0000	对进浆量
14	第二段压力筛进浆浓度 w_{35}	%	1.8000	
15	第二段压力筛尾浆浓度 w_{37}	%	0.1800	
16	第二段压力筛尾浆率 d_{15}	%	18.5000	对进浆量
17	第三段压力筛进浆浓度 w_{38}	%	0.7000	
18	第三段压力筛尾浆浓度 w_{40}	%	0.7000	
19	第三段压力筛尾浆率 d_{16}	%	33.0000	对进浆量
20	除渣器进浆浓度 w_{41}	%	0.6000	
21	浆渣洗涤器渣浆率 d_{17}	%	50.0000	对进浆量
22	筛选总损失 d_{13}	%	0.6000	
23	真空浓缩机进浆浓度 w_{30}	%	1.0000	
24	真空浓缩机出浆浓度 w_{28}	%	10.00	
25	真空浓缩机损失 d_{12}	%	1.0000	对进浆量
26	浓缩机滤液槽送污水处理厂 V'_{31}	m³	1.0000	对每吨风干浆量
27	粗浆 DD 洗浆机进浆浓度 w_{26}	%	5.0000	
28	粗浆洗浆机洗涤损失 d_{11}	%	0.7000	对进浆量
29	粗浆洗浆机滤液槽送污水处理厂 V'_{27}	m³	1.0000	对每吨风干浆量
30	氧脱段 O_2 用量	%	3.0000	
31	1#氧反应器低压蒸汽用量	%	22.0000	
32	2#氧反应器低压蒸汽用量	%	22.0000	
33	氧脱段浆浓 w_{20}	%	10.0000	
34	氧脱段损失 d_{10}	%	2.5000	
35	氧脱 DD 洗浆机进浆浓度 w_{23}	%	5.0000	
36	氧脱 DD 洗浆机出浆浓度 w_{24}	%	10.0000	
37	氧脱洗浆机滤液槽送污水处理厂 V'_{25}	m³	1.0000	对每吨风干浆量
38	D_0 段浆浓 w_2	%	10.0000	
39	D_0 段 ClO_2 用量	%	1.5000	对进浆量
40	ClO_2 溶液浓度	g/L	15.0000	
41	D_0 段漂白塔卸料器 w_3	%	3.0000	
42	D_0 段低压蒸汽用量	%	22.0000	
43	D_0 段漂损 d_2	%	1.0000	对进浆量

续表

序号	指标名称	单位	定额	备注
44	D_0 洗浆机进浆浓度 w_4	%	1.0000	
45	D_0 洗浆机出浆浓度 w_6	%	12.0000	
46	D_0 洗浆机洗涤损失 d_3	%	0.5000	对进浆量
47	D_0 洗浆机耗水量 V_{W6}	m³	10.0000	对每吨风干浆量
48	D_0 洗浆机用碱量	%	0.4500	
49	碱液浓度	g/L	32.0000	
50	E_{op} 段 H_2O_2 用量	%	0.6500	
51	H_2O_2 浓度	g/L	27.5000	
52	E_{op} 段 O_2 用量	%	3.0000	
53	E_{op} 段低压蒸汽用量	%	22.0000	
54	E_{op} 段洗浆机进浆浓度 w_8	%	1.0000	
55	E_{op} 段洗浆机出浆浓度 w_9	%	12.0000	
56	E_{op} 洗浆机耗水量	m³	10.0000	对每吨风干浆量
57	E_{op} 洗浆机加清水量 V_{W11}	m³	5.0000	对每吨风干浆量
58	E_{op} 段漂损 d_4	%	1.0000	对进浆量
59	E_{op} 段洗浆机洗涤损失 d_5	%	0.5000	对进浆量
60	D_1 段 ClO_2 用量	%	1.5000	对绝干浆量
61	ClO_2 溶液浓度	g/L	15.0000	
62	H_2SO_4 用量	%	1.0000	对绝干浆量
63	H_2SO_4 浓度	g/L	32.0000	
64	D_1 洗浆机用碱量	%	0.4500	对绝干浆量
65	碱液浓度	g/L	32.0000	
66	D_1 段漂损 d_6	%	1.0000	对进浆量
67	D_1 洗浆机进浆浓度 w_{12}	%	1.0000	
68	D_1 洗浆机出浆浓度 w_{13}	%	12.0000	
69	D_1 洗浆机洗涤损失 d_7	%	0.5000	对进浆量
70	D_1 洗浆机耗水量 V_{W18}	m³	10.0000	对每吨风干浆量
71	D_1 段低压蒸汽用量	%	22.0000	
72	P_0 段 H_2O_2 用量	%	0.6500	
73	H_2O_2 浓度	g/L	27.5000	
74	P_0 段 O_2 用量	%	3.0000	
75	P_0 段低压蒸汽用量	%	22.0000	
76	P_0 段漂白塔出浆浓度 w_{17}	%	10.0000	
77	P_0 段洗浆机进浆浓度 w_{18}	%	1.0000	
78	P_0 段洗浆机出浆浓度 w_1	%	10.0000	
79	P_0 段漂白损失 d_8	%	1.0000	对进浆量
80	P_0 段洗浆机洗涤损失 d_9	%	0.5000	对进浆量

续表

序号	指标名称	单位	定额	备注
81	P_0 段滤液槽送污水处理厂 V'_{19}	m^3	1.0000	对每吨风干浆量
82	漂白总损失 d_1	%	6.0000	
83	储浆塔浆浓 w_1	%	10.0000	
84	送纸机浆浓 w	%	3.0000	

(3) 计算步骤与方法

以 1t 风干浆（10.0000%水分）为计算基础。单位：纤维为 kg；液体为 L。

1) 漂后浆塔

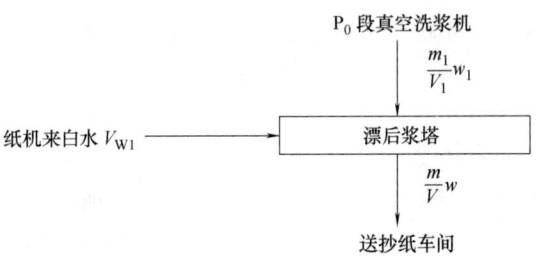

已知：

$m = 900.0000$ $w = 3.0000\%$

$w_1 = 10.0000\%$

计算：

$V = m/w = 30000.0000$ $V_1 = m_1/w_1 = 9000.0000$

$m_1 = m = 900.0000$ $V_{W1} = V - V_1 = 21000.0000$

在制浆生产过程中，损失率一般都是以工段进行计算，结果比较符合实际情况，因此在设计过程中，物料的平衡计算也是按照工段来计算。为了方便计算，每工段纤维的损失都通过洗涤设备滤液槽中滤液排放进污水处理工段，滤液槽中回流系统的滤液默认为不含纤维。

2) 漂白段：ClO_2 喂料装置、D_0 段药液混合器、D_0 段漂白塔、D_0 段漂白塔卸料器

已知漂白工段纤维总损失率为 $d_1 = 6.0000\%$，出蒸煮锅进入漂白段的浆料含量 $w_2 = 10.0000\%$，因此：

进入漂白段绝干纤维量 $m_2 = m/(1-d_1) = 957.4468$

进入漂白段的浆料量 $V_2 = m_2/w_2 = 9574.4681$

漂白总损失纤维量 $m' = m_2 - m = 57.4468$

总损失分配到各段的损失量及计算如下：

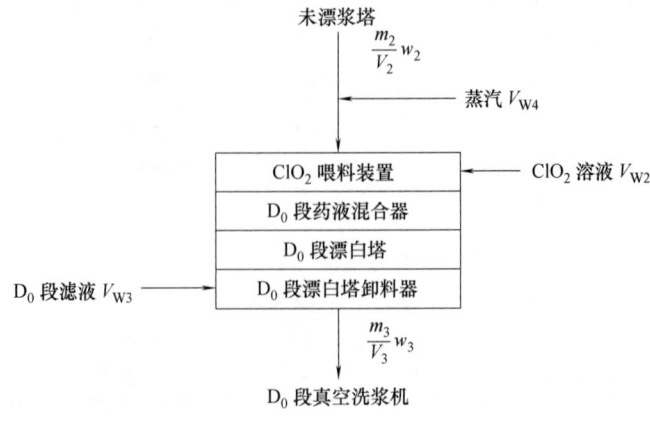

已知：

　　$m_2 = 957.4468$　　　　　　　　　$w_3 = 3.0000\%$
　　$V_2 = 9574.4681$　　　　　　　　每吨风干浆消耗蒸汽量 $= 22.0000\%$
　　$w_2 = 10.0000\%$　　　　　　　　ClO_2 溶液浓度 $= 15.0000$
　　　　　　　　　　　　　　　　　　ClO_2 用量 $= 1.5000\%$

计算：

　　因为漂白损失只能在洗涤时排出，所以　　　　　$= 957.4468$
　　$m_3 = m_2 = 957.4468$　　　　　　　　　　　　$V_3 = m_3/w_3 = 31914.8936$
　　ClO_2 总用量 $= m_2 \times ClO_2$ 溶液浓度　　　$V_{W4} = m_2 \times$ 每吨风干浆消耗蒸汽量
　　　　　　　$= 14.3617$　　　　　　　　　　　　　　　　$= 210.6383$
　　$V_{W2} = ClO_2$ 总用量 $\times 1000/ClO_2$ 溶液浓度　$V_{W3} = V_3 - V_2 - V_{W2} - V_{W4} = 21172.3404$

3) D_0 段真空洗浆机、D_0 段滤液槽

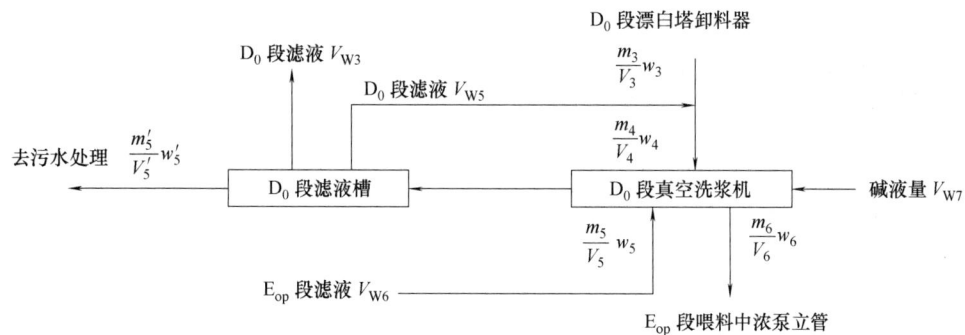

已知：

　　$m_3 = 957.4468$　　　　　　　　　洗涤段漂损 $d_3 = 0.5000\%$
　　$w_3 = 3.0000\%$　　　　　　　　　$w_6 = 12.0000\%$
　　$V_3 = 31914.8936$　　　　　　　　$V_{W6} = 10000.0000$
　　$m_4 = m_3 = 957.4468$　　　　　　每吨风干浆用碱量 $= 0.0045$
　　$w_4 = 1.0000\%$　　　　　　　　　碱液浓度 $= 32.0000$
　　D_0 漂损失率 $d_2 = 1.0000\%$　　　$V_{W3} = 21172.3404$

计算：

　　$V_4 = m_4/w_4 = 95744.6809$　　　　　$m_5 = m_3 \cdot (d_2 + d_3) = 14.3617$
　　$V_{W5} = V_4 - V_3 = 63829.7872$　　　$m_6 = m_3 - m_5 = 943.0851$
　　耗碱量 $= m_4 \times$ 每吨风浆用碱量　　　$V_6 = m_6/w_6 = 7859.0426$
　　　　　　$= 4.3085$　　　　　　　　　　$V_5 = V_4 + V_{W6} + V_{W7} - V_6 = 98020.2793$
　　$V_{W7} =$ 耗碱量 $\times 1000/$ 碱液浓度　　$w_5 = m_5/V_5 = 0.0147\%$
　　　　　　$= 134.6410$　　　　　　　　　$V'_5 = V_5 - V_{W3} - V_{W5} = 13018.1516$
　　　　　　　　　　　　　　　　　　　　　$m'_5 = m_5 = 14.3617$
　　　　　　　　　　　　　　　　　　　　　$w'_5 = m'_5/V'_5 = 0.1103\%$

4) E_{op} 段喂料中浓泵立管、E_{op} 段蒸汽加热器、E_{op} 段药液混合器、E_{op} 预反应器

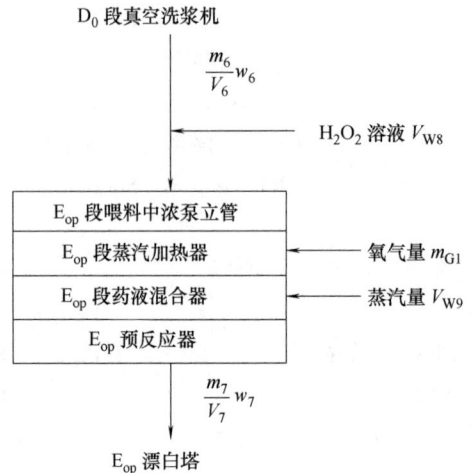

已知：

  $m_6 = 943.0851$

  $w_6 = 12.0000\%$

  $V_6 = 7859.0426$

  吨浆耗 H_2O_2 量 = 0.6500%

  H_2O_2 浓度 = 27.5000

  吨浆耗氧量 = 3.0000%

  吨浆耗蒸汽量 = 22.0000%

计算：

  H_2O_2 总消耗量 = $m_6 \times$ 吨浆耗 H_2O_2 量

    = 6.1301

  $m_{G1} = m_6 \times$ 吨浆耗氧量

    = 28.2926

  $V_{W9} = m_6 \times$ 吨浆耗蒸汽量

    = 207.4787

  $m_7 = m_6 = 943.0851$

  $V_7 = V_6 + V_{W8} + V_{W9} = 8289.4323$

  $w_7 = m_7/V_7 = 11.3770\%$

  $V_{W8} = H_2O_2$ 总消耗量 $\times 1000/H_2O_2$ 浓度

    = 222.9110

5) E_{op} 漂白塔

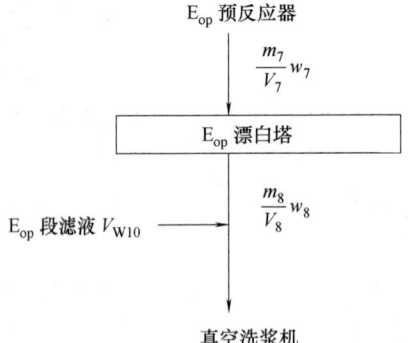

已知：

  $m_7 = 943.0851$

  $V_7 = 8289.4323$

  $w_7 = 11.3770\%$

  $w_8 = 1.0000\%$

  $m_8 = m_7 = 943.0851$

计算：

  $V_8 = m_8/w_8 = 94308.5106$

  $V_{W10} = V_8 - V_7 = 86019.0783$

6) 真空洗浆机

7) E_{op} 段滤液槽

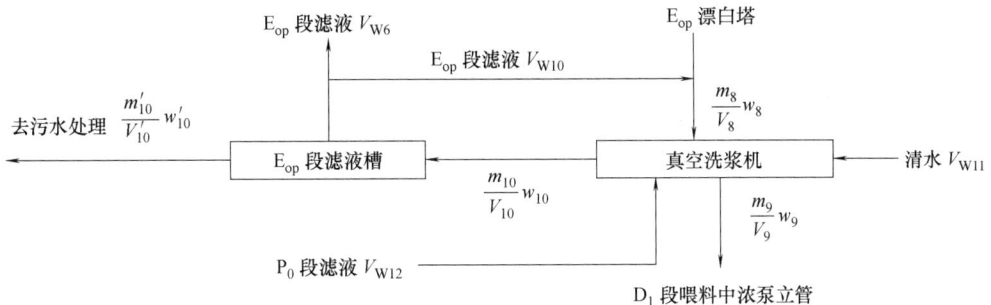

已知：

$m_8 = 943.0851$

$w_8 = 1.0000\%$

$V_8 = 94308.5106$

$w_9 = 12.0000\%$

$V_{W6} = 10000.0000$

E_{op} 漂损失率 $d_4 = 1\%$

洗涤段损失 $d_5 = 0.5\%$

$V_{W10} = 86019.0783$

$V_{W11} + V_{W12} = 10000.0000$

$V_{W11} = 5000.0000$

计算：

$m_{10} = m_2 \cdot (d_4 + d_5) = 14.3617$

$m_9 = m_8 - m_{10} = 928.7234$

$V_9 = m_9 / w_9 = 7739.3617$

$V_{W12} = (V_{W11} + V_{W12}) - V_{W11} = 5000.0000$

$V_{10} = V_8 + V_{W11} + V_{W12} - V_9 = 96569.1489$

$w_{10} = m_{10} / V_{10} = 0.0100\%$

$V'_{10} = V_{10} - V_{W10} - V_{W6} = 550.0706$

$m'_{10} = m_{10} = 14.3617$

$w'_{10} = m'_{10} / V'_{10} = 2.6109\%$

8）D_1 段喂料中浓泵立管、D_1 段蒸汽加热器

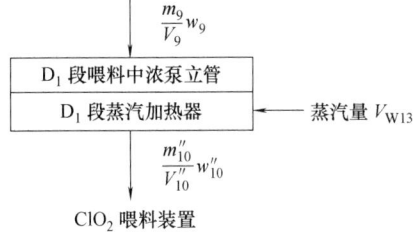

已知：

$m_9 = 928.7234$

$w_9 = 12.0000\%$

$V_9 = 7739.3617$

吨浆消耗蒸汽量 = 22.0000%

$m''_{10} = m_9 = 928.7234$

计算：

$V_{W13} = m_9 \times$ 吨浆消耗蒸汽量

$= 204.3191$

$V''_{10} = V_9 + V_{W13} = 7943.6809$

$w''_{10} = m''_{10} / V''_{10} = 11.6913\%$

9）ClO_2 喂料装置、D_1 段药液混合器

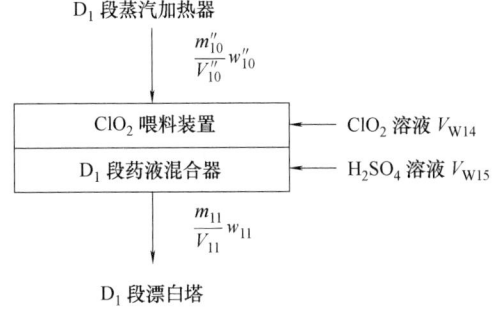

已知：

$m''_{10} = 928.7234$

$w''_{10} = 11.6913\%$

$V''_{10} = 7943.6809$

H_2SO_4 浓度 = 32.0000

ClO_2 用量 = 1.5000%

ClO_2 浓度 = 15.0000

H_2SO_4 用量 = 1.0000%

计算：

$m_{11} = m''_{10} = 928.7234$

ClO_2 总用量 $= m''_{10} \times ClO_2$ 用量
$= 13.9309$

$V_{W14} = ClO_2$ 总用量 $\times 1000/ClO_2$ 浓度
$= 928.7234$

H_2SO_4 总用量 $= m''_{10} \times H_2SO_4$ 用量
$= 9.2872$

$V_{W15} = H_2SO_4$ 总用量 $\times 1000/H_2SO_4$ 浓度
$= 290.2261$

$V_{11} = V''_{10} + V_{W14} + V_{W15}$
$= 9162.6303$

$w_{11} = m_{11}/V_{11}$
$= 10.1400\%$

10) D_1 段漂白塔

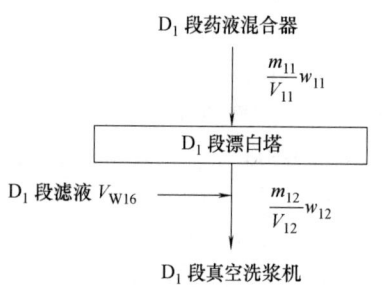

已知：

$m_{11} = 928.7234$

$w_{11} = 10.1360\%$

$V_{11} = 9162.6303$

$m_{12} = m_{11} = 928.7234$

$w_{12} = 1.0000\%$

计算：

$V_{12} = m_{12}/w_{12} = 92872.3404$

$V_{W16} = V_{12} - V_{11} = 83709.710$

11) D_1 段真空洗浆机

12) D_1 段滤液槽

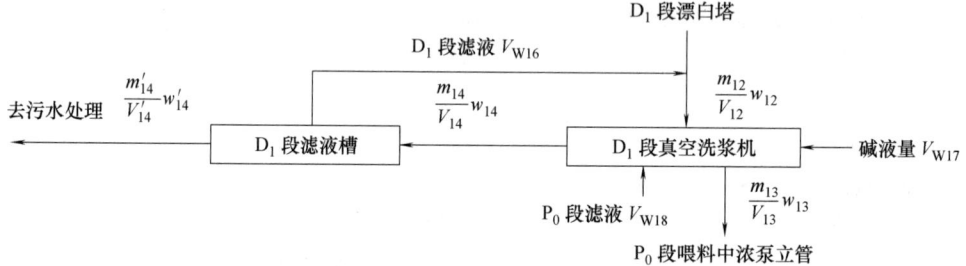

已知：

$m_{12} = 928.7234$

$V_{12} = 92872.3404$

用碱量 $= 0.4500\%$

碱液浓度 $= 32.0000$

$V_{W16} = 83709.7101$

计算：

$m_{14} = m_2 \cdot (d_6 + d_7) = 14.3617$

耗碱量 $= m_{12} \times$ 用碱量 $= 4.1793$

$V_{W17} =$ 耗碱量 $\times 1000/$ 碱液浓度
$= 130.6017$

$m_{13} = m_{12} - m_{14} = 914.3617$

$V_{13} = m_{13}/w_{13} = 7619.6809$

D 漂损失率 $d_6 = 1.0000\%$

$w_{12} = 1.0000\%$

洗涤段损失 $d_7 = 0.5000\%$

$V_{W18} = 10000.0000$

$w_{13} = 12.0000\%$

$V_{14} = V_{12} + V_{W17} + V_{W18} - V_{13}$
$= 95383.2613$

$w_{14} = m_{14}/V_{14} = 0.0151\%$

$V'_{14} = V_{14} - V_{W16} = 11673.5512$

$m'_{14} = m_{14} = 14.3617$

$w'_{14} = m'_{14}/V'_{14} = 0.1230\%$

13）P_0 段喂料中浓泵立管

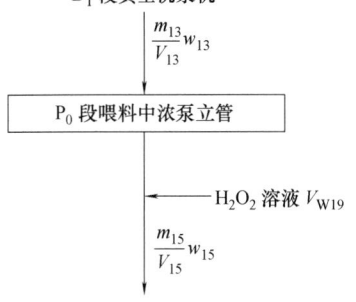

已知：

$m_{13} = 914.3617$

$w_{13} = 12.0000\%$

$V_{13} = 7619.6809$

$m_{15} = m_{13} = 914.3617$

耗 H_2O_2 量 $= 0.0065$

H_2O_2 浓度 $= 27.5000$

计算：

$V_{15} = V_{13} + V_{W19} = 7835.8027$

$w_{15} = m_{15}/V_{15} = 11.6690\%$

H_2O_2 用量 $= m_{13} \times$ 耗 H_2O_2 量 $= 5.9434$

$V_{W19} = H_2O_2$ 用量 $\times 1000/H_2O_2$ 浓度
$= 216.1219$

14）P_0 段蒸汽加热器、P_0 段药液混合器

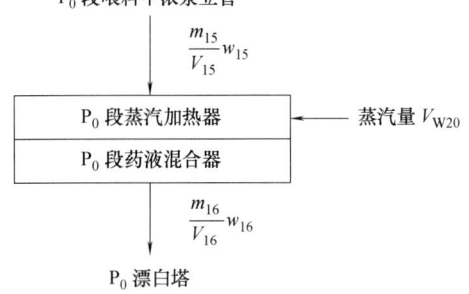

已知：

$m_{15} = 914.3617$

$w_{15} = 11.6690\%$

$V_{15} = 7835.8027$

消耗蒸汽量 $= 22.0000\%$

$m_{16} = m_{15} = 914.3617$

计算：

$V_{W20} = m_{15} \times$ 消耗蒸气量 $= 201.1596$

$V_{16} = V_5 + V_{W20} = 8036.9623$

$w_{16} = m_{16}/V_{16} = 11.3770\%$

15）P_0 漂白塔

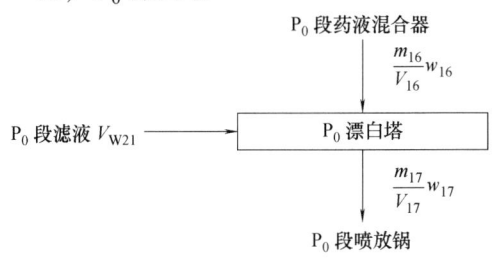

已知：

$m_{16} = 914.3617$

$w_{16} = 11.3770\%$

$V_{16} = 8036.9623$

$m_{17} = m_{16} = 914.3617$

$w_{17} = 10.0000\%$

计算：

$V_{17} = m_{17}/w_{17} = 9143.6170$

$V_{W21} = V_{17} - V_{16} = 1106.6547$

16）P_0 段喷放锅

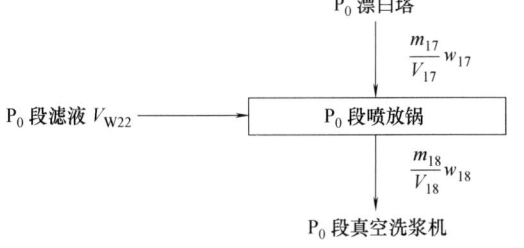

已知：

$m_{17} = 914.3617$

$w_{17} = 10.0000\%$

$V_{17} = 9143.6170$

$m_{18} = m_{17} = 914.3617$

$w_{18} = 1.0000\%$

计算：

$V_{18} = m_{18}/w_{18} = 91436.1702$ $V_{W22} = V_{18} - V_{17} = 82292.5532$

17) P_0 段真空洗浆机

18) P_0 段滤液槽

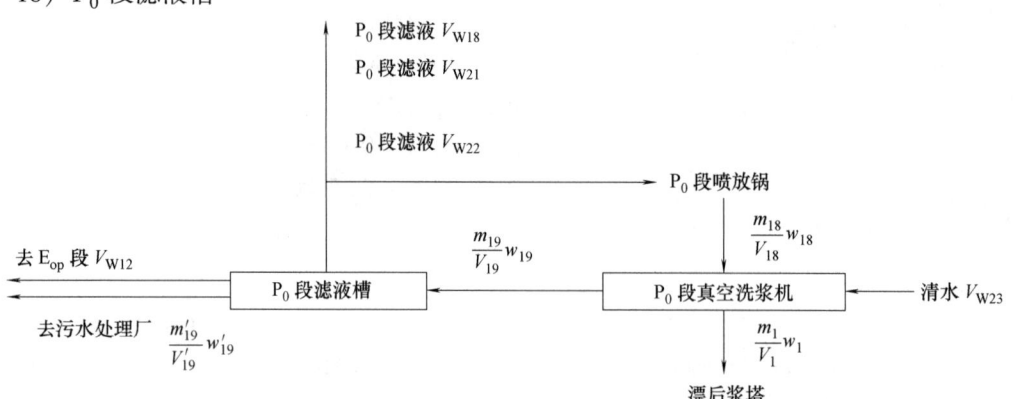

已知：

$m_{18} = 914.3617$

$w_{18} = 1.0000\%$

$V_{18} = 91436.1702$

$w_1 = 10.0000\%$

P 漂损失率 $d_8 = 1.0000\%$

洗涤段损失 $d_9 = 0.5000\%$

$V_{W18} = 10000.0000$

$V_{W21} = 1106.6547$

$V_{W22} = 82292.5532$

$V_{W12} = 5000.0000$

P_0 段滤液槽去污水厂 $V'_{19} = 1000.0000$

计算：

$m_{19} = m_2 \cdot (d_8 + d_9) = 14.3617$

$m_1 = m_{18} - m_{19} = 900.0000$

$V_1 = m_1/w_1 = 9000.0000$

$V_{19} = V_{W12} + V_{W18} + V_{W21} + V_{W22} + V'_{19}$

$= 99399.2079$

$w_{19} = m_{19}/V_{19} = 0.0144\%$

补加清水量 $V_{W23} = V_1 + V_{19} - V_{18}$

$= 16963.0377$

$m'_{19} = m_{19} = 14.3617$

$w'_{19} = m'_{19}/V'_{19} = 1.4362\%$

19) 氧脱木素段平衡：氧气喂料器、1#氧反应器

已知：

氧脱总损失率 $d_{10} = 2.5000\%$

进入氧脱反应器浆料含量：

$w_{20} = 10.0000\%$

氧气用量 = 3.0000%

计算：

进入氧脱段绝干纤维量：

$m_{20} = m_2/(1-d_{10}) = 981.9967$

进入氧脱段的浆料量：

$V_{20} = m_{20}/w_{20} = 9819.9673$

氧脱总损失纤维量：

$m'' = m_{20} - m_2 = 24.5499$

氧气消耗量：

$m_{G2} = m_{20} \times$ 氧气用量

$= 29.4599$

20) 氧反应器中浓泵立管

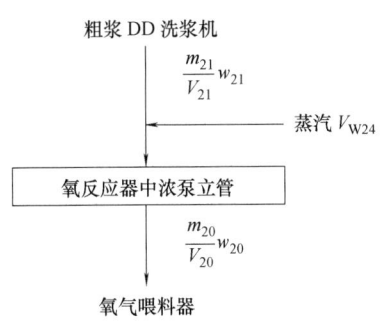

已知：
$m_{20} = 981.9967$
$w_{20} = 10.0000\%$
$V_{20} = 9819.9673$
$m_{21} = m_{20} = 981.9967$
蒸汽用量 $= 22.0000\%$

计算：
$V_{W24} = m_{21} \times 蒸汽用量 = 216.0393$
$V_{21} = V_{20} - V_{W24} = 9603.9280$
$w_{21} = m_{21}/V_{21} = 10.22\%$

21) 蒸汽加热器、2#氧反应器、氧脱喷放锅

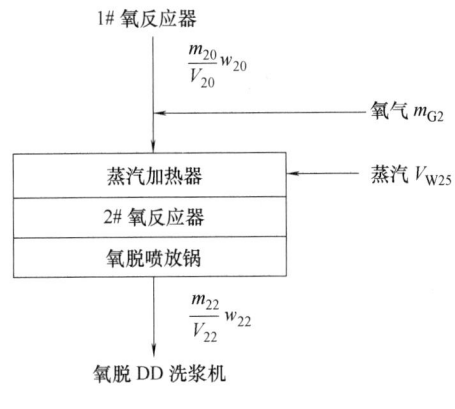

已知：
$m_{20} = 981.9967$
$w_{20} = 10.0000\%$
$V_{20} = 9819.9673$
$m_{22} = m_{20} = 981.9967$
蒸汽用量 $= 22.0000\%$

计算：
$V_{W25} = m_{20} \times 蒸汽用量 = 216.0393$
$V_{22} = V_{20} + V_{W25} = 10036.0065$
$w_{22} = m_{22}/V_{22} = 9.7847\%$

22) 氧脱DD洗浆机、氧脱洗浆机滤液槽

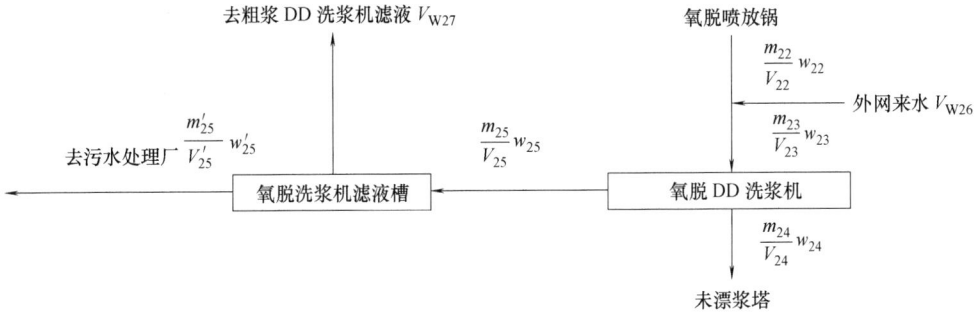

已知：

$m_{22} = 981.9967$
$w_{22} = 9.7800\%$
$V_{22} = 10036.0065$
$m_{23} = m_{22} = 981.9967$
$w_{23} = 5.0000\%$

$m_{24} = m_2 = 957.4468$
$w_{24} = w_2 = 10.0000\%$
$V_{24} = V_2 = 9574.4681$
氧脱洗浆机滤液槽去污水处理厂：
$V'_{25} = 1000.0000$

计算：

$V_{23} = m_{23}/w_{23} = 19639.9345$
$V_{W26} = V_{23} - V_{22} = 9603.9280$

$V_{25} = V_{23} - V_{24} = 10065.4664$
$m_{25} = m_{23} - m_{24} = 24.5499$

$w_{25} = m_{25}/V_{25} = 0.2400\%$ $m'_{25} = m_{25} = 24.5499$

$V_{W27} = V_{25} - V'_{25} = 9065.4664$ $w'_{25} = m'_{25}/V'_{25} = 2.4550\%$

23）浓缩段平衡：粗浆DD洗浆机、粗浆洗浆机滤液槽

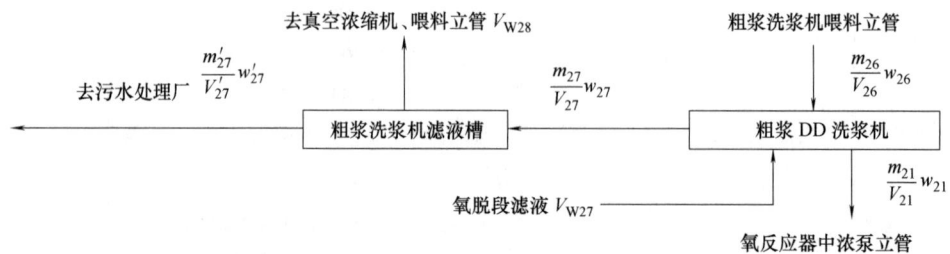

已知：

  洗浆机损失 $d_{11} = 0.7\%$ $V_{W27} = 9065.4664$

  $m_{21} = 981.9967$ $w_{26} = 5.0000\%$

  $w_{21} = 10.2200\%$ 粗浆洗浆机滤液槽去污水处理厂：

  $V_{21} = 9603.9280$ $V'_{27} = 1000.0000$

计算：

  $m_{26} = m_{21}/(1-d_{11}) = 988.9192$ $m_{27} = m_{26} - m_{21} = 6.9224$

  $V_{26} = m_{26}/w_{26} = 19778.3832$ $w_{27} = m_{27}/V_{27} = 0.0360\%$

  $V_{27} = V_{26} + V_{W27} - V_{21} = 19239.9217$ $m'_{27} = m_{27} = 6.9224$

  $V_{W28} = V_{27} - V'_{27} = 18239.9217$ $w'_{27} = m'_{27}/V'_{27} = 0.6992\%$

24）粗浆洗浆机喂料立管

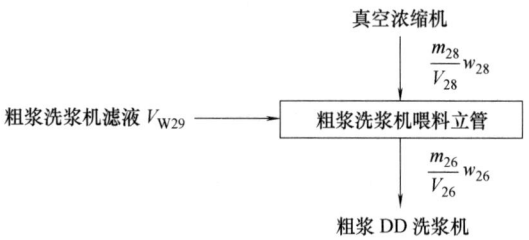

已知：

  $m_{26} = 988.9192$

  $w_{26} = 5.0000\%$

  $V_{26} = 19778.3832$

  $w_{28} = 10.0000\%$

计算：

  $m_{28} = m_{26} = 988.9192$ $V_{W29} = V_{26} - V_{28} = 9889.1916$

  $V_{28} = m_{28}/w_{28} = 9889.1916$

25）真空浓缩机、浓缩机滤液槽

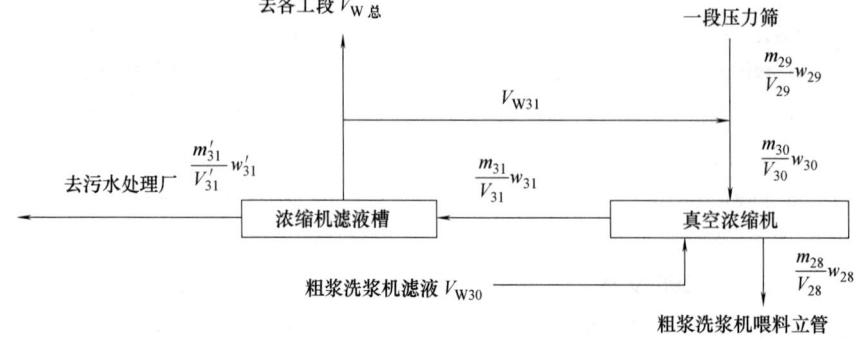

已知：

真空浓缩机损失 $d_{12} = 0.0100$
$m_{28} = 988.9192$
$w_{28} = 10.0000\%$
$V_{28} = 9889.1916$
$V_{W28} = 18239.9217$

$V_{W29} = 9889.1916$
$w_{29} = 3.0000\%$
$w_{30} = 1.0000\%$
浓缩机滤液槽去污水处理厂：
$V'_{31} = 1000.0000$

计算：

$m_{29} = m_{28}/(1-d_{12}) = 998.9082$
$V_{29} = m_{29}/w_{29} = 33296.9414$
$m_{30} = m_{29} = 998.9082$
$V_{30} = m_{30}/w_{30} = 99890.8243$
$V_{W31} = V_{30} - V_{29} = 66593.8829$
$m'_{31} = m_{31} = 9.9891$

$w'_{31} = m'_{31}/V'_{31} = 0.9989\%$
$V_{W30} = V_{W28} - V_{W29} = 8350.7301$
$V_{31} = V_{30} + V_{W30} - V_{28} = 98352.3628$
$m_{31} = m_{30} - m_{28} = 9.9891$
$w_{31} = m_{31}/V_{31} = 0.0102\%$
$V_{W总} = V_{31} - V_{W31} - V'_{31} = 30758.4799$

26）一段压力筛
27）二段压力筛
28）三段压力筛
29）除渣器
30）浆渣洗涤器

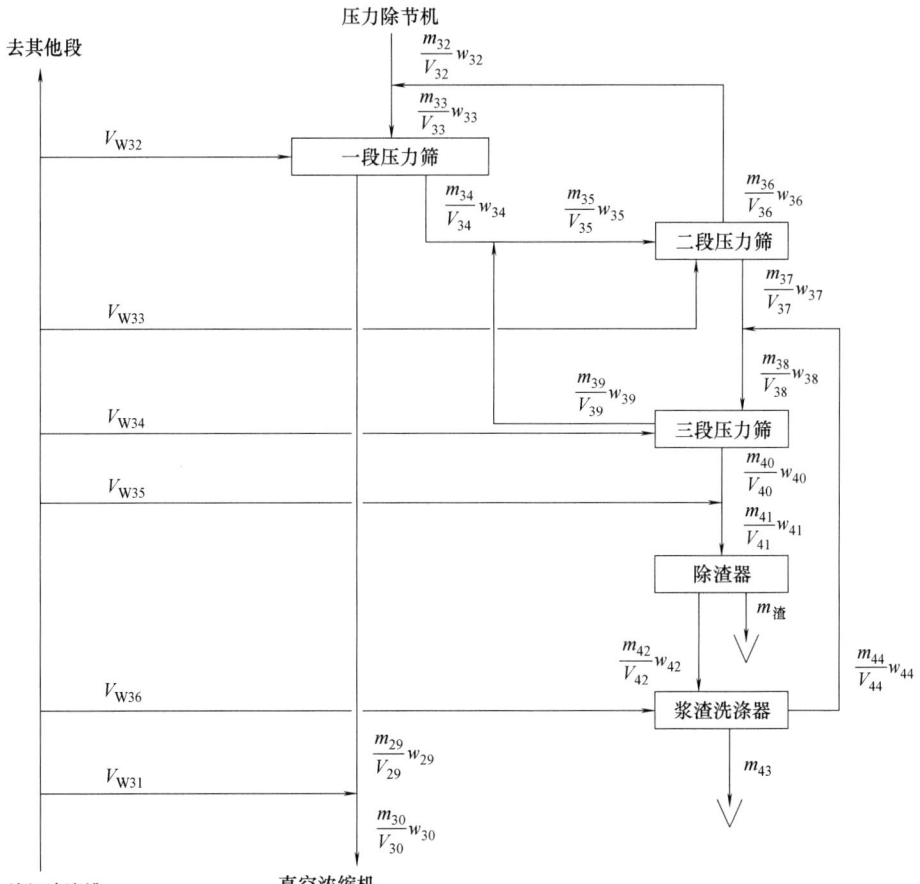

已知：

筛选总损失率 $d_{13} = 0.6000\%$

$m_{29} = 998.9082$

$w_{29} = 3.0000\%$

$V_{29} = 33296.9414$

$w_{32} = 4.0000\%$

$w_{33} = 3.500\%$

$w_{34} = 3.1000\%$

$w_{35} = 1.8000\%$

$w_{37} = 0.1800\%$

$w_{38} = 0.7000\%$

$w_{40} = 0.7000\%$

$w_{41} = 0.6000\%$

一段压力筛尾浆率 $d_{14} = 12.0000\%$

二段压力筛尾浆率 $d_{15} = 18.5000\%$

三段压力筛尾浆率 $d_{16} = 33.0000\%$

浆渣洗涤器渣浆率 $d_{17} = 50.0000\%$

计算：

$m_{32} = m_{29}/(1-d_{13}) = 1004.9379$

$V_{32} = m_{32}/w_{32} = 25123.4468$

筛选段总损失量 $m''' = m_{32} - m_{29}$
$\qquad\qquad\qquad\quad = 6.0296$

$m_{33} = m_{29}/(1-d_{14}) = 1135.1230$

$m_{34} = m_{33} \times d_{14} = 136.2148$

$m_{36} = m_{33} - m_{32} = 130.1851$

$m_{35} = m_{36}/(1-d_{15}) = 159.7364$

$m_{39} = m_{35} - m_{34} = 23.5216$

$m_{37} = m_{35} - m_{36} = 29.5512$

$m_{38} = m_{37} + m_{44} = m_{39}/(1-d_{16}) = 35.1069$

$m_{40} = m_{38} \times d_{16} = 11.5853$

$m_{41} = m_{40} = 11.5853$

$m_{43} = m_{42} \cdot d_{17} = 5.5556$

$m_{44} = m_{42} - m_{43} = (1-d_{17}) \cdot m_{42} = 5.5556$

$m_{44} = m_{38} - m_{37} = 5.5556$

$m_{42} = m_{44}/(1-d_{17}) = 11.1113$

$m_{渣} = m''' - m_{43} = 0.4740$

$V_{33} = m_{33}/w_{33} = 32432.0858$

$V_{34} = m_{34}/w_{34} = 4394.0245$

$V_{W32} = V_{29} + V_{34} - V_{33} = 5258.8802$

$V_{35} = m_{35}/w_{35} = 8874.2422$

$V_{36} = V_{33} - V_{32} = 7308.6391$

$w_{36} = m_{36}/V_{36} = 1.7800\%$

$V_{37} = m_{37}/w_{37} = 1641.7348$

$V_{W33} = V_{36} + V_{37} - V_{35} = 76.1317$

$V_{38} = m_{38}/w_{38} = 5015.2664$

$V_{39} = V_{35} - V_{34} = 4480.2177$

$w_{39} = m_{39}/V_{39} = 0.5250\%$

$V_{40} = m_{40}/w_{40} = 1655.0379$

$V_{W34} = V_{39} + V_{40} - V_{38} = 1119.9892$

$V_{41} = m_{41}/w_{41} = 1930.8776$

$V_{W35} = V_{41} - V_{40} = 275.8397$

$V_{42} = V_{41} = 1930.8776$

$w_{42} = m_{42}/V_{42} = 0.5800\%$

$V_{44} = V_{38} - V_{37} = 3373.5316$

$w_{44} = m_{44}/V_{44} = 0.1600\%$

$V_{W36} = V_{44} - V_{42} = 1442.6540$

31) 压力除节机

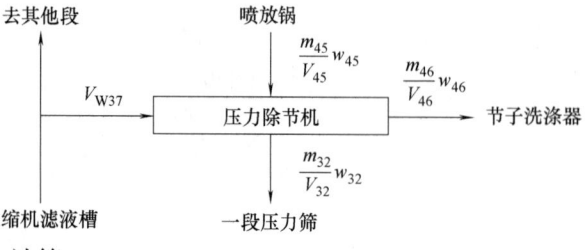

已知：

$m_{32} = 1004.9379$

$w_{32} = 4.0000\%$

$V_{32} = 25123.4468$

$w_{45} = 4.2000\%$

$w_{46} = 1.0000\%$

压力除节机排渣率 $d_{18} = 2.0000\%$

计算：

$m_{45} = m_{32}/(1-d_{18}) = 1025.4468$

$V_{45} = m_{45}/w_{45} = 24415.4002$

$m_{46} = m_{45} - m_{32} = 20.5089$

$V_{46} = m_{46}/w_{46} = 2050.8936$

$V_{W37} = V_{32} + V_{46} - V_{45} = 2758.9402$

32）节子洗涤器

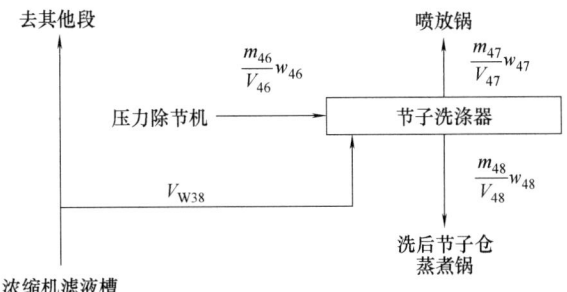

已知：

$m_{46} = 20.5089$

$w_{46} = 1.0000\%$

$V_{46} = 2050.8936$

$w_{47} = 0.4000\%$

$w_{48} = 20.0000\%$

节子洗涤器排渣率 $d_{19} = 50.0000\%$

计算：

$m_{48} = m_{46} \cdot d_{19} = 10.2545$

$V_{48} = m_{48}/w_{48} = 51.2723$

$m_{47} = m_{46} - m_{48} = 10.2545$

$V_{47} = m_{47}/w_{47} = 2563.6170$

$V_{W38} = V_{47} + V_{48} - V_{46} = 563.9957$

33）喷放锅

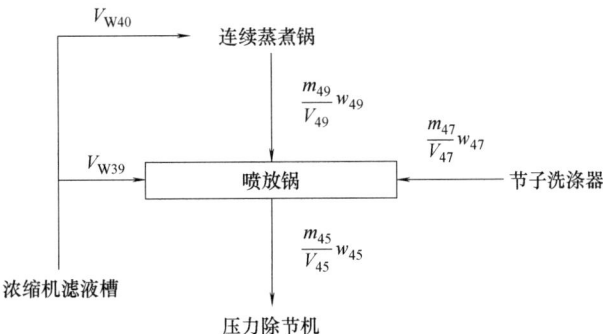

已知：

$m_{45} = 1025.4468$

$w_{45} = 4.2000\%$

$V_{45} = 24415.4002$

$m_{47} = 10.2545$

$w_{47} = 0.4000\%$

$V_{47} = 2563.6170$

$w_{49} = 10.0000\%$

$V_{W总} = 30758.4799$

$V_{W32} = 5258.8802$

$V_{W33} = 76.1317$

$V_{W34} = 1119.9892$

$V_{W35} = 275.8397$

$V_{W36} = 1442.6540$

$V_{W37} = 2758.9402$

$V_{W38} = 563.9957$

计算：

$m_{49} = m_{45} - m_{47} = 1015.1923$

$V_{49} = m_{49}/w_{49} = 10151.9234$

$V_{W39} = V_{45} - V_{47} - V_{49} = 11699.8598$

$V_{W40} = V_{W总} - V_{W32} - V_{W33} - V_{W34} - V_{W35}$
$\qquad - V_{W36} - V_{W37} - V_{W38} - V_{W39}$
$\qquad = 7562.1895$

34）污水厂来水平衡

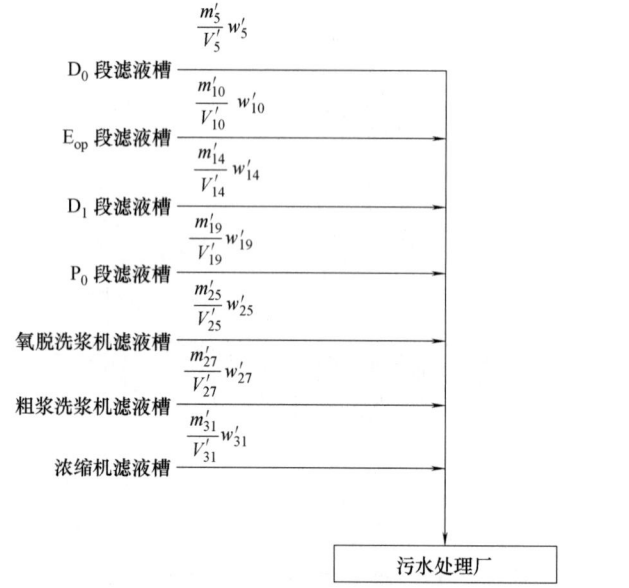

已知：

$V'_5 = 13018.1516$

$V'_{10} = 550.0706$

$V'_{14} = 11673.5512$

$V'_{19} = 1000.0000$

$V'_{25} = 1000.0000$

$V'_{27} = 1000.0000$

$V'_{31} = 1000.0000$

$m'_5 = 14.3617$

$m'_{10} = 14.3617$

$m'_{14} = 14.3617$

$m'_{19} = 14.3617$

$m'_{25} = 24.5499$

$m'_{27} = 6.9224$

$m'_{31} = 9.9891$

计算：

$V_{污} = V'_5 + V'_{10} + V'_{14} + V'_{19} + V'_{25} + V'_{27} + V'_{31} = 29241.7734$

$m_{污} = m'_5 + m'_{10} + m'_{14} + m'_{19} + m'_{25} + m'_{27} + m'_{31} = 98.9082$

$w_{污} = m_{污}/V_{污} = 0.3382\%$

（4）浆水平衡表

表 5-12 为浆水平衡明细表，表 5-13 为浆水平衡总表。

表 5-12　　　　　　　　　　　　　　浆水平衡明细表

序号	单元名称	来源与去向	纤维/kg 收	纤维/kg 支	浆料/kg 收	浆料/kg 支
1	漂后浆塔	来自 P_0 段真空洗浆机	900.0000		9000.0000	
		纸机来白水			21000.0000	
		送抄纸车间		900.0000		30000.0000
		小计	900.0000	900.0000	30000.0000	30000.0000
2	ClO_2 喂料装置 D_0 段药液混合器 D_0 段漂白塔 D_0 段漂白塔卸料器	来自未漂浆塔	957.4468		9574.4681	
		加入蒸汽			210.6383	
		加入 ClO_2 溶液			957.4468	
		D_0 段滤液带入			21172.3404	
		D_0 段真空洗浆机带走		957.4468		31914.8936
		小计	957.4468	957.4468	31914.8936	31914.8936
3	D_0 段真空洗浆机 D_0 段滤液槽	来自 D_0 段漂白塔卸料器	957.4468		31914.8936	
		加入碱液			134.6410	
		E_{op} 段滤液带入			10000.0000	
		去 E_{op} 段喂料中浓泵立管		943.0851		7859.0426
		滤液去漂白塔卸料器				21172.3404
		滤液去污水处理厂		14.3617		13018.1516
		小计	957.4468	957.4468	42049.5346	42049.5346

续表

序号	单元名称	来源与去向	纤维/kg 收	纤维/kg 支	浆料/kg 收	浆料/kg 支
4	E_{op} 段喂料中浓泵立管 E_{op} 蒸汽加热器 E_{op} 药液混合器 E_{op} 预反应器	来自 D_0 段真空洗浆机	943.0851		7859.0426	
		加入 H_2O_2 溶液			222.9110	
		加入蒸汽			207.4787	
		去 E_{op} 漂白塔		943.0851		8289.4323
		小计	943.0851	943.0851	8289.4323	8289.4323
5	E_{op} 漂白塔	来自 E_{op} 预反应器	943.0851		8289.4323	
		E_{op} 段滤液带入			86019.0783	
		去真空洗浆机		943.0851		94308.5106
		小计	943.0851	943.0851	94308.5106	94308.5106
6	真空洗浆机	来自 E_{op} 漂白塔	943.0851		94308.5106	
		P_0 段滤液带入			5000.0000	
		加入清水			5000.0000	
		去 D_1 段喂料中浓泵立管		928.7234		7739.3617
		去 E_{op} 段滤液槽		14.3617		96569.1489
		小计	943.0851	943.0851	104308.5106	104308.5106
7	E_{op} 段滤液槽	来自真空洗浆机	14.3617		96569.1489	
		去 D_0 段真空洗浆机				10000.0000
		真空洗浆机洗网水				86019.0783
		去污水处理厂		14.3617		550.0706
		小计	14.3617	14.3617	96569.1489	96569.1489
8	D_1 段喂料中浓泵立管 蒸汽加热器	来自真空洗浆机	928.7234		7739.3617	
		加入蒸汽			204.3191	
		去 ClO_2 喂料装置		928.7234		7943.6809
		小计	928.7234	928.7234	7943.6809	7943.6809
9	ClO_2 喂料装置 D_1 段药液混合器	来自 D_1 段蒸汽加热器	928.7234		7943.6809	
		加入 ClO_2 溶液			928.7234	
		加入 H_2SO_4 溶液			290.2261	
		去 D_1 段漂白塔		928.7234		9162.6303
		小计	928.7234	928.7234	9162.6303	9162.6303
10	D_1 段漂白塔	来自 D_1 段药液混合器	928.7234		9162.6303	
		来自 D_1 段滤液			83709.7101	
		去 D_1 段真空洗浆机		928.7234		92872.3404
		小计	928.7234	928.7234	92872.3404	92872.3404
11	D_1 段真空洗浆机	来自 D_1 段漂白塔	928.7234		92872.3404	
		加入碱液			130.6017	
		来自 P_0 段滤液			10000.0000	

续表

序号	单元名称	来源与去向	纤维/kg 收	纤维/kg 支	浆料/kg 收	浆料/kg 支
11	D_1 段真空洗浆机	去 D_1 段滤液槽		14.3617		95383.2613
		去 P_0 段喂料中浓泵立管		914.3617		7619.6809
		小计	928.7234	928.7234	103002.9422	103002.9422
12	D_1 段滤液槽	来自 D_1 真空洗浆机	14.3617		95383.2613	
		去真空洗浆机洗网水				83709.7101
		去污水处理厂		14.3617		11673.5512
		小计	14.3617	14.3617	95383.2613	95383.2613
13	P_0 段喂料中浓泵立管	来自 D_1 真空洗浆机	914.3617		7619.6809	
		加入 H_2O_2 溶液			216.1219	
		去 P_0 段蒸汽加热器		914.3617		7835.8027
		小计	914.3617	914.3617	7835.8027	7835.8027
14	P_0 段蒸汽加热器 P_0 段药液混合器	来自 P_0 段喂料中浓泵立管	914.3617		7835.8027	
		加入蒸汽			201.1596	
		去 P_0 漂白塔		914.3617		8036.9623
		小计	914.3617	914.3617	8036.9623	8036.9623
15	P_0 漂白塔	来自 P_0 段药液混合器	914.3617		8036.9623	
		来自 P_0 段滤液			1106.6547	
		去 P_0 段喷放锅		914.3617		9143.6170
		小计	914.3617	914.3617	9143.6170	9143.6170
16	P_0 段喷放锅	来自 P_0 漂白塔	914.3617		9143.6170	
		来自 P_0 段滤液			82292.5532	
		去 P_0 段真空洗浆机		914.3617		91436.1702
		小计	914.3617	914.3617	91436.1702	91436.1702
17	P_0 段真空洗浆机	来自 P_0 段喷放锅	914.3617		91436.1702	
		加入清水			16963.0377	
		去漂后浆塔		900.0000		9000.0000
		去 P_0 段滤液槽		14.3617		99399.2079
		小计	914.3617	914.3617	107399.2079	107399.2079
18	P_0 段滤液槽	来自 P_0 段真空洗浆机	14.3617		99399.2079	
		去 D_1 真空洗浆机滤液				10000.0000
		去漂白塔滤液				1106.6547
		去喷放锅滤液				82292.5532
		去 E_{op} 段滤液				5000.0000
		去污水处理厂		14.3617		1000.0000
		小计	14.3617	14.3617	99399.2079	99399.2079

续表

序号	单元名称	来源与去向	纤维/kg 收	纤维/kg 支	浆料/kg 收	浆料/kg 支
19	氧气喂料器 1#氧反应器	来自氧反应器中浓泵立管	981.9967		9819.9673	
		去蒸汽加热器		981.9967		9819.9673
		小计	981.9967	981.9967	9819.9673	9819.9673
20	氧反应器中浓泵立管	来自粗浆DD洗浆机	981.9967		9603.9280	
		加入蒸汽			216.0393	
		去氧气喂料器		981.9967		9819.9673
		小计	981.9967	981.9967	9819.9673	9819.9673
21	蒸汽加热器 2#氧反应器 氧脱喷放锅	来自1#氧反应器	981.9967		9819.9673	
		加入蒸汽			216.0393	
		去氧脱DD洗浆机		981.9967		10036.0065
		小计	981.9967	981.9967	10036.0065	10036.0065
22	氧脱DD洗浆机 氧脱洗浆机滤液槽	来自氧脱喷放锅	981.9967		10036.0065	
		外网来水			9603.9280	
		去未漂浆塔		957.4468		9574.4681
		去粗浆DD洗浆机滤液				9065.4664
		去污水处理厂		24.5499		1000.0000
		小计	981.9967	981.9967	19639.9345	19639.9345
23	粗浆DD洗浆机 粗浆洗浆机滤液槽	来自喂料立管	988.9192		19778.3832	
		来自氧脱段滤液			9065.4664	
		去粗浆洗浆机滤液槽				18239.9216
		去中浓泵立管		981.9967		9603.9280
		去污水处理厂		6.9224		1000.0000
		小计	988.9192	988.9192	28843.8496	28843.8496
24	粗浆洗浆机喂料立管	来自真空浓缩机	988.9192		9889.1916	
		来自粗浆洗浆机滤液			9889.1916	
		去粗浆DD洗浆机		988.9192		19778.3832
		小计	988.9192	988.9192	19778.3832	19778.3832
25	真空浓缩机 浓缩机滤液槽	来自一段压力筛	998.9082		33296.9414	
		来自粗浆洗浆机滤液			8350.7301	
		去粗浆洗浆机喂料立管		988.9192		9889.1916
		去各工段滤液				30758.4799
		去污水处理厂		9.9891		1000.0000
		小计	998.9082	998.9082	41647.6715	41647.6715
26	一段压力筛	压力除节机、二段压力筛回流	1135.1230		32432.0858	
		来自浓缩机滤液槽滤液			5258.8802	
		去二段压力筛		136.2148		4394.0245
		去真空浓缩机		998.9082		33296.9414
		小计	1135.1230	1135.1230	37690.9660	37690.9660

续表

序号	单元名称	来源与去向	纤维/kg 收	纤维/kg 支	浆料/kg 收	浆料/kg 支
27	二段压力筛	一段压力筛、三段压力筛回流	159.7364		8874.2422	
		来浓缩机滤液槽滤液			76.1317	
		去一段压力筛		130.1851		7308.6391
		去三段压力筛		29.5512		1641.7348
		小计	159.7364	159.7364	8950.3739	8950.3739
28	三段压力筛	二段压力筛、浆渣洗涤器回流	35.1069		5015.2664	
		来浓缩机滤液槽滤液			1119.9892	
		去除渣器		11.5853		1655.0379
		去二段压力筛		23.5216		4480.2177
		小计	35.1069	35.1069	6135.2556	6135.2556
29	除渣器	来自三段压力筛	11.5853		1655.0379	
		来浓缩机滤液槽滤液			275.8397	
		去渣浆洗涤器		11.1113		1930.8776
		排渣		0.4740		
		小计	11.5853	11.5853	1390.8776	1930.8776
30	浆渣洗涤器	来自除渣器	11.1113		1930.8776	
		来浓缩机滤液槽滤液			1442.6540	
		去三段压力筛		5.5556		3373.5316
		排渣		5.5556		
		小计	11.1113	11.1113	3373.5316	3373.5316
31	压力除节机	来自喷放锅	1025.4468		24415.4002	
		来浓缩机滤液槽滤液			2758.9402	
		去一段压力筛		1004.9379		25123.4468
		去节子洗涤器		20.5089		2050.8936
		小计	1025.4468	1025.4468	27174.3404	27174.3404
32	节子洗涤器	来自压力除节机	20.5089		2050.8936	
		来浓缩机滤液槽滤液			563.9957	
		去喷放锅		10.2545		2563.6170
		去洗后节子仓		10.2545		51.2723
		小计	20.5089	20.5089	2614.8894	2614.8894
33	喷放锅	来自连续蒸煮锅	1015.1923		10151.9234	
		来浓缩机滤液槽滤液			11699.8598	
		来自节子洗涤器	10.2545		2563.6170	
		去压力除节机		1025.4468		24415.4002
		小计	1025.4468	1025.4468	24415.4002	24415.4002

续表

序号	单元名称	来源与去向	纤维/kg 收	纤维/kg 支	浆料/kg 收	浆料/kg 支
34	浓缩机滤液槽	来自真空浓缩机 V_{31}	9.9891		98352.3628	
		去真空浓缩机 V_{W31}				66593.8829
		去一段压力筛 V_{W32}				5258.8802
		去二段压力筛 V_{W33}				76.1317
		去三段压力筛 V_{W34}				1119.9892
		去除渣器 V_{W35}				275.8397
		去渣浆洗涤器 V_{W36}				1442.6540
		去压力除节机 V_{W37}				2758.9402
		去喷放锅 V_{W39}				11699.8598
		去连续蒸煮锅 V_{W40}				7562.1895
		去节子洗涤器 V_{W38}				563.9957
		去污水处理厂		9.9891		1000.0000
		小计	9.9891	9.9891	98352.3628	98352.3628

表 5-13　　浆水平衡总表

项目名称	纤维/kg 收	纤维/kg 支	浆料/kg 收	浆料/kg 支
送抄纸车间		900.0000		30000.0000
纸机来白水			21000.0000	
D_1 段药液混合器加 H_2SO_4			290.2261	
E_{op} 段加 H_2O_2			222.9110	
P_o 段加 H_2O_2			216.1219	
D_0 段加碱液			134.6410	
D_1 段加碱液			130.6017	
D_0 段加 ClO_2			957.4468	
D_1 段加 ClO_2			928.7234	
氧脱 DD 洗浆机加清水			9603.9280	
E_{op} 段真空洗浆机加清水			5000.0000	
P_0 段真空洗浆机			16963.0377	
进氧反应器中浓泵立管蒸汽			216.0393	
蒸汽加热器蒸汽			216.0393	
进 D_0 段蒸汽			210.6383	
进 E_{op} 段蒸汽			207.4787	
进 D_1 段蒸汽			204.3191	
进 P_0 段蒸汽			201.1596	
进喷放锅	1015.1923		10151.9234	
去蒸煮锅黑液		9.9891		7562.1895
D_0 段真空洗浆机排放		14.3617		13018.1516
E_{op} 段真空洗浆机排放		14.3617		550.0706
D_1 段真空洗浆机排放		14.3617		11673.5512
洗后节子仓去蒸煮锅		10.2545		51.2723
渣浆洗涤器排渣		5.5556		
除渣器排渣		0.4740		

续表

项目名称	纤维/kg		浆料/kg	
	收	支	收	支
粗浆 DD 洗浆机损失		6.9224		1000.0000
氧脱 DD 洗浆机损失		24.5499		1000.0000
P_0 段真空洗浆机损失		14.3617		1000.0000
真空浓缩机损失		9.9891		1000.0000
小计	1015.1923	1015.1923	66855.2352	66855.2352

(5) 浆水平衡方框图

图 5-4 为上述计算过程的浆水平衡方框。由于篇幅限制，只绘出部分工段。

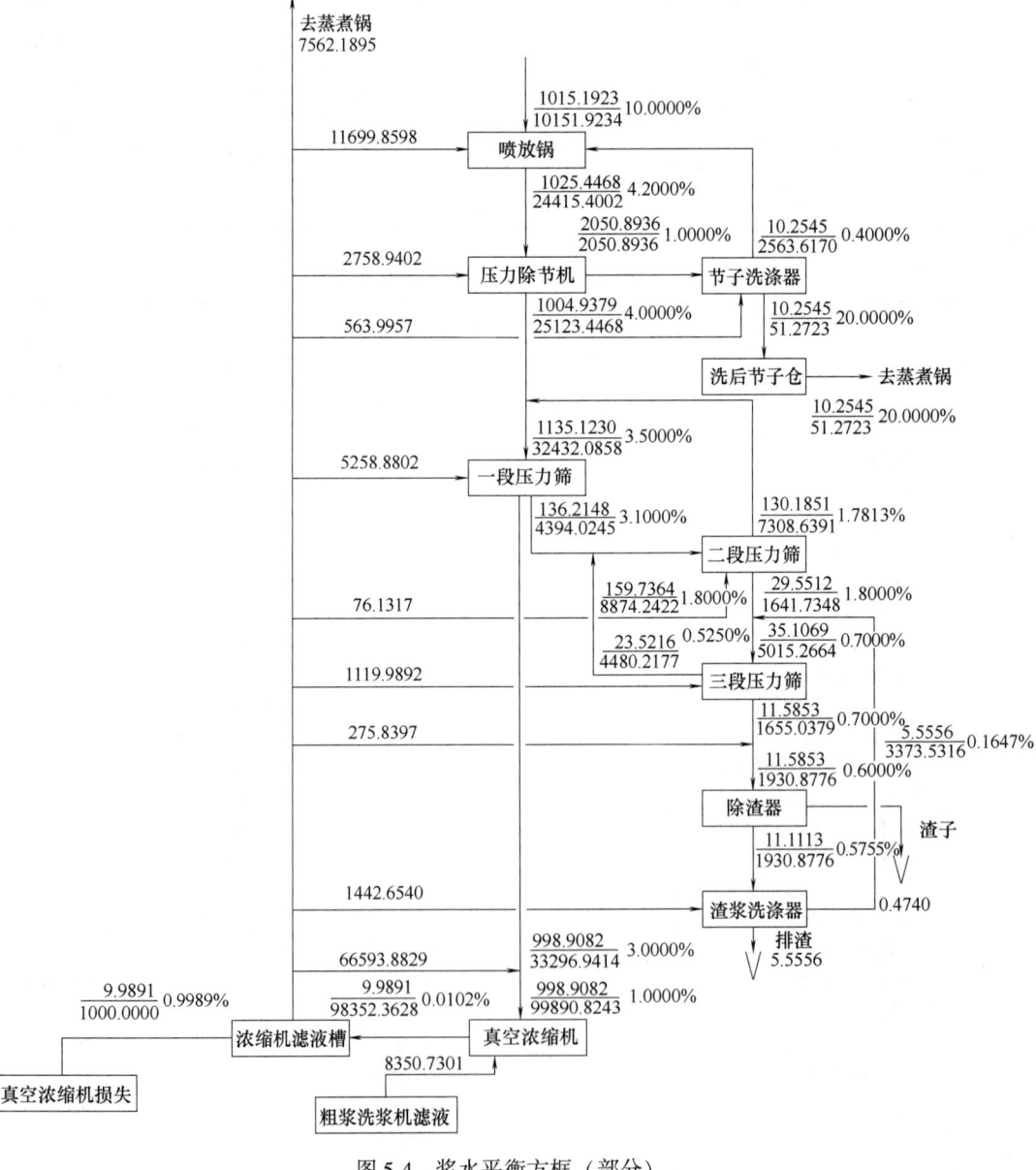

图 5-4　浆水平衡方框（部分）

2. 碱回收车间的计算实例

碱回收生产过程是指硫酸盐法（或碱法）制浆蒸煮后所得废液通过蒸发、燃烧等一系列加工处理，回收其中的碱，利用其中的热能（有机物燃烧）的生产过程。为了充分利用一切物质资源，防止环境污染，碱回收已成了硫酸盐法（或碱法）制浆造纸工厂的一个重要内容。其物料平衡计算主要是对蒸发、燃烧、苛化、白泥回收等生产过程的硫、碱以及其他物料的平衡计算，其目的也是为设备管路选择、热量衡算等其他设计提供依据，同时可以得到原料消耗，产品数量以及排出废渣、废气量，因此对于指导生产具有一定意义。

碱回收生产过程的物料计算与制浆和造纸生产过程中的物料平衡计算稍有区别，制浆造纸生产过程大部分是物理变化，所以浆水平衡计算是按流程逐个设备计算。而碱回收生产过程绝大部分是化学变化过程，因此其物料衡算比较复杂，除有时按流程逐个设备计算外，大部分是化学分析计算，但仍然遵循物料平衡计算原则。计算是否合理除正确运算外，关键在于资料的选择。碱回收物料平衡计算有关的定额见表5-14。

表5-14　　　　　　　　　碱回收物料平衡计算有关定额参数表

序号	指标	单位	数额	备注
1	用碱量	kg/t	430.0000	以 Na_2O 计，对生产风干浆
2	硫化度	%	25.0000	
3	苛化率	%	88.0000	
4	芒硝还原率	%	90.0000	
5	浆干度	%	90.0000	
6	粗浆得率	%	45.0000	
7	液比	kg:L	1:4	
8	蒸煮碱损失	kg/t	1.8200	以 Na_2O 计，对生产风干浆
9	松节油量	kg/t	2.0000	对生产风干浆
10	小放气冷凝液量	kg/t	210.0000	对生产风干浆
11	喷放冷凝液量	kg/t	1150.0000	对生产风干浆
12	洗涤碱损失	kg/t	12.6300	以 Na_2O 计，对生产风干浆
13	纤维损失率	%	0.3000	
14	提取黑液固形物含量	%	15.0000	
15	浓黑液固含量	%	73.0000	
16	去除皂化物量	kg/t	50.0000	对生产风干浆
17	蒸发碱损失	kg/t	9.7800	以 Na_2O 计，对生产风干浆
18	进蒸发黑液固含量	%	18.0000	
19	燃烧碱损失	kg/t	38.1300	以 Na_2O 计，对生产风干浆
20	芒硝纯度	%	95.0000	
21	空气过剩系数		1.1500	
22	石灰煅烧损失率	%	10.0000	对产品
23	苛化碱损失量	kg/t	15.3400	以 Na_2O 计，对生产风干浆
24	石灰过量系数		1.1000	
25	石灰纯度	%	83.0000	
26	石灰飞失率	%	10.0000	
27	石灰石纯度	%	90.0000	
28	绿液碱浓	kg/m³	100.0000	总碱以 Na_2O 计

续表

序号	指标	单位	数额	备注
29	稀白液碱浓	kg/m³	20.0000	总碱以 Na_2O 计
30	绿泥浓度	m³ 水/kg 泥	0.0300	
31	绿液过滤器碱损率	%	10.0000	对苛化碱损
32	稀绿液碱浓	kg/m³	28.0000	总碱以 Na_2O 计
33	石灰渣含量	%	65.0000	
34	石灰消化碱损率	%	5.0000	对苛化碱损
35	石灰消化蒸发液损失率	%	2.0000	对绿液体积
36	白泥过滤器碱损失率	%	70.0000	对苛化碱损
37	白泥浓度	m³ 水/kg 泥	0.0018	
38	滴漏碱损失率	%	15.0000	对苛化碱损
39	滴漏液量	m³/t	0.0050	
40	进白泥过滤机的白泥含量	%	25.0000	固形物含量
41	出白泥过滤机的白泥含量	%	60.0000	固形物含量
42	白泥过滤机加水	m³/t	0.5000	
43	滤液碱浓	kg/m³	1.8000	

(1) 稀黑液的组成与性质的相关计算

制浆过程中，蒸煮工段完成后，浆料与蒸煮液一起进行洗涤处理，其中蒸煮液会被稀释并排出，即为碱回收所用的黑液；而蒸煮所用蒸煮液基本来自于碱回收得到的白液；故蒸煮液的性质可通过蒸煮过程及碱回收苛化段设置的技术参数求得。得出蒸煮液的组成及性质后，经洗涤段的物料衡算，即可得出碱回收处理所用原料稀黑液的组成与性质。

1) 蒸煮段物料衡算

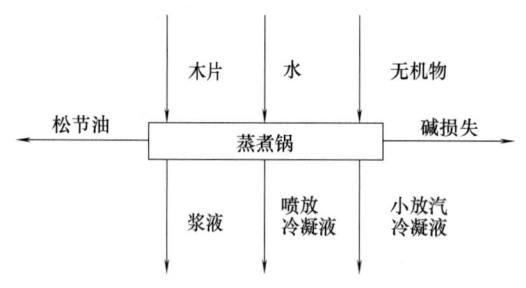

已知：

用碱量 = 430.0000

硫化度 = 25.0000%

苛化率 = 88.0000%

芒硝还原率 = 0.9000

浆干度 = 90.0000%

粗浆得率 = 45.0000%

液比 = 1:4

蒸煮碱损失量 = 1.8200（Na_2O 计）

　　　　　　= 2.2897（Na_2S 计）

松节油量 = 2.0000

小放气冷凝液量 = 210.0000

喷放冷凝液量 = 1150.0000

计算：

蒸煮用 Na_2S 量 = 用碱量×硫化度

　　　　　　　　= 430.0000×0.2500 = 107.5000（Na_2O 计）

　　　　　　　　= 135.2419（Na_2S 计）

蒸煮用 NaOH 量 = 用碱量×（1−硫化度）

$$=430.0000\times(1-0.2500)$$
$$=322.5000\ (Na_2O\ 计)$$
$$=416.1290\ (NaOH\ 计)$$

蒸煮用碱总质量 = Na_2S 量 + NaOH 量
$$=135.2419\ (Na_2S\ 计)+416.1290\ (NaOH\ 计)$$
$$=551.3710$$

蒸煮液含 Na_2CO_3 量 = (1−苛化率)×NaOH 量/苛化率
$$=(1-0.8800)\times322.5000\div0.8800$$
$$=43.9773\ (Na_2O\ 计)$$
$$=75.1870\ (Na_2CO_3\ 计)$$

蒸煮液含 Na_2SO_4 量 = (1−芒硝还原率)×Na_2S 量/芒硝还原率
$$=(1-0.9000)\times107.5000\div0.9000$$
$$=11.9444\ (Na_2O\ 计)$$
$$=27.3566\ (Na_2SO_4\ 计)$$

蒸煮液中无机物总质量 = Na_2S 量 + NaOH 量 + Na_2CO_3 量 + Na_2SO_4 量
$$=135.2419+416.1290+75.1870+27.3566$$
$$=653.9145$$

蒸煮用绝干木片量 = 1000×浆干度/粗浆得率
$$=1000\times0.9000\div0.4500$$
$$=2000.0000$$

蒸煮液量 = 绝干木片量×4
$$=2000.0000\times4$$
$$=8000.0000$$

出蒸煮锅浆液量 = 绝干木片量 + 蒸煮液量 + 无机物总量 − 松节油量 − 蒸煮碱损失量 − 喷放冷凝液量 − 小放气冷凝液量
$$=2000.0000+8000.0000+653.9145-2.0000-2.2897-1150.0000$$
$$-210.0000$$
$$=9289.6248\ (蒸煮不直接加热)$$

浆液中含绝干纤维量 = 1000×浆干度
$$=1000\times0.9000$$
$$=900.0000$$

浆液中含无机物量 = 蒸煮液中无机物总质量 − 蒸煮碱损失量
$$=653.9145-2.2897$$
$$=651.6248$$

浆液中含有机物量 = 绝干木片量 − 绝干纤维量 − 松节油量
$$=2000.0000-900.0000-2.0000$$
$$=1098.0000$$

浆液中含水量 = 蒸煮液量 − 小放气冷凝液量 − 喷放冷凝液量
$$=8000.0000-210.0000-1150.0000$$
$$=6640.0000$$

2) 洗涤段物料衡算

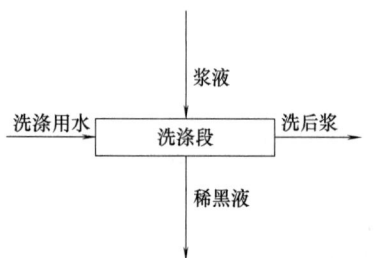

已知：
  绝干纤维量 = 900.0000
  洗涤碱损失量 = 12.6300（Na_2O 计）
            = 15.8894（Na_2S 计）
  纤维损失率 = 0.3000%
  有机物量 = 1098.0000
  无机物量 = 651.6248

提取黑液固形物含量 = 15.0000%
进蒸发黑液固形物含量 = 18.0000%

计算：
  提取黑液中纤维量 = 绝干纤维量×纤维损失率
           = 900.0000×0.0030
           = 2.7000
  提取黑液固形物量 = 有机物量+无机物量+提取黑液中纤维量−洗涤碱损失量
           = 1098.0000+651.6248+2.7000−15.8894
           = 1736.4355
  提取黑液量 = 提取黑液固形物量/提取黑液固形物含量
        = 1736.4355÷0.1500
        = 11576.2368
  提取黑液中水量 = 提取黑液量−提取黑液固形物量
         = 11576.2368−1736.4355
         = 9839.8013
  进蒸发稀黑液量 = 提取黑液固形物量/进蒸发黑液固形物含量
         = 1736.4355÷0.1800
         = 9646.8640

(2) 蒸发段物料衡算

1) 蒸发系统物料衡算

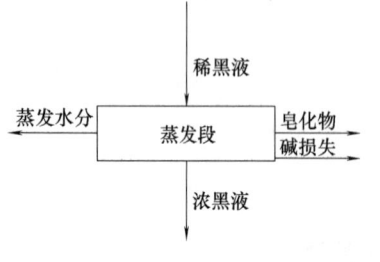

已知：
  进蒸发稀黑液量 = 9646.8640
  浓黑液固形物含量 = 73.0000%
  去除皂化物量 = 50.0000
  蒸发碱损失量 = 9.7800（Na_2O 计）
           = 12.3039（Na_2S 计）
  稀黑液固形物量 = 1736.4355

计算：
  浓黑液固形物量 = 稀黑液固形物量−去除皂化物量−蒸发碱损失量
         = 1736.4355−50.0000−9.7800
         = 1676.6555
  浓黑液量 = 浓黑液固形物量/浓黑液固形物含量

$$= 1676.6555 \div 0.7300$$
$$= 2296.7884$$

浓黑液含水量 = 浓黑液量 - 浓黑液固形物量
$$= 2296.7884 - 1676.6555$$
$$= 620.1329$$

浓黑液水中含 O 量 = $620.1329 \times \dfrac{16}{18} = 551.2292$

浓黑液水中含 H 量 = $620.1329 \times \dfrac{2}{18} = 68.9037$

蒸发水分量 = 进蒸发稀黑液量 - 浓黑液量 - 去除皂化物量 - 蒸发碱损失量
$$= 9646.8640 - 2296.7884 - 50.0000 - 12.3039$$
$$= 7287.7717$$

2) 浓黑液中各成分的计算

已知：

蒸煮碱损失量 = 2.2897（Na_2S 计）

洗涤碱损失量 = 15.8894（Na_2S 计）

蒸发碱损失量 = 12.3039（Na_2S 计）

蒸煮液含 NaOH 量 = 416.1290（NaOH 计）

蒸煮液含 Na_2CO_3 量 = 75.1870（Na_2CO_3 计）

蒸煮液含 Na_2SO_4 量 = 27.3566（Na_2SO_4 计）

蒸煮用 Na_2S = 135.2419（Na_2S 计）

浓黑液固形物量 = 1676.6555

计算：

浓黑液含 NaOH 量 = 蒸煮液含 NaOH
$$= 416.1290（NaOH 计）$$

浓黑液含 Na_2CO_3 量 = 蒸煮液含 Na_2CO_3
$$= 75.1870（Na_2CO_3 计）$$

浓黑液含 Na_2SO_4 量 = 蒸煮液含 Na_2SO_4
$$= 27.3566（Na_2SO_4 计）$$

浓黑液含 Na_2S 量 = 蒸煮用 Na_2S - 蒸煮碱损失量 - 洗涤碱损失量 - 蒸发碱损失量
$$= 135.2419 - 2.2897 - 15.8894 - 12.3039$$
$$= 104.7590（Na_2S 计）$$

浓黑液中无机固形物质量 = NaOH 量 + Na_2CO_3 量 + Na_2SO_4 量 + Na_2S 量
$$= 416.1290 + 75.1870 + 27.3566 + 104.7590$$
$$= 623.4316$$

浓黑液中有机固形物质量 = 浓黑液固形物量 - 浓黑液中无机固形物
$$= 1676.6555 - 623.4316$$
$$= 1053.2239$$

表 5-15 为浓黑液中无机固形物成分表，以 1t 风干浆为基准。

表 5-15　　　　　　　　　　　浓黑液中无机固形物成分表

组分	NaOH	Na$_2$S	Na$_2$CO$_3$	Na$_2$SO$_4$	总计
相对分子质量	40.0000	78.0000	106.0000	142.0000	—
无机固形物质量/kg	416.1290	104.7590	75.1870	27.3566	623.4316
Na$_2$O 计质量/kg	322.5000	83.2700	43.9773	11.9444	461.6917
Na$_2$O 计含量/%	69.8518	18.0358	9.5252	2.5871	100.0000
Na 质量/kg	239.2742	61.7810	32.6283	8.8620	342.5455
Na 占总固形物含量/%	14.2709	3.6848	1.9460	0.5286	20.4303
S 质量/kg	—	42.9781	—	6.1649	49.1429
S 占总固形物含量/%	—	2.5633	—	0.3677	2.9310
C 质量/kg	—	—	8.5117	—	8.5117
H 质量/kg	10.4032	—	—	—	10.4032
O 质量/kg	166.4516	—	34.0469	12.3297	212.8283

根据经验参数对浓黑液中无机固形物各元素含量如表 5-16（估计）。

表 5-16　　　　　　　　　浓黑液中无机固形物各元素含量表

元素名称	无机固形物质量/(kg/t 风干浆)	无机固形物含量/%
Na	342.5455	20.4303
S	49.1429	2.9310
C	699.1654	41.7000
H	66.2062	3.9487
O	514.7332	30.7000
灰分(惰性氧化物)	4.8623	0.2900
合计	1676.6555	100.0000

蒸发段物料平衡表见表 5-17。

表 5-17　　　　　　　　　　蒸发段物料平衡表

序号	项目	收/(kg/t 风干浆)	支/(kg/t 风干浆)
1	来制浆车间稀黑液	9646.8640	
2	失蒸发水分		7287.7717
3	失皂化物		50.0000
4	失碱损失		12.3039
5	去燃烧段浓黑液		2296.7884
	合计	9646.8640	9646.8640

(3) 燃烧段物料衡算

黑液燃烧需要补充芒硝以平衡生产过程中的硫损失、补充空气供固形物燃烧，燃烧过程中会产生烟气。燃烧段的物料衡算主要包括过程中进出物料、元素平衡以及熔融物、烟气成分的计算。

1) 熔融物成分计算

已知：

苛化碱损失量 = 15.3400（Na$_2$O 计）

$$= 19.2987 \text{（Na}_2\text{S 计）}$$

浓黑液中各无机固形物成分见表 5-15。

浓黑液中无机固形物各元素含量见表 5-16。

计算：

白液无机物成分：

（蒸煮液即白液，故白液成分可由蒸煮液得知，设其中的 $Ca(OH)_2$ 忽略不计）

Na_2S 量 = 107.5000（Na_2O 计）
= 135.2419（Na_2S 计）

NaOH 量 = 322.5000（Na_2O 计）
= 416.1290（NaOH 计）

Na_2CO_3 量 = 43.9773（Na_2O 计）
= 75.1870（Na_2CO_3 计）

Na_2SO_4 量 = 11.9444（Na_2O 计）
= 27.3566（Na_2SO_4 计）

白液总碱量 = Na_2S 量 + NaOH 量 + Na_2CO_3 量 + Na_2SO_4 量
= 107.5000 + 322.5000 + 43.9773 + 11.9444
= 485.9217（Na_2O 计）
= 653.9145（实际）

绿液无机物成分：

（白液中 NaOH 全部由绿液中 Na_2CO_3 转化而来）

Na_2CO_3 量 = 白液 Na_2CO_3 + 白液 NaOH
= 43.9773 + 322.5000
= 366.4773（Na_2O 计）
= 626.5579（Na_2CO_3 计）

Na_2S 量 = 白液 Na_2S + 苛化碱损失量 Na_2S
= 135.2419 + 19.2987
= 154.5406（Na_2S 计）

Na_2SO_4 量 = 白液 Na_2SO_4
= 27.3566（Na_2SO_4 计）

熔融物中无机物各成分及元素含量见表 5-18（熔融物中无机物可认为是绿液中无机物）。

表 5-18　　　　　　　　　熔融物中无机物各成分及元素含量

组分	Na_2S	Na_2CO_3	Na_2SO_4	总计
相对分子质量	78.0000	106.0000	142.0000	—
无机固形物质量/(kg/t 风干浆)	154.5406	626.5579	27.3566	808.4552
熔融物总碱(Na_2O 计)/(kg/t 风干浆)	122.8400	366.4773	11.9444	501.2617
Na_2O 计含量/%	24.5062	73.1110	2.3829	100.0000
Na	91.1394	271.9025	8.8620	371.9039
S	63.4013	—	6.1649	69.5662
C	—	70.9311	—	70.9311
O	—	283.7243	12.3297	296.0541

2) 燃烧炉物料衡算

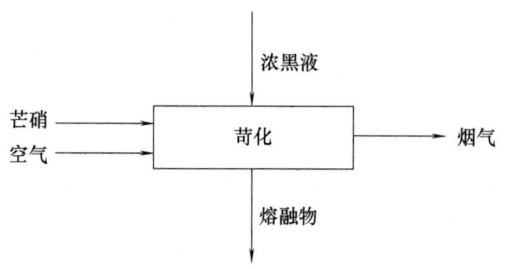

已知：
燃烧碱损失量=38.1300（Na_2O 计）
=47.9700（Na_2S 计）
芒硝纯度=95.0000%
空气过剩系数=1.1500
空气含水蒸气分率=0.0130
空气含 O_2 分率=0.2280
空气含 N_2 分率=0.7590
浓黑液含水量=620.1329
浓黑液中各无机固形物成分见表 5-15。
浓黑液中无机固形物各元素含量见表 5-16。
熔融物中无机物各成分及元素含量见表 5-18。

计算：

① Na、S、补充芒硝量衡算

$$Na 飞失量 = 燃烧碱损失量 \times \frac{46}{78}$$
$$= 47.9700 \times \frac{46}{78}$$
$$= 28.2900$$

$$S 飞失量 = 燃烧碱损失量 \times \frac{32}{78}$$
$$= 47.9700 \times \frac{32}{78}$$
$$= 19.6800$$

补充 Na 量 = 熔融物中 Na 量 + 飞失 Na 量 − 黑液中 Na 量
= 371.9039 + 28.2900 − 342.5455
= 57.6484

$$应补充 Na_2SO_4 量 = 补充 Na 量 \times \frac{142}{46}$$
$$= 57.6484 \times \frac{142}{46}$$
$$= 177.9581（Na_2SO_2 计）$$
$$= 77.7000（Na_2O 计）$$

$$补充 Na_2SO_4 含 S 量 = 应补充 Na_2SO_4 量 \times \frac{32}{142}$$
$$= 177.9581 \times \frac{32}{142}$$
$$= 40.1032$$

$$补充 Na_2SO_4 含 O 量 = 应补充 Na_2SO_4 量 \times \frac{64}{142}$$

$$= 177.9581 \times \frac{64}{142}$$
$$= 80.2065$$

应补充芒硝量 = 应补充 Na_2SO_4 量/芒硝纯度
$$= 177.9581 \div 0.9500$$
$$= 187.3243$$

进入燃烧炉 S 量 = 补充 Na_2SO_4 含 S 量 + 黑液固形物含 S 量
$$= 40.1032 + 49.1429$$
$$= 89.2462$$

出燃烧炉 S 量 = 熔融物含 S 量 + S 飞失量
$$= 69.5662 + 19.6800$$
$$= 89.2462$$

② C 量衡算

排烟含 C 量 = 黑液固形物含 C 量 − 熔融物含 C 量
$$= 699.1654 - 70.9311$$
$$= 628.2343$$

假设烟气中 C 量全以 CO_2 形式排出。

烟气中 CO_2 量 = 排烟含 C 量 $\times \frac{44}{12}$
$$= 628.2343 \times \frac{44}{12}$$
$$= 2303.5256$$

CO_2 含 O 量 = 烟气中 $CO_2 \times \frac{32}{44}$
$$= 2303.5256 \times \frac{32}{44}$$
$$= 1675.2914$$

③ H 量衡算

烟气中固形物含 H 量 = 浓黑液中无机固形物 H 量
$$= 66.2062$$

假设 H 量均以 H_2O 形式排入烟气。

烟气中化合 H_2O 量 = 烟气中固形物含 H 量 $\times \frac{18}{2}$
$$= 66.2062 \times \frac{18}{2}$$
$$= 595.8558$$

化合水中含 O 量 = 烟气中化合 H_2O 量 $\times \frac{16}{18}$
$$= 595.8558 \times \frac{16}{18}$$
$$= 529.6496$$

化合水中含 H 量 = 烟气中化合 H_2O 量 $\times \dfrac{2}{18}$

$$= 595.8558 \times \dfrac{2}{18}$$

$$= 66.2062$$

④ O 量衡算

假设 Na 以 Na_2O 形式飞失，S 以 SO_2 形式飞失。

飞失 Na_2O 量 = 飞失 Na 量 $\times \dfrac{62}{46}$

$$= 28.2900 \times \dfrac{62}{46}$$

$$= 38.1300$$

飞失 Na_2O 量中含 O 量 = 飞失 Na_2O 量 $\times \dfrac{16}{62}$

$$= 38.1300 \times \dfrac{16}{62}$$

$$= 9.8400$$

飞失 Na_2O 量中含 Na 量 = 飞失 Na_2O 量 $\times \dfrac{46}{62}$

$$= 38.1300 \times \dfrac{46}{62}$$

$$= 28.2900$$

飞失 SO_2 量 = 飞失 S 量 $\times \dfrac{64}{32}$

$$= 19.6800 \times \dfrac{64}{32}$$

$$= 39.3600$$

飞失 SO_2 中含 O 量 = 飞失 SO_2 量 $\times \dfrac{32}{64}$

$$= 39.3600 \times \dfrac{32}{64}$$

$$= 19.6800$$

理论耗氧量 = 熔融物中 O 量 + 飞失 Na_2O 含 O 量 + CO_2 含 O 量 + 飞失 SO_2 含 O 量 + 化合水中含 O 量 – 固形物含 O 量 – 补充 Na_2SO_4 含 O 量

$$= 296.0541 + 9.8400 + 1675.2914 + 19.6800 + 529.6497 - 514.7332 - 80.2065$$

$$= 1935.5755$$

⑤ 熔融物总量计算

假设惰性氧化物、芒硝杂质在燃烧时不起反应，直接进入熔融物中，在苛化段作为绿泥除去。

芒硝带入杂质量 = 应补充芒硝量 – 应补充 Na_2SO_4 量

$$= 187.3243 - 177.9581$$

$$= 9.3662$$

熔融物量 = Na_2S 量+Na_2SO_4 量+Na_2CO_3 量+惰性氧化物量+芒硝杂质量
　　　　 = 154.5406+27.3566+626.5579+4.8623+9.3662
　　　　 = 822.6837

绿泥量 = 惰性氧化物量+芒硝杂质量
　　　 = 4.8623+9.3662
　　　 = 14.2285

⑥ 进入系统的空气量计算

进入系统 O_2 量 = 理论耗氧量×空气过剩系数
　　　　　　　　 = 1935.5755×1.1500
　　　　　　　　 = 2225.9118

进入系统空气量 = 进入系统 O_2 量/空气含 O_2 分率
　　　　　　　 = 2225.9118÷0.2280
　　　　　　　 = 9762.7711

空气含 N_2 量 = 进入系统空气量×空气含 N_2 分率
　　　　　　　 = 9762.7711×0.7590
　　　　　　　 = 7409.9433

空气含水蒸气量 = 进入系统空气量-进入系统 O_2 量-空气含 N_2 量
　　　　　　　 = 9762.7711-2225.9118-7409.9433
　　　　　　　 = 126.9160

空气水蒸气中含 O 量 = 空气中含水蒸气量×$\frac{16}{18}$
　　　　　　　　　　 = 126.9160×$\frac{16}{18}$
　　　　　　　　　　 = 112.8142

空气水蒸气中含 H 量 = 空气中含水蒸气量×$\frac{2}{18}$
　　　　　　　　　　 = 126.9160×$\frac{2}{18}$
　　　　　　　　　　 = 14.1018

⑦ 烟气组成计算

烟气中水量 = 烟气中化合水量+浓黑液含水量+空气含水蒸气量
　　　　　 = 595.8559+620.1329+126.9160
　　　　　 = 1342.9048

其中：

含 O 量 = 化合水中含 O 量+浓黑液水中含 O 量+空气水蒸气中含 O 量
　　　　 = 529.6497+551.2292+112.8142
　　　　 = 1193.6931

含 H 量 = 化合水中含 H 量+黑液水中含 H 量+空气水蒸气中含 H 量
　　　　 = 66.2062+68.9037+14.1018
　　　　 = 149.2117

烟气中 SO_2 量 = 飞失 SO_2 量
      = 39.3600
其中：
  含 O 量 = 19.6800
  含 S 量 = 19.6800
烟气中 CO_2 量 = 2303.5256
其中：
  含 O 量 = 1675.2914
  含 C 量 = 628.2343
烟气中 Na_2O 量 = 飞失 Na_2O 量
      = 38.1300
其中：
  含 O 量 = 9.8400
  含 Na 量 = 28.2900
烟气中 N_2 量 = 空气含 N_2 量
      = 7409.9433
烟气中 O_2 量 = 进入系统 O_2 量 - 理论耗氧量
      = 2225.9118 - 1935.5755
      = 290.3363
烟气总量 = 烟气中水量 + 烟气中 SO_2 量 + 烟气中 CO_2 量 + 烟气中 Na_2O 量 + 烟气中 N_2 量 + 烟气中 O_2 量
    = 1342.9048 + 39.3600 + 2303.5256 + 38.1300 + 7409.9433 + 290.3363
    = 11424.2000

表 5-19 为黑液燃烧元素平衡表。
表 5-20 为燃烧炉物料平衡表。

(4) 苛化及白泥回收段物料衡算

白泥回收工段的物料衡算主要是对其需补充石灰石的量的计算，而回收到的石灰又回用于苛化段，故将两个工段的主要收支物料一起进行计算。

1) 无机物的平衡计算

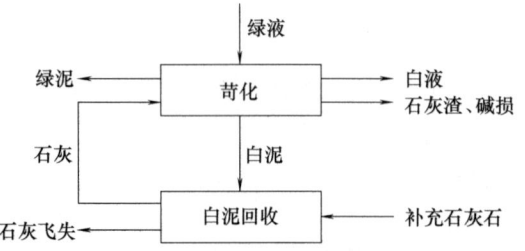

已知：
石灰过量系数 = 1.1000
石灰纯度 = 83.0000%
石灰石纯度 = 90.0000%
石灰飞失率 = 10.0000%

浓黑液中无机固形物成分表（见表 5-15）
浓黑液中无机固形物各元素含量表（见表 5-16）
熔融物中无机物各成分及元素含量（见表 5-18）
计算：
  苛化所产生的 NaOH 可认为等于白液中 NaOH。

表 5-22　　　　　　　　　　　白泥回收段物料平衡表

序号	项目	收/kg	支/kg
1	来白泥	616.4489	
2	补充石灰石	63.5753	
3	回用石灰		386.0474
4	石灰飞失		38.6047
5	化学反应及杂质物料差额		63.5753
6	剩余白泥		191.7968
	合计	680.0242	680.0242

(5) 碱回收率的计算

碱回收率 = [(熔融物总碱 − 补充芒硝碱)/蒸煮用碱] × 100%

$$= \frac{501.2617 - 77.7}{430} \times 100\%$$

$$= 98.5027\%$$

自给率 = 100.0000%

(6) 物料平衡总表

碱回收车间物料总收支情况一览表见表 5-23，以 1t 风干浆为基准。

表 5-23　　　　　　　　碱回收车间物料总收支情况一览表

序号	项目	收/kg	支/kg
1	来制浆车间稀黑液	9646.8640	
2	来补充芒硝	187.3243	
3	来空气	9762.7711	
4	来清水	6188.5783	
5	补充石灰石	63.5753	
6	失蒸发水分		7287.7717
7	失皂化物		50.0000
8	失蒸发碱损		12.3039
9	排烟气		11424.2000
10	排绿泥		14.2285
11	绿泥中液量		426.8554
12	去制浆车间白液液量		4608.3122
13	去制浆车间白液碱量		485.9217
14	消化蒸发水分		116.7783
15	滴漏液量		5.0000
16	滴漏碱量		2.3010
17	排石灰渣		7.8324
18	石灰渣中液量		4.2174
19	失苛化碱损		15.3400
20	石灰飞失		38.6047
21	化学反应及杂质物料差额		63.5753
22	剩余白泥		191.7968
23	失白泥中水分		1027.4149
24	Na_2O 计碱与实际碱量差额		66.6586
	总计	25849.1129	25849.1129

3. 造纸车间的计算实例

现以日产 650t 胶版纸的 5280 长网多缸纸机的浆水平衡计算为例，说明造纸车间浆水平衡计算的具体步骤和方法。

(1) 确定流程方框图

按流程设计所绘制的流程方框，如图 5-6 所示。

续表

序号	单元	项目	液体量/m³ 收	液体量/m³ 支	碱量/kg(Na₂O计) 收	碱量/kg(Na₂O计) 支	绿泥/kg 收	绿泥/kg 支	白泥/kg 收	白泥/kg 支
10	白液过滤器	来苛化乳液槽	5.7179		583.1246				616.4489	
		去白液贮存槽		4.6083		485.9217				
		去辅助苛化器		1.1096		97.2029				616.4489
		合计	5.7179	5.7179	583.1246	583.1246			616.4489	616.4489
11	白液贮存槽	来白液过滤器	4.6083		485.9217				616.4489	
		去制浆车间		4.6083		485.9217				
		合计	4.6083	4.6083	485.9217	485.9217				
12	辅助苛化器	来白液过滤器	1.1096		97.2029				616.4489	
		来绿泥过滤器	1.4697		41.1515					
		来白泥过滤机	1.9334		3.4801					
		去白泥洗涤器		4.5127		141.8345				616.4489
		合计	4.5127	4.5127	141.8345	141.8345			616.4489	616.4489
13	白泥洗涤器	来辅助苛化器	4.5127		141.8345				616.4489	
		来清水	2.8627		0.0000					
		去稀白液槽		6.2658		125.3154				
		去白泥混合槽		1.1096		16.5191				616.4489
		合计	7.3754	7.3754	141.8345	141.8345			616.4489	616.4489
14	稀白液槽	来白泥洗涤器	6.2658		125.3154					
		去溶解槽		6.2658		125.3154				
		合计	6.2658	6.2658	125.3154	125.3154				
15	白泥混合槽	来白泥洗涤器	1.1096		16.5191				616.4489	
		来清水	1.3562		0.0000					
		去白泥过滤机		2.4658		16.5191				616.4489
		合计	2.4658	2.4658	16.5191	16.5191			616.4489	616.4489
16	白泥过滤机	来白泥混合槽	2.4658		16.5191				616.4489	
		来清水	0.5000		0.0000					
		去辅助苛化器		1.9334		3.4801				
		滴漏		0.0050		2.3010				
		去白泥贮存槽		1.0274		10.7380				616.4489
		合计	2.9658	2.9658	16.5191	16.5191			616.4489	616.4489
17	白泥贮存槽	来白泥过滤机	1.0274		10.7380				616.4489	
		去白泥回收段		1.0274		10.7380				616.4489
		合计	1.0274	1.0274	10.7380	10.7380			616.4489	616.4489

表5-22为白泥回收段物料平衡表,以1t风干浆为基准。

表 5-21　　苛化段物料平衡表

序号	单元	项目	液体量/m³ 收	液体量/m³ 支	碱量/kg(Na₂O 计) 收	碱量/kg(Na₂O 计) 支	绿泥/kg 收	绿泥/kg 支	白泥/kg 收	白泥/kg 支
1	溶解槽	来燃烧炉	0.0000		501.2617		14.2285			
		来稀白液槽	6.2658		125.3154					
		去绿液稳定槽		6.2658		626.5771		14.2285		
		合计	6.2658	6.2658	626.5771	626.5771	14.2285	14.2285		
2	绿液稳定槽	来溶解槽	6.2658		626.5771		14.2285			
		去绿液澄清器		6.2658		626.5771		14.2285		
		合计	6.2658	6.2658	626.5771	626.5771	14.2285	14.2285		
3	绿液澄清器	来绿液稳定槽	6.2658		626.5771		14.2285			
		去绿泥过滤器		0.4269		42.6855		14.2285		
		去绿液贮存槽		5.8389		583.8916				
		合计	6.2658	6.2658	626.5771	626.5771	14.2285	14.2285		
4	绿泥过滤器	来绿液澄清器	0.4269		42.6855		14.2285			
		来清水	1.4697		0.0000					
		去辅助苛化器		1.4697		41.1515				
		去绿泥贮存槽		0.4269		1.5340		14.2285		
		合计	1.8966	1.8966	42.6855	42.6855	14.2285	14.2285		
5	绿泥贮存槽	来绿泥过滤器	0.4269		1.5340		14.2285			
		运出		0.4269		1.5340		14.2285		
		合计	0.4269	0.4269	1.5340	1.5340	14.2285	14.2285		
6	绿液贮存槽	来绿液澄清器	5.8389		583.8916					
		去石灰消化器		5.8389		583.8916				
		合计	5.8389	5.8389	583.8916	583.8916				
7	石灰消化器	来绿液贮存槽	5.8389		583.8916					
		来白泥回收石灰					7.8324		616.4489	
		蒸发		0.1168		0.0000				
		石灰渣		0.0042		0.7670		7.8324		
		去3段连续苛化器		5.7179		583.1246				616.4489
		合计	5.8389	5.8389	583.8916	583.8916	7.8324	7.8324	616.4489	616.4489
8	3段连续苛化器	来石灰消化器	5.7179		583.1246				616.4489	
		去苛化乳液槽		5.7179		583.1246				616.4489
		合计	5.7179	5.7179	583.1246	583.1246			616.4489	616.4489
9	苛化乳液槽	来3段连续苛化器	5.7179		583.1246				616.4489	
		去白液过滤器		5.7179		583.1246				616.4489
		合计	5.7179	5.7179	583.1246	583.1246			616.4489	616.4489

$V_3 = m_{A3}/\rho_3$
　　$= 6.2658$
$V_2 = V_3 = 6.2658$
$m_{A4} = m_{A3} = 626.5771$
$V_4 = V_3 = 6.2658$
$V_5 = $ 绿泥量×绿泥浓度
　　$= 0.4269$
$m_{A5} = V_5 \cdot \rho_3 = 42.6855$
$m_{A9} = m_{A4} - m_{A5} = 583.8916$
$V_9 = V_4 - V_5 = 5.8389$
$m_{A10} = m_{A9} = 583.8916$
$V_{10} = V_9 = 5.8389$
$m_{A6} = 0.0000$
$m_{A7} = $ 绿液过滤器碱损失量×苛化碱
　　　损失量
　　$= 1.5340$
$V_7 = $ 绿泥量×绿泥浓度
　　$= 0.4269$
$m_{A8} = m_{A5} + m_{A6} - m_{A7} = 41.1515$
$V_8 = m_{A8}/\rho_8 = 1.4697$
$V_6 = V_7 + V_8 - V_5 = 1.4697$
$V_{11} = V_{10} \times$ 石灰消化蒸发液损失量
　　$= 0.1168$
$m_{A11} = 0.0000$
$m_{A12} = $ 苛化碱损失量×石灰消化碱
　　　损失量
　　$= 0.7670$（Na_2O 计）
$V_{12} = $ 石灰渣量/石灰渣含量×(1-石
　　　灰渣含量)×0.001
　　$= 0.0042$
假设进入的石灰不带水。
$V_{13} = 0.0000$
$m_{A13} = 0.0000$
$m_{A14} = m_{A10} + m_{A13} - m_{A11} - m_{A12}$
　　$= 583.1246$
$V_{14} = V_{10} + V_{13} - V_{11} - V_{12} = 5.7179$
$m_{A15} = m_{A14} = 583.1246$
$V_{15} = V_{14} = 5.7179$

$m_{A16} = m_{A15} = 583.1246$
$V_{16} = V_{15} = 5.7179$
$m_{A17} = $ 白液总碱
　　$= 485.9217$（Na_2O 计）
$m_{A18} = m_{A16} - m_{A17} = 97.2029$
$V_{18} = $ 白泥量×白泥浓度
　　$= 1.1096$
$V_{17} = V_{16} - V_{18} = 4.6083$
白液碱浓度 $\rho_{17} = m_{A17}/V_{17}$
　　$= 105.4446$
$m_{A26} = $ 苛化碱损失量×白泥过滤器碱损
　　$= 10.7380$
假设滴漏碱损在白泥过滤机处。
$m_{A27} = $ 苛化碱损失量×滴漏碱损率
　　$= 2.3010$
$V_{27} = 0.0050$
$m_{A25} = 0.0000$
$V_{25} = 0.5000$
$V_{24} = $（白泥量/进白泥过滤机的白泥含
　　　量）×0.001
　　$= 2.4658$
$V_{26} = $（白泥量/出白泥过滤机的白泥含
　　　量）×0.001
　　$= 1.0274$
$V_{21} = V_{25} + V_{24} - V_{26} - V_{27}$
　　$= 1.9334$
$m_{A21} = V_{21} \times$ 滤液碱浓
　　$= 3.4801$
$m_{A24} = m_{A26} + m_{A21} + m_{A27} - m_{A25} = 16.5191$
$m_{A19} = m_{A18} + m_{A8} + m_{A21} = 141.8345$
$V_{19} = V_{18} + V_8 + V_{21} = 4.5127$
$m_{A20} = 0.0000$
$m_{A22} = m_{A20} + m_{A19} - m_{A2} = 16.5191$
$V_{22} = $ 白泥量×白泥浓度
　　$= 1.1096$
$V_{20} = V_{22} + V_2 - V_{19} = 2.8627$
$m_{A23} = 0.0000$
$V_{23} = V_{24} - V_{22} = 1.3562$

表 5-21 为苛化段物料平衡表，以 1t 风干浆为基准。

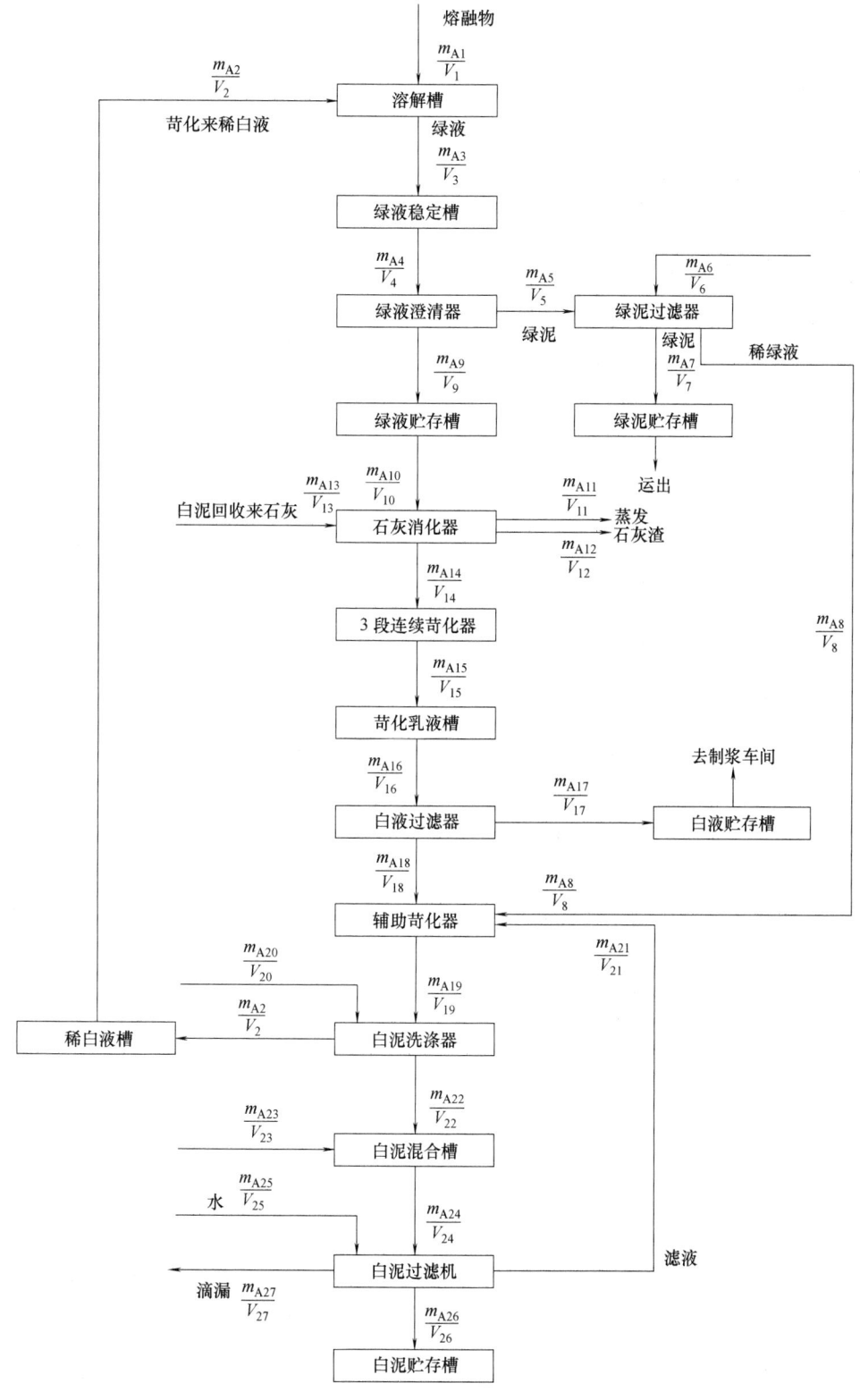

图 5-5 苛化过程方框图

石灰飞失量 = 实际石灰用量×石灰飞失率
   = 386.0474×0.1000
   = 38.6047

飞失 CaO 量 = 石灰飞失量×石灰纯度
   = 38.6047×0.8300
   = 32.0419

石灰石煅烧反应计算如式（5-7）所示：

$$CaCO_3 \xrightarrow{\triangle} CaO + CO_2 \quad (5\text{-}7)$$
$$100 \phantom{\xrightarrow{\triangle}} 56$$

理论补充 $CaCO_3$ 量 = 飞失 $CaO \times \dfrac{100}{56}$
   $= 32.0419 \times \dfrac{100}{56}$
   $= 57.2177$

实际补充石灰石量 = 理论补充 $CaCO_3$ 量/石灰石纯度
   = 57.2177÷0.9000
   = 63.5753

2）苛化过程物料衡算

苛化过程方框图见图 5-5。

苛化段物料衡算主要对苛化过程中的碱量（Na_2O 计）及液体量进行计算。

已知：

绿液碱浓 $\rho_3 = 100.0000$　　　白泥浓度 = 0.1800%
稀白液碱浓 $\rho_2 = 20.0000$　　　滴漏碱损率 = 15.0000%
绿泥量 = 14.2285　　　滴漏液量 = 0.0050
绿泥浓度 = 3.0000%　　　进白泥过滤机的白泥含量 = 25.0000%
苛化碱损失量 = 15.3400（Na_2O 计）　　　出白泥过滤机的白泥含量 = 60.0000%
绿液过滤器碱损率 = 10.0000%　　　白泥过滤机加水 = 0.5000
稀绿液碱浓 $\rho_8 = 28.0000$　　　滤液碱浓 = 1.8000
石灰渣含量 = 65.0000%　　　白液总碱 = 485.9217（Na_2O 计）
石灰消化碱损率 = 5.0000%　　　熔融物总碱 = 501.2617（Na_2O 计）
石灰消化蒸发液损 = 2.0000%　　　（见表 5-18）
石灰渣量 = 7.8324　　　白泥量 = 616.4489
白泥过滤器碱损率 = 70.0000%

计算：

m_{A1} = 熔融物总碱量
　　= 501.2617（Na_2O 计）
$V_1 = 0.0000$
$V_3 = V_2 + V_1 = V_2$
$m_{A3} = m_{A2} + m_{A1} = V_3 \cdot \rho_3$
$V_2 = m_{A2}/\rho_2$

联立上式得：
$m_{A3} = V_3 \cdot \rho_3 = V_2 \cdot \rho_3 = m_{A2}/\rho_2 \cdot \rho_3$
　　　$= m_{A2} + m_{A1}$
$m_{A2} = m_{A1} \cdot \rho_2/(\rho_3 - \rho_2)$
　　　$= 125.3154$
$m_{A3} = m_{A2} + m_{A1}$
　　　$= 626.5771$

表 5-20　　　　　　　　　　　　　燃烧炉物料平衡表　　　　　　　　　单位：kg/t 风干浆

序号	项目	收	支
1	来蒸发段浓黑液量	2296.7884	
2	来补充芒硝量	187.3243	
3	来空气量	9762.7711	
4	失烟气总量		11424.2000
5	去苛化工段熔融物量		822.6837
	合计	12246.8838	12246.8838

苛化反应如式（5-5）所示：

$$Na_2CO_3 + CaO + H_2O \rightarrow 2NaOH + CaCO_3 \tag{5-5}$$

$$\begin{array}{cccc} 106 & 56 & 2\times40 & 100 \\ z & x & 416.1290 & y \end{array}$$

计算得：

x = 291.2903

y = 520.1613

z = 551.3710

实际石灰用量 = x×过量系数/石灰纯度

　　　　　　= 291.2903×1.1000÷0.8300

　　　　　　= 386.0474

石灰带入杂质量 = 实际石灰用量×(1−石灰纯度)

　　　　　　　= 386.0474×(1−0.8300)

　　　　　　　= 65.6281

过量 CaO 量 = x×(过量系数−1)

　　　　　= 291.2903×(1.1000−1)

　　　　　= 29.1290

$CaCO_3$ 带入白泥杂质量 = (y/石灰石纯度)×(1−石灰石纯度)

　　　　　　　　　　= (520.1613÷0.9000)×(1−0.9000)

　　　　　　　　　　= 57.7957

假设过量 CaO 经苛化后变为 $Ca(OH)_2$ 进入白泥，如式（5-6）所示：

$$CaO + H_2O \rightarrow Ca(OH)_2 \tag{5-6}$$

$$\begin{array}{ccc} 56 & 18 & 74 \\ 29.1290 & & \end{array}$$

$Ca(OH)_2$ 量 = 38.4919

H_2O 量 = 9.3629

白泥量 = $CaCO_3$ 量 + $CaCO_3$ 带入白泥杂质量 + $Ca(OH)_2$ 量

　　　= 520.1613 + 57.7957 + 38.4919

　　　= 616.4489

石灰渣量 = 石灰带入杂质量 − $CaCO_3$ 带入白泥杂质量

　　　　= 65.6281 − 57.7957

　　　　= 7.8324

第五章 生产工艺设计

表 5-19 黑液燃烧元素平衡表

单位：kg/t 风干浆

序号	项目	Na 收	Na 支	S 收	S 支	C 收	C 支	H 收	H 支	O 收	O 支	N 收	N 支	惰性氧化物 收	惰性氧化物 支
1	黑液中固形物	342.5455		49.1429		699.1654		66.2062		514.7332				4.8623	
2	黑液中水							68.9037		551.2292					
3	芒硝	57.6484		40.1032						80.2065				9.3662	
4	空气							14.1018		2338.7261		7409.9433			
5	飞失 Na_2O		28.2900								9.8400				
6	烟气中 H_2O								149.2116		1193.6931				
7	烟气中 SO_2				19.6800						19.6800				
8	烟气中 CO_2						628.2343				1675.2914				
9	烟气中 N_2												7409.9433		
10	烟气中 O_2										290.3363				
11	熔融物		371.9039		69.5662		70.9311				296.0541				14.2285
	合计	400.1939	400.1939	89.2462	89.2462	699.1654	699.1654	149.2116	149.2116	3484.8950	3484.8950	7409.9433	7409.9433	14.2285	14.2285

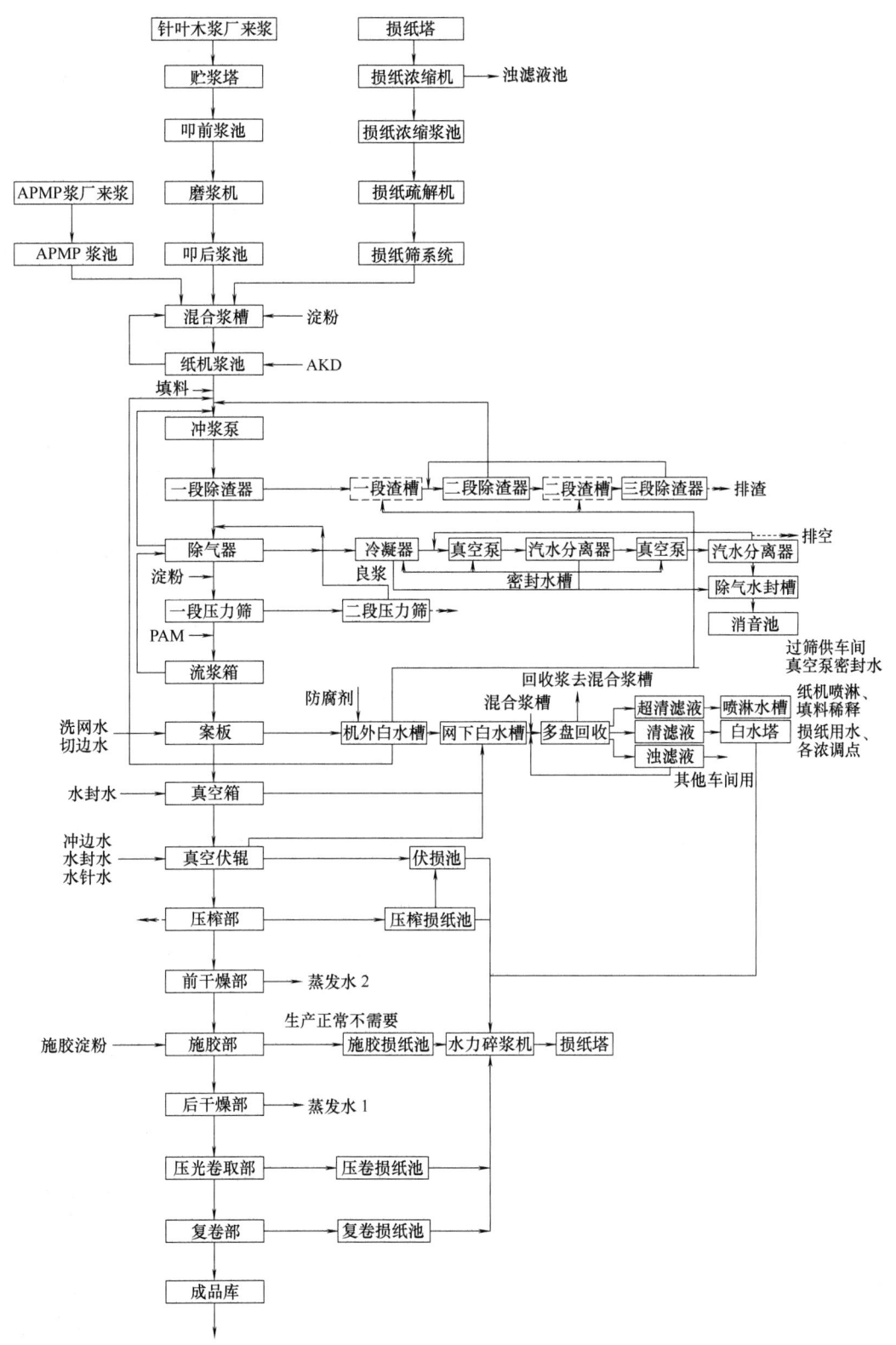

图 5-6 5280 纸机日产 650t 胶版纸车间生产流程

(2) 定额和工艺技术参数的选取

选定 5280 长网纸机日产 650t 胶版纸浆水平衡计算所需的有关定额及工艺技术数据。根据纸种、纸机等所选取的数据见表 5-24。

表 5-24　5280 长网纸机日产 650t 胶版纸浆水平衡有关定额及工艺技术数据

序号	指标名称	单位	定额	备注
1	定量 $m_{定量}$	g/m²	80.0000	
2	设计车速	m/min	1300.0000	
3	净纸宽度	mm	5280.0000	
4	纸机抄宽 B_m	mm	5330.0000	
5	合格率 k_1	%	98.0000	
6	抄造率 k_3	%	98.0000	
7	成品率 k_2	%	96.0000	
8	干损纸率 d_1	%	1.0000	对总绝干浆
9	进前干燥纸页干度 w_9	%	55.0000	
10	进后干燥纸页干度 w_6	%	75.0000	
11	施胶淀粉溶液浓度 w_7	%	16.0000	
12	施胶淀粉量 $q_{施胶量}$	g/m²	4.0000	对成品计
13	进压榨纸页干度 w_{12}	%	22.0000	
14	成纸干度 w_0	%	95.0000	
15	AKD 用量 m_{AKD}	kg/t 纸	15.0000	对绝干成品
16	AKD 浓度 w_{AKD}	%	18.0000	
17	淀粉浓度 $w_{淀粉}$	%	8.0000	
18	淀粉用量 $m_{淀粉}$	kg/t 纸	8.0000	
19	填料用量 $m_{填料}$	%	10.0000	对绝干成品
20	填料浓度 w_{34}	%	20.0000	
21	填料留着率 d_{19}	%	70.0000	
22	压榨白水带出纤维率 d_3	%	0.2200	对其进浆量
23	压榨湿损率 d_2	%	2.5000	对总绝干浆
24	进真空伏辊纸页干度 w_{15}	%	12.0000	
25	真空伏辊损纸率 d_4	%	1.5000	对其进浆量
26	真空伏辊带出纤维率 d_5	%	0.5000	对总绝干浆
27	冲边宽度 b	mm	25.0000	切两个纸边
28	纸页横向收缩率 e	%	3.0000	
29	真空箱带出纤维率 d_6	%	3.0000	对其进浆量
30	进真空箱纸页干度 w_{17}	%	3.5000	
31	上网浓度 w_{19}	%	1.0000	
32	案板纤维带出率 d_7	%	45.0000	
33	防腐剂用量 V_{W12}	L	2.0000	对每吨纸
34	浆料留着率	%	75.0000	
35	流浆箱回流率 d_8	%	10.0000	
36	PAM 用量 V_{W9}	L	5.0000	吨成品计

续表

序号	指标名称	单位	定额	备注
37	一段筛排渣率 d_9	%	5.0000	对其进浆量
38	一段筛排渣浓度 w_{22}	%	1.2000	
39	二段筛排渣率 d_{10}	%	2.0000	对其进浆量
40	二段筛排渣浓度 w_{24}	%	1.5000	
41	除气器回流率 d_{11}	%	10.0000	
42	一段除渣器进浆浓度 w_{29}	%	1.0000	
43	二段除渣器进浆浓度 w_{54}	%	0.8000	
44	三段除渣器进浆浓度 w_{58}	%	0.6000	
45	一段除渣器排渣率 d_{12}	%	10.0000	
46	二段除渣器排渣率 D_1	%	10.0000	
47	三段除渣器排渣率 D_2	%	15.0000	
48	一段除渣器渣浆浓度 w_{28}	%	1.2000	
49	二段除渣器渣浆浓度 w_{56}	%	1.2000	
50	三段除渣器渣浆浓度 w_{59}	%	1.0000	
51	纸机浆池浓度 w_{33}	%	3.0000	
52	纸机浆池回流量 d_{13}	%	10.0000	对其进浆量
53	多盘超清滤液占比 d_{16}	%	20.0000	
54	多盘清滤液占比 d_{17}	%	50.0000	
55	多盘浊滤液占比 d_{18}	%	30.0000	
56	损纸塔浓度 w_{38}	%	2.0000	
57	损纸浓缩机出口浓度 w_{39}	%	3.0000	
58	APMP 浆配比 d_{14}	%	80.0000	
59	针叶木浆配比 d_{15}	%	20.0000	
60	水针水 V_{W5}	L	200.0000	
61	伏辊水封 V_{W4}	L	5000.0000	
62	冲边水 V_{W3}	L	3000.0000	
63	真空箱水封 V_{W6}	L	500.0000	
64	拦边水 V_{W8}	L	4000.0000	
65	洗网水 V_{W7}	L	80000.0000	

(3) 物料（或浆水）平衡计算过程

以 1t 成品纸为计算基础，单位为 kg。从成品按流程顺序逆向推算。采用物料平衡以百分比计算。物料平衡计算公式：

$$m = V \times w / (1-w)$$

式中　m——进出设备纸页绝干质量，kg

　　　V——进出设备纸页水分体积或质量，L 或 kg

　　　w——纸页干度，%

m 和 V 有效数字保留到小数点后 2 位。

1）成品库

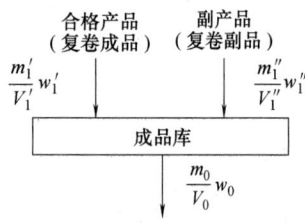

已知：
$w_0 = w_1' = w_1'' = 95.0000\%$
$V_0 = 1000.0000 - 950 = 50$
合格率 $k_1 = 98\%$

计算：
$$m_0 = V_0 \cdot \frac{w_0}{(1-w_0)} = 950.0000$$

合格产品
$$V_1' = V_0 \cdot k_1 = 49$$
$$m_1' = V_1' \cdot \frac{w_1'}{(1-w_1')} = 931.0000$$

副产品
$$V_1'' = V_0 - V_1' = 1.0000$$
$$m_1'' = V_1'' \cdot \frac{w_1''}{(1-w_1'')} = 19.0000$$

2）复卷部

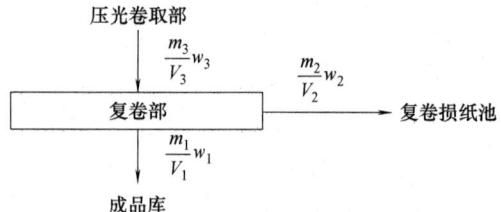

已知：
成品率 $k_2 = 96.0000\%$
$w_3 = w_2 = w_0 = 95.0000\%$

计算：
$V_3 = V_0/k_2 = 52.0833$
$$m_3 = V_3 \cdot \frac{w_3}{(1-w_3)} = 989.5833$$
$m_2 = m_3 - m_1 = 39.5833$
$V_2 = V_3 - V_1 = 2.0833$

$V_1 = V_1' + V_1'' = 50.0000$
$$m_1 = V_1 \cdot \frac{w_1}{(1-w_1)} = 950.0000$$

3）压光卷取部

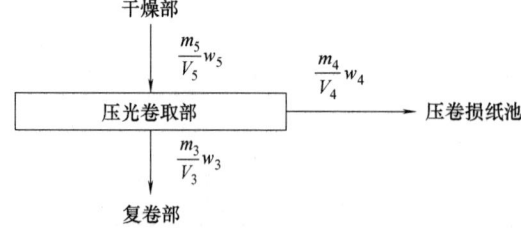

已知：
$w_3 = w_4 = w_5 = 95.0000\%$
抄造率 $k_3 = 98.0000\%$
干损率 $d_1 = 1.0000\%$
设 $V_G =$ 抄造量+抄造损纸量
设 $m_H = V_G$ 中的绝干纤维量

计算：
$V_G = V_3/k_3 = 53.1462$
$m_H = m_3/k_3 = 1009.7789$
$m_4 = m_H \cdot d_1 = 10.0978$

$$V_4 = m_4 \frac{(1-w_4)}{w_4} = 0.5315$$
$m_5 = m_3 + m_4 = 999.6811$
$V_5 = V_3 + V_4 = 52.6148$

4）后干燥部
5）施胶部
6）前干燥部

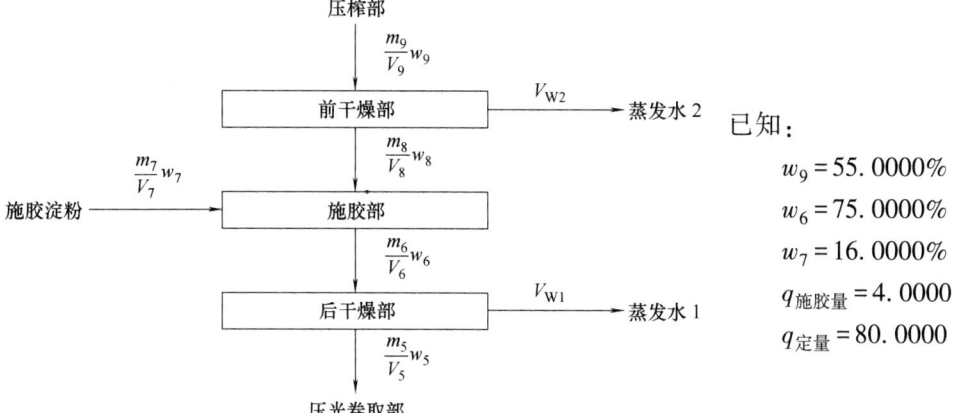

已知：
$w_9 = 55.0000\%$
$w_6 = 75.0000\%$
$w_7 = 16.0000\%$
$q_{施胶量} = 4.0000$
$q_{定量} = 80.0000$

计算：

$m_6 = m_5 = 999.6811$

$V_6 = m_6 \dfrac{(1-w_6)}{w_6} = 333.2270$

$V_{W1} = V_6 - V_5 = 280.6122$

$m_7 = (q_{施胶量}/q_{定量}) \cdot m_0 = 47.5000$

$V_7 = m_7 \dfrac{(1-w_7)}{w_7} = 249.3750$

$m_8 = m_6 - m_7 = 952.1811$

$V_8 = V_6 - V_7 = 83.8520$

$w_8 = m_8/(V_8 + m_8) = 91.9064\%$

$m_9 = m_8 = 952.1811$

$V_9 = m_9 \dfrac{(1-w_9)}{w_9} = 779.0572$

$V_{W2} = V_9 - V_8 = 695.2052$

7) 压榨部

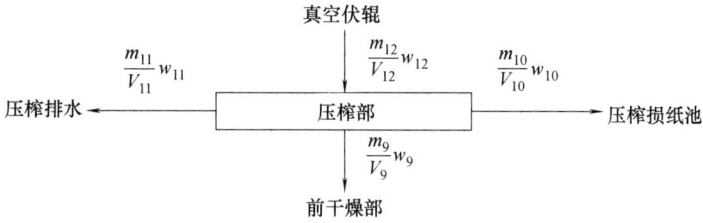

已知：

湿损纸率 $d_2 = 2.5000\%$

带出纤维率 $d_3 = 0.2200\%$

$w_{12} = 22.0000\%$

设湿损纸干度 $w_{10} = 30.0000\%$

计算：

$m_{10} = m_H \cdot d_2 = 25.2445$

$V_{10} = m_{10} \dfrac{(1-w_{10})}{w_{10}} = 58.9038$

$\because m_{11} = m_{12} \cdot d_3$

$m_{12} = m_{11} + m_{10} + m_9$

$\therefore m_{12} = (m_9 + m_{10})/(1-d_3)$

$= 979.5807$

$m_{11} = m_{12} \cdot d_3 = 2.1551$

$V_{12} = m_{12} \dfrac{(1-w_{12})}{w_{12}} = 3473.0588$

$V_{11} = V_{12} - V_9 - V_{10} = 2635.0977$

$w_{11} = m_{11}/(V_{11} + m_{11}) = 0.0817\%$

8) 真空伏辊

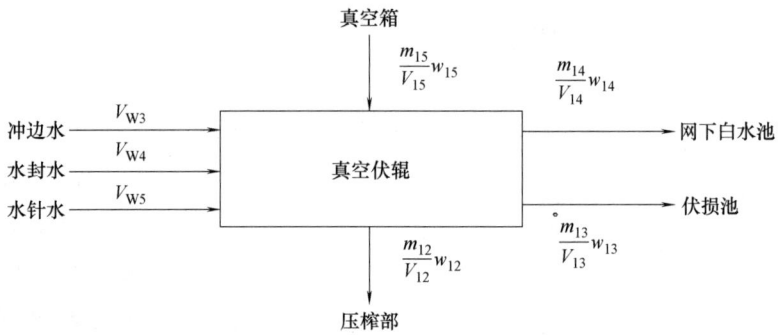

已知：

  $w_{15} = 12.0000\%$ 纸机抄宽 $B_m = 5330.0000$

  伏辊湿损率 $d_4 = 1.5000\%$ $V_{W3} = 3000.0000$

  伏辊带出纤维率 $d_5 = 0.5000\%$ $V_{W4} = 5000.0000$

  冲边宽度 $b = 50.0000$ $V_{W5} = 200.0000$

  纸页横向收缩率 $e = 3.0000\%$

计算：

  湿纸宽 $B_e = B_m/(1-e) = 5494.8454$ $= 9.0797$

  湿纸边占比 $x = 50/(50+B_e) = 0.0090$ $m_{13}=$ 伏辊湿损量+切边损纸

  伏辊湿损量 $= m_H \cdot d_4 = 15.1467$ $= 24.2264$

  进入伏损池的湿损纸量 m_{13} 是由伏 $m_{14} = m_{15} \cdot d_5 = 5.0443$

  辊湿损量和切边损纸两部分组成

  $\because m_{13} =$ 伏辊湿损量+切边损纸 $V_{13} = m_{13}\dfrac{(1-w_{12})}{w_{12}} + V_{W3} + V_{W5}$

     $m_{14} = m_{15} \cdot d_5$

     $m_{15} = m_{12} + m_{13} + m_{14}$ $= 3285.8936$

  $\therefore m_{15} = (m_{12}+$ 伏辊湿损量$)/$ $V_{14} = V_{15} + V_{W4} - m_{13}\dfrac{(1-w_{12})}{w_{12}} - V_{12}$

     $[1-(x+d_5)] = 1008.8513$

                $= 8839.2905$

     $V_{15} = m_{15}\dfrac{(1-w_{15})}{w_{15}} = 7398.2429$ $w_{13} = m_{13}/(m_{13}+V_{13}) = 0.7319\%$

                $w_{14} = m_{14}/(m_{14}+V_{14}) = 0.0570\%$

  切边损纸 $= m_{15} \cdot$ 湿纸边占比

说明：进出真空伏辊的浆料以纸页形式存在，以物料平衡计算为依据；以下进出真空吸水箱、网案成形及流送系统浆料主要以浆水形式存在，以浆水平衡计算为依据。

  浆水平衡计算公式： $m = V \times w$

式中 m——进出设备浆料质量，kg

    w——进出设备浆料浓度，%

    V——进出设备浆料体积，L（1L 水×1kg/L=1kg 水）

9）真空箱

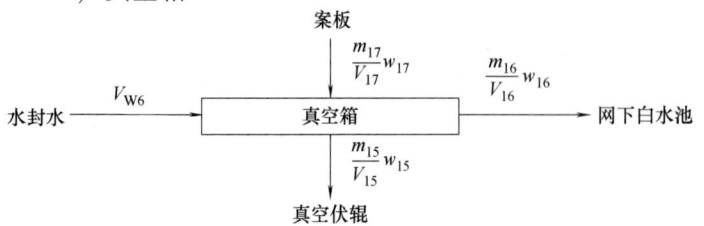

已知：

  水封水 $V_{W6} = 500.0000$

  $w_{17} = 3.5000\%$

  网下白水带出纤维率

  $d_6 = 3.0000\%$

计算：

$m_{16} = m_{17} \cdot d_6$

$m_{17} = m_{16} + m_{15}$

$m_{17} = m_{15}/(1-d_6) = 1040.0529$

$m_{16} = m_{17} \cdot d_6 = 31.2016$

$V_{17} = m_{17}/w_{17} = 29715.7971$

$V_{16} = V_{17} + V_{W6} - V_{15} = 22817.5542$

$w_{16} = m_{16}/V_{16} = 0.1367\%$

10）案板

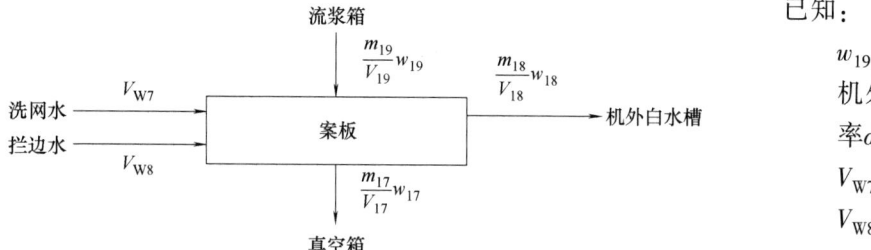

已知：

$w_{19} = 1.0000\%$

机外白水带出纤维率 $d_7 = 45.0000\%$

$V_{W7} = 80000.0000$

$V_{W8} = 4000.0000$

计算：

$m_{18} = m_{19} \cdot d_7$

$m_{19} = m_{17} + m_{18}$

$m_{19} = m_{17}/(1-d_7) = 1891.0053$

$m_{18} = m_{19} \cdot d_7 = 850.9524$

$V_{19} = m_{19}/w_{19} = 189100.5300$

$V_{18} = V_{19} + V_{W7} + V_{W8} - V_{17}$

$\quad = 243384.7329$

$w_{18} = m_{18}/V_{18} = 0.3496\%$

11）流浆箱

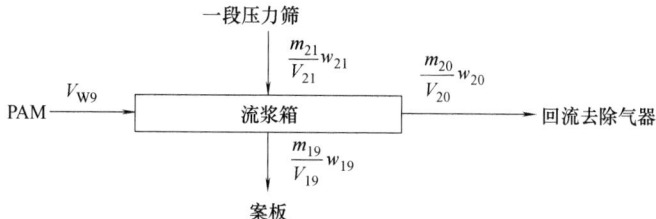

已知：

$V_{W9} = 5.0000$

流浆箱回流量 $d_8 = 10.0000\%$

计算：

$m_{20} = m_{21} \cdot d_8$

$m_{21} = m_{19}/(1-d_8) = 2101.1170$

$m_{20} = m_{21} \cdot d_8 = 210.1117$

$w_{20} = w_{19} = 1\%$

$m_{21} = m_{20} + m_{19}$

$V_{20} = m_{20}/w_{20} = 21011.1700$

$V_{21} = V_{19} + V_{20} - V_{W9} = 210106.7000$

$w_{21} = m_{21}/V_{21} = 1\%$

12）一段压力筛

13）二段压力筛

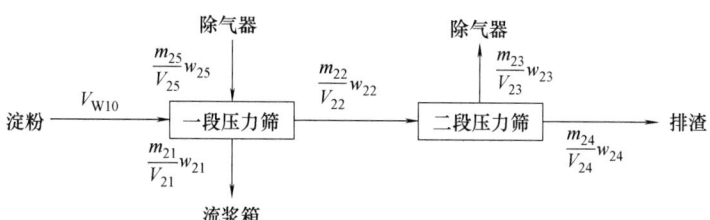

已知：

$w_{22} = 1.2000\%$

$w_{24} = 1.5000\%$

一段筛排渣率 $d_9 = 5.0000\%$

二段筛排渣率 $d_{10} = 2.0000\%$

淀粉两次加入 $V_{W10} = 50.0000$

$w_{淀粉} = 8.0000\%$

$m_{淀粉} = 8.0000$

计算：

淀粉用量 $= m_{淀粉}/w_{淀粉} = 100$

∵ 淀粉分两次分别加入一段压力筛和混合浆槽中

∴ $V_{W10} = 50.0000$

$m_{22} = m_{25} \cdot d_9$

$m_{25} = m_{22} + m_{21}$

$m_{25} = m_{21}/(1-d_9) = 2211.7021$

$m_{22} = m_{25} \cdot d_9 = 110.5851$

$V_{22} = m_{22}/w_{22} = 9215.4250$

$V_{25} = V_{21} + V_{22} - V_{W10} = 219272.1250$

$w_{25} = m_{25}/V_{25} = 1.0087\%$

$m_{24} = m_{22} \cdot d_{10} = 2.2117$

$V_{24} = m_{24}/w_{24} = 147.4467$

$m_{23} = m_{22} - m_{24} = 108.3734$

$V_{23} = V_{22} - V_{24} = 9067.9783$

$w_{23} = m_{23}/V_{23} = 1.1951\%$

14) 除气器

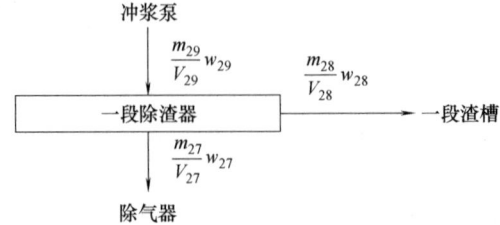

已知：

除气器回流率 $d_{11} = 10.0000\%$

计算：

$m_{26} = m_{27} \cdot d_{11}$

$m_{27} + m_{23} + m_{20} = m_{25} + m_{26}$

$m_{27} = (m_{25} - m_{23} - m_{20})/(1-d_{11})$

$\quad = 2103.5744$

$m_{26} = m_{27} \cdot d_{11} = 210.3574$

$w_{26} = w_{25} = 1.0087\%$

$V_{26} = m_{26}/w_{26} = 20854.3075$

$V_{27} = 214252.9483$（由一段除渣器计算得出）

$w_{27} = m_{27}/V_{27} = 0.9818\%$

$V_{W11} = V_{27} + V_{23} + V_{20} - V_{25} - V_{26}$

$\quad = 4205.6641$

15) 一段除渣器

已知：

$w_{29} = 1.0000\%$

$w_{28} = 1.2000\%$

一段除渣器排渣率 $d_{12} = 10.0000\%$

计算：

$m_{28}=m_{29} \cdot d_{12}$
$m_{29}=m_{27}/(1-d_{12})$
　　$=2337.3049$
$V_{29}=m_{29}/w_{29}=233730.4900$
$m_{28}=m_{29} \cdot d_{12}=233.7305$

$m_{29}=m_{28}+m_{27}$
$V_{28}=m_{28}/w_{28}=19477.5417$
$V_{27}=V_{29}-V_{28}$
　　$=214252.9483$

16）一段渣槽
17）二段除渣器
18）二段渣槽
19）三段除渣器

二段除渣和三段除渣通过 Excel 函数方程求得，具体如下：

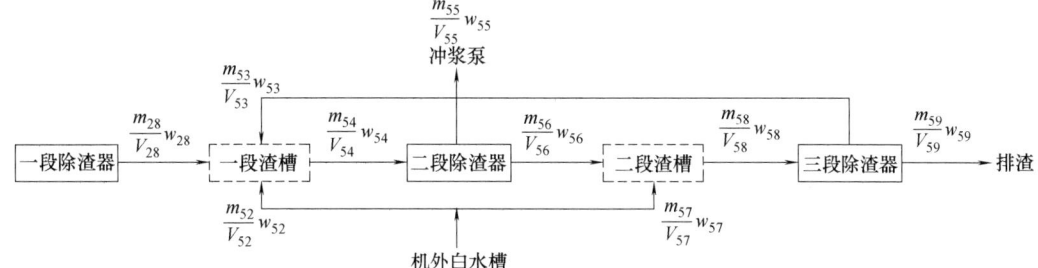

已知：

$m_{28}=233.7305$
$V_{28}=19477.5417$
$w_{28}=1.2000\%$
$w_{52}=w_{57}=w_{18}=0.3496\%$
二段排渣率 $D_1=10.0000\%$

三段排渣率 $D_2=15.0000\%$
$w_{54}=0.8000\%$
$w_{58}=0.6000\%$
$w_{56}=1.2000\%$
$w_{59}=1.0000\%$

计算：

$m_{28}+m_{53}+m_{52}=m_{54}$
$m_{54}=m_{55}+m_{56}$
$m_{56}+m_{57}=m_{58}$
$m_{58}=m_{53}+m_{59}$
$m_{56}=D_1 \cdot m_{54}$
$m_{59}=D_2 \cdot m_{58}$
$V_{28}+V_{52}+V_{53}=V_{54}$
$V_{56}+V_{57}=V_{58}$
$V_{58}=V_{53}+V_{59}$

联立以上 9 个方程，利用函数方法
解得：

$m_{52}=44.8865$
$V_{52}=12838.1065$
$m_{53}=47.0038$
$V_{53}=8386.9413$

$m_{54}=325.6208$
$V_{54}=40702.5895$
$m_{55}=293.0587$
$V_{55}=37989.0835$
$m_{56}=32.5621$
$V_{56}=2713.5060$
$m_{57}=22.7364$
$V_{57}=6502.9129$
$m_{58}=55.2985$
$V_{58}=9216.4189$
$m_{59}=8.2948$
$V_{59}=829.4776$
$w_{53}=0.5604\%$
$w_{55}=0.7714\%$

20) 机外白水槽

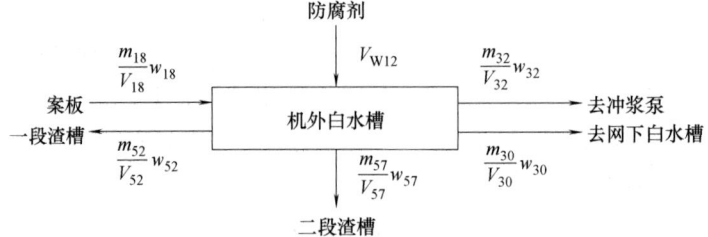

已知：

$V_{W12} = 2.0000$

$w_{32} = w_{18} = 0.3496\%$

计算：

$m_{30} = m_{18} - m_{32} - m_{52} - m_{57}$

$\quad = 325.8729$

$V_{30} = V_{18} - V_{32} - V_{52} - V_{57}$

$\quad = 93205.2900$

$w_{30} = m_{30}/V_{30} = 0.3496\%$

21) 冲浆泵

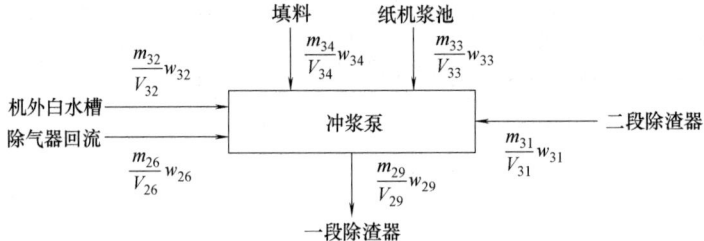

已知：

$m_{31} = m_{55} = 293.0587$

$V_{31} = V_{55} = 37989.0835$

$w_{31} = w_{55} = 0.7714\%$

$m_{26} = 210.3574$

$V_{26} = 20854.3075$

$w_{26} = 1.0087\%$

$w_{32} = 0.3496\%$

$w_{33} = 3.0000\%$

填料留着率 $d_{19} = 70.0000\%$

填料用量 $= 10.0000\%$

填料浓度 $w_{34} = 20.0000\%$

计算：

$m_{34} =$ 填料用量×纸料质量×d_{19}

$\quad = 10.0000\% \times 1000.0000 \times 70.0000\%$

$\quad = 70.0000$

$V_{34} =$ 填料用量×纸料质量/w_{34}

$\quad = 10.0000\% \times 1000.0000 \div 20.0000\%$

$\quad = 500.0000$

$m_{32} + m_{33} = 1763.8902$

$V_{32} + V_{33} = 174386.2091$

$m_{32} = 457.4566$

$m_{33} = 1306.4336$

$V_{32} = 130838.4235$

$V_{33} = 43547.7856$

$m_{32} + m_{26} + m_{34} + m_{33} + m_{31} = m_{29}$

22) 网下白水槽

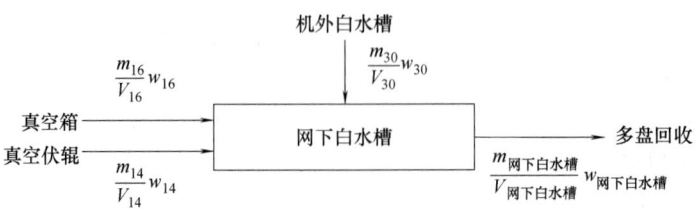

186

计算：

$m_{网下白水槽} = m_{30} + m_{16} + m_{14}$
$\quad = 362.1193$
$V_{网下白水槽} = V_{30} + V_{16} + V_{14}$
$\quad = 124862.1347$
$w_{网下白水槽} = 0.2900\%$

23）纸机浆池

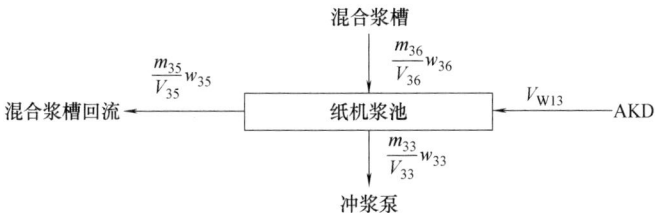

已知：

$m_{AKD} = 15.0000$
$w_{AKD} = 18.0000\%$
纸机浆池回流 $d_{13} = 10.0000\%$
$w_{35} = w_{33} = 3.0000\%$

计算：

$V_{W13} = \dfrac{m_{AKD}}{w_{AKD}} = 83.3333$
$m_{35} = m_{36} \cdot d_{13}$
$m_{36} = m_{35} + m_{33}$
$m_{36} = m_{33} / (1 - d_{13}) = 1451.5929$
$m_{35} = m_{36} \cdot d_{13} = 145.1593$
$V_{35} = m_{35} / w_{35} = 4838.6433$
$V_{36} = V_{35} + V_{33} - V_{W13} = 48303.0956$
$w_{36} = m_{36} / V_{36} = 3.0052\%$

24）多盘回收

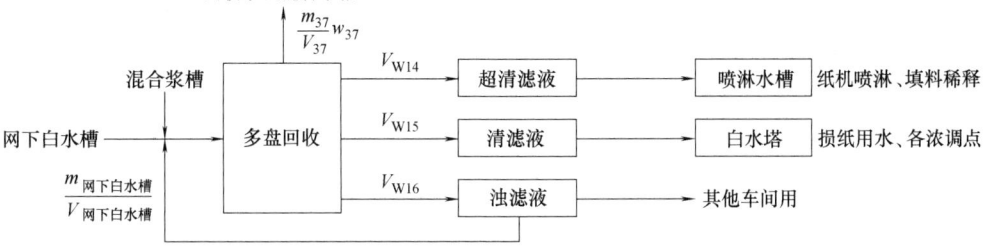

已知：

$m_{网下白水槽} = 362.1193$
$V_{网下白水槽} = 124862.1347$
多盘超清滤液占比 $d_{16} = 20.0000\%$
多盘清滤液占比 $d_{17} = 50.0000\%$
多盘浊滤液占比 $d_{18} = 30.0000\%$
$w_{37} = w_{36} = 3.0052\%$

计算：

$V_{W14} = V_{网下白水槽} \times d_{16}$
$\quad = 24972.4269$
$V_{W15} = V_{网下白水槽} \times d_{17}$
$\quad = 62431.0674$
$V_{W16} = V_{网下白水槽} \times d_{18}$
$\quad = 37458.6404$
回收浆调成混合槽浓度后回用。
$m_{37} = 362.1193$
$V_{37} = m_{37} / w_{37} = 12049.7571$
白水塔量 = 50381.3103

此外，多盘回收与混合浆槽间的内部循环和浊滤液与多盘回收间的内部循环无需计算。

25）水力碎浆机

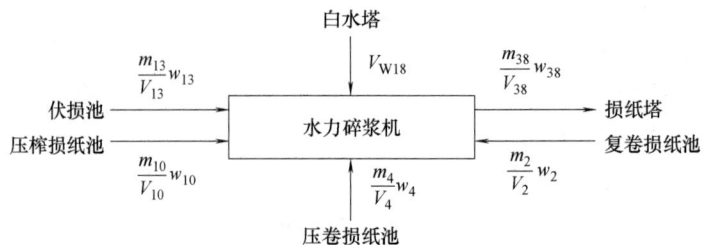

已知：

$m_{13} = 24.2264$

$V_{13} = 3285.8936$

$m_{10} = 25.2445$

$V_{10} = 58.9038$

$m_4 = 10.0978$

$V_4 = 0.5315$

$m_2 = 39.5833$

$V_2 = 2.0833$

$w_{38} = 2.0000\%$

计算：

$m_{38} = m_{13} + m_{10} + m_4 + m_2$
$\quad\quad = 99.1520$

$V_{38} = m_{38}/w_{38} = 4962.4220$

$V_{W18} = V_{38} - V_{13} - V_{10} - V_4 - V_2$
$\quad\quad\quad = 1615.0098$

26）损纸浓缩机

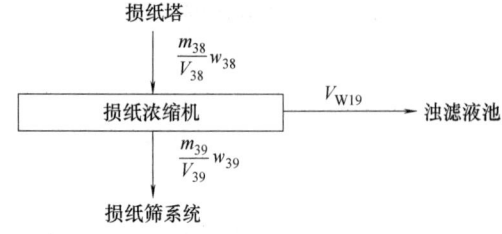

已知：

$w_{39} = 3.0000\%$

计算：

$m_{39} = m_{38} = 99.1520$

$V_{39} = m_{39}/w_{39} = 3305.0667$

$V_{W19} = V_{38} - V_{39} = 1657.3553$

27）混合浆槽

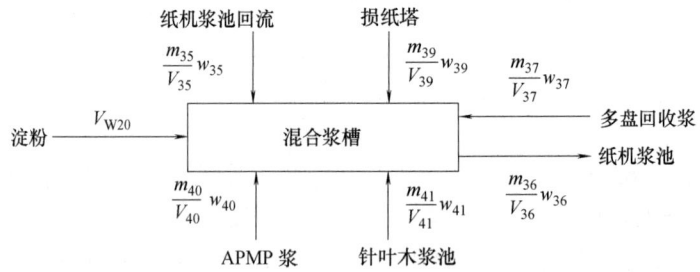

已知：

$V_{W20} = 50.0000$

APMP 比例 $d_{14} = 80.0000\%$

针叶比例 $d_{15} = 20.0000\%$

计算：

$m_{40} + m_{41} = m_{36} - m_{35} - m_{39} - m_{37}$
$\quad\quad\quad\quad = 845.1623$

$m_{40} = 845.1623 \cdot d_{14} = 676.1298$

$m_{41} = 845.1623 \cdot d_{15} = 169.0325$

$V_{40} + V_{41} = V_{36} - V_{37} - V_{39} - V_{35} - V_{W20}$
$\quad\quad\quad\quad = 28059.6285$

$V_{40} = 22447.7028$

$V_{41} = 5611.9257$

$w_{40}=m_{40}/V_{40}=3.0120\%$ $\qquad$ $w_{41}=m_{41}/V_{41}=3.0120\%$

28) 清水补加系统

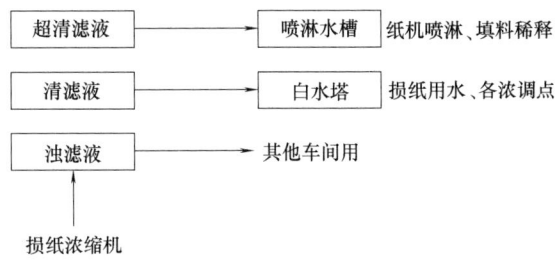

除气水封剩余量 = 4205.6641　过筛后可供车间真空泵密封水
超清滤液剩余量 = 24972.4269　可供喷淋或助剂稀释用
清滤液剩余量 = 50381.3103　进白水塔
浊滤液剩余量 = 37458.6404　部分回流，其余送其他车间用
水封、冲边、拦边用水量 = 12500.0000
助剂稀释用水量 = 249.3750
合计 = 12749.3750
超清剩余量 = 12223.0519　可供洗网用
清滤液量 = 50381.3103　可供洗网用
共计 = 62604.3622
洗网用清水补充量 = 18643.4465
水针水用清水量 = 200.0000
清水补加量 = 18843.4465

(4) 造纸车间浆水平衡表

表 5-25 为造纸车间浆水平衡明细表，表 5-26 为造纸车间浆水平衡总表。

表 5-25　造纸车间浆水平衡明细表

序号	单元名称	来源与去向	纤维质量/kg		浆料体积/L	
			收	支	收	支
1	成品库	来复卷成品	931.0000		49.0000	
		来复卷副品	19.0000		1.0000	
		去成品库		950.0000		50.0000
		合计	950.0000	950.0000	50.0000	50.0000
2	复卷部	来压光卷取部	989.5833		52.0833	
		去成品库		950.0000		50.0000
		去复卷损纸池		39.5833		2.0833
		合计	989.5833	989.5833	52.0833	52.0833
3	压光卷取部	来干燥部	999.6811		52.6148	
		去复卷部		989.5833		52.0833
		去压卷损纸池		10.0978		0.5315
		合计	999.6811	999.6811	52.6148	52.6148

续表

序号	单元名称	来源与去向	纤维质量/kg 收	支	浆料体积/L 收	支
4	后干燥部	来施胶部	999.6811		333.2270	
		去压光卷取部		999.6811		52.6148
		蒸发水1				280.6122
		合计	999.6811	999.6811	333.2270	333.2270
5	施胶部	来前干燥	952.1811		83.8520	
		来施胶淀粉	47.5000		249.3750	
		去后干燥		999.6811		333.2270
		合计	999.6811	999.6811	333.2270	333.2270
6	前干燥部	来压榨部	952.1811		779.0572	
		去施胶部		952.1811		83.8520
		蒸发水2				695.2052
		合计	952.1811	952.1811	779.0572	779.0572
7	压榨部	来真空伏辊	979.5807		3473.0588	
		去前干燥		952.1811		779.0572
		去压榨损纸池		25.2445		58.9038
		去压榨排水		2.1551		2635.0977
		合计	979.5807	979.5807	3473.0588	3473.0588
8	真空伏辊	来真空箱	1008.8513		7398.2429	
		去压榨部		979.5807		3473.0588
		去伏损池		24.2264		3285.8936
		去网下白水池		5.0443		8839.2905
		冲边、水封、水针			8200.0000	
		合计	1008.8513	1008.8514	15598.2429	15598.2429
9	真空箱	来案板	1040.0529		29715.7971	
		去真空伏辊		1008.8513		7398.2429
		去网下白水池		31.2016		22817.5542
		水封水			500.0000	
		合计	1040.0529	1040.0529	30215.7971	30215.7971
10	案板	来流浆箱	1891.0053		189100.5300	
		去真空箱		1040.0529		29715.7971
		洗网水			80000.0000	
		拦边水			4000.0000	
		去机外白水槽		850.9524		243384.7329
		合计	1891.0053	1891.0053	273100.5300	273100.5300
11	流浆箱	来一段压力筛	2101.1170		210106.7000	
		去案板		1891.0053		189100.5300

续表

序号	单元名称	来源与去向	纤维质量/kg 收	纤维质量/kg 支	浆料体积/L 收	浆料体积/L 支
11	流浆箱	回流去除气器		210.1117		21011.1700
		PAM			5.0000	
		合计	2101.1170	2101.1170	210111.7000	210111.7000
12	一段压力筛	来除气器	2211.7021		219272.1250	
		去流浆箱		2101.1170		210106.7000
		去二段压力筛		110.5851		9215.4250
		淀粉			50.0000	
		合计	2211.7021	2211.7021	219322.1250	219322.1250
13	二段压力筛	来一段压力筛	110.5851		9215.4250	
		去除气器		108.3734		9067.9783
		排渣		2.2117		147.4467
		合计	110.5851	110.5851	9215.4250	9215.4250
14	除气器	来一段除渣器	2103.5744		214252.9483	
		来流浆箱回流	210.1117		21011.1700	
		来二段筛良浆	108.3734		9067.9783	
		回流去冲浆		210.3574		20854.3075
		去一段压力筛		2211.7021		219272.1250
		去冷凝器				4205.6641
		合计	2422.0595	2422.0595	244332.0966	244332.0966
15	一段除渣器	来冲浆泵	2337.3049		233730.4900	
		去除气器		2103.5744		214252.9483
		去一段渣槽		233.7305		19477.5417
		合计	2337.3049	2337.3049	233730.4900	233730.4900
16	一段渣槽	来一段除渣器	233.7305		19477.5417	
		来三段除渣器	47.0038		8386.9413	
		来机外白水槽	44.8865		12838.1065	
		去二段除渣器		325.6208		40702.5895
		合计	325.6208	325.6208	40702.5895	40702.5895
17	二段除渣器	来一段渣槽	325.6208		40702.5895	
		去二段渣槽		32.5621		2713.5060
		去冲浆泵		293.0587		37989.0835
		合计	325.6208	325.6208	40702.5895	40702.5895
18	二段渣槽	来二段除渣器	32.5621		2713.5060	
		来机外白水槽	22.7364		6502.9129	
		去三段除渣器		55.2985		9216.4189
		合计	55.2985	55.2985	9216.4189	9216.4189

续表

序号	单元名称	来源与去向	纤维质量/kg 收	纤维质量/kg 支	浆料体积/L 收	浆料体积/L 支
19	三段除渣器	来二段渣槽	55.2985		9216.4189	
		去一段渣槽		47.0038		8386.9413
		排渣		8.2948		829.4776
		合计	55.2985	55.2986	9216.4189	9216.4189
20	机外白水槽	来案板	850.9524		243384.7329	
		去冲浆泵		457.4566		130838.4235
		去一段渣槽		44.8865		12838.1065
		去二段渣槽		22.7364		6502.9129
		去网下白水槽		325.8729		93205.2900
		合计	850.9524	850.9524	243384.7329	243384.7329
21	冲浆泵	来纸机浆池	1306.4336		43547.7856	
		来除气器回流	210.3574		20854.3075	
		来二段除渣器	293.0587		37989.0835	
		来机外白水槽	457.4566		130838.4235	
		填料	70.0000		500.0000	
		去一段除渣器		2337.3049		233730.4900
		合计	2337.3063	2337.3049	233729.6001	233730.4900
22	网下白水槽	来机外白水槽	325.8729		93205.2900	
		来真空伏辊	5.0448		8839.2905	
		来真空箱	31.2016		22817.5542	
		去多盘回收		362.1193		124862.1347
		合计	362.1193	362.1193	124862.1347	124862.1347
23	纸机浆池	来混合浆槽	1451.5929		48303.0956	
		AKD			83.3333	
		去混合浆槽回流		145.1593		4838.6433
		去冲浆泵		1306.4336		43547.7856
		合计	1451.5929	1451.5929	48386.4289	48386.4289
24	多盘回收	来网下白水槽	362.1193		124862.1347	
		去混合浆池		362.1193		12049.7571
		去超清滤液-喷水				24972.4269
		去白水塔				50381.3103
		去浊滤液池				37458.6404
		合计	362.1251	362.1251	124862.1347	124862.1347
25	水力碎浆机	来伏损池	24.2264		3285.8936	
		来压榨损纸池	25.2445		58.9038	
		来压卷损纸池	10.0978		0.5315	

续表

序号	单元名称	来源与去向	纤维质量/kg 收	纤维质量/kg 支	浆料体积/L 收	浆料体积/L 支
25	水力碎浆机	来复卷损纸池	39.5833		2.0833	
		来白水塔			1615.0098	
		去损纸塔		99.1520		4962.4220
		合计	99.1520	99.1520	4962.4220	4962.4220
26	损纸浓缩机	来损纸塔	99.1520		4962.4220	
		去损纸筛系统		99.1520		3305.0667
		去浊滤液池				1657.3553
		合计	99.1520	99.1520	4962.4220	4962.4220
27	混合浆槽	来APMP浆池	676.1298		22447.7028	
		来针叶木浆池	169.0325		5611.9257	
		来损纸筛系统	99.1520		3305.0667	
		来纸机浆池回流	145.1593		4838.6433	
		来多盘回收	362.1193		12049.7571	
		淀粉			50.0000	
		去纸机浆池		1451.5929		48303.0956
		合计	1451.5929	1451.5929	48303.0956	48303.0956

表5-26　　造纸车间浆水平衡总表

项目	纤维质量/kg 收	纤维质量/kg 支	浆料体积/L 收	浆料体积/L 支	备注
成品出库		950.0000		50.0000	
干燥部蒸发				975.8174	
压榨排水		2.1551		2635.0977	
水针水			200.0000		清水
伏辊水封			5000.0000		超清回用
冲边水			3000.0000		超清回用
真空箱水封			500.0000		超清回用
拦边水			4000.0000		超清回用
洗网水			80000.0000		超清、回用+清水
二段压力筛排渣		2.2117		147.4467	
三段除渣排渣		8.2948		829.4776	
填料	70.0000		500.0000		超清回用
淀粉			100.0000		超清回用
AKD			83.3333		超清回用
PAM			5.0000		超清回用
施胶淀粉	47.5000		249.3750		超清回用
来APMP	676.1298		22447.7028		
来针叶木浆	169.0325		5611.9257		
多盘余水				112853.8333	
除气水封				4205.6641	
总计	962.6623	962.6616	121697.3368	121697.3368	

（5）造纸车间浆水平衡图

图5-7为浆水平衡方框。

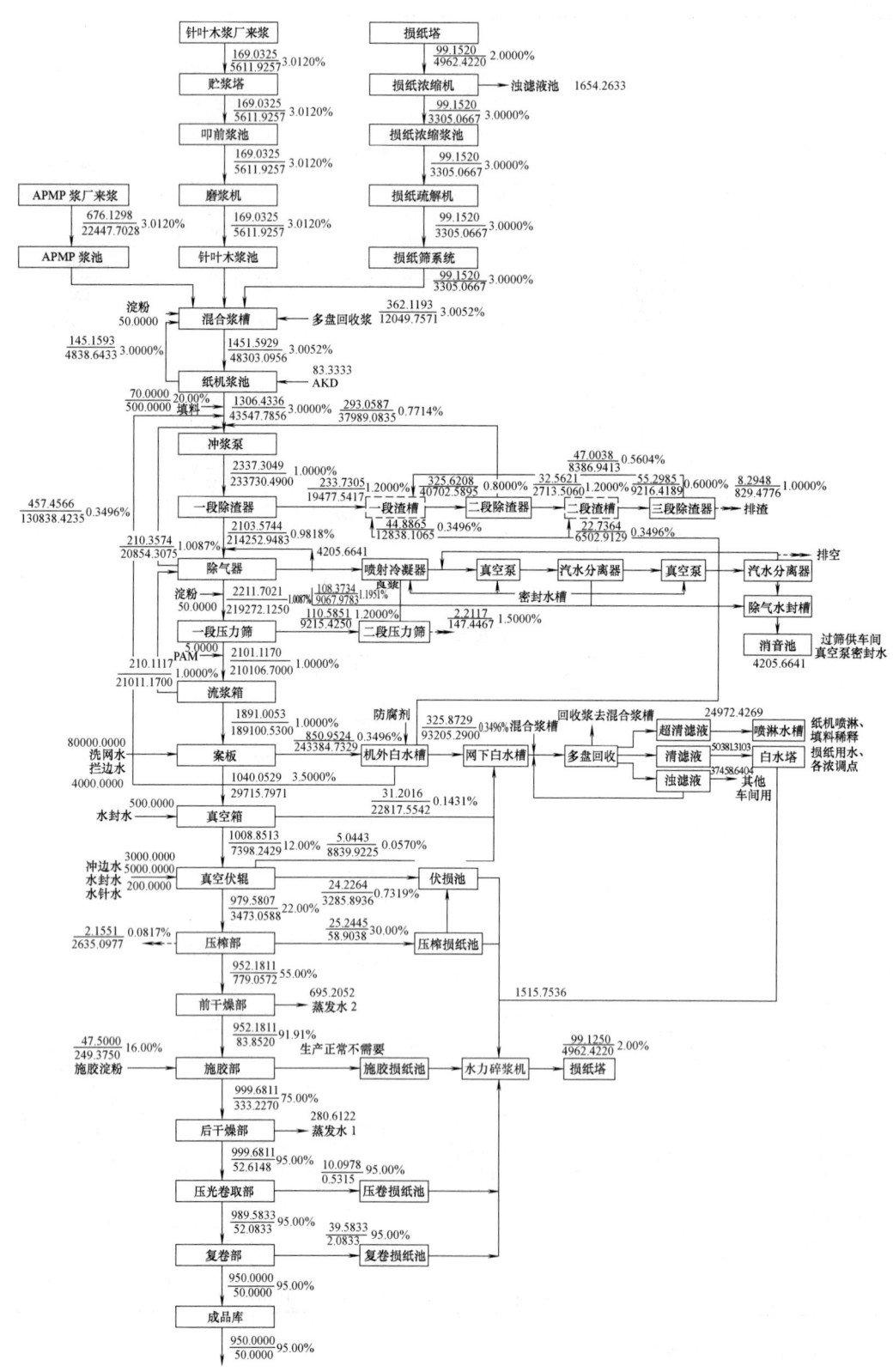

图 5-7 浆水平衡方框图

四、设备平衡计算

设备平衡计算是工艺初步设计的重要内容之一，其计算的依据是物料平衡计算的结果，即通过物料平衡，计算出通过每一设备的物料量（通过量），然后用此通过量来校核或计算每一设备所应具有的生产能力，确定同种设备的台（套）数。在此基础上，列出设备明细表，以作为设备订货或非定型设备设计制作的依据。

应该指出，设备平衡计算不仅在新建、改建、扩建和技术革新设计中是重要的，而且在实际生产管理中也具有重要作用。就某种意义来说，生产指挥者的重要任务之一，就是调节车间（或工段）之间和设备之间的平衡。因为即便工艺设计是平衡的，但由于工艺生产过程中会出现各种复杂情况，存在的变数很多，所以说，车间（或工段）之间，设备之间的平衡是相对的，而不平衡则是绝对的。即当某一设备由于管理、操作不当或使用时间太长，就会出现能力下降；当某一设备通过改造或改革工艺等而出现能力过剩，都会破坏车间（或工段）、设备之间原有的平衡，这就需要指挥者及时、果断地做出调整的决策。故本章将提供这方面的基础知识。

（一）设备平衡的原则

制浆造纸厂所用设备的种类多，型号多是其特点之一。同一种设备，由于型号不同，生产能力也不同。因此设备平衡计算应遵循以下原则：

1. 主要设备既要满足生产，又要留有适当余地

确定主要设备（如蒸煮器、抄纸机等）的生产能力时，既不能过大地超出设计能力的要求，又要适当地留有余地。因为选择设备的能力过大，不仅使设备的投资费用增加，而且也使日常生产的维持费增大。如果所选设备的能力刚好与设计能力相等，则一旦在生产过程中出现某些意外故障，就将影响生产任务的完成。所以在确定设备生产能力时，一般都按略大于理论计算值选取。

2. 设备数量确定依据工艺优化方案

对于需要确定台数的设备，其数量要考虑该设备发生事故或检修时，仍有其他设备作备用维持生产。比如蒸煮，如果按计算只需选两台 110m³ 的蒸锅就能满足设计要求，但考虑上述因素，则可选用三台 75m³ 的蒸锅，以便在一台出现故障或小修理时，抄纸机还能继续生产，但有的设备则不能这样处理，如抄纸机、成套的洗浆机等。

3. 易损设备设置备品备件

在确定主机的配套设备时，除要满足主机要求外，还必须设有备品（在设备一览表中要注明"备用"台数）。如抄纸机的净化与筛选设备等。

（二）设备台数的确定方法

确定设备台数的方法，是通过理论或经验公式计算设备生产能力；根据有关工厂的实际经验确定设备的生产能力或按设备产品目录查取其生产能力后，用式（5-8）计算出所需台数。

$$n = \frac{G_{物料}}{G \cdot K} \tag{5-8}$$

式中　n——设备选用台（套）数，台

　　$G_{物料}$——生产中需该种设备处理的物料量，t/d，其数据可由物料平衡计算得到

　　G——该设备的生产能力，t/d，其数值可查设备产品样本，通过设备性能参数和所处

理的物料性质来确定；亦可通过测定设备的实际能力或计算来确定

K——设备利用系数

式中的 K 值是考虑到设备维修、衔接等因素，选用各设备的总生产能力比实际的需要量略大的系数。因此 K 值的大小与设备种类，以及设备所处的生产工序中位置的不同而不同。抄纸机以及与纸机的配套设备和联动设备的 K 值一般取 1；打浆、漂白、筛选设备的 K 值取 0.7；蒸煮设备的 K 值取 0.8 等。

设备台（套）数的确定，主要是确定设备的生产能力和正确的选取设备的利用系数 K。在工业设计中 K 值的选取又不墨守陈规，实际上设备生产能力的确定有多种方法。多数设备，特别是定型设备的生产能力可以直接从设备产品目录中查取。但是，由于设备生产能力与其所处理物料的性质、工艺操作条件等因素有关，因此为了可靠，有些设备还需要用理论或经验公式计算出实际的生产能力；还有些设备（非定型设备）需根据工厂的实际使用经验来测取。

应该指出，确定设备的生产能力，不仅是确定设备台数的基础，而且还是对有些定型设备进行能力校核的基础。在实际生产中，多是根据实际的工艺条件，用计算的方法来平衡设备。

（三）设备计算实例

我们通常把制浆造纸厂所涉及的生产设备分为专业设备、通用设备和非标准设备三种类型。

专业生产设备是指如蒸煮锅、打浆机、纸机等专业性较强的，由制浆造纸机械制造厂生产的，专门用于制浆、造纸、碱回收各个工艺加工工序的设备。

通用设备是指由机械生产部门供应的风机、泵、运输机械、电动机等各行各业都能适用的通用机电产品。

非标准设备是指既不属于专业设备，也不属于通用机电设备的某些需要在工艺设计中专门进行特殊的产品设计的，多在施工现场就地加工制造的设备。如液体贮存池、槽、壳体、非动力搬运工具等构筑件，各种特殊的管道连接部件，汽、水加热器、混合器等特殊工器具等。这些非标准设备同样是贯通流程、保证连续生产不可缺少的设备。

不同类型的设备设计计算的有关参数选择、侧重点等不尽相同。下面分别以磨浆机、泵、燃烧炉、连续漂白设备为例分别作介绍。

1. 磨浆机

【例 5-1】 若该纸机需要处理纸料 $G_{物料}$ 为 4.0t/h，打浆度 SR 需由原浆 14°SR 提高到 45°SR，采用某种盘磨机，试验求得该种盘磨机打浆能力 H 为 30 (t·°SR)/h，求其所用并联与串联台数（该种盘磨机处理浆料能力 G 为 2t/h，利用系数 0.7）。

解：磨浆机并联列数 n 按式 (5-8) 的计算

$$n = G_{物料}/GK = (4.0/2) \times 0.7 = 2.86 \approx 3$$

即采用 3 列并联。

每列实际通过量 $G' = G_{物料}/n = 4.0/3 = 1.33\text{t/h}$

则每台磨浆机可提高打浆度：$\Delta SR' = H/G' = 30/1.33 = 22.56°SR$

串联台数 n' 的计算，$n' = \Delta SR/\Delta SR'$

$$= (45-14)/22.56 = 1.37 \text{ 台} \approx 2 \text{ 台}$$

所以，该打浆工段需要 3 列并联，每列 2 台串联，共 6 台磨浆机。

2. 泵

选泵的主要依据是流量和扬程以及所输送物体的性质（水、浆料、酸液、碱液等）。根据实际生产中所需要的流量和计算出的扬程，就可以确定其类型和型号。

泵的扬程按式（5-9）计算：

$$H = (H_{Z2} - H_{Z1}) + \frac{p_2 - p_1}{\rho g} + \frac{u_2^2 - u_1^2}{2g} + \sum h_f \tag{5-9}$$

式中　H——泵所具有的扬程，m

　　　H_{Z2}——泵输出液体的液面高度，m

　　　H_{Z1}——泵吸入液体的叶面高度，m

　　　p_2——泵出口压力，Pa

　　　p_1——泵入口压力，Pa

　　　ρ——液体密度，kg/m³

　　u_2, u_1——泵出入口液体流速，m/s

　　　g——重力加速度，m/s²

　　$\sum h_f$——管路系统总摩擦损失，m

【例 5-2】 一日产 588.235t 箱纸板纸车间，造纸机平均运转时数为 22.5h，其中底层浆料每吨纸需要的浆量为 24213.2450L/t，浆料浓度 w 为 1.0589%，填料加入量为 12%，计算底层冲浆泵，并选型。

解：浆料通过量 $q_{V_{物料}}$ = 24213.2450×588.2353/(22.5×3600)

　　　　　　　　　　= 175.8406（L/s）

设 u = 1.5m/s

因为 $q_{V_{物料}}$ = $\pi D^2 u/4$，得 D = 386.33mm

取 $D_{实}$ = 400mm = 0.4m，得实际 u = 1.3992m/s

由于此处泵进出口直径和浆料通过量不变，故泵出入口浆料流速一致，即 $u_1 = u_2$。

设 $H_{Z2} - H_{Z2}$ = 8m，$p_2 - p_1$ = 0.3MPa

管路中直管部分 L = 12m

两个直管弯头 $\sum Le$ = 2×20×0.75

　　　　　　　　= 30（m）

　　　$\sum h_f$ = $(L + \sum Le) \times p_f/100$

　　　　　　= 42×p_f/100

　　　　　　= 0.42p_f

p_f 可以由 Z. J. Maje. Weti 近似计算法式（5-10）计算得出：

$$p_f = \frac{Au^a w^b}{D} \tag{5-10}$$

式中　p_f——100m 直管道中的压头损失×9.80665，kPa

　　　D——管子内径，mm

　　　u——浆料流速，m/s

　　　w——浆浓，%

A, a, b——系数，查表可得 A = 0.254，a = 0.55，b = 2.12

又因为底层加入了 12% 的填料，需要修正，修正系数为 0.968，计算得：

$p_f = (0.968 \times 0.254 \times 1.3992^{0.55} \times 1.0589^{2.12})/0.4$
   $= 0.8348$
$\sum h_f = 0.42 \times 0.8348$
   $= 0.35$
$H = 8 + 0.3 \times 10^6/(1000 \times 9.8) + 0.35$
   $= 38.96 \text{m}$

流量 $q_{V_{物料}} = 175.8406 \text{L/s}$
   $= 633.0260 \text{m}^3/\text{h}$

所以，选用型号为 300S-58B 泵，具体参数为流量 $q_{V_{物料}}$ 685m³/h，电机功率 132kW 扬程 H 为 43m，汽蚀余量 4.4m，转速 1450r/min，轴功率 100kW，效率：80%。

3. 燃烧炉

喷射炉体积按式（5-11）、式（5-12）计算：

$$V = \frac{Q_P}{Q_V} \tag{5-11}$$

$$Q_P = G_{黑液} \cdot h_{黑液} \tag{5-12}$$

式中　V——喷射炉体积，m³
　　　Q_P——炉内发热量，kJ/h
　　　Q_V——喷射炉有效体积热负荷，kJ/(m³·h)
　　　$G_{黑液}$——燃烧黑液固形物量，kg/h
　　　$h_{黑液}$——黑液绝干物比焓，kJ/kg

喷射炉炉底截面积 A 按式（5-13）计算：

$$A = \frac{Q_P}{Q_A} \tag{5-13}$$

式中　Q_A——炉底热负荷，kJ/(m²·h)

炉膛高度 $H_{炉膛}$ 按式（5-14）计算：

$$H_{炉膛} = \frac{V}{A} \tag{5-14}$$

式中　$H_{炉膛}$——炉膛高度，m

【例 5-3】 已知：黑液固形物比焓 $h_{黑液} = 24078449.8718$ kJ/t 风干浆，单位风干浆产生蒸汽量 $Y = 5607.4481$ kg/t 风干浆，单位时间风干浆产量 $G_{风干浆} = 20.8333$ t/h，喷射炉有效体积热负荷 $Q_V = 419000.0000$ kJ/(m³·h)，喷射炉炉底热负荷 $Q_A = 6280000.0000$ kJ/(m²·h)。计算燃烧炉并选型。

解： 热量 Q_P = 黑液固形物比焓·单位时间风干浆产量 = $h_{黑液} \times G_{风干浆}$
   $= 501633569.7140$（kJ/h）

$V = Q_P/Q_V = 1197.2161$（m³）

$A = Q_P/Q_A = 79.8780$（m²）

$H_{炉膛} = V/A = 14.9881$

蒸汽量 $G_{蒸汽}$ = 单位风干浆产生蒸汽量·单位时间风干浆产量 = $Y \times G_{风干浆}$
   $= 116821.6485$（kg/h）≈ 116.8216（t/h）

选型：

型号：WGZ130/39-12；

数量：1台；

技术参数：

额定蒸汽蒸发量：130t/h；

过热蒸汽温度：450℃；

过热蒸汽压力：3.82MPa；

排烟温度：150℃；

规格：16800mm×10500mm×32585mm。

4. 连续漂白设备

连续漂白设备的1h生产能力G（t/h）可按式（5-15）计算：

$$G = 60 \frac{\pi}{4} D^2 \frac{h}{t} \rho \tag{5-15}$$

式中　D——设备（漂白塔、碱处理塔、氯化塔等）内径，m；

　　　h——设备高，m；

　　　t——浆料在设备内停留时间，min；

　　　ρ——浆料浓度，t风干浆/m³。

式中$\frac{\pi}{4} D^2 h$是漂白设备的有效体积，设为V，则式（5-15）可转化为式（5-16）：

$$V = \frac{G \cdot t}{60 \rho} \tag{5-16}$$

根据式（5-16），如果已知1h待处理浆料量G，需要漂白设备的有效容积V即可求出，进而求出所需漂白设备的台套数，对单台设备的内径D和设备高h提出要求。

（四）设备表

设备选择及设备台数确定之后，工艺设计人员应将其成果编制成表，即设备一览表。其表格可参照表5-27。

表 5-27　　　　　　　　　　　　设备一览表

序号	名称	型号	数量台	外形尺寸	生产能力	配用电机		备用
						型号	功率	
1								
2								
……								

设备一览表能反映出工厂设计中主要设备型号、规格、数量和主要技术指标；可作为工艺设计人员提交给供电、土建、自控仪表、采暖通风、预算等辅助设计部门的基础资料。经上级机关批准的初步设计及施工图设计的设备表是单位设备订货的唯一依据。

五、动力平衡计算

动力平衡计算主要是进行热力的平衡计算，对热力的供给提出要求。

热量平衡计算也是工艺平衡计算的内容之一。制浆造纸厂热量衡算比较复杂，包括锅炉、蒸煮过程、漂白过程、抄纸过程和碱回收过程等工艺环节的有关计算。热量平衡计算不仅是对工艺设计，而且对日常的生产管理，也具有十分重要的意义。通过热量平衡计算可以说明生产过程中热量的消耗（主要是蒸汽）和变化情况。所得到的单位产品的蒸汽消耗量，是供热设计和经济概算依据之一；热量平衡计算也是确定加热器、换热器能力的基本依据；通过热量平衡计算，可以得到废热的排出量，从而为有效地组织废热回收和利用提供依据。

热量平衡计算所遵循的原则是能量守恒定律，即引入某一系统的热量必等于产品所带出的热量和损失的热量之和，如式（5-17）所示。

$$Q_1+Q_2+Q_3=Q_4+Q_5 \tag{5-17}$$

式中　Q_1——原料或半成品所带入热量，kJ

　　　Q_2——加热介质所提供的热量，kJ

　　　Q_3——化学反应热（吸热反应为负值），kJ

　　　Q_4——产品所带走的热量，kJ

　　　Q_5——整个过程的热损失，kJ

在热量平衡计算时，首先分析系统的这种平衡关系，使进出系统的各项热量收支都无遗漏地列出来，是热量衡算能否平衡的关键。

热量平衡计算的步骤是：先确定热量收支项目。在进行某一系统的热量平衡计算之前，必须确定出应进入和排出系统的各种热量。根据所确定的收支项目，收集必要的数据。例如：初始温度、原料量、各种物料比热容、最高温度、导热系数、传热系数、设备质量、设备散热面积、蒸汽温度、压力、热焓、热损失率等。最后是进行计算。在确定了热量的收支项目和掌握了必要数据的基础上，就可以遵循能量守恒原则，根据传热原理进行计算。

下面以蒸煮过程为例介绍热量平衡计算的方法。

【例 5-4】　碱法蒸煮锅（110m³）的热量衡算

（1）确定热量收支项目

以 1 蒸煮锅为基准，见式（5-18）。

$$Q_总 = Q_1+Q_2+Q_3+Q_4+Q_5+Q_6+Q_7 \tag{5-18}$$

说明：

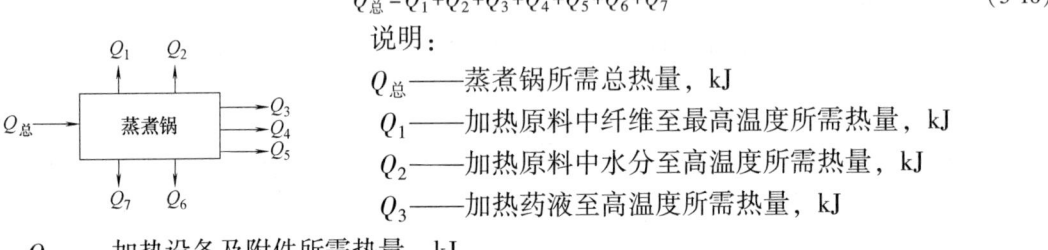

$Q_总$——蒸煮锅所需总热量，kJ

Q_1——加热原料中纤维至最高温度所需热量，kJ

Q_2——加热原料中水分至高温度所需热量，kJ

Q_3——加热药液至高温度所需热量，kJ

Q_4——加热设备及附件所需热量，kJ

Q_5——加热保温层所需热量，kJ

Q_6——升温时损失的热量，kJ

Q_7——保温时损失的热量，kJ

小放气所损失的热量以温度补偿的方式弥补。一般保温层补偿 3.5℃，物料补偿 5℃。

（2）确定、收集相关数据

110m³ 蒸煮锅蒸煮硫酸盐木浆，热量衡算的有关数据及条件见表 5-28。

表 5-28　　　　　　　　硫酸盐木浆蒸煮锅热量衡算已知数据

指 标 名 称	符号	数据	指 标 名 称	符号	数据
用碱量/%	w_A	20	钢板比热容/[kJ/(kg·℃)]	c_4	0.4815
硫化度/%	w_S	25	蒸煮锅面积/m²	A	127.89
液比	γ	1:3.5	蒸煮锅壁厚/m	δ_1	0.032
装锅密度/(kg/m³)	ρ	180	保温层质量/kg	m_4	7160

续表

指标名称	符号	数据	指标名称	符号	数据
木片水分/%	w_W	45	保温层密度/(kg/m³)	$\rho_{保温}$	800
粗浆得率/%	w_Y	46	保温层比热容/[kJ/(kg·℃)]	c_5	1.0467
升温时间/h	t_1	2.33	保温层厚度/m	δ_2	0.07
保温时间/h	t_2	1.33	蒸煮锅表面初温/℃	T_3	45
蒸煮最高温度/℃	T_1	170	蒸煮锅表面最高温度/℃	T_2	60
碱液预热温度/℃	T_Z	80	间接加热热效率/%	η	90
木片初温/℃	T_o	20	喷放用汽/(kg/t)	d	70
木片比热容/[kJ/(kg·℃)]	c_1	1.4654	管路热损失/%	$\eta_{热损}$	10
碱液比热容/[kJ/(kg·℃)]	c_3	3.81	水的比热容/[kJ/(kg·℃)]	c_2	4.1868
蒸煮锅及附件质量/kg	m_3	5300	蒸煮锅容积/m³	V	110
锅内物料到蒸煮锅内壁的传热系数/[kJ/(m²·h·℃)]	α_1	20934	石棉保温层的导热系数/[kJ/(m·h·℃)]	λ_2	0.8667
锅外壁向空气的传热系数/[kJ/(m²·h·℃)]	α_2	41.868	蒸煮小放气热损失/℃	T_x	5
钢的导热系数/[kJ/(m·h·℃)]	λ_1	159.1	保温层小放气热损失/℃	T_y	3.5

(3) 具体计算

1) 加热原料中纤维至最高温度所需热量 Q_1

$$原料质量\ m_1 = V\rho$$
$$= 110 \times 180$$
$$= 19800\ (kg)$$

$$Q_1 = m_1 c_1 (T_1 - T_0 + 5)$$
$$= 19800 \times 1.4654 \times (170 - 20 + 5)$$
$$= 4497312.6000\ (kJ)$$

2) 加热原料中水分至高温度所需热量 Q_2

$$水分质量\ m_2 = m_1 \left(\frac{w_W}{1 - w_W} \right)$$
$$= 110 \times 180 \times \left(\frac{45\%}{1 - 45\%} \right)$$
$$= 16200\ (kg)$$

$$Q_2 = m_2 c_2 (T_1 - T_0 + 5)$$
$$= 16200 \times 4.1868 \times (170 - 20 + 5)$$
$$= 10513054.7999\ (kJ)$$

3) 加热药液至高温度所需热量 Q_3

$$Q_3 = (m_1 \gamma - m_2) c_3 (T_1 - T_Z + 5)$$
$$= (19800 \times 3.5 - 16200) \times 3.81 \times (170 - 80 + 5)$$
$$= 19219545.0000\ (kJ)$$

4) 加热设备及附件所需热量 Q_4

$$Q_4 = m_3 c_4 (T_1 - T_3 + 5)$$
$$= 5300 \times 0.4815 \times (170 - 45 + 5)$$

$$= 331753.5000 \, (\text{kJ})$$

5) 加热保温层所需热量 Q_5

$$\begin{aligned} Q_5 &= m_4 c_5 (T_\text{平} - T_2 + 3.5) \\ &= 7160 \times 1.0467 \times \left(\frac{T_1 + T_2}{2} - 60 + 3.5\right) \\ &= 7160 \times 1.0467 \times \left(\frac{170 + 60}{2} - 60 + 3.5\right) \\ &= 438420.7620 \, (\text{kJ}) \end{aligned}$$

6) 升温时损失的热量 Q_6

① 传热系数

$$\begin{aligned} K &= \frac{1}{\dfrac{1}{\alpha_1} + \dfrac{\delta_1}{\lambda_1} + \dfrac{\delta_2}{\lambda_2} + \dfrac{1}{\alpha_2}} \\ &= \frac{1}{\dfrac{1}{20934} + \dfrac{0.032}{159.1} + \dfrac{0.07}{0.8667} + \dfrac{1}{41.858}} \\ &= 9.5325 \, [\text{kJ}/(\text{m}^2 \cdot \text{h} \cdot \text{℃})] \end{aligned}$$

② 送液完毕升温开始时锅内物料所含热量 $Q_\text{初始物料}$

$$\begin{aligned} Q_\text{初始物料} &= m_1 c_1 T_0 + m_2 c_2 T_0 + (m_1 \gamma - m_2) c_3 T_Z \\ &= 19800 \times 1.4654 \times 20 + 16200 \times 4.1868 \times 20 + (19800 \times 3.5 - 16200) \times 3.81 \times 80 \\ &= 18121701.6000 \, (\text{kJ}) \end{aligned}$$

③ 锅内物料每升温1℃所需热量 $C_\text{热容}$

$$\begin{aligned} C_\text{热容} &= m_1 c_1 + m_2 c_2 + (m_1 \gamma - m_2) c_3 \\ &= 19800 \times 1.4654 + 16200 \times 4.1868 + (19800 \times 3.5 - 16200) \times 3.81 \\ &= 299152.0800 \, (\text{kJ}/\text{℃}) \end{aligned}$$

④ 开始升温时锅内物料的混合温度 $T_\text{混}$

$$\begin{aligned} T_\text{混} &= \frac{Q_\text{初始物料}}{C_\text{热容}} \\ &= \frac{18121701.6000}{299152.0800} \\ &= 60.6 \, (\text{℃}) \end{aligned}$$

⑤ 整个蒸煮过程锅内物料的平均温度 $T_\text{物平}$

$$\begin{aligned} T_\text{物平} &= \frac{T_1 + T_\text{混}}{2} \\ &= \frac{170 + 60.6}{2} \\ &= 115.3 \, (\text{℃}) \end{aligned}$$

则升温时损失的热量 Q_6

$$\begin{aligned} Q_6 &= KA(T_\text{物平} - T_0) t_1 \\ &= 9.5325 \times 127.89 \times (115.3 - 20) \times 2.33 \\ &= 270702.4728 \, (\text{kJ}) \end{aligned}$$

7）保温时损失的热量 Q_7
$$Q_7 = KA(T_1-T_0)t_2$$
$$= 9.5325 \times 127.89 \times (170-20) \times 1.33$$
$$= 243212.7293 \text{ (kJ)}$$

8）蒸煮一锅浆所需总热量 $Q_{总}$，管道损失热量占总热量10%
$$Q_{总} = (Q_1+Q_2+Q_3+Q_4+Q_5+Q_6+Q_7)(1+10\%)$$
$$= 39065402.0504 \text{ (kJ)}$$

9）每锅次蒸汽用量 $m_{蒸汽}$

饱和蒸汽压力 $p=1078\text{kPa}$，蒸汽汽化潜热 $h_{蒸汽}=2007.57\text{kJ/kg}$，加热器效率 $\eta=90\%$
$$m_{蒸汽} = \frac{Q_{总}}{h_{蒸汽}\eta}$$
$$= \frac{39065402.0504}{2007.57 \times 90\%}$$
$$= 21621.1650 \text{ (kg)}$$

10）蒸煮每吨风干粗浆耗蒸汽量 D'
$$m_{锅风干粗浆耗蒸汽} = \frac{m_1 w_Y}{\eta}$$
$$= \frac{19800 \times 46\%}{90\%}$$
$$= 10120.0000 \text{ (kg)}$$

$$D' = \frac{m_{蒸汽}}{m_{锅风干粗浆耗蒸汽}} + d$$
$$= \frac{21621.1650}{10120.0000} + 0.07$$
$$= 2.2065 \text{ (}t_{蒸汽}/t_{风干粗浆}\text{)}$$

11）蒸煮锅小放气热回收计算

设每锅小放气两次，两次温度分别为120℃和143℃，两次压力分别由196.2kPa降至0kPa和由392.2kPa降至196.2kPa。

① 小放气的平均温度 $T_{平小放气}$
$$T_{平小放气} = \frac{120+143}{2}$$
$$= 131.5 \text{ (℃)}$$

② 吨风干浆小放气放出蒸汽量 $m_{小放气蒸气}$

已知风干浆中绝干浆900kg，设吨干木片在小放气时放出90kg蒸汽，若粗浆得率为46%。

则：
$$m_{小放气蒸气} = \frac{900}{1000 \times 46\%} \times 90$$
$$= 176.09 \text{ (kg)}$$

③ 小放气放出的热量 $Q_{小放气}$

小放气放出的蒸汽用换热器由 $T_{平小放气}=131.5℃$冷却到 $T_2=60℃$，131.5℃时蒸汽的比

焓为 $h_{131.5℃蒸汽}=2726.07kJ/kg$，则：

$$h_{60℃蒸汽}=c_2T_2$$
$$=4.1868×60$$
$$=251.2080（kJ/kg）$$

$$Q_{小放气}=m_{小放气蒸汽}(h_{131.5℃蒸汽}-h_{60℃蒸汽})$$
$$=176.09×(2726.07-251.2080)$$
$$=435798.4496（kJ）$$

④ 加热水量 m_W

冷却水由 $T_0=20℃$ 升温至 $T=75℃$，则加热水量 m_W

$$m_W=\frac{Q_{小放气}}{c_2(T-T_0)}$$
$$=\frac{435798.4496}{4.1868×(75-20)}$$
$$=1892.5213（kg）$$

12）放锅时大放气的热回收计算

假设生产每吨风干浆在全压喷放时闪蒸蒸汽量为952kg，喷放用蒸汽70kg，则生产每吨风干浆放出的蒸汽量 $m_{大放气蒸汽}$ 为：

$$m_{大放气蒸汽}=952+70=1022（kg）$$

蒸煮最高温度为170℃，在喷射冷凝器中闪蒸蒸汽由170℃冷却至90℃，170℃蒸汽的比焓为 $h_{170℃蒸汽}=2773.34kJ/kg$，喷射液初温为40℃，则需喷射液量 $m_{喷射液}$ 为：

$$h_{90℃蒸汽}=c_2×90$$
$$=4.1868×90$$
$$=376.8120（kJ/kg）$$

$$m_{喷射液}=\frac{m_{大放气蒸汽}(h_{170℃蒸汽}-h_{90℃蒸汽})}{c_2(90-40)}$$
$$=\frac{1022(2773.34-376.8120)}{4.1868(90-40)}$$
$$=11699.8740（kg）$$

若将喷射冷凝液用换热器由90℃冷却至40℃，冷却水由20℃升温至80℃，则需冷却水量 $m_{冷却水}$ 为：

$$m_{冷却水}=\frac{(m_{大放气蒸汽}+m_{喷射液})(90-40)}{(80-20)}$$
$$=\frac{(1022+11699.8740)(90-40)}{(80-20)}$$
$$=10601.5617（kg）$$

第四节　Excel 在物料衡算中的应用

物料平衡、热平衡以及浆水平衡等平衡计算非常重要，而且工作量大，同时计算依据一且变化,整个计算过程就得重新进行,重复工作量也很大,且容易出错。在工厂车间里某些稳定的工艺流程在生产过程中也常需要进行平衡计算,以控制生产过程中各单元的生产成本。这就需要一种快捷准确的计算方法来完成这些工作,避免重复性计算。采用 Excel 软件进行工艺计算,有以下几个优点:只要设置好单元格中的计算公式,所有计算全是自动进行,不仅方便,而且准确。当你要修改某个平衡单元中的参数时,只需改动其数值,后面的平衡单元全部都自动更改。可以自动统计某项总的消耗或外排量,如清水、白水等总消耗量或总纤维损失量,可以自动验证结果。

一、计 算 步 骤

(一)流程图的确定与建立

根据设计任务书要求,进行工艺流程论证,确定工艺流程图。

(二)工作表的建立

1. "工艺流程图"工作表的建立

新建 Excel 文档,将第一个工作表命名为"工艺流程图",绘制工艺流程图(也可以将其他软件中绘制的工艺流程示意图复制粘贴过来)。

2. 依据数值(工艺技术经济指标和参数)工作表的建立

将 Excel 文档中第二个工作表命名为"依据数值","依据数值"工作表就是工艺参数与定额数据表,只要修改这个表中的有关数值,整个计算过程就能够重新计算。

3. 浆水平衡计算工作表的建立

将 Excel 文档中第三个工作表命名为"浆水平衡计算",与手工计算浆水平衡时的步骤相似,在浆水平衡计算工作表中以 1t 风干细浆或 1t 纸或纸板为基础进行推算。按生产顺序的逆方向进行逐步推算。

二、计 算 举 例

(一)对某个平衡单元的计算

浆水平衡计算单元(如图 5-8 所示)。

已知:m_1,V_1,w_1,$w_1 = w_2 = w_3$,抄造率为 x。根据质量守恒原理可得出:$m_2 = m_1 + m_3$;$V_2 = V_1 + V_3$;$m_2 = m_1/x$,因此,在 m_2 所在的单元格里输入"$=m_1/x$"的公式其结果便可得出。同样在 V_2 的单元格里输入"$=m_2/w_1$",依次类推,在 m_3、V_3 的单元格内输入相应的公式。注意:上述公式中的"m_1,m_2,w_1"不用输入数值,只需在相应的单元格上点一下,其数值便自动载入公式中。另外,对于溶质和溶液应分别占 1 个单元格,为了好看可以将溶质和溶液旁边的 2 个单元格合并为 1 个放置浓度,分数符号可以用 Excel 的绘图功能——直线,这样设置就比较直观好看了,并与以往的计算格式相同。上面是一个简单的平衡计算示例。

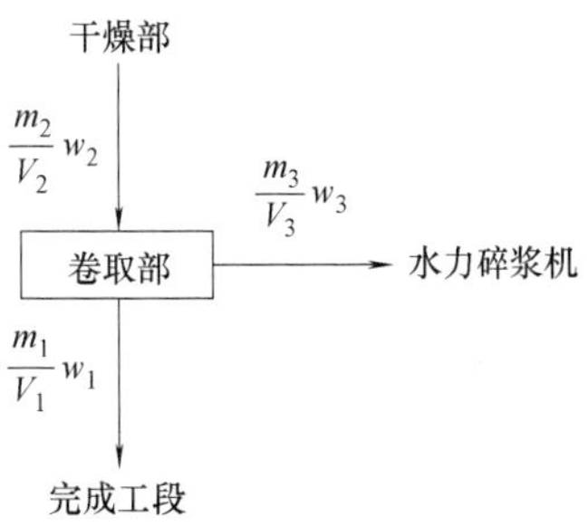

下面是较为复杂的平衡计算,如三段除渣器的平衡计算(如图 5-9 所示)。

图 5-8 浆水平衡计算单元示例

已知:m_1,V_1,w_1,w_6,w_7。$w_2 = 1\%$;$w_3 = w_1 = w_5 = 1.2\%$;$w_4 = 0.8\%$;

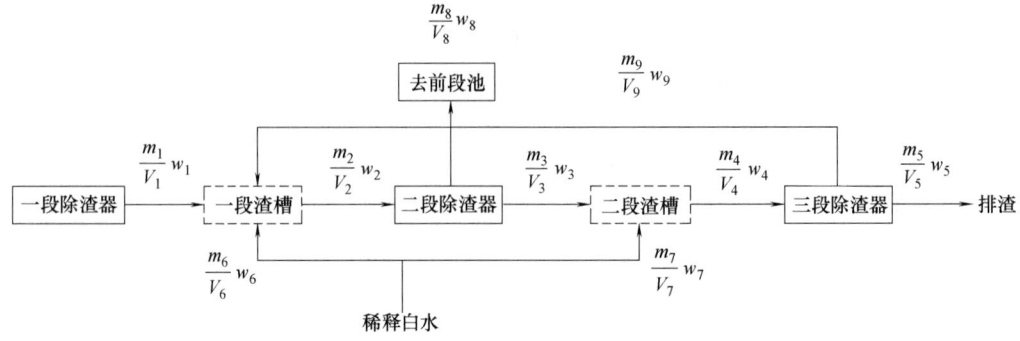

图 5-9 三段除渣器的平衡计算

$$\begin{cases} m_3 = 20\% m_2 \\ m_5 = 20\% \ m_4 \\ m_1 + m_6 + m_9 = m_2 \\ V_1 + V_6 + V_9 = V_2 \\ m_2 = m_3 + m_8 \\ V_3 + V_7 = V_4 \\ m_3 + m_7 = m_4 \\ V_4 = V_5 + V_9 \\ m_4 = m_5 + m_9 \end{cases}$$

$$m_4 = \dfrac{V_1 - \dfrac{m_1}{w_7}}{\dfrac{5w_3(w_4 - w_7)(w_7 - w_2)}{w_2 w_4 w_7 (w_3 - w_7)} + \dfrac{1 - 20\%}{w_7} - \dfrac{1}{w_4} + \dfrac{20\%}{w_4}}$$

从上面的计算来看,只要得出 m_4 计算公式,按照公式带入 m_4 所在的单元格中,便可自动得出结果。从上面的示例不难发现,对于较为复杂的平衡计算,关键是在需要计算的单元格里列出计算公式。

另外,在 Excel 工作表中可以利用函数进行多元一次方程的求解,这种方法更加简便、快捷,比如下面方程的求解:

$$\begin{cases} 12x + 4y - 7z = 403 \\ -5x + 12y + 9z = 394 \\ 4x - 9.5y - 5z = -296 \end{cases}$$

在 Excel 工作表中,将上述方程表述成如下格式:

x	y	z	数值
12	4	−7	403
−5	12	9	394
4	−9.5	−5	296

选择与 xyz 一样的区域,编辑 =MINVERSE(xyz 对应数据区域)同时按 Ctrl+Shift+Enter 键,将得到如下数据(保留小数点后四位有效数字):

0.0721　　　0.2447　　　0.3395

$$0.0311 \quad -0.0905 \quad -0.2065$$
$$-0.0014 \quad 0.3678 \quad 0.4639$$

选择与未知数数量对应的格数，编辑＝MMULT（得到的数据区域，xyz 数值数据区域）同时按 ctrl+shift+enter，即可得方程组的解：

$$x = 225.9618$$
$$y = -84.2518$$
$$z = 281.6478$$

（二）对整个车间的平衡计算

对某个单元进行平衡计算后，就可对整个车间，乃至全厂的浆水进行平衡计算。在计算过程中应注意按常规从流程终点向前进行逆向计算。每个平衡单元计算完毕后，都应进行验证，看是否平衡，以免最后盲目复查。对于清水、白水的流程，应采取清水或白水各自分开，然后，分支到各用水点。这样，不仅一目了然，而且统计总用水量也十分方便。另外，对外排物料，如浆渣等也可采取此方法。计算完毕，一定要马上进行平衡验证，列出该流程进出浆水各是多少，检验是否平衡。在计算中应充分运用 Excel 强大的计算、绘图、修饰及格式等功能，使平衡计算表更加清晰、醒目、直观。如：主流程线可以采用一种较粗、深色的线条，各次流程可根据自己的喜好来确定，也可借鉴设计中通常采用的颜色处理方法，在相交的地方，可以采取其中一条为虚线的办法，这样比较简单方便，同时也容易分辨。

（三）链接

计算浆水平衡的目的并不是计算本身，而是通过它可以为设备、容器、管线等的选择做出计算依据，从而确保选型的准确，同时也可以获得单位产品物料消耗，是经济核算、环境保护的重要依据。在计算完浆水平衡后，可以通过 Excel 中的链接功能，把 1t 纸消耗量转化为所需要的数据单位，如 m^3/h、t/d 等单位。具体做法是：可以在与浆水平衡图同一文件名下，选择另一个"工作表"，制作好所需要的表格，并定义好与 1t 纸消耗量转换的公式。当然，公式中与浆水平衡图中有关的数据是直接在图中点击链接。这样，浆水平衡图中的数据一旦发生变化，另一张表中数据也自动更改。同样，浆水平衡中的参数也可从另一张表中引入。

三、Excel 在其他方面的运用

Excel 具有强大的计算功能，只要定义好公式，然后输入参数，便可以得出结果。对于简单的浆水平衡计算单元，因为只有一个未知数，将各参数分别放在单元格中，未知数通过引用各单元格的值，通过建立简单的几何计算公式即可求出。而对于较为复杂的平衡计算，我们可以得到一组方程组，先得出某参数的计算公式，按照公式带入其所在的单元格中，便可以得出结果，其他未知数就可以迎刃而解了。对于较为复杂的平衡计算，关键在于在计算的单元格里列出计算公式。对某个单元进行平衡计算后，就可以对整个车间，乃至全厂的浆水平衡进行平衡计算了。最后建立流程图与浆水平衡计算得出的数据之间的关联，使得从流程图上能够一目了然地显示各数值。另外，虽然本文具体讲述的是 Excel 在浆水平衡计算中的运用，但是对于其他计算如车间物料平衡计算、蒸煮过程热平衡计算、造纸车间干燥用热计算等，如果对 Excel 掌握得比较娴熟的话，可以将常用的计算设置为美观的模板，每次计算只要输入参数，就可以得出相应的结果。对于工艺流程相对稳定的工厂，工程技术人员可

以把实际生产中获得的参数直接带入本厂的浆水平衡，这样不仅可以掌握生产过程各工段的消耗情况，而且还可以控制消耗指标，最大限度地节约生产成本。浆水平衡计算、制浆工段的物料平衡计算和热平衡计算以及碱回收工段的平衡计算还可以与数据库产生关联，直接将数据用于自动控制中去，进行实时的计算和控制，使生产更加精确和易控。

第五节 车间布置设计

车间布置设计是一项复杂而细致的工作，也是整个工艺设计中最重要的内容之一。它不仅要求工艺设计人员了解生产工艺设备的操作、维修和安装等方面的知识，同时要了解相关公用工程专业的设计规范要求，要与公用工程专业协同配合，共同完成。

一、车间布置设计主要任务

车间布置设计主要是对厂房的平立面结构、内部要求、生产设备、电气仪表设施等按生产流程的要求，在空间上合理组合与布局，使其既满足生产工艺、操作、维修、安装等要求，又经济实用、占地少，整齐美观，并形成一整套的设计图纸。

车间布置设计包括车间厂房布置设计和车间设备布置设计。车间厂房布置设计是车间各工段、各设施在车间场地范围内的平面布置；车间设备布置设计是指生产设备、电气仪表设施及其他相关辅助设备等的布置。

二、车间布置设计依据

车间布置设计主要依据生产工艺流程和设备选型，根据确定的生产工艺流程和选择的设备外形尺寸大小完成车间设备初步布置设计。同时，车间设备布置设计和其他公用工程有关，车间设备布置时必须考虑公用工程专业设计规范要求，车间布置设计时要掌握以下资料：

① 设计规范和有关规定。如制浆造纸厂设计规范、建筑设计防火规范等。
② 确定的生产工艺流程图。
③ 相关工艺计算资料。包括浆水平衡计算、热平衡计算和设备选型计算等。
④ 设备选型资料。包括设备图纸和设备清单，设备操作及安装条件说明等。
⑤ 设计说明书的工艺设计部分。
⑥ 其他专业资料。如厂址所在地的土建资料、劳动安全方面的资料、车间组织和劳动定员等。

三、车间布置设计原则

车间设备布置设计应遵循以下基本原则：
① 车间布置设计要适应总图布置要求，与其他车间、公用系统、运输系统组成有机体。
② 车间布置设计要最大限度地满足工艺生产和设备维修要求。
③ 车间布置设计的经济效益要好。要充分利用车间建筑面积和土地，为车间技术经济先进指标创造条件。
④ 车间布置设计要便于生产管理，并能保证安装、操作、检修方便。
⑤ 车间布置设计要符合有关的布置规范和国家有关的法规，妥善处理防火、防爆、防

毒、防腐的问题，保证生产安全，同时，要符合建筑规范和要求，人流、货流不要交叉。

⑥ 车间布置设计要考虑车间的发展和厂房的扩建。

⑦ 车间布置设计要考虑地区的气象、水文、地质等条件。

四、车间布置设计图纸

车间布置设计要求把所有生产设备按照生产流程顺序在车间内给予合理定位，通常要完成下列图纸（示例图**见云文档**）：

① 车间各楼层设备及厂房平面布置图。

② 车间设备及厂房布置纵、横向剖面图。

③ 图纸比例通常按 1：100 或 1：200 进行绘制，也可根据车间大小适当调整图纸比例。

第六节　工艺设备及管道布置设计

一、工艺设备及管道布置设计的重要性

在初步设计（或扩大初步设计）阶段，设计图纸主要包括：设备一览表、工艺流程图、工艺设备布置图、设备订货说明。因此，绘制各车间的工艺设备布置图是初步设计的主要内容，它是在浆水平衡计算的基础上，完成了设备选型和平衡计算之后进行的。它的目的是依照工艺流程图确定每台主要设备之间的相对位置，以及每台设备在厂房建筑平面和空间中的具体位置，从而确定各车间或工段厂房的长度、宽度、高度、朝向，反映了车间的操作环境、生产操作管理与质量管理水平；通过确定车间各工段建筑物之间的具体方位，来确定各工段之间的相互衔接关系。车间布置是否经济、合理，对全厂总投资的控制、对工厂建成后的生产和管理效率、产品质量、经济效益、操作和维修、安全和卫生等将有很重要的影响。因此要求工艺设计工作者要熟悉生产设备及操作，具有一定的设备维修及安装知识，并具备相当的土建、热力、仪表、采暖通风、给排水等其他辅助专业的基本知识，并将其综合运用到车间设备布置设计中。

在初步设计阶段工艺专业不做管道设计，但在施工图阶段必须进行管道设计并绘制详细的管道布置图。施工图阶段的设计图纸主要包括：设备一览表、工艺流程图、工艺设备及管道布置图、管道材料汇总表、施工安装说明。工艺管道布置图是在设备布置方案图最终确定后，按照工艺流程用适当的管材把所有的设备连接起来。管道布置图有二维图和三维图两种表达方式，我国多数设计单位把设备布置和管道一起绘制在二维的平面图或剖面图上，称为"工艺设备及管道布置图"。虽然图面较复杂，但它具有直观、表达内容较综合全面的特点，不易产生遗漏，更便于现场施工安装。工艺设备及管道布置图是设备就位安装、管道安装、加工订货、施工单位领料和编制工程预算的依据。

二、工艺设备布置设计

（一）工艺设备布置设计的要求

1. 工艺设备布置

工艺设备布置应便于施工、安装、操作和检修，并符合工艺流程设计的要求。具体应注意到以下各点：

① 车间布置应留有安装和在进行检修时供吊装设备及其零部件使用的吊物孔，吊物孔的四周应设置安全栏杆，吊物孔的大小应能吊装不可分割的最大件设备或零件，并预留有供其临时存放的位置，同时也应给起重设备留出必需的运行高度。一次安装就位的大型设备无需设计吊物孔而应在厂房全部完工前安装就位。吊物孔不应布置在底层平面主要通道上，并应设置专用大门。

② 为满足生产操作的需要，操作面应保证设备最大部件拉出后还有 1m 宽的通道，非操作面应有不小于 0.8m 宽的检修通道。主操作面应在车间采光通风较好的侧面，有左右手布置的设备时主操作面应设在两台设备之间。

③ 操作平台的宽度应大于 800mm；平台与上梁底或楼板的距离应大于 2m。平台下如需有人通行时，平台底部净高也应在 2m 以上。

④ 安排好厂房出入口、通道和楼梯的位置。车间各层的生产操作区之间应有横向、纵向通道相通。在底层横向通道上应设有主要入口及主要楼梯。每个车间的出入口不应少于两个，厂房大门宽度应比所需通过的设备宽度大 200mm 以上，比满载的运输工具宽度大 600~1000mm，总的宽度不应小于 2~2.5m，大门应选用外开门。车间长度超过 50m 的厂房，需设置两个楼梯，主楼梯的宽度一般应在 1200~2200mm 之间，坡度一般在 30°。对于一般的工作楼梯，宽度应不小于 600mm；楼层较高时，应采用二或三节楼梯，每 2~3m 高处设一踏步平台。生产车间各层的楼梯、出入口的设置，除满足生产需求外，还应符合现行的《GB 50016—2014 建筑设计防火规范》中厂房安全疏散的有关规定。

2. 液体物料输送

应尽量利用位差自流，避免迂回与多次泵送，力求管线最短。具体设计时应注意以下几点：

① 各个工序的设备布置必须与主要生产工艺流程顺序相一致，使生产线呈链状排列而无交叉迂回现象。

② 在工序之内或各工序之间，要根据生产流程的要求，尽量利用自然输送，使路线最短。

③ 在设计中，一般将洗浆设备布置在楼层上，黑液槽布置在底层；打浆设备布置在楼层上，浆池布置在底层，这样既可以使布置紧凑，又可减少设备数量及管道长度，减轻楼层的荷重。

3. 防止噪声与振动的影响，有良好的操作条件与环境

具体设计时，应注意以下几点：

① 对于质量较大的设备及运行时有强烈振动和冲击的设备，如削片机、磨木机、高频振动筛等一般应布置在厂房的底层地面。如必须布置在楼面时，其基础应落在底层岩土层上，并和其他基础脱离或采取隔振基础。

② 对于运转时产生噪声的设备，如抄纸工段的真空泵群和打浆工段的盘磨机群等，应尽量集中安装在离操作人员较远的地方，同时应采取相应的隔音消音措施。

③ 对于运转时发散有害物质或气体的设备，如液氯气化、制漂等设备，应设置单独的气化和制漂房，以保证操作人员的安全。但又要邻近漂白工段，以满足生产工艺的要求，并要采取防止氯气泄漏和事故处理的措施。

④ 对于运转时产生粉尘的设备，如切苇机、填料的溶解等设备，应采取隔断和加强通风除尘的措施，以保证操作人员的健康。

⑤ 对那些劳动环境与条件较差的工段或工序,如切苇机、填料的溶解等设备,应充分考虑其朝向、风向和门窗的位置,对排气、除尘及通风设施的安装位置要充分考虑操作条件和环境的影响。

⑥ 一般情况下,设备的操作面应对着光线,以利于操作人员生产和安全。如我国南方地区均以全年阳光和通风较佳的南面作为设备的主操作面。

4. 工艺车间建筑方案与建筑结构应协调

工艺专业提出的车间的建筑方案需和建筑专业、结构专业协调一致,以合理确定车间的平面和空间。具体设计时,应注意以下几点:

① 单层厂房。a. 跨度的规定:在 18m 以内者,采用 3m 的倍数即 9、12、15 和 18m;在 18m 以上者,则采用 6m 的倍数,即 24、30、36 和 42m;b. 柱距的规定:柱距一般以 6m 进位,在砖石承重的混合结构中,可采用小于 6m 的柱距。

② 多层厂房。跨度和柱距均以 6m 进位。

③ 厂房层高。不论厂房内有无吊车,自地面至柱顶的高度应为 300mm 的倍数。

(二) 各车间的工艺设备布置设计特点

1. 制浆车间的设备布置

(1) 备料工段布置的要求

① 备料设备之间应有输送设备连接,以达到连续生产的目的;

② 备料工段内及工段附近,应有原料运输车辆的停放与周转场地;

③ 大型设备的上方需设起吊设备以利于检修。起重量按设备最大件质量选取;

④ 主要备料设备之间的最小间距为 1.5~2m(操作面)和 0.8~2m(非操作面)。设备与柱或墙的最小间距为 1.5~2m(操作面)和 0.8m(非操作面)。如有通道时还需增加 1.5~2.5m;

⑤ 胶带输送机上升角度:若选用普通胶带,当输送原木或木段时,应小于 14°,输送水上贮存原木时,应小于 12°;输送木片、草片、苇片时,应小于 18°;若选用防滑胶带时上升角度可大些,视防滑胶带的产品种类而有所不同,一般可达 22°以上。

(2) 蒸煮工段布置的要求

① 蒸球布置 一般按生产能力设置 2~4 台蒸球。如果是两个同型号的蒸球,最好是使传动部分相对并列配置,操作面布置在朝南的主风方向。蒸球间距最好采用 6m×6m 或 9m×9m 的柱网。蒸球的装料口设在顶层,布置设计时楼面预留开孔,其尺寸形状和荷载由工艺设计人员向土建设计人员提供。蒸球间的围墙,要在蒸球安装完毕后才用砖砌好,地面要有防碱液腐蚀的措施。

② 蒸锅布置 大中型厂的蒸煮车间,一般设有 3~6 台立式蒸煮锅,蒸煮锅一般是互相靠近布置在一个主厂房内,并以墙隔开。

(3) 洗筛、漂白工段布置的要求

① 洗筛、漂白工段为多层建筑,根据工艺性质的要求,浆池应布置在楼下,其他设备布置在楼上,同时,除应有主要工作楼梯外,应根据土建的有关规定设置辅助楼梯。

② 设备布置时,应满足工人操作和检修的方便、安全要求。设备与设备之间、设备与墙之间至少应留出 60mm 的通道,操作平台宽度应不小于 700mm,平台面距梁底或楼板底一般应不小于 2000mm,个别不经常操作的平台距梁底或楼板底应不小于 1800mm。

③ 应设有最大、最重设备的吊装设施和吊物孔,浓缩设备上方应考虑设置吊装网笼的

设施。

④ 在条件允许时，筛选、漂白工段的筛选洗涤和漂白工序布置在同一跨度、同一层操作楼面，以方便生产和合用起重设备和吊物孔。

⑤ 布置时，应将氯液气化及制漂部分和生产工段隔开。

2. 造纸车间设备布置

（1）打浆工段布置要求

① 打浆工段厂房长度、跨度和高度要符合建筑模数制外，还应符合起重机对厂房要求。

② 打浆设备宜布置在二楼楼面，浆池布置在一层。对于连续打浆设备，在布置中应考虑到它们之间的配合关系，即使布置既符合工艺流程的要求，又使设备排列整齐。

③ 填料溶解槽应设除尘装置，以减少粉尘危害。

④ 松香锅顶部应有通风排气装置，以排除湿热空气，改善劳动条件。

⑤ 辅料制备及其输送管道和周围厂房地面，应考虑防腐措施。

⑥ 盘磨机等打浆设备应采取隔音措施。

（2）抄纸工段布置要求

① 抄纸工段厂房长度、跨度和高度应符合建筑模数制外，还应满足起重机对厂房要求。

② 抄纸工段设备布置除应满足工人操作和车间排热、排湿要求外，还应满足设备更换、检修等所需的空间。

③ 造纸车间跨度应根据造纸机宽度及造纸机换网换辊时的操作要求确定。造纸机的主体部分应布置在主跨内。

④ 造纸机换网操作时，当网架拉出后，宜留有大于1.2m的操作距离。造纸机传动侧宜留有大于1.0m的检修通道。

⑤ 造纸车间内物料堆存面积宜根据厂内仓库堆存能力与送料制度确定，在流浆箱前应留有备用网、辊等堆存区域。

⑥ 造纸化学品制备工段不宜布置在车间主跨内，宜利用物料液自流方式布置设备。

⑦ 真空泵、空气压缩机、风机等噪声较大的设备宜设置消音、隔音装置。

三、工艺管道布置设计

生产车间是指备料、机浆、化浆、造纸、碱回收等车间，并包括上述车间所属的各辅助生产工序。生产车间内部工艺管道设计应包括直接参加工艺生产的各种纸浆、清水、白水、蒸汽、黑液、白液，以及各种辅料、药液等管道和其他辅助生产的压缩空气、真空系统、滤洗、排污、排渣等的管道工程。不包括车间内卫生设施、采暖通风及自控仪表等管道设计。

制浆造纸工程生产过程涉及介质种类较多，这些介质大都通过管道输送，因此，管道布置设计尤为重要，管道材质选择和管道规格设计是管道设计的重要内容。工艺管道设计是施工图设计的重要内容之一，是制浆造纸工程项目施工及安装所必备的图纸。

（一）工艺管道设计原则

工艺管道设计应遵循以下基本原则：

① 工艺管道设计必须符合《GB 50316—2000 工业金属管道设计规范》《GB/T 20801.1~6—2020 压力管道规范 工业管道》等国家标准。

② 工艺管道设计应符合工艺流程要求，并应保证安全生产、便于操作和方便检修。

③ 工艺管道设计应力求管线最短以节约材料和投资。

④ 工艺管道设计应统筹规划，做到安全可靠、经济合理、满足施工、操作、维修等方面的要求，并力求整齐美观。

⑤ 管道压力、管径、材质和规格等应符合工艺要求。

⑥ 工艺管道设计时，应考虑自控仪表安装要求。

⑦ 工艺管道设计应满足支吊架安装要求。

（二）**工艺管道设计要求**

工艺管道设计基本要求如下：

① 厂区内全厂性管道的敷设，应与厂区内的装置（单元）、道路、建筑物和构筑物等协调，避免管道包围装置（单元），减少管道与铁路、道路的交叉。

② 管道应架空或地上敷设，如确有需要，可埋地或敷设在管沟内。

③ 管道宜集中成排布置，地上的管道应敷设在管架或管墩上。

④ 在管架、管墩上布置管道时，宜使管架或管墩所受的垂直荷载和水平荷载均衡。

⑤ 全厂性管架或管墩上（包括穿越涵洞）应留有10%~30%富余量，并考虑其荷重大小。装置主管廊管架宜留有10%~20%富余量，并考虑其荷重大小。

⑥ 输送介质对距离、角度和高差等有特殊要求的管道以及大直径管道的布置，应符合设备布置设计要求。

⑦ 管道布置不应妨碍设备、机泵及其内部构件的安装、检修和消防车辆的通行。

⑧ 管道布置应使管道系统具有必要的柔性。在保证管道柔性及管道对设备、机泵管口作用力和力矩不超过允许值的情况下，应使管道最短，组成件最少。

⑨ 应在管道规划的同时考虑其支承点设置。宜利用管道的自然形状达到自行补偿。

⑩ 管道布置宜做到步步高或步步低，减少气袋或液袋。不可避免时应根据操作检修要求设置放空、放净点位置。

⑪ 气液两相流管道由一路分为两路或多路时，管道布置应考虑对称性或满足管道及仪表流程图的要求。

（三）**工艺管道设计步骤**

① 选择管道材料。根据输送介质的腐蚀性质、流动状态、温度、压力等因素进行选择。

② 确定介质的最合理流程。工艺介质流程可以采用自流或泵送，应根据介质的性质、输送状态、黏度、成分以及与之相接的设备、流量等选择最合理的流程。

③ 确定管径。根据输送介质的流量和流速，通过计算得出理论值，再查现有管道系列产品的规格图表确定合适的公称管径。

④ 确定管壁厚度。除低压流体输送管道标注公称直径外，中压或高压管道需标注管道的内径和壁厚。所以需根据输送介质的压力及所选择的管道材料，确定管道的内径和管壁厚度。

⑤ 确定管道连接方式。根据所选择的管材、管径、介质的压力性质、用途、设备或管道的使用检修状态，确定连接方式。

⑥ 选择阀门和管件。介质在管内输送过程中，肯定会有分、有合、转弯、变速等；为了保证工艺上的操作要求及安全需要还应配备各种类型的阀门。因此，要根据设备的布置、工艺操作、检修和清洗以及设备安全的要求，选择合适的弯头、三通、四通、U形管等管件和各种安全阀、减压阀、疏水阀、放料阀等阀门。

⑦ 选择管道的热补偿器。有的管道在使用过程中常常因存在温差而使管道的长度产生

伸缩变化。一般在热膨胀长度较小时可通过转弯、支管、固定等方式自然补偿。当热膨胀长度较大时，应从波形、方形、弧形和套筒形等各种补偿中选择合适的热补偿形式。

⑧ 选择保温方式及材料。根据管道输送介质的特性及工艺要求的温度值，选择保温材料的种类及保温层的厚度。有的高黏度介质输送管道在敷设保温材料之前，还需设有蒸汽套管加以保温。

⑨ 管道布置。首先根据生产的性质，介质的流向，相关设备的位置、环境、输送介质的性质及操作安装、检修等情况，确定管道的敷设方式——明装或暗设。其次在管道布置时，在垂直面的排布和水平面的排布、管间距离、管和墙间距离、管道坡度、管子穿墙、穿楼板、管子与设备相接等各种情况，要符合有关规范。

⑩ 计算管道的阻力损失。根据管道的实际长度、管道相接设备的相对标高、管壁状态、管内介质的实际流速，以及介质所流经的管件、阀门等来计算管道的阻力损失。目的是为最终确定输送设备有关参数时提供参考。

⑪ 选择管架及固定方式。根据管道本身的强度、刚度、介质温度、工作压力、线膨胀系数、投入运行后的受力状态，以及管道的根数、车间的柱梁及楼板等土木建筑结构形式，选择合适的固定方式和管架，确定管架的跨度及管道固定用具。

⑫ 绘制管道图。主要包括管道平面布置图、管道剖面（立面）布置图、管道支吊架图，如有必要时绘制管道透视图（三维）。此外，需完成工艺管道支吊点预埋件布置图向土建（结构）专业提供资料，以便施工时顺利完成管道安装。

⑬ 汇总表编制。编制管材、管件、阀门、管架及保温材料汇总表（应考虑安装余量）。

⑭ 选择管道的防腐蚀措施。选择合适的表面处理方法和涂料及涂层顺序、涂料颜色。

⑮ 编写车间设备及管道安装说明。

（四）工艺管道及管件的种类、材质、规格确定

1. 工艺管道分类

工艺管道通常根据管道的材料、用途及管道的连接方式来分类。

① 按管道材料分类。a. 金属管道：碳钢、合金钢、铸铁、不锈钢等；b. 内衬被覆物金属管道：衬胶、衬塑、镀锌等；c. 非金属管道：橡胶、塑料、玻璃钢、陶瓷、玻璃等。

② 按工艺用途分类。a. 生产工艺管道：浆管、碱液管、酸液管等；b. 蒸汽管道和凝结水管道等；c. 压缩空气管道和真空管道等。

③ 按管道的连接方法分类。a. 法兰连接管道；b. 承插口连接管道；c. 螺纹连接管道；d. 焊接管道；e. 混合连接管道。

2. 工艺管道及管件材质确定

不同的工艺介质由于浓度、黏度、压力、温度及腐蚀程度等状态不一致，设计输送这些介质所用的管道和管件可以考虑采用不同材质的材料，以符合工艺要求，又达到节约投资的目的。

过去很多小型制浆造纸生产线考虑管道对投资的影响，往往都是按介质不同选用不同材质的管道材料，但由于市场不断变化，其产品也不断变更，生产过程中添加化学品的种类及数量也在不断变化，导致管道清洗频繁，设备腐蚀严重，运行成本过高；目前对于大型制浆造纸生产线而言，管道投资占总投资的比例相对较小，为了加快项目建设进度，减少项目运行成本，很多工厂在管道材质选用上基本统一考虑采用不锈钢管道，这样采购容易，施工安装及维护方便，因此，关于管道的种类及材质本书不作详细介绍。

3. 工艺管道及管件规格确定

管道内介质流量与流速和管道截面积有关，工艺管道管径通常按式（5-19）计算而得。

$$q_V = u \times \frac{\pi}{4} \times d^2 \tag{5-19}$$

式中　q_V——流体的体积流量，m^3/s；

　　　u——流体的流速，m/s；

　　　d——管道内径，m。

通过参考不同介质常用流速范围进行管径的计算，确定工艺管道及管件的规格。

4. 管道链接方式选择

管道连接方式应由输送介质的操作条件及其在该条件下介质的特性来决定，管道连接可采用下列方法。

① 焊接。压力管道如蒸汽、清水、压缩空气、真空、冷凝水等管道应采用焊接。

② 螺纹连接。螺纹连接的方式只能在设计工作压力在 1MPa 以下，温度在 100℃ 以下，以及管径不大于 50mm 管道上。一般仅适用于低压水，空气或带有方管螺纹的阀体及其他连接件上。

③ 法兰连接。法兰连接一般适用于大管径、密封性要求不高、经常拆洗的物料管道及管道与阀体或设备的连接。并应根据管道介质的压力、温度、选择不同形式的法兰。

④ 活接头。活接头适用于经常拆洗的物料管道以及设备连接管、环形连接管上，以便检修及安装。

5. 管道材料统计

管道材料计数方法应根据下列规定统计：

① 直管长度可根据不同管径的直线管段分别统计其近似值，不扣除直线管段内的附件尺寸如弯头、三通、阀门等实际尺寸；非标准铸铁管长度应按制造图的标准尺寸统计其直管长度。

② 管道附件的计数应根据管道布置图中的实际个数统计数量。

③ 管道及其附件汇总应考虑管道安装施工过程中必要的损耗。管道材料附加量可按材料附加量表的规定统计数量。

（五）工艺管道安装与布置注意事项

1. 管道的敷设

车间内部管道尽可能沿墙安装或沿柱架空敷设，管与管之间、管与墙壁之间距离以便于安装、检修和操作管理为原则。跨越人行道的室内工艺管道其净空高度一般应不小于 2.2m。除非设有防漏设施，否则跨越设备、电动机或电气开关柜等的管道不应有焊缝、阀门及其他管道附件，以防管道泄漏带来损害。管道距墙壁表面不得小于 120mm。多根管道排列时要满足使用、安装、检修的要求并应考虑管架荷载的合理分布。

必要时车间内管道也可以地下敷设。地下敷设的管道应设管沟，其沟盖板应与地坪相同，管道表面应涂以沥青或红丹及油漆以防腐蚀。

室外工艺管道一般架空敷设，跨越厂区运输线路的高度应符合总平面布置设计规范要求。横跨厂区次要干道的管道最小标高为 4.5m，横跨厂区次要干道时高度应大于 4.0m。

2. 阀门布置和安装

管道上安装的各种阀门,应尽可能靠近设备的操作侧,其高度应以方便操作和检修为原则,同时,阀门布置和安装还应满足以下基本要求:

① 阀门的布置应符合阀门的构造和介质特征的要求,阀门应布置在操作、检修方便的地方,并应不妨碍设备本体及管道等的拆装和检修。

② 竖管上的阀门,其安装高度应以 1.2m 为宜。当阀门中心离操作地面超过 2m 时,对集中布置或操作频繁的阀门应设置操作平台;对不经常操作或单独的阀门,也应装阀杆接长装置,以方便操作。

③ 水平管线上阀门的阀杆一般不宜朝下安装,以防泄漏危险。

④ 重型阀门或阀门集中处应考虑设置支吊架安装的可能,不应将阀门和管道的质量支撑在设备上。

3. 管道布置注意事项

① 避免过多的或曲率过小的弯曲。

② 一般不应采用一头堵死的三通管来代替弯头。

③ 分流时应在分流后缩径,不应先缩径而后分流。

④ 易产生积垢或易堵塞的管道(如浆管)转弯要用大弯曲半径的弯头,并选用可拆洗弯头以便冲洗积物。

4. 腐蚀性和热流体输送

输送腐蚀性流体和热流体的管子连接处(如阀门、焊接处及其他管道附件),不得位于通道和电器设备上方,避免泄漏而损害人体和设备。

5. 室内管沟的布置

室内管沟的布置需结合厂房内其他沟道统一考虑,布置时应注意以下各项要求:

① 沟走向应适合生产工艺流程的需要,并尽量减少沟道长度。应尽量减少沟道交叉。当无法避免时,一般应按干沟让湿沟,电缆沟让管沟和压力管让自流管的原则处理。

② 尽量避免将管沟布置在主要通道下方,并防止有被煤粉、灰渣或白泥等杂物沾污和堵塞的可能。

③ 便于安装和检修,沟内管道应尽量作单层布置。

④ 管沟应有排水措施。

6. 高温管道

管道介质温度高于 50℃的蒸汽管、冷凝水管、热水管、黑液管、碱液管及管件均应保温,生产时保温层表面温度一般要求不超过 50℃(周围空气温度按 25℃计算)。

常用的保温材料有:用于高温管道的有石棉、矿渣棉、泡沫混凝土、石棉硅藻土等;用于低温管道的有软木、泡沫塑料及羊毛毡等。保温层的厚度,应视流体的温度与材料的导热系数来决定。

对生产中或开机关机时温差大的管道,如蒸汽管道需进行温度补偿。所谓的温度补偿,就是合理地确定支架的位置,使管道在一定范围内进行有控制地伸缩,以便通过补偿器和管道自身的弯曲部分进行长度补偿。布置蒸汽管道的固定支架和补偿器时,应首先考虑利用管道的弯曲部分进行自然补偿,如不能进行自然补偿就需要安装补偿器。具体选择和计算补偿器可查阅有关手册。

7. 管道坡度

工艺管道设计时应考虑坡降，除特殊要求外，一般参考下列坡降设计：

① 自流管沿介质流向坡降 浆、浓黑液、苛化液、白泥、填料液等管道不应低于3%（若条件允许尽可能大些）；其他辅管（填料管除外）不小于1%；污水管在0.5%~1.0%；白水、稀黑液、漂液不小于0.5%；其他自流管在0.3%~0.5%之间。

② 压力管沿介质反流向坡降 纸浆、浓黑液、白泥、苛化液、填料液等管道不小于1%；其他管道，如清水、白水、冷凝水、稀黑液、碱液管等不小于0.2%。

③ 压力管沿介质顺流向坡降 蒸汽、压缩空气、真空等管道不小于0.2%。

8. 管道标识

当工艺管道安装全部完毕以后，工艺管道的表面或其保温层表面应涂以各种颜色，以示区别其用途，表明输送什么流体。同时，在主管上画箭头，标出介质的流向。

参 考 文 献

[1] GB 51092—2015 制浆造纸厂设计规范 [S]. 北京：中国计划出版社，2015.
[2] 杨念椿. 制浆造纸工厂设计 [M]. 北京：中国轻工业出版社，1995.
[3] 王志杰. 制浆造纸工程设计 [M]. 北京：中国轻工业出版社，2009.
[4] 陈务平. 制浆造纸工程设计 [M]. 北京：中国轻工业出版社，2016.
[5] 杨基和. 化工工程设计概论 [M]. 北京：中国石化出版社，2005.

习 题

[目标1] 问题分析

1. 某制浆造纸厂预在四川宜宾建立分厂，请你在考虑多种因素的基础上，为该厂选取合适的制浆原料、制浆方法及关键工艺参数，并进行合理性论证。

2. 某制浆造纸厂以芦苇为生产原料，请你为其选取合适的建厂地址，并从原料、交通、水源、人力、环保等方面进行全面论证。

3. 某纸厂原采用氯漂，随着政府环保政策越来越严格，为减少漂白废水中 AOX 含量，请你为该厂设计一条全新的漂白工艺流程，并选取合适的参数，设计过程中要考虑到废水的排放量及经济性。

4. 某制浆造纸厂升级改造准备引进一条新的生产线，拟采用幅宽8600mm的纸机生产胶版印刷纸，设计车速1400m/min，请你为该厂设计一条适合该生产线的供浆系统，并选取合适的参数，设计过程中需综合考虑经济、社会效益以及环境等因素。

5. 为进一步提高产量，某造纸厂准备对某一长网纸机的车速由300m/min提速为800m/min，请从压榨辊形式和布置等方面提出对压榨部的改造设计方案，并给出关键工艺参数，同时进行合理性论证。

6. 一制浆造纸厂某箱纸板生产车间，设计生产定量为$120g/m^2$箱纸板，且车速为800m/min，请从烘缸的组合方式、通气方式、一次二次蒸汽的运行、冷凝水和不凝结气体处理方式等方面对该生产线的干燥系统进行设计，给与关键参数，并进行合理性论证。

[目标2] 设计/开发解决方案

7. 某厂欲生产马尾松漂白针叶浆，请论证适用蒸煮方法并设计生产流程。

8. 某厂欲生产杨木漂白针叶浆，请设计适用短程序 TCF 漂白流程，并采用 Excel 进行物料衡算。

9. 请设计一个文化用纸造纸车间浆料净化筛选相结合的生产工艺流程示意图。

10. 请论证并设计一个书写纸的化学品添加系统工艺流程，进行物料衡算、设备选型计算，并尝试进行车间布置图绘制。

【本章思政案例】

序号	案例名称	案例教学目标	案例教学内容
1	生产工艺比对分析	培养学生具备判断生产工艺合理性能力,使学生具备分析解决复杂工程问题能力,实现对学生的价值观引导作用和科研实干精神的培养	在课堂讲授生产工艺设计概述一节时,在学生掌握了基本的设计理念后,授课教师可以向同学们展示不同的生产工艺,通过带领同学分析比对不同工艺流程,引导学生分析判断各流程设计的合理性,流程中是否考虑了创新意识、经济效益、社会效益、人体健康、食品安全、相关法律法规、文化以及环境等因素,培养学生树立合理设计工艺流程理念
2	生产工艺设计	培养学生具备合理设计生产工艺能力,可以采用"翻转课堂"的教学模式,学生来充当主角,老师做引导和协作的角色,强化学生的自主学习能力,激发学生科研报国的担当精神和脚踏实地的奋斗精神	授课教师在课后布置某一工段的生产工艺流程设计任务,学生课下通过查阅资料自主完成,并在课堂上通过PPT对流程进行讲解和论证,其他同学可以对流程中的相关问题进行质疑,讲解同学进行答疑。通过这种过程培养学生合理设计工艺流程的能力
3	工艺参数的选取	培养学生科学严谨的精神,使同学明白工艺参数的选取是工艺设计人员的一项重要工作,必须要深入工程一线进行调查研究,实现对学生精益求精、脚踏实地的敬业精神的引领	授课过程中,教师可以通过布置某一品种浆或纸的设计任务,让同学们自行查阅资料选取参数,通过学生的课上展示,使同学们明白,工艺参数的选取和生产流程与方法、原料与设备等条件息息相关,参数的选取一定要进行仔细的调查研究,培养学生精益求精、脚踏实地的敬业精神

第六章 公用工程与辅助工程设计

【本章学习目标】

学习本章内容可以提高学习者对工程与社会、工程实践环境和可持续发展的深刻理解。具体包括：

[目标1] 工程与社会：能够基于制浆造纸工程相关背景知识进行合理分析，评价制浆造纸专业辅助生产工程设计中复杂工程问题解决方案对社会、健康、安全和环境的影响，并理解应承担的责任；能够基于制浆造纸工艺特点，了解制浆造纸工业厂房的特点和相关建筑物的基本构成，能够评价建筑物的构造要求和工程问题，具备为造纸企业设计提供供电与供热系统、采暖通风系统、给水和排水的解决方案，并理解企业节能减排对生存与发展的影响，增进社会责任感。

[目标2] 环境与可持续发展：能够理解和评价针对复杂工程问题的制浆造纸工程实践对环境、社会可持续发展造成的影响以及解决方法。

[目标3] 项目与管理：能够识别和分析制浆造纸工程中的危险因素和有害因素，并根据这些因素的物理化学特性，设计出满足劳动安全卫生原则和要求的劳动安全卫生措施。

第一节 辅助生产工程设计

一、综合办公楼和中心化验室

（一）综合办公楼

制浆造纸企业综合办公楼应布置在便于行政办公、环境洁净、靠近主要人流出入口的位置，办公楼前应配有一定数量的停车位，方便办公人员进出。其用地面积与管理人员数量以及机构设置的部门有关，一般不超过工业项目总用地面积的7%。综合办公楼建筑面积可根据式（6-1）进行计算：

$$A_1 = \frac{GK_1A_2}{K_2} + A_3 \tag{6-1}$$

式中 A_1——综合办公楼建筑面积，m^2

　　G——职工总人数

　　K_1——综合办公楼办公人员人数占职工总人数的比例，一般为8%~12%

　　K_2——建筑系数，一般为65%~69%

　　A_2——每位办公人员使用面积，m^2

　　A_3——辅助用房面积，m^2

（二）中心化验室

制浆造纸企业分析化验工作是生产过程中的重要环节之一，可对生产原料以及所生产的产品规格和质量进行分析化验，而且还可以对中间生产过程进行监控和分析，以确保生产过程安全稳定地进行。因此，化验室的设计和建设是至关重要的。

制浆造纸企业的化验室一般包括中心化验室和车间化验室，各自担负不同的分析化验任务，在此，我们只对中心化验室做简要论述。

1. 中心化验室的任务

中心化验室包括物理检测室和分析化验室，主要承担制浆造纸厂的原料、辅助原材料和产品的分析化验任务以及新产品的开发任务，具体任务如下：

① 对购买的原材料以及辅助原材料进行质量及性能分析；
② 对生产的成品和中间产品进行质量检测；
③ 化验生产或者生活用水水质；
④ 检验排放的废水是否符合排放标准；
⑤ 对生产过程中需要检测的化学药品进行分析化验；
⑥ 研究和开发新产品，并对所需的新技术和方法进行汇编；
⑦ 分析仪器设备的日常维护。

2. 中心化验室的设计原则

为确保中心化验室能够顺利开展上述任务，其设计应遵循以下原则：

① 应根据生产工艺要求、分析频率、控制指标、分析方法以及工厂产品标准等确定主要分析仪器设备的种类和数量，以确保生产线的安全稳定运行，保证产品质量合格。
② 除生产所需的分析仪器设备外，还应配备开、停机以及事故处理所需要的检测仪器设备。
③ 应根据分析样品、分析方法以及分析频率等因素综合优化分析仪器的配备，确保所配备的仪器设备既能满足分析精度的要求，又要经济实用。
④ 中心化验室宜设置在靠近生产车间且环境比较安静清洁的地方，不宜靠近主要交通干道及噪声或震动很大的设备装置。
⑤ 送进中心化验室的上水宜为清水，水质、水压宜与生产车间相同。
⑥ 排水管道应选用耐化学腐蚀的材料。

3. 中心化验室的分析仪器设备

① 常规仪器设备。制浆造纸厂配备的常规仪器设备一般包括烘箱、天平、pH计、显微镜、气相色谱仪以及相关的玻璃仪器设备等。其中，天平应布置在无振动、无高温影响的环境中。
② 专业仪器设备。主要包括蒸煮锅、打浆度仪、抄片机以及纸张物理指标分析检测设备等，同时还应配备生产用水以及废水检测相关仪器设备。其中，物理指标分析检测室根据产品检测需求，宜设置恒温恒湿室。
③ 中心化验室家具。中心化验室应配备与其功能相匹配的化验室家具，如试验台、设备台、通风橱、椅子凳子等。包括：a. 试验台布置可沿墙或者化验室中部排列，在试验台的两侧可设置洗涤槽；b. 设备台是用来放置分析仪器和加热设备的，一般沿墙布置；c. 通风橱应设有机械排风；d. 椅子凳子等应根据中心化验室的要求配置。

二、空压站和维修间

（一）空压站

制浆造纸生产过程中，压缩空气是必备的，主要用于造纸机网部、压榨部和烘干部，以及各车间的仪表动力、鼓风、搅拌、清扫等。压缩空气使用场合不同，对其品质要求也不同，应根据空气净化等级要求、压缩空气负荷及投资、能耗、建设用地等管理要求，配备合适的空气压缩机的型号、台数和不同空气净化等级、压力的供气系统。对于一般的操作用气要求不高，经空气压缩机压缩后，只要满足使用压力，再经过滤后无尘埃即可使用，但对于仪表用气来说，还需要经过除油除水处理，以确保仪表的操作精度和使用寿命。

1. 空气压缩机

空气压缩机的种类很多，按工作原理可分为容积式压缩机和速度式压缩机两大类。容积式压缩机的工作原理是压缩气体的体积，使单位体积内气体分子的密度增加以提高压缩空气的压力；速度式压缩机的工作原理是提高气体分子的运动速度，使气体分子具有的动能转化为气体的压力能，从而提高压缩空气的压力。

现在常用的空气压缩机有活塞式空气压缩机、螺杆式空气压缩机（螺杆空气压缩机又分为双螺杆空气压缩机和单螺杆空气压缩机）、离心式空气压缩机、滑片式空气压缩机、涡旋式空气压缩机。其中，在小流量时最广泛采用的是活塞式空气压缩机，在大流量时多采用离心式空气压缩机。对于制浆造纸厂来说，压缩空气的使用频率较高，但流量不大，通常采用活塞式空气压缩机。

2. 空压站布置

空压站在厂区内的位置，除考虑设备的自然通风和采光外，还应根据下列因素，经技术经济方案比较后确定：

① 尽量靠近用气负荷中心。

② 应尽量布置在空气较清洁的地段，并位于散发爆炸性、腐蚀性和有毒性及粉尘等有害场所常年最小频率风向的下风侧。

③ 空压站冷却水量和用电量都较大，故应尽可能靠近循环冷却水设施和变电所。

④ 由于空压机工作时振动大，故应考虑振动、噪声对邻近建筑物的影响，通常要单独隔离开，并采取减振和隔音措施。

⑤ 贮气罐一般布置在室外，立式贮气罐与机器间外墙的净距不应影响采光和通风，且不应小于1.0m。

⑥ 空压站与其他建筑物之间应具有一定的防护间距，可参考表6-1。

表6-1　　　　　　　　　空压站与其他建筑物的最小防护间距

建筑物名称	最小防护间距/m	建筑物名称	最小防护间距/m
露天堆煤场及散发粉尘的地点	50	居住及公共建筑物	50
乙炔站	20	中央化验室	100~200
喷水冷却池	40	厂外公路边缘	10
冷却塔	20	厂内公路边缘	5

3. 空压站的组成与设备布置

空压站除机器间外，还应设置辅助间（如配电室、操作室等）。辅助间的组成和面积应根据空压站的规模、空气压缩机的型号、操作管理模式等确定。

机器间内设备的布置和辅助间的布置，以及与机器相邻的其他建筑物的布置，不一影响机器间的自然通风和采光。

当空气干燥净化装置设置在压缩空气站内时，应布置在靠近辅助间的一端。

当空压站内需配置专门的检修场地时，其面积不宜大于一台最大空气压缩机组占地和运行所需的面积。

单台空气压缩机额定容量大于或者等于 $20m^3/min$，且总安装容量大于或者等于 $60m^3/min$ 的空压站，应配置检修用起重设备，其能力应按空气压缩机组检修时最终的起吊部件确定。

空气压缩机组的联轴器和皮带传动装置必须设置安全防护设施。

当活塞空气压缩机的立式气缸盖高出地面 3 m 时，应设置可移动或可拆卸的维修平台和扶梯。

空气压缩机的高效过滤器宜安装在便于维修之处，必要时应设置平台和扶梯。

空压站内的维修平台和同步电动机地坑的周围，应配置防护栏杆，且栏杆下方应设置防护网或防护板。

空压站内应设置排水性能较好的地沟，且应铺设盖板。

（二）维修间

制浆造纸企业维修间主要包括机器（或设备）维修、电器维修和仪表维修。在总体布置中尽量将三者集中布置。维修区一般布置在厂区的边缘和侧风向，并应与其他生产区保持一定的距离。其中，仪表维修间不宜靠近有震动和污染的建筑物，有条件时尽量布置在厂前区。

1. 机器维修

机器维修车间主要承担全厂仪器设备的日常维修和所需零部件的维修工作。机器维修车间的配置应根据生产规模、产品种类、工厂所在地的外部协作条件确定。对于一些大型制浆造纸厂，且其附近没有辊筒磨床维修条件的，宜配置辊筒磨床。机器维修车间一般由以下工段组成：a. 金工工段；b. 钣焊工段；c. 防腐以及土木维修；d. 维修间；e. 备品备件设备仓库。其中，金工工段应由机床加工、钳工装配和辅助工作等生产系统及工具间组成，应配备车床、铣床、刨床、镗床、钻床等设备；钣焊工段应由钣金和铆焊两部分组成，应配备卷板、剪板、切割等加工设备以及焊接设备和相应的校验仪器，对于维修较大的不锈钢和有色金属仪器应配置氩弧焊机。

此外，机器维修车间应配置辅助设施，主要包括工具间、乙炔和氧气瓶间以及办公、更衣等生活设施。小型制浆造纸厂的氧气、乙炔瓶库房面积宜为 6m×12m；大中型制浆造纸厂的氧气、乙炔瓶库房面积宜为 12m×24m。当氧气、乙炔瓶间在同一建筑物内时，中间应用墙体隔断，库内应设置防爆灯，开关应装在门外。

2. 电气维修

制浆造纸企业的电气设备及线路数量较多，电气维修的涉及面非常广泛，除电机、变压器维修和备品备件加工制造外，还包括变电所和线路维修、电工仪表维修、继电保护整定和校验、电气设备规定的预防性试验以及电气传动设备的调整等。因此，电气维修车间是确保制浆造纸企业正常生产的重要组成部分。

对于电气设备的维修情况，各工厂的差异较大，这与仪器设备运行情况、供电水平、使用方法以及设备本身质量等有很大关系。此外，还与日常维护保养、检修以及管理等都有关系。

对于电气维修规模来说，其应该根据检修工作量来决定，一般包括电工、钳工和起重工三部分。

据不完全统计，需要进行维修的电机数量每年约占全厂电机总数的5%~10%，其中新厂的维修数量接近下限或更低，而对于运行10年以上的工厂，其电机维修数量较高，接近上限或者更高。其中，电机大修的工作量为小修的5倍左右，防爆、防腐电机的维修工作量约为普通电机的1.5倍。对于变压器的损坏率来说，全厂每年约有1%的变压器需要大修，有10%~20%的变压器需要小修，处于南方以及有腐蚀、多灰且潮湿环境中的工厂，其变压器维修接近上限。其中，中小系列的电力变压器（18~1000kVA）的小修工作量与中小电动机（30~160kW）的大修工作量基本一致。其他电气设备（包括配电装置）的损坏率约为10%~20%，但其检修工作量相对电机和变压器来说要小很多。

3. 仪表维修

仪表维修车间主要是负责全厂自动化仪表和系统的维护、检修和调校，以保持各仪表设备处于高效运转状态。仪表维修车间规模的确定、仪表维修车间的组织形式以及仪器设备的配置宜根据工厂的实际情况，本着技术先进、经济合理的原则进行设计，以确保生产设备正常安全运行，并取得最佳的运转率。

(1) 仪表维修车间规模的确定原则

制浆造纸厂仪表维修车间的规模大小一般根据全厂仪表的数量、仪表种类、DCS系统以及厂区工作环境等因素进行确定。

(2) 仪表维修车间的组织形式

① 仪表维修车间应包括生产管理部门、检修班、金工班、现场维护组、计量组以及DCS组等；

② 生产管理部门应负责车间行政管理、技术管理以及材料管理；

③ 检修班主要负责仪表、变送器以及标准仪器等的维护、检修和调校，以确保生产过程中控制仪表的开表率和自控率；

④ 金工班的任务主要包括仪表用零部件、管件、仪表箱和仪表架等的制作、调节阀的检修、孔板的拆装以及各类仪表用金属制品的焊接；

⑤ 现场维护组根据工艺装置的划分独立设置，主要分管各装置的仪表维护；

⑥ 计量组主要分管全厂需要进行经济核算的计量仪表，严格执行国家有关计量法令法规，并进行计量监督；

⑦ DCS组主要任务是负责DCS、PLC及控制用上位机的维修、软件开发、操作员培训和系统维护。

(3) 仪器设备的配置原则

仪器设备的配置包括以下原则：

① 根据仪表维修车间的规模和维修工作量，配置常用标准校验仪器和维护维修工具；

② 仪表维护所用的仪器设备精度应比被维护的仪表高一个等级，检修所用的仪器设备的精度应比被检修的仪表高两个等级；

③ 现场维护组配备的仪器设备必须符合现场安全要求，且便于携带；

④ 标准件配备的检修仪器设备的误差应为被检修仪器设备仪表误差的1/10~1/3；

⑤ 检修和校验仪器宜选用数字式仪表。

三、仓库和堆场

为维持制浆造纸企业的正常生产，企业内应储备一定数量的原材料，因此，厂区内应设置仓库和堆场。

（一）仓库

制浆造纸工厂仓库主要包括原料库、成品库、化学品仓库、备品备件库、五金器材库以及金属材料库等。

由于制浆造纸企业产品和规模不同，使用的原料、化学品以及生产方法等不同，因此所需要的仓库类型也不同。仓库应根据储存物料的性质、储存量、防火温升要求设置，也可在一栋建筑物内根据所储存物料的要求分隔开设置，使每一间隔储存不同性质的物料。设计仓库时，应尽可能使仓库结构形式统一，以降低仓库造价，减少占地面积和管理复杂性。

1. 仓库设计任务及内容

仓库设计是指在一定区域或库区内，对仓库的平面布局、数量、规模、地理位置以及仓库内设施等各要素进行科学规划和整体设计。仓库设计时，应选择储存和发送物料比较方便的地理位置，选择合适的库房形式、规模及其地点。此外，仓库还应与运输路线协调配合，内部应尽可能采用机械化、半机械化的装卸堆垛设备，以减少工人作业并降低劳动强度。

仓库设计时应考虑以下因素：a. 所需储存的物料的数量；b. 仓库面积及其性质；c. 仓库库区结构形式（现代化仓库一般由生产作业区、辅助生产区和行政生活区构成）；d. 仓库机械化装备方案；e. 仓库草图；f. 仓库管理结构。

2. 贮存方法

物料贮存方法应根据物料的性质，以达到贮存物料在库时完好无损。还应从仓库温湿度控制、堆垛方法、防火与防爆要求等方面来综合考虑。

（1）仓库温湿度控制

空气中温湿度的变化对所贮存物料的影响非常大，大部分物料都具有与空气中的温湿度相适应的特点，当温湿度发生改变时，物料本身的温湿度和水分含量也会随之变化，因此，仓库内适宜的温湿度是确保贮存物料不受损害非常重要的措施。控制仓库温湿度的方法很多，包括人工吸潮、排湿加热、降温和密封仓库等，特别是利用自然通风方法来调节仓库内温湿度的方法对仓库保管具有非常普遍的价值。

（2）堆垛方法

需贮存物料的合理码垛是保证物料不被损坏、变形和混乱的重要措施之一，不仅影响仓库整洁美观，而且更重要的是影响仓库的使用效率、物料出入仓库的便捷性以及仓库的通风等。因此，贮存物料时，应根据物料的性质选择合适的码垛方法，同时还应尽可能使同品种、同规格的物料集中堆放在一起，禁止两种或两种以上货物一起堆垛。合理的堆垛方法应符合以下原则：

① 对于制浆造纸企业的原料来说，其垛基高度应高于周围地面300mm～500mm，以确保排水通畅，防止积水存在；同时，原料的堆垛方向宜与主导风向成45°角，以保证良好的通风，若主导风向与垛的长度方向垂直，不仅会造成前排垛挡风，而且还会出现前排垛被掀开的危险。

② 对于化学药品来说，尤其是危险化学品，应分类、分垛储存，每垛占地面积应小于$100m^2$，垛与垛之间的距离应大于1m，垛与墙之间的距离应大于0.5m，垛与梁、柱之间的距离应大于0.3m，主要通道的宽度应大于2m。

③ 根据入库时间，先入库者先用，后入库者后用，经常出库者靠近仓库门口。

④ 堆垛的方法和形式应根据物料的特征、数量、包装、形态以及体积来决定。若物料

需要良好的通风，就应按照通风垛进行码垛；怕压的物料应根据其承受能力来决定垛的高度；对于不怕压的物料，其垛高度也不宜过高，从而保证散热或货架保管，同时还能保证起吊设备的操作。

3. 仓库面积计算

对于制浆造纸企业来说，浆板库、成品库以及化工原料库面积可根据式（6-2）进行计算：

$$A = \frac{G \cdot t}{q_A K} \tag{6-2}$$

式中 A——仓库面积，m^2

　　　G——成品生产量或物料需用量，t/d

　　　t——储存天数，应根据市场采购情况、运输条件确定，d

　　　q_A——场地的单位面积储存能量，t/m^2

　　　K——场地有效系数

其他仓库面积可按表6-2指标进行计算。

表 6-2　　其他仓库面积指标

制浆造纸厂生产规模/（万 t/d）	5	10	15	20	30	45	50	60
仓库面积指标/m^2	18	15	12	10	9	8	7	7
其他仓库总面积/m^2	3000	4400	5200	5880	8000	10000	10500	12500
其他仓库面积分配比例/%								
备品备件库	33	33	34	35	37	38	40	42
设备器材库	30	31	32	33	35	35	36	37
金属材料库	22	21	20	20	18	18	16	15
其他仓库	15	15	14	12	10	9	8	6

4. 仓库内布置

① 仓库高度应根据存放货物及使用设备而定。

② 仓库大门宽度和高度应根据运输设备及包装的外形尺寸确定。

③ 库内地面应有防潮措施，地面宜采用耐磨、不起灰砂、强度较高的面层材料；化学品仓库应根据所储存化学品的性质采取防腐措施。

④ 金属材料仓库通道宽度应根据搬运的方式和运输设备的规格型号确定。当采用桥式起重机或配备叉车作辅助搬运时，主通道宽度不宜小于5.0m，前移式叉车通道宽度不宜小于2.8m，辅助通道宽度不宜小于2.0m。金属材料仓库应设置切割断料设备所占用的面积。

⑤ 备品备件或劳保用品采用搁板式货架储存，人工操作手推车搬运时，主通道宽度不应小于2.0m，货架间上架的取货过道宽度宜为1.0~1.5m。

⑥ 采用桥式联合堆包机的机械化仓库，净空高度不宜小于8.0m；多层仓库首层净空高度不应小于4.5m。当底层配备悬挂式或桥式起重机时，底层净空高度不应小于6.5m，第二层及以上各层净空高度宜为3.5~4.5m。

⑦ 仓库装卸站台宜与仓库紧邻且平行于仓库纵向轴线，站台的高度应与运输车辆相适应，铁路运输站台应高出轨顶1.0~1.1m；其他运输车辆站台宜高出地0.8~1.55m。

⑧ 站台宽度应满足搬运作业和堆放的需要。采用人工搬运时，站台宽度不应小于2.5m。采用叉车搬运时，站台宽度不应小于4.0m；采用移动式输送机时，站台宽度不应小

于 4.5~6.0m；采用移动式悬挂装车时，站台宽度不应小于 4.5~6.0m。

⑨ 库内使用电动车辆运输时，主通道宽度宜为 3.5m，不使用电动车辆运输时，主通道宽度宜为 3.0m。仓库内每隔 20~30m 应有较宽的横贯车道，通道宽度宜为 2.5~3.0m，应位于库门处；库内辅助通道宽度宜为 0.8~1.0m。

5. 仓库设备的选用

仓库设备的选择应根据仓库的具体情况而定，一般应符合以下原则：

① 物料单件质量在 30~50kg 以下，收发的数量较大时，宜采用起重运输设备。

② 仓库内无堆高要求，且载重量在 2.0t 以下时，可选用电动液压托盘搬运车或全电动托盘搬运车。

③ 当搬运起重量较小时，可选用悬挂式桥式堆垛机。堆垛高度在 4m 以下时，可采用地面控制，悬挂式桥式堆垛机大车行走速度宜小于 40m/min；堆垛高度在 4m 以上，且储存及出入库量较大的仓库，宜选用桥式堆包机，并应采用驾驶室控制。桥式堆包机轨顶高度不宜大于 12m，跨度不宜小于 18m。

④ 成品库宜采用抱夹式叉车，浆板库可采用叉车或桥式起重机。

⑤ 二层及以上仓库的垂直运输设备应采用电梯或升降机，不应采用手动或电动葫芦、桥式起重机等起重设备跃层操作。

⑥ 用于爆炸危险区域内的机械设备应选用防爆型。当选用桥式起重机时宜选用地面控制。其中，对于叉车及其属具配套应符合下列规定：a. 金属材料库、备品备件库宜配备载重量 3.0t 以上的叉车。b. 桶装或袋装为集装单元时宜配备载重量 1.0~3.0t 的叉车，起升高度宜大于 3.0m；当货物堆垛高度较高时，宜采用高位叉车。c. 当货架高度不大于 7m 时，宜选用前移式蓄电池叉车、起重量 1.5t 以下的平衡重式蓄电池叉车或燃气叉车；当货架高度大于 7m 时，应选用适用于高层货架的高位叉车。d. 封闭的仓库内，宜选用蓄电池或燃气叉车；敞开或半敞开的仓库内，可选用内燃机叉车。

（二）堆场

堆场面积应根据贮存物料的量来决定，堆垛高度和堆垛大小根据所贮存物料的性质来决定。制浆造纸工厂原料具有贮存时间长、使用量大、易腐烂变质且易燃等特点，因此，对原料堆场的要求较高，在设计原料堆场时应充分考虑排水系统和防火系统。

1. 贮存量

制浆造纸工厂各类原料的贮存量应根据当地条件和原料收购期限来确定，一般按表 6-3 取值。

表 6-3　　　　　　　　　　　　堆场原料贮存量

原料名称	贮存量/月	原料名称	贮存量/月
原木	2~3	蔗渣	7~10
稻麦草	7~10	废纸	3~4
芦苇	7~10		

2. 贮存方法

（1）木材原料贮存

① 对于长原木来说，其堆垛规格主要由贮木场起重运输机械化程度和原木场的地形和可供使用的面积来决定。木垛长度一般在 100~300m，一般机械堆垛木垛长一些，人工堆垛

木垛短一些，一般不超过100m。垛宽取决于原木的长度，但原木端部间距不应小于1m。使用机械堆垛时，一般垛高8m；人工堆垛时，一般垛高4m。当若干垛构成垛区时，垛区中间要留有25m宽的防火间距，同时垛顶必须采取斜坡封顶，使雨水流向垛两边。

② 对于短原木来说，一般以垛组、垛区进行平面布置。每一木垛长度一般不大于30m，宽度即原短木的长度，高度不应大于4m。在垛组内，垛与垛之间的距离应不小于0.5m。几个原短木垛形成一个垛组，垛组与垛组之间留有的防火间距不小于10m；6~10个垛组形成一个垛区，垛区之间的距离，纵向不小于15m，横向不小于25m。

③ 对于板皮来说，板皮堆垛有两种形式，一种是散堆，即自然堆放成堆；另一种是层堆成垛，垛长一般为20~30m；垛宽为6~8m；人工堆垛垛高为4~5m。垛顶一般采取斜坡封顶，使雨水顺利流向垛的四周。

（2）稻草、麦草类原料贮存

一般来说，稻麦草等草类原料，堆成尖顶草房型垛贮存，堆垛长度为30~40m，宽度为8~12m，垛高9~13m（尖顶高），垛身高度4~6m。应该注意的是，含水量超过15%的稻麦草不宜堆大垛，应先将其堆成小垛，待风干后再堆成大垛，以防发热自燃。

（3）芦苇类原料贮存

芦苇类原料垛也应堆成尖顶垛，堆垛长度为40~60m，宽度为12~15m，垛高12~13m（尖顶高），垛身高度6m。

（4）甘蔗渣原料贮存

甘蔗渣应堆成金字塔形贮存，垛基长度为25m，垛宽为10m，垛高不宜超过12m。

（5）废纸原料贮存

废纸种类很多，不同废纸需要分类贮存，废纸打包堆垛时，也需要堆成金字塔形，废纸垛垛基长宜为25m，垛宽宜10m，垛高不宜超过12m。

3. 原料场设备

原料场设备选用一般会根据工艺要求采用最完善的设备，尽可能考虑机械化操作。在正常情况下，设备的能力按工厂每日原料需要量的1.5倍左右配备，并尽量选用同类型的设备。

原木堆垛和拆垛时，在较大规模的原料场一般采用装卸桥进行作业，原木运输一般采用拉木机。

草类及废纸原料的堆垛一般采用移动式起重机或者移动式胶带输送机进行作业，运输主要采用车辆运输或者胶带运输机运输。

4. 原料场的防火与排水

原料场的防火与排水应符合以下原则：

① 原料场防火应设消防管网及消防水池，其设计应符合制浆造纸工厂设计规范中给排水部分的规定。

② 原料场排水必须通畅，可采用明沟或者暗沟，不宜采用暗管排水，垛区内若设暗沟排水，暗沟盖板上应设有排水孔洞。

③ 原料场还应设有工人休息室、办公室、消防工具室、瞭望塔等，根据需要还应设有地磅和车辆停车场等附属设施。

5. 堆场布置原则

① 原料堆场宜布置在厂区边缘地带，远离明火及散发火花的地点，且位于厂区全年最

小频率风向的上风侧。对于露天堆场来说，应具有良好的排水条件，并应与厂区总体竖向布置相协调。

② 金属材料堆场的布置，应远离散发有腐蚀性气体和粉尘的设施，并宜位于散发有腐蚀性气体和粉尘设施的全年最小频率风向的下风侧。

③ 易燃及可燃材料堆场的布置，宜位于厂区边缘，并应远离明火及散发火花的地点。

④ 规模应根据建设场地条件，满足大宗原料、燃料的装卸、储存及转运要求，并应具备足够的装卸车货位及堆存场地，合理配置机械化程度较高的装卸、转运设备。

⑤ 物料应分类分堆、就近储存，具备便捷的储运条件，物流走向不应相互干扰。原料储存场的堆垛长度应由运输方式、卸车方式及卸车时间要求的卸车货位确定，垛基边缘之间不应有小于4m的间隔通道。

四、其他辅助设施

其他辅助设施如传达室、警卫室、材料的计量间以及通信间等，和生活福利设施（包括生活区、医务室、幼儿园、俱乐部、体育设施等），在工程设计时都要进行考虑，这里不再一一赘述。

第二节　公用工程设计

一、建筑和结构

在实际的生产和生活中，建筑物可以被理解为建筑物和构筑物的一个统称。供人们生活、学习、工作以及从事生产和各种文化活动的房屋称为建筑物。而为满足人们生产生活的某一方面需要建造的某些工程设施，如水塔、水池、堤坝、烟囱等功能性建筑可称为构筑物。无论是建筑物或构筑物，都以一定的空间形式存在；同时，一些建筑本身又具有艺术的元素，成为艺术的表现形式。因此，建筑的本身不仅仅要具有一定的功能性，同时，又必须符合人们对美的认识去塑造和经营。

（一）建筑物的分类

1. 按照使用功能分类

① 工业建筑。工业建筑的主要功能是为工业生产服务，包括各种用于生产和生产辅助的仓库、车间、发电机房、转运站等。

② 农业建筑。农业建筑的主要功能是用于农牧业的生产和加工，如温室大棚、农副产品储存站、粮食加工站、畜禽饲养场、农机具修理站等。

③ 公共建筑。公共建筑的主要功能是提供给公众进行各种社交活动（购物、办公、学习、医疗、旅行、体育）的建筑物，如机关办公楼、学校、医院、电影院、体育馆等。

④ 居住建筑。居住建筑的功能主要是指供家庭或个人较长时期居住使用的建筑，如住宅、公寓、宿舍、别墅等。

2. 按照主要承重结构所用的材料分类

① 砖木结构。砖木结构建筑，一般是指用砖和木材为主搭建的建筑物，其广泛的用于建筑物的主要承重构件。其中墙、柱用砖砌，楼板、屋架用木材，如砖墙砌体、木楼板、木屋盖的建筑。

② 砖混结构。砖混结构建筑，一般是指建筑物中的墙、柱用砖砌，楼板、楼梯、屋顶用钢筋混凝土搭建的建筑物，其广泛用于农村房屋的建造以及小厂房的建筑。

③ 钢筋混凝土结构。钢筋混凝土建筑的主要承重构件，如大梁、顶柱、楼板及楼梯等均用钢筋混凝土搭建，而非承重墙则用砖砌或其他轻质砌块，如装配式大板、大模板、滑模等工业化方法建造的建筑，钢筋混凝土的建筑往往具有较高的设计楼层、大的跨度以及巨大延展空间结构。

④ 钢结构。建筑物的主要承重构件一般为钢材，钢架搭建的骨架结构能够很好地进行承重。此外，往往也用轻质的块材、板材作为钢架结构的围护外墙和分隔内墙，如部分仓储会选择全部用钢柱、钢屋架建造的厂房，不仅具有通风良好的特点而且还具有节省成本和便于拆卸的优势。

制浆造纸工程设计生产性建筑，如制浆、造纸车间等，是典型的工业建筑。此外，也有部分农业建筑、公共建筑和居住建筑，如淀粉加工站、木片储备区、办公楼、餐厅，员工宿舍等，在设计单位，这些建筑物设计工作一般由建筑和结构设计人员共同协作完成。建筑和结构设计人员不仅要满足工艺设计人员提出的要求，还要全面考虑厂房建筑的简洁、实用和美观。随着企业的发展，制浆造纸一体化建筑群的需求越来越高，用于满足企业生产生活的多功能性。

3. 按照结构形式分类

① 叠砌式。这种类型是以砖石和砌块墙为建筑物的主要承重物的构件，以支承屋顶和楼板层的荷载，结构较简单，造价较低。往往是关注建筑自重及上部荷载的传递途径，并以土坯、砖石、混凝土等可塑材料自下而上砌筑建筑，展示建筑形体及体量。前述的砖木结构和砖混凝土结构都属于这一类。

② 框架式。这种形式是以梁柱组成框架为建筑物的主要承重构件，墙体在这类结构中只起围护作用，即除其本身自重及风荷载外，不承担其他荷载。一般用于较大的建筑物，如高层建筑及工业厂房等。与之对应的框架建筑则是指由框架、墙板、楼板组成的建筑。它的基本特征是由柱、梁和楼板承重，墙板仅作为围护和分隔空间的构件。框架之间的墙叫填充墙，不承重。框架建筑的主要优点是空间分隔灵活，自重轻，有利于抗震，节省材料；其缺点是钢材和水泥用量较大，构件的总数量多，吊装次数多，接头工作量大，工序多。

③ 部分框架式。部分框架式亦称半框架式，系外部是墙承重，内部是采用梁柱承重的建筑，或其底层是用框架，上部用墙承重的建筑。

④ 空间结构。它是由空间构架来承重，如盒形的空间结构可用于居住建筑，大跨度的空间构架，如网架，壳体、悬索等用于大型公共建筑。

4. 按照厂房层数分类

① 单层厂房。单层厂房在工业建筑中的应用较广。其主要被用作生产设备体积大、质量重的厂区车间，厂房内部多以水平运输为主。因其具有容易满足生产工艺流程要求，以及内部交通运输组织方便的特点被广泛使用。此外，单层厂房还有利于较重生产设备和产品放置的特点，可实现厂房建筑构配件生产工业化以及现场施工机械化。此外对运输量大、设备加工件及产品笨重的生产有较大的适应性的特点，也是其应用广泛的重要原因。同时，其本身也具有明显的缺点，如占地面积大、围护结构面积多以及道路和管网较长等缺点。

② 多层厂房。多层厂房多用于生产产品质量较轻并适合垂直方向布置工艺流程的产品

的生产车间。由于其多层的结构，这类厂房要求生产设备较轻，具有占地面积小、体积小的特点。一般地，工厂的大型机床会放在底层，小型设备则会放在楼层上，厂房内部的垂直运输以电梯为主，水平运输以航车为主。多层厂房在纸厂用得较多，如制浆车间筛选漂白工段等。

③ 层次混合的厂房。由单层及多层混合构成的厂房，其内部设计相对较复杂。如许多纸厂的打浆和抄纸间，打浆工段为双层，而抄纸工段由于纸机的设计只能在同一层，且要有一定的距离，因此多以单层组成。

（二）制浆造纸工业厂房的特点

制浆造纸工业厂房是指生产区的生产和辅助生产及动力车间等的工业生产性厂房，它具有以下特点：

① 制浆造纸工业厂房由许多车间组成，每个车间根据其加工处理对象和处理过程的不同，设计的车间环境也有所不同。如备料车间，其在备料过程中会产生大量的粉尘、气雾以及气味，环境恶劣；辅料制备工段中，溶解或熬制粉状物料时会产生大量的粉尘，且这些粉尘往往易燃易爆；在漂白车间，应在设计过程中注意防止氯气泄漏和漂液对地面的腐蚀；在洗涤、筛选、打浆及造纸等工段，由于制浆造纸使用大量水和蒸汽，操作环境比较湿滑，因此，在进行工艺和土建设计时，应格外注意对排水、排湿、防滑等的设计；此外，在磨浆车间，还应有相关降噪的设计或措施。

② 制浆造纸工厂内有的设备不但体形庞大，而且在运转时产生震动，有的设备运转时产生较大的振幅和频率，影响相邻设备的精密性，若和厂房发生共振现象，还会使建（构）筑物发生破坏，因此，必须采取相应的加强措施、减震措施。如对设备的布局进行设计、减震设计以及建筑结构加强设计等。

③ 根据制浆造纸生产工艺要求、物料的输送方式，以及某些设备本身结构等多方面的特点，生产厂房的主要车间多为多层建筑的形式，且荷载较大，如制浆车间、造纸车间、碱回收车间等。此外，由于多层设计，需要格外考虑管道的布局和排布，考虑节能与减排的设计，也要考虑不同车间的功能因素等。

④ 生产车间内的特殊构筑物比较多，如木片仓、贮浆池、漂白塔，以及某些槽体设备等，要求以比较精确的尺寸进行钢筋混凝土浇注和用玻璃钢、塑料板、耐酸砖、瓷砖等进行内衬。此外，木片仓要注意防火设计，储浆池要注意容量和进出口流速等因素防止纸浆的溢浆和堵塞。

⑤ 车间内的工业管道种类多，管路布置和安装不仅要求整齐美观，而且要考虑是否要有备选方案设计。因此，在厂房施工中有大量的各式各样预埋件和预留孔，必须在施工同时能按要求准确埋入和预留，以方便日后对设备的维修。此外，大功率用电设备要考虑高功率电线的设计，个别线路还应有防水防潮设计等。

⑥ 车间内各种设备的排列和布置要求有较合适的操作场地和空间，因此，在设备安装时或在厂房施工时要配置各种形式的操作平台、检修走道和防护栏杆等，必须进行施工和安装。

⑦ 有些主要车间如造纸车间为了保证产品质量，防止冬季屋顶结露，必须采取保暖和防滴措施，有些特殊要求的纸张还要求造纸车间的室内保持恒温恒湿。

除以上提到的一些较明显的工业厂房的特点外，制浆造纸企业的建筑特点还有很多，需要根据实际的厂区特点以及企业规模等特点去总结。

（三）制浆造纸企业的建筑结构

根据上述的制浆造纸工业厂房特点，并从对承重结构构件的要求考虑，制浆造纸设备的荷载重、震动大、潮湿，因此，承重构件梁、柱、楼板、屋架和屋面板以采用钢筋混凝土结构、预应力钢筋混凝土结构或钢结构为宜；主体结构形式以采用框架式建筑或预制柱梁装配、现浇楼板的部分装配式建筑为宜。

至于有些单层厂房，可采用混合结构（主要承重结构的构件由两种以上不同建筑材料组成）叠砌式建筑。

（四）厂房基本尺寸的确定

厂房的基本结构形式确定后，还要依据厂房内所安装设备的尺寸及建筑方面的有关标准确定厂房的面积及厂房的长、宽、高等内容。在对厂房的尺寸进行确定过程中，往往要考虑以下情况，或至少应保证如下部分的尺寸。

1. 厂房面积的确定

造纸企业生产车间总面积应包括如下部分：

① 工艺设备及管路安装、操作和维修所需的面积。
② 配电、通风、压缩空气、真空、采暖、控制计量等设备安装、操作和检修所需面积。
③ 材料间、工具间和修理间等所需面积。
④ 车间办公室、化验室、生活间等生产管理及生活用房所需面积。
⑤ 交通及运输所需面积（包括通道、出入口和楼梯等）。
⑥ 建筑结构（墙、柱等）所需面积。

上述各项面积确定后，作为计算车间总面积的主要依据。

2. 厂房长度的确定

以造纸车间为例说明车间的长度、宽度和高度。

一般的，造纸企业生产车间长度应至少包括如下部分之和：

① 纸机胸辊中心线到墙端的距离，m。
② 纸机胸辊中心线到压光机中心线的距离，m。
③ 压光机中心线到墙端柱子中心的距离（复卷机、打包机、切纸机等设备的布置长度），m。

3. 厂房宽度的确定

厂房的宽度应该区别于单台纸机式（6-3）和两台纸机式（6-4），二者的计算方法不同。

$$b_B = S_t + b_a + b_b (m)（单台纸机） \tag{6-3}$$

$$b_B = S_{t_1} + S_{t_2} + b_a + b_b (m)（两台纸机） \tag{6-4}$$

式中　b_B——厂房跨度，m

　　　S_t——纸机的轨距，m（其中，S_{t_1} 和 S_{t_2} 分别代表两台纸机的轨距）

　　　b_a——传动面宽，m

　　　b_b——操作面宽（一般 $b_B = S_t + 0.9m$），m

操作面宽的确定也要充分考虑厂房工人在设备检修及工作的要求。

4. 厂房高度的确定

厂房高度按式（6-5）确定：

$$H = h_1 + h_2 + h_3 + h_4 + h_5 + h_6 + h_7 (m) \tag{6-5}$$

式中　H——厂房柱顶高度，m

h_1——起重设备最小结构高度，m

h_2——运行安全高度，0.4~0.5m

h_3——被起吊部件高度，m

h_4——起吊部件顶部与吊钩的间隙，m

h_5——吊钩至轨顶面的最小距离，m

h_6——吊车轨顶至行车顶面的距离，m

h_7——柱顶与行车顶面距离，m

5. 厂房层数的确定

厂房层数需要根据制浆造纸工艺的具体要求来确定，其中绝大部分的制浆造纸厂房设计在2~4层，层数太多会使地基的处理成本提高，使地基处理的工序变得复杂，不经济。而一层的设计则无法满足制浆造纸的工艺要求，因一些设备需要的空间较大。

（五）制浆造纸相关建筑物的基本构成

制浆造纸相关的建筑物，其本身作为建筑物的一种特殊形式，和常见的建筑物一样，主要由基础、地面、墙、柱、梁、楼板、门窗、楼梯、屋架和屋面等部分组成，这些构件各自负担不同的功能，组合成为一个整体，赋予建筑物抵抗自然界风、雨、雷、电等的侵蚀；此外，作为一种特殊的建筑物，制浆造纸相关的建筑还要担负满足工厂不同需求荷载的作用。为此，各个组合的构件和部件均需有一定的构造和要求。

建筑物的承重结构是建筑物主要承受荷载的部分，主要包括基础、柱墙、梁板、屋架和屋盖。例如屋架和屋盖要直接承受风、雨、雷、电等的侵蚀，柱墙要承受地震以及强风，楼板要承受设备、物料以及人的荷载和震动。此外，部分楼板还要有一定的防水功能，能够承受适当的管路以及水汽侵蚀等。另外，所有构件还要承受自重，所以一个整体建筑要自上而下地将荷载从屋面、楼板传到梁板、柱墙，最后集中到基础传入地基。各种荷载通过构件从上而下的传递称为建筑物的传力系统。

1. 基础与地基

基础是指建筑的墙体或柱体被埋在地下的扩大部分。基础作为直接作用于土层结构上方的承重构件，是建筑物的重要组成部分。基础承受着建筑物的全部荷载，对设计及施工的要求精度极高，在整个建筑的使用过程中，其负责将力传给地基。

地基是指基础下面支撑建筑总荷载的那部分土层、石层或人为设计的钢筋混凝土层，它不是建筑物的组成部分，只是承受建筑物荷载的土壤层。

地基承受荷载的能力有一定的限度，通常用地基允许承载力（也称地耐力）p（kN/m^2）表示，即地基每平方米所承受的最大压力。地基的耐力与基础底面积 A（m^2）有如下的关系式（6-6），F（kN）代表建筑物的总荷载。

$$A = \frac{F}{p} \ (\text{m}^2) \tag{6-6}$$

地基可以分为天然地基和人工地基两类。天然地基一般要求天然土层具有足够的地基承载力，不需要经人工改良或加固便可以直接在上面建造建筑物的地基；人工地基指土层的承载力差或上部荷载较大，不能在其上面直接建造建筑，因其缺乏足够的坚固性、稳定性，所以就必须对土层进行人工加固，使其能够满足在上面建造房屋的要求。一般可作为天然地基的材料有岩石、碎石土、沙土、粉土和黏性土等，而淤泥、人工填土等由于其差的结构稳定性，则不适合作为地基。

根据地层结构的差异，人工地基常可以采用压实法、换土法和打桩法以及化学加固法等。

2. 基础埋置深度

基础的埋置深度简称基础的埋深，是指室外地面至基础底面的垂直距离，如图6-1所示。

一般情况下，规定基础埋深小于4m的为浅基础，超过4m的则为深基础。基础的埋深是依据建筑物上部的建筑物荷载大小、地基土质的种类、地下水位的高低、冻土的深度、工程的施工特点、周围的水利或环境温度、经济的预算能力、以及施工的具体条件等因素综合决定的。一般情况下，要求基础的底面要尽量埋在地下水位以上、冻土线以下20mm；尽量埋在好的土层结构中；尽量浅埋，但最小埋深不应小于500mm，以防外界的影响而损坏。

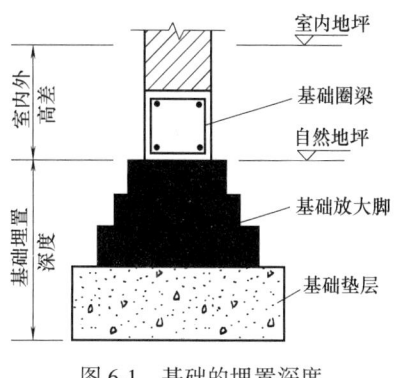

图6-1 基础的埋置深度

3. 墙柱和梁板

墙体是建筑物最直观的建筑存在，一般会作为建筑物四周的围护结构。另外，部分墙体也是建筑的主体结构之一，需要承受建筑上部传来的荷载，这种在建筑行业称为承重墙；除此之外，不承受荷载而只在建构的框架柱间填充和围护的墙体称为填充墙。

墙柱是工业厂房的承重构件，顾名思义，其本身以柱体的形式出现，在高层建筑中，作为建筑的骨架结构，承受着整个建筑的受力。墙柱和梁板（包括屋面）会结合形成完整的建筑物框架传力系统，是目前多层工业厂房的主要结构形式。

4. 变形缝

由于温度变化、地基不均匀沉降和地震等因素的影响，使建筑物发生裂缝或破坏。为防止这种情况出现，设计时，除加强结构的整体性外，还应根据需要将建筑物划分为若干个独立的部分，使各部分能自由地变化，这种将建筑物垂直分开的预留缝便是变形缝。变形缝有伸缩缝、沉降缝和防震缝三种。

① 伸缩缝。指为防止建筑物受温度变化产生热胀冷缩而预留的缝隙。一般沿建筑物的长度方向，每隔60m处设一道。一般宽度为20~30mm。

② 沉降缝。指为防止建筑物出现不均匀沉降而预留的缝隙。一般为50~70mm。

③ 防震缝。指在地震区为防止地震作用而预留的缝隙。宽度通常取50~100mm。

5. 楼板

楼板按所用材料不同，可分为木楼板、砖拱楼板、钢筋混凝土楼板、压型钢板组合楼板等。其中钢筋混凝土楼板因其强度高、刚度好、耐火、耐久、可塑性好等优点，在房屋建造中得到广泛的运用，作为制浆造纸的厂区设计，钢筋混凝土的设计也是最常见的。制浆造纸企业生产厂房大多是现浇钢筋混凝土楼板。

6. 楼梯

楼梯一般由楼梯梯段、楼梯平台和楼梯栏杆扶手组成。工业厂房的楼梯根据防火要求应设置楼梯间，从最远操作点到外部出口（或到楼梯）的距离是由工业生产的火灾危险性类别，耐火等级和厂房层数决定的。制浆造纸企业的抄纸（浆板）完成工段属丙类生产，耐火等级为一、二级的单层厂房，故适宜距离为75m，三级的单层厂房为60m，多层厂房为50m。制浆造纸厂的其他车间属戊类消防，耐火等级为一、二级的单层和多层厂房不限，三级的单层厂房100m，多层厂房75m。

7. 门窗

门和窗是房屋建筑中的维护构件。其中窗的主要功能是采光、通风及观望；门的主要功能是交通出入、分隔联系建筑空间，也起通风、采光的作用。在不同的使用要求下，门窗还应具有保温、隔热、隔声、防水、防火、防尘和防盗的功能，此外，也影响着建筑物的外形及室内装修效果。因此，要求门窗应坚固耐用、美观大方、开启方便、关闭紧密、功能合理、便于清洁维修。常用的门窗材料有木、钢、铝合金、塑料和玻璃等。

制浆造纸工业厂房多采用金属门窗。开启面积要视运出运入设备材料最大件尺寸、人流和货流量以及标准化要求等具体条件而定。窗宽以300mm为扩大模数进位，一般有1200mm、1500mm、1800mm、2400mm，直到6000mm等规格；窗高以600mm为扩大模数进位，一般有1200mm、1.800mm、2400mm、3000mm或4800mm等规格。

8. 屋顶

屋顶的构造包括承重结构和围护结构两部分。承重结构即屋架，围护结构即屋面。

（1）屋面梁、屋架

屋面梁和屋架是厂房屋盖结构的主要承重构件，直接承受天窗、屋面荷载以及安装其上的顶棚、悬挂式吊车和管道、工艺设备等的重量，它和柱、屋面构件连接起来，使厂房组成一个整体空间结构，对于保证厂房空间刚度起着很大的作用。

① 钢筋混凝土屋面梁　依据跨度大小和排水方式的不同，可做成单坡或双坡，梁上弦的坡度平缓，一般为1/12~1/10，梁的截面形式呈T形或工字形，梁的两端支座处加厚，以加强支座处的稳定性。屋面梁高度小、重心低、稳定性好、安装方便，但自重大，适用于跨度不大、有较大振动或有腐蚀性介质的厂房。

② 屋架　屋架有拱屋架和桁架式两种。其中桁架式屋架按外形分有三角形、梯形、拱形、折线形等多种形式，常用于跨度较大的厂房；拱屋架有两铰拱屋架和三铰拱屋架两种，拱屋架自重轻、构造简单，但刚度较差，适用于中、轻型厂房。

（2）屋面板

屋面板直接承受上面的各种荷载（包括屋面自重、雪、积灰及施工等荷载）并传给屋架。屋面板类型很多，按尺寸大小分为大型屋面板和小型屋面板两种。前者用于无檩体系屋盖，均为预应力混凝土；后者用于有檩体系，有槽瓦、钢丝网水泥波形瓦和石棉水泥瓦等。

二、给水和排水

制浆造纸工业的用水和排水量较大，且部分排出的废水对环境污染较严重，因此，给排水工程的设计是很重要的。通常，它是由给排水设计人员负责设计，但工艺设计人员需向给排水设计人员提出工艺上的具体要求，并提供水质、水量、水压及给排水位置等具体数据和资料。

（一）**给排水系统设计原则**

制浆造纸工业给水系统设计中，必须根据水源的特点，确定合理的供水方案，划分合理的给水系统，选择先进的水处理流程，生产用水应少用新鲜水，多用循环水，做到一水多用，重复利用，以节约用水。

制浆造纸工业排水应清污分流，按质分类。污水的预处理与最终处理相结合，污水中有用物质的回收利用与处理排放相结合。一般地，大型制浆造纸厂都配有先进的污水处理厂，对废水的治理程度高、效果好,在企业生产中占有很高的经济投入成本。

(二) 给水工程设计

1. 给水工程设计的目的

制浆造纸企业用水量大,用水方式和用水质量等与所生产产品有着直接的关系。不同产品、不同部门,其用水要求不同,这就对给水工程设计提出了不同的要求。因此,给水工程设计的目的,主要是通过选用合理的给水流程,保证供给符合要求的水,满足生产要求。

2. 给水范围及质量指标

制浆造纸企业的给水大体上可分为生产用水、生活用水、消防用水。

(1) 生产用水

制浆造纸企业中不同的车间和工段其用水质量和用水数量是不同的,另外产品品种和生产方法不同其用水要求也不同。因此,其给水一般按生产用水标准要求较高的车间或工段设计。对一些特殊用纸,如电器绝缘纸用水要经过软化处理方能使用;锅炉用水也要经过软化处理。因此,在制浆造纸厂往往会单独设有软化水车间或工段。

生产用水的质量直接影响产品质量。对生产一般纸张所要求的水质,其各项指标如下:
a. 浑浊度(以SiO_2计):$10\sim40mg/L$;b. 色度:$15\sim20$度;c. pH:$6.5\sim8.0$;d. 总硬度($CaCO_3$计):$100\sim160mg/L$。

生产用水除了对水质有要求外,不同的车间对水压也有一定的要求。水压太高,不但动力消耗增加,而且所需管件耐压强度要高,增加企业设备支出费用;水压太低,又不能满足生产要求。通常进车间的水压为$0.2\sim0.3MPa$。造纸车间按车速来确定水压。当纸机车速在$200m/min$以下时,喷水管水压需$0.4MPa$;当纸机车速在$200m/min$以上时,喷水管需加压至$0.6MPa$。一般情况下,给水的水压应为使用水压的最高点加$0.1\sim0.15MPa$。如最高点的用水量不大时,车间内可另设加压泵,如造纸机水针、洗网用水等。

(2) 生活用水

生活用水指工厂内生活饮用水、清洁用水、淋浴用水,一般指供给厂区餐厅、办公楼、倒班宿舍、车间卫生间等场所,有时还包括工厂生活区的生活用水等。其设计一般按饮用水的质量标准进行。对饮用水的水质要求必须符合《GB 5749—2006 生活饮用水卫生标准》,以保证职工身体健康。

(3) 消防用水

由于制浆造纸厂的原料和产品都是易燃品,尤其是原料数量大,贮存占地面积大,因此,必须考虑消防措施,建立消防用水系统。消防用水对水质没有特殊要求,同时由于消防装备本身就有加压装置,因此对水压也无严格要求,但对贮水量和消防水流量按防火标准有一定要求。消防贮水量按火灾延续时间$3h$设计,消防水流量一般按$30\sim60L/s$设计,若原料场靠近生产厂房,消防水池和生产水池合并,若原料场远离生产厂房,需单独设置消防水池,贮水量按火灾延续时间$6h$以上设计。

3. 给水量的确定

给水量的确定,要根据工艺、生活及消防的要求,确定出单位产品的用水量及每天总用水量的最大值。

(1) 生产用水量的确定

可根据浆水平衡计算出单位产品耗水量,也可参照各企业的实际用水量给出。表6-4列举了目前国内工程设计用水量定额,可供参考。

表6-4　　　　　　　　　　　国内工程设计用水量定额　　　　　　　　　　单位：m³/t

产品类型	用水量	产品类型	用水量
本色化学木(竹)浆	60	新闻纸	20
漂白化学木(竹)浆	90	印刷书写纸	35
漂白化学非木（麦草、芦苇、甘蔗渣）浆	130	生活用纸	30
		包装用纸	25
脱墨废纸浆	30	白纸板	30
未脱墨废纸浆	20	箱纸板	25
机械木浆	30	瓦楞原纸	25

（2）生活用水量的确定

生活用水量是根据工厂最大班次的工人总数计算的。按每人每班消耗15~35L计，不平衡系数按2.5~3.0L进行考虑。淋浴按每人每次40~60L来考虑。

（3）消防用水量的确定

消防用水量要根据工厂面积、防火等级、厂房体积及厂房建筑消防标准来确定。一般消防用水量为30~60L/s。原料场的消防用水量一般为：面积在9~18km²的原料场：30L/s；面积在18~36km²的原料场：40L/s；面积在36km²以上的原料场：60L/s；对室内消防用水，通常每股水柱的水量为2.5L/s以上。

（三）给水工程设计的主要内容

给水工程主要包括取水工程、净水工程和配水工程三大部分。

1. 取水

给水的水源有地下水和地表水两种。造纸厂用水量大，一般建在地表水充足的地区。

地下水是埋藏在地表下岩层、沙层或土壤中的水。由于地下土层的过滤、吸附和微生物的净化作用，水质清澈、无色、无味、温度低，与地面水相比，有较多的优越性。具体表现在：

① 取水条件和取水构筑物简单，投资省，日常维护费用低。

② 水质一般符合卫生要求，可不设澄清处理设施。

③ 地下水水温常年变幅小，冬暖夏凉，作为生活用水使用方便。

④ 便于分期建设减少初期投资，降低给水系统和输水管线的造价，又可靠近用户。

用地下水体水源时，必须经过水文地质勘察，进行地下水资源评价，要防止过量开采造成沉积层压密，地下水贮存空间减少，引起地面沉降和水质恶化。同时应对地下水水质进行调查，根据地质情况，针对可能存在的有害物质进行检验，做出初步判断，确定其开采价值。

地面水水量充沛，分布较广，可在江、河、湖、海及水库取水作水源。选择地面水作造纸企业的水源时，应考虑水质、水量、卫生防护及城市规划等方面的因素。

取水工程对地面水源来说，主要是指取水构筑物（从天然水源取水的建筑）和进水泵站（即将水送至厂区内净化设备），一般将进水泵站（一级泵站）建在稳定的、不受冲刷的河岸上。其形式有固定深水泵站和浮船泵站，设计时可根据具体条件确定。

2. 净水

以地面水为水源时，其水质一般不能满足生产和生活用水的要求，必须对水质进行净化处理。水质净化处理方法会根据对水质、水量的要求和水源水质情况进行选择。

工业用水净化处理基本流程一般为：

$$原水 \rightarrow 混凝 \rightarrow 沉淀 \rightarrow 过滤 \rightarrow 送用户$$

当兼供生活饮用水时，其基本流程为：

$$原水 \rightarrow 混凝 \rightarrow 沉淀 \rightarrow 过滤 \rightarrow 送生产车间$$
$$\qquad\qquad\qquad\qquad\qquad\quad \hookrightarrow 消毒 \rightarrow 送生活水用户$$

(1) 混凝

混凝是向水中投加混凝剂（有时还需投加助凝剂）来促使水中全部细微悬浮物与胶体颗粒产生凝聚、絮凝。絮凝后的颗粒能够迅速下沉，为后续的沉淀过程创造必要的条件。

常见的混凝剂有精制硫酸铝、硫酸亚铁、三氯化铁和氯化铝。硫酸亚铁和三氯化铁由于腐蚀性较高，不常采用。常用的混凝剂有碱式氯化铝和精制硫酸铝。常用的絮凝剂有聚丙烯酰胺，在处理高浊度水时与混凝剂配合使用。聚丙烯酰胺有极微弱的毒性，在处理生活饮用水时，应注意控制投剂量。

常用的助凝剂有氯气、生石灰等。一般当水中有机物含量过高，水中有色度和臭味时可在投加混凝剂前投加氯气。

混凝剂投加量和配合投加的絮凝剂、助凝剂的投加量及品种选择，应根据原水水质检验报告，用不同的药剂分别做混凝试验，并根据药剂的货源供应条件确定。

(2) 混合

混合的目的在于使原水和混凝剂充分混合，使原水中的细小颗粒、胶体物质与药剂的水解物迅速发生凝聚作用，混合过程直接影响到反应、沉淀的效果。混合设备离后续处理构筑物（反应池、澄清池）越近越好，尽可能与构筑物相连接，如必须用管道连接时，管道内流速为 0.8~1.0m/s，管道内停留时间不超过 2min（即管道距离不宜超过 120m）。

(3) 反应

原水投加混凝剂经充分混合后，需继续进行反应，利用反应设备内水流的紊动，促使水中细小絮凝体互相碰撞凝结成颗粒大、质量重而结实的絮状体，为沉淀、过滤工序创造条件。反应设备可分为水力和机械两大类，反应设备的选择，应根据水质、水量和沉淀池的形式以及净水工艺高程布置等情况选用。一般有平流式隔板反应池、涡流反应池、折板反应池、网格反应池及机械反应池等。

(4) 沉淀

沉淀是依靠重力将大颗粒泥沙或经混合反应形成的絮状物从水中分离出来的方法，又称重力分离法。有平流沉淀池和斜管沉淀池。

(5) 澄清

澄清是综合混凝和泥沙分离的过程。常用的澄清池有机械加速澄清池、水力循环澄清池、脉冲澄清池几种形式。

(6) 过滤

原水经混凝沉淀或澄清后，大部分悬浮物已被去除，但水中浑浊度仍不能满足工厂生产用水和生活饮用水要求。过滤处理即是进一步去除悬浮物的有效工序，当原水经过滤料层时，杂质颗粒被截留在滤料的孔隙中，随着滤料孔隙变小，较小的颗粒也被截留；同时，被截留在滤料表面的絮状体，又与水中杂质颗粒发生接触吸附作用。由于滤料的截留、接触吸附作用，使水得到净化。常用的滤池有普通快滤池、虹吸滤池和无阀滤池。

3. 配水

配水工程主要由清水泵房、水塔及室外供水管网等构成。

清水泵房将清水池的水送至水塔,增压水塔可收集、储备、调节水量,并可将水压入配水管网;室外给水管网主要为铸铁管,并配有一定数量的闸阀、消火栓等。

(四)排水工程设计

制浆造纸企业排出的废水一般分为生产废水、生活污水及雨水。按清污分流、按质分类的原则,相应的设有生产废水系统、生活污水系统及雨水系统。

生产废水的水量大、杂质多、色深、味臭、生化需氧量大,必须经过废水处理达到排放标准才能排放。

生活污水一般经过化粪池处理后排放。

雨水不需要处理或经过简单处理即能到达排放标准后排放。

废水处理过程详见本章第三节环境保护和综合利用工程。

制浆造纸污染排放控制指标见《GB 3544—2008 造纸工业水污染物排放标准》。

三、供电和供热

(一)供电

在制浆造纸工程设计过程中,构建完善的供电系统是保证工厂实现连续生产、照明和自动化控制的关键因素,直接决定了产品的质量和企业的生产效率。制浆造纸工厂的供电设计包括供电系统、配电系统、车间照明系统和防雷接地系统等。制浆造纸工厂中的用电设备数量较多,不同车间的电压等级和用电负荷有差别,因此其变配电系统需要电气专业人员根据不同车间用电的要求进行专门的设计,以保证工厂持续的生产和生活。

1. 供电系统设计的内容

在制浆造纸工程设计中,供电系统设计的主要内容包括:

① 供电系统。包括计算供电负荷、用电量,选择合适的电源、电压和供电方式、变压器种类,确定全厂总体降压变电所、车间变电所的位置等。

② 配电系统。包括选择电机的型号、确定功率和其他电力设施等。

③ 照明系统。包括计算照明用电量、电压和布置照明系统等。

④ 弱电通信系统。包括综合布线系统、计算机网络系统、数字监控视频系统、智能消防系统、门禁一卡通系统等。

⑤ 厂区外线和防雷接地。

⑥ 配电维修工程。

2. 电压选择

工厂供电的电压选择要结合当地电网的供电电压等级、供电距离以及用电设备的特性、容量等因素。各级电压电力线路合理的输送功率和输送距离参考表6-5。

表6-5 各级电压输送容量与距离参考值

额定电压/kV	输出功率/kW	输送距离/km	额定电压/kV	输出功率/kW	输送距离/km
0.22	≤50	≤0.15(架空)	6	≤3000	≤8(电缆)
0.22	≤100	≤0.2(电缆)	10	≤2000	6~20(架空)
0.38	≤100	≤0.25(架空)	10	≤5000	≤10(电缆)
0.38	≤175	≤0.35(电缆)	35	2000~10000	20~50(架空)
3	100~1000	1~3(架空)	110	10000~50000	50~150(架空)
6	≤2000	3~10(架空)	220	100000~500000	200~300(架空)

单台电机功率≤125kW时,一般采用三相380V电压,单台电机功率>125kW时,则应选用高压电动机。

自备发电机电压为400V时,多采用柴油发电机,容量一般不超过1000kW;汽轮发电机的电压选择为6.3kV或10.5kV,具体电压由工厂的高压电动机数量和容量决定。目前高压电动机电压多为6kV,所以选择电压为6.3kV发电机。

3. 供电系统

① 电源进线(35~110kV)双回路内桥接线方式。内桥接线方式如图6-2所示,适用于电源线路较长,线路故障较多,不经常切断变压器和工厂总变电所属终端变电所性质的场合。

② 电源进线(35~110kV)双回路外桥接线方式。外桥接线方式如图6-3所示,适用于供电线路较短,或需要经常切断变压器的场合。

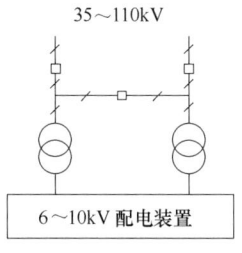

图 6-2 内桥接线方式

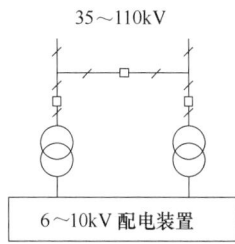

图 6-3 外桥接线方式

③ 若工厂有多条流水生产线,应该按照同一工艺单元分配负荷,即由同一母线段向每条生产线上的用电设备供电。

④ 从工厂总变(配)电所到用电装置或车间变电所去的线路一般采用放射式分布,对于个别三级负荷车间,如机修区、仓库区、厂前区,也可以采用树干式分布。

⑤ 工厂总变(配)电所6~10kV侧,如有限制短路电流和保持母线残压要求时,可以采用出线电抗器方式。

⑥ 供工厂生产装置的变(配)电所不宜向工厂外负荷供电,这样才可以保证生产过程中的供电可靠性。

4. 用电量计算

在供电系统设计中,首先计算工厂用电量,即汇集各个车间工段的用电设备的总用电量。根据工厂用电量了解全厂的用电负荷、确定变压器的容量,并以此为依据向供电部门申请用电。用电量一般采用"需要系数"法计算,需要系数 K_c 为用电设备组30min最大有效负荷 P_{30} 和其总设备装机容量 P_y 之比。即式(6-7):

$$K_c = P_{30}/P_y \tag{6-7}$$

计算用电量时需要把各个工段的用电设备按照性质进行分类,将每一类用电设备的容量相加后乘上需要系数 K_c,即可求得该类用电设备的计算负荷。如式(6-8):

$$P_1 = K_{c1} \times P_{y1}$$
$$P_2 = K_{c2} \times P_{y2}$$
$$\cdots\cdots$$
$$P_n = K_{cn} \times P_{yn} \tag{6-8}$$

式中 $P_1, P_2, \cdots, P_n$——1, 2, $\cdots$, n 类用电设备的计算容量

P_{y1}，P_{y2}，…，P_{yn}——1，2，…，n 类用电设备的装机容量（备用设备不计入）

K_{c1}，K_{c2}，…，K_{cn}——1，2，…，n 类用电设备的需要参数

将计算出的每一类设备的用电量相加，再乘以参差系数，即可得到全厂设备用电总负荷，即式（6-9）。

$$P = K \sum P_i \tag{6-9}$$

式中　P——设备用总电负荷

　　　K——参差系数，通常中、小型纸厂取 0.8~0.9

　　　P_i——每类设备的用电负荷

一般来说，皮带运输机、刮板运输机、给料机、蒸球、泵类、高频振框式平筛、测压浓缩机、搅拌器、精浆机、真空洗浆机、除节机、离心筛、漂白机、造纸机、压光机、复卷机、鼓风机等 K_c 取 0.7；切草机、切纸机等取 0.6；盘磨机、水力碎浆机等取 0.65；实验室、办公室等取 0.8；厂房照明等取 0.9。

5. 变压器

（1）变压器的分类

① 按电压等级分类。变压器的规格型号主要有 1000、750、500、330、220、110、66、35、20、10、6kV 等几种。一般电力变压器的一、二次电压是相邻电压等级，3、6、10、20、35、63、110、220、330（仅西北地区）、500、750kV，站用变压器可跨越几个电压等级。电力变压器的电压等级一般有 500kV/220kV，220/110kV，110/35kV，35/10kV 等。

② 按变压器的容量分类。变压器的容量等级分为 30、50、63、80、100、125、160、200、250、315、400、500、630、800、1000、1250、1600、2000、2500、3150、4000、5000、6300、8000、10000、12500、16000、20000、25000、31500、40000、50000、63000、90000、120000、150000、180000、260000、360000、400000kVA。通常，容量为 630kVA 及以下的变压器统称为小型变压器；800~6300kVA 的变压器称为中型变压器；8000~63000kVA 的变压器称为大型变压器；90000kVA 以上的变压器称为特大型变压器。

③ 按结构分类。有双绕组变压器、三绕组变压器、多绕组变压器、自耦变压器。

④ 按冷却方式分类。有自然冷式、风冷式、水冷式、强迫油循环风（水）冷方式、水内冷式等。

⑤ 按电源相数分类。单相变压器、三相变压器、多相变压器。

⑥ 按导电材质分类。铜线变压器、铝线变压器及半铜半铝变压器、超导变压器等。

⑦ 国产电力变压器，按其高压线圈的绝缘等级和容量可以分为以下五类：第一类：电压在 35kV 以下，容量为 5~100kVA 以上的三相变压器；第二类：容量为 180~560kVA；第三类：容量为 750~5600kVA；第四类：电压为 110kV，容量为 5000kVA 的单相变压器和容量为 7500kVA 以上的三相变压器；第五类：容量为 20kVA 和 2000kVA 以上，电压为 150kV 及 150kV 以上的所有变压器。

（2）变压器的型号

变压器的型号由不同的符号来表示变压器的产品类别、结构特征、用途、容量以及电压极次等，各个字母的含义如表 6-6。国产电力变压器有新旧两种表示方法。如：三相油浸自冷式双圈铝线 500kVA，10kV 电力变压器采用新的表示方法为：SFP-500/10，旧的表示方法为：SFPL-500/10。三相强迫油循环风冷式双圈铝线 63000kVA，110kV 电力变压器采用新的表示方法为 SFP-63000/110，旧的表示方法为 SFPL-63000/110。

表 6-6　　　　　　　　　　　　变压器型号中字母含义

分类项目	代表符号	分类项目	代表符号
单相变压器	D	强迫油循环	P
三相变压器	S	强迫油导向循环	D
油浸式	不表示	双线圈变压器	不表示
空气自冷式	K	三线圈变压器	S
风冷式	F	无激磁调压	不表示
水冷式	W	有载调压	Z
油自然冷却	不表示	铝线圈变压器	不表示

6. 电动机

（1）电动机的种类

制浆造纸工厂常用的电动机有异步电动机（包括鼠笼式和线绕式）、同步电动机、直流电动机（包括直流发电机组）、交流整流子电动机等。其中应用最广泛的是异步电动机，同步电动机由于设备价格高，启动性能差，因此应用较少。

（2）电动机选用原则

选择电动机的原则包括以下几部分：

① 电动机的机械特性，包括功率、转速、启动转矩、调速范围等应满足机械设备的需要。

② 在运行允许升温范围内，电动机的容量能使电能充分转化为机械能。

③ 电动机的结构必须符合机械设备要求，并可以适应工作场所周围的环境。

（3）国产电动机

目前制浆造纸企业最常用的电动机是 Y 型电动机。电动机的机座装有标示电动机技术数据的铭牌，如图 6-4 所示，各个数据的含义如下：

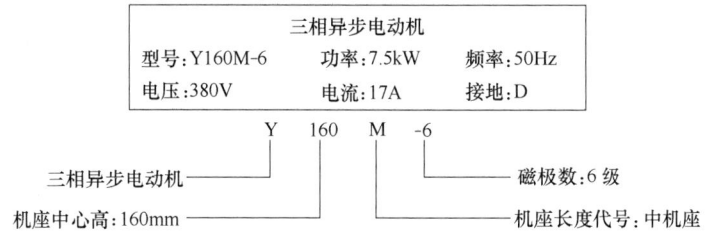

图 6-4　Y 系列电动机铭牌

① 型号。Y：异步电动机；YR：线绕式异步电动机；YB：防爆型异步电动机；YZ：起重冶金用异步电动机；YZB：起重冶金用线绕式异步电动机；YQ：高启动转矩异步电动机。

② 额定频率。指在定子绕组上允许的电源频率。国产异步电动机的额定频率为 50Hz。

③ 额定电压。是指定子绕组按铭牌上规定的接法时应加的线电压值。目前生产的额定电压为 380V。

④ 接法。4kW 以上的 Y 系列三相异步电动机均为 D 接法，以便采用 Y-D 启动。

（4）直流电动机

直流电动机的机座上也有一块铭牌，其上标有直流电动机的型号和额定值。直流发电机的额定电压一般为 115V 和 230V；直流电动机的额定电压一般为 110V 和 220V。

7. 照明设计

照明系统的设计原则是：安全、高效、实用、经济、美观。

照明器的布置原则是：必须保证生产所需要的工作照度，在工作面上光线照射要均匀，照射方向要有助于操作，不能有明暗悬殊和耀眼的现象。照明器的安装容量要合适。在设计中要根据综合分析，合理地选择光源、灯型，布置灯座，保证在不同的环境条件下均能满足生产所需要的照度和光色等要求。

8. 防雷接地装置

防雷的主要目的为：

① 防止雷电的进行波，消除短路故障电流和开关电磁脉冲的危害，从而保护电力设备。例如，在架空线进出的交配电所的母线上安装阀形避雷器、在线路端侧装设管型避雷针、在低压架空线路的引入线所在电杆上将其瓷瓶铁脚接地。

② 建筑物防雷。一般纸厂仅在烟囱上和高 15~20m 的建筑物安装避雷设施。

新设计的纸厂低压侧往往是接零的，并可与 1~10kV 侧的保护接地相连成一个系统，接地电阻应小于 4Ω，目前广泛采用 50mm×50mm×5mm 的角钢作为接地板。

（二）供热

热力设计人员或部门需要根据工艺人员提供的每小时用汽量和蒸汽的最高压力等数据确定供应全厂生产、采暖和生活用汽量、供气的汽源，按蒸汽消耗量选择锅炉、按所选的锅炉型号和台数设计锅炉房并配置全厂蒸汽管道网等。制浆造纸厂的蒸汽可以选择自备电站供给，或地区热电站供给。

1. 锅炉

（1）锅炉容量的选择原则

制浆造纸厂用汽部分包括：制浆车间蒸煮用汽、配碱用汽、漂白用汽、碱回收蒸发用汽、造纸车间的熬胶用汽、溶解矾土用汽和抄纸的干燥和通风用汽等。这些车间的用汽负荷波动很大，特别是间歇蒸煮用汽。因此在选择锅炉时，应遵循以下原则：

① 若高峰负荷持续时间较长，则按最高负荷的用汽量确定锅炉容量；

② 若高峰负荷持续时间较短，则按每天的平均用汽负荷量确定锅炉容量；

③ 应考虑到锅炉的热效率、耗煤量和锅炉投资等方面的因素。

在实际的设计和生产中，应尽量错开各用汽设备的负荷高峰，这样可根据平均负荷的用汽量选择锅炉。选择锅炉时应全面考虑，避免因生产调度不良影响正常的生产。

（2）锅炉容量的确定

确定锅炉容量时需要综合各用汽部分的总容量，用汽部分主要包括：

① 生产用蒸汽量 $m_{蒸汽,1}$。生产用汽量的计算方式有两种：以单位产品的平均用汽量或每小时的最大用汽量为指标进行运算；依据热量平衡实际计算出的单位产品耗汽量来计算。造纸企业生产用汽量比较稳定，吨纸耗汽量基本一致（更换产品例外），制浆系统虽然是间歇用汽，但全年的总用汽量基本保持不变，很容易计算生产用汽量。

② 采暖通风用汽量 $m_{蒸汽,2}$。采暖通风用汽量与工厂所在的地区及其气候条件有关，需要根据实际的采暖通风数据来确定，其采暖负荷系数为 1，通风所用系数为 0.8~1.0。

③ 生活用蒸汽 $m_{蒸汽,3}$。生活用蒸汽量可根据企业职工人数确定，生活用汽主要用于提供生活用热水、洗澡用水和采暖等。在制浆造纸工厂中，一般有单设茶炉提供饮用热水，通过废蒸汽加热可以保证洗澡用水。因此选择锅炉容量时可以不考虑这部分蒸汽，但若有其他

生活用汽或热水需要蒸汽,则需要考虑 D_3,这时所采用的热负荷系数为 0.4~0.7。

④ 厂区热力网损失蒸汽量 $m_{蒸汽,4}$。厂区蒸汽网损失蒸汽量一般取最大全部蒸汽用量的 5%~10%。

⑤ 设备辐射热损失 $m_{蒸汽,5}$。主要是蒸煮设备,在没有保温措施的条件下,蒸煮设备的热辐射损失量 $m_{蒸汽,5}$ 为全部蒸煮用汽量的 10%。

⑥ 锅炉房自用蒸汽量 $m_{蒸汽,6}$。锅炉房自用蒸汽量主要包括气泵用汽、给水加热和吹灰用汽等。一般为全部最大用汽量的 3%~7%。

将以上用汽量相加后,即为锅炉每小时的最大(或平均)容量,见式(6-10):

$$总蒸汽用量\ m_{蒸汽} = K_0 \cdot (K_1 \cdot m_{蒸汽,1} + K_2 \cdot m_{蒸汽,2} + K_3 \cdot m_{蒸汽,3} + K_4 \cdot m_{蒸汽,4} + K_5 \cdot m_{蒸汽,5} + K_6 \cdot m_{蒸汽,6}) \tag{6-10}$$

式中　　　　　　K_0——网热损失系数,一般取 1.1

K_1,K_2,K_3,K_4,K_5,K_6——热负荷同时使用系数,在 0.5~1.0

(3) 锅炉工作压力的确定

锅炉按照其工作压力可分为低压锅炉(锅炉出口蒸汽压力为 1.30MPa,温度为 340℃)、次中压锅炉(锅炉出口蒸汽压力≤2.45MPa,温度多为饱和温度或不高于 400℃)、中压锅炉(锅炉出口蒸汽压力为 3.830MPa,温度为 450℃)、高压锅炉(锅炉出口蒸汽压力为 9.81MPa,温度多为 540℃)和超高压锅炉(锅炉出口蒸汽压力为 13.7MPa,温度为 540℃,少数为 555℃)。

制浆造纸厂一般使用低压或次中压锅炉,出口压力≤2.45MPa。所用蒸汽有饱和蒸汽和过热蒸汽两种。我国制浆造纸厂多用饱和蒸汽。

① 饱和蒸汽与压力之间的对应关系可通过查表得出,制浆造纸过程中使用蒸汽压力一般在 0.25~0.9MPa(表压),蒸汽在输送过程会有压力损失,因此选用锅炉的工作压力应比最高工作压力高 0.3~0.5MPa(表压)。因此我国造纸厂用锅炉压力通常不超过 1.3MPa(表压)。

② 有些纸厂在抄纸工段使用过热蒸汽,这有利于提高生产效率和设备利用率,但过热蒸汽在使用过程中不易控制。过热蒸汽的温度与压力的关系,应视蒸汽过热的多少来确定。

(4) 锅炉选择的要求

选择燃料是锅炉选择的关键步骤。锅炉燃料的种类决定了锅炉类型、锅炉的燃烧方式、燃烧设备的出力和效率。锅炉选用的燃烧方式和设备一定要能经济、有效地燃用所供给的燃料。

锅炉的选择应满足以下几个要求:a. 满足供热量和供热参数;b. 燃料燃烧效率高;c. 热效率较高;d. 基建和运行维修费用低;e. 宜选用燃烧设备相同的锅炉,台数在 2~5 台。

(5) 锅炉给水和给水处理

锅炉供水需要满足锅炉用水标准,这样才可以保证锅炉的安全运转和蒸汽质量,因此需要设计锅炉房的给水和水处理方式。水处理方式需要根据原水水质、锅炉给水的质量要求、补给水量、排污率、水处理设备等因素选择,一般采用炉外化学水处理。锅炉的排污率限定在额定蒸发量的 10% 以下。

① 给水泵。给水泵的作用是将化学水从除氧器输送到锅炉,一般采用电动给水泵,并以气动给水泵作为备用泵。给水泵的台数、流量、扬程要能够满足适应锅炉房全年的负荷变

化。任何一台给水泵发生故障时,其余给水泵的总流量需要保证供给全部锅炉运行时额定蒸发量所需给水量的1.1倍。对于不能并联运行的给水泵,应分别装设给水管以满足同时给水所需的给水量。停电后有的锅炉不能正常燃烧和供汽,会造成缺水事故,此时需要启用备用的气动给水泵。气动给水泵的流量必须满足所有运行锅炉在额定蒸发量时所需给水量的50%左右;停电后有的锅炉仍能正常燃烧和供汽,其流量也需满足供汽要求。

② 给水处理。锅炉给水处理要满足三个基本要求:防止蒸汽夹带、结垢和腐蚀。锅炉的给水处理系统分为两种,锅炉内水处理和锅炉外水处理。二者的目的都是为了除掉水中的悬浮固体和钙、镁盐等,防止水垢的生成,以保证锅炉的安全运行,提高锅炉的热效率。原水进行给水处理后需符合《低压锅炉水质标准》的规定。目前常用的给水处理方法有离子交换法,如钠离子交换软化处理、氢-钠离子交换软化处理、铵-钠离子交换软化处理;沉淀法,如石灰-纯碱法、烧碱-纯碱法、磷酸钠法等。

(6) 锅炉房的布置

锅炉设备在主厂房内的布置与锅炉设备的结构形式、辅助设备的配置方式和建筑物的结构形式有关。

2. 热电站

制浆造纸工厂是用电和用汽大户,建设热电站可以降低生产成本,保证能源的合理利用和生产连续稳定的运行。

热电站设计的原则是"热电联产,以汽定电",根据全厂总的蒸汽用量选择锅炉和汽轮机。热电站产生的高压蒸汽驱动汽轮机发电,最终得到廉价的电,发电后汽压降低,但要满足各个部门所需要的汽压和汽量。热电站生产的电一般可满足造纸企业的部分用电,不足部分由公司电网供给,以达到稳定的供热和供电效果。

(1) 汽轮机机组的形式

按进汽压力等级和进汽温度,汽轮机组分为低压、次中压、中压、次高压和高压机组,分类等级参数如表6-7。

表6-7　　　　　　　　　　　　汽轮机组分类及参数

参数	进汽压力/MPa	进汽温度/℃	参数	进汽压力/MPa	进汽温度/℃
低压	1.27	340	次高压	4.9~5.88	435~470
次中压	2.35	390	高压	8.83	535
中压	3.43	435			

按热力特性分类,汽轮机组可以分为背压式、抽汽背压式、抽汽冷凝式和冷凝式。

(2) 不同种类汽轮机组的特点

① 背压式汽轮机。背压式汽轮机是将汽轮机的排汽供热用户使用。其特点是经济性好,节能效果明显。另外,它的结构简单、运行可靠、投资省。但它的缺点是汽轮机的发电量取决于供热量,不能够独立调节以同时满足热负荷和电负荷的需要。因此,背压式汽轮机多用于热负荷全年稳定的企业自备电站或有稳定的基本热负荷的区域性热电站。制浆造纸工厂热负荷相对稳定,同一纸种在生产工艺不变的情况下,吨纸生产耗汽量稳定,制浆工段用汽量在同样产能情况下用汽量也基本稳定,因此,制浆造纸工厂适合采用背压式汽轮机组。

② 抽气背压式汽轮机。抽气背压式汽轮机是从汽轮机的中间级抽取部分蒸汽供给需要较高压力等级的热用户,并保持一定背压的排汽供给较低压力等级的蒸汽用户。与背压式机

组相似，这种机组的经济性好，但对负荷变化的适应性较差。

③ 抽汽冷凝式汽轮机。抽汽冷凝式汽轮机是从汽轮机中间级抽出部分蒸汽供热用户使用的冷凝式汽轮机。它的主要特点是当蒸汽用户所需的蒸汽负荷突然降低时，多余的蒸汽可以经过汽轮机抽汽点以后的级继续发电。优点是可以在较大的范围内同时满足热用户和电用户的需要，使用灵活性较大，适用于负荷变化幅度较大、变化频繁的化工企业自备热电站。它的缺点是热经济性差，而且辅机较多，系统复杂，价格较贵。

以上三种小型热电站机组均比较适合制浆造纸企业的用汽用电情况。而冷凝式汽轮机只可以单纯发电，不适合应用于制浆造纸企业。

（3）热电站的布置

热电站内布置主要设备和辅助设备的厂房称为主厂房。主厂房一般包括锅炉间、汽轮机间、除氧间、煤仓间、厂用配电室、引风机室等部分。主厂房布置主要包括生产车间相互配置的形式，以及车间中主要设备和辅助设备的布置方式。

四、采暖和通风

制浆造纸生产过程中会产生大量的湿热气体、粉尘或有害气体，不仅污染车间空气和环境，影响产品的质量，还损害人员的身体健康。因此制浆造纸工厂必须设计采暖和通风设施，以保证工作人员的身心健康和产品质量。

（一）采暖通风设计的范围、原则和依据

1. 采暖通风设计的范围

① 采暖工程、生活区的取暖、供热站和锅炉房；

② 除尘、净化工程；

③ 通风工程；

④ 空气调节工程（包括人工气候室）。

2. 采暖通风设计原则

采暖通风设计应坚持以下基本原则：

① 贯彻国家现行的有关方针政策；

② 保证安全生产和适宜的劳动条件；

③ 节约能源，保护环境。

3. 采暖通风设计的依据

① 室外气象资料。包括冬季、夏季室外设计计算温度，相对湿度以及当地的风向、风速度等。

② 工艺专业资料。包括各个车间的工艺布置图，备料、蒸煮、洗漂、抄纸、辅料配置等工段产生的粉尘、高温湿气和有害气体等数据。

③ 土建资料。车间维护结构类型、建筑材料种类、采暖面积、采光面积和厂房高度等资料。

④ 其他资料。包括各部分电动机容量和性质，各部分散热、散湿的面积和湿度，散发蒸汽或有害气体的设备和性质等。

（二）主要生产工段采暖通风设计的基本要求

制浆造纸工厂各工段的采暖设计有不同的要求，设计的基本原则为：备料工段以除尘为主要目的；蒸煮工段以降温为主要目的；洗、选、漂工段以通风排气为主要目的；造纸车间以烘缸排气、热回收利用为主要目的，并依据热量平衡进行全车间通风量平衡计算；碱回收的蒸发、燃烧工段以降温为主要目的，苛化工段还涉及除尘和腐蚀性气体的排气问题。

1. 备料工段

备料工段的采暖设计与纸厂所用的原料种类有关。若原料为原木，产生的灰尘较少，则不需要考虑通风除尘问题。但若原料是带有大量尘土的草类原料，则需要在切草机和羊角除尘器上进行局部除尘，并需对含有尘土的空气进行净化。其他原料，如破布、废纸、废棉、废麻等，也需要考虑通风除尘的问题。

2. 蒸煮工段

蒸煮工段温度较高，即使在蒸煮锅或蒸球表面添加保温层也会有大量热量散出，必须进行降温处理。在夏季，蒸煮工段的通风设计既要有排气系统，又要有空气淋浴系统。排气系统保证车间的平均温度不超过35℃。局部空气淋浴可以减少工人受到的辐射热强度，一般采用移动冷风机喷射冷空气。在冬季则可以按照车间的热平衡来调节车间的换热量。

3. 洗涤工段

本工段散热散湿设备主要是洗浆机，洗浆机工作过程中会散出大量水蒸气增加车间内气温和湿度，在冬季会则会引起严重的滴水现象。设计时可在洗浆机上方加一风罩排出湿汽。在冬季则需要利用临近高温车间的热量或回收利用废热来实现进风加热。

4. 漂白工段

漂白工段会散发微量的氯气。在夏季全部开窗即可满足通风要求，但在冬季则需要借助排风设备。一般情况下，车间每小时应有5~7次的换气。由于氯气密度比空气大，排风设备要安装在设备附近的墙上并接近地面。

5. 辅料工段

① 漂白粉溶解槽。在漂白粉溶解时会有粉尘飞扬和氯气外逸。通常采取的方式为以倒料口作为吸风口，从溶解槽内部抽风，使倒料时飞散的粉尘吸入槽内，减少对环境的影响。含漂白粉的空气应经水膜除尘器净化后排入大气。水膜除尘器排出的含漂白粉的废水则回收入漂白粉溶解池中。造纸工段的填料溶解池也采用这种除尘方式。

② 松香锅。松香锅、明矾槽等设备工作温度高，可以直接在设备上设置局部吸风罩进行排风，以排除运行过程中产生的水汽和气味。

6. 造纸工段

造纸工段会产生大量热和湿汽。不仅会影响工人健康，而且会影响纸的产量、质量，并损伤设备。因此进行全面的通风换气设计。

在计算散湿量时，主要考虑纸机干部蒸发水分量和网部蒸发水量（一般低速小型纸机网部和压榨部所蒸发的水量为干燥部蒸发水量的10%~15%，对高速现代化纸机的"纸浆预热"为30%左右），其他设备的敞开水面散发水分数量较少，可忽略不计。

（1）纸机干部通风量计算

干部总通风量按式（6-11）计算：

$$G = 1000 \times \frac{K \cdot G_W}{w_p - w_j} \tag{6-11}$$

式中　G——干部总通风量，kg/h

　　　G_W——干部总蒸发水量，kg/h

　　　K——与湿部散热、喷汽、漏气等因素有关的附加系数，一般采用1.2~1.25

w_p——排出空气的湿含量，g/kg 空气

w_j——进入空气的湿含量，g/kg 空气

（2）车间通风

纸机在工作时会连续大量排风，需要进行补风以维持正常的热量平衡，并有效地防霉防滴。在冬季，车间的通风量大体等于干部的排风量，可以采用自上而下的天棚送风，这种方式可以满足屋顶防滴、操作区通风及纸机补风。在夏季，操作区需要降温，可以按照自上而下的方式通风。在左、右手纸机双列布置时应将40%~50%的风量送到操作区以达到防暑降温的目的。

（三）空气调节设计

1. 办公室室内计算参数（供参考）

冬季：工作温度20~24℃；地面以上0.1~1.1m间的垂直空气温差应小于3℃；地表面温度19~26℃；室内平均风速<0.15m/s。

夏季：工作温度23~26℃；地面以上0.1~1.1m间的垂直温空气差应大于3℃；室内平均风速<0.25m/s。

2. 控温室室内设计参数（供参考）

温度：冬季21℃±3℃；夏季24℃±3℃；

相对湿度：全年（50±10）%；

空气净化要求：尘埃<200μg/m³。

五、自控和仪表

目前工业自动化程度日益提高，自动控制系统和仪表检测在工业生产装置中得到广泛的应用，它们以工业生产装置中的设备、管道作为检测控制系统的对象。在施工时需要各专业相互配合、协作，完成生产线的建设。在制浆造纸企业生产过程中，自动控制系统实现生产过程中对压力、温度、流量、物位（液位）、湿度、黏度等的操控。仪表工业，特别是新型控制装置是实现自动控制的有效手段。智能型仪表和计算机化控制装置使复杂控制系统简单化，摒弃了复杂的仪表组合和繁琐的接线，提高了系统的安全可靠性。同时，先进控制策略应用于制浆造纸企业提升了产品质量、降低了生产成本、增加了劳动生产率，并解放了劳动生产力。自动控制系统的设计是制浆造纸工程设计中的关键步骤，直接影响生产过程的持续性、产品的质量和收益率，也决定了生产过程的安全性。自动控制理论和实践的不断发展有助于人们获得动态系统的最佳性能。

（一）设计范围和内容

① 工艺生产工程、辅助生产工程系统的控制、检测仪表、在线分析仪表、控制及管理用计算机等系统的设计。

② 工艺生产工程、辅助生产工程系统的程序控制、信号报警和连锁系统的设计。

③ 控制、检测仪表所用的辅助设备（如盘、箱、柜、台等）和附件，控制和检测系统所用的电气设备、电气材料、安装材料等的选型设计。

④ 控制、检测仪表所采用的防爆、防火、防腐、防冻、保温、防尘、防堵、防震等安全技术措施的设计和控制，检测系统中所用的电气设备、盘、箱、柜、台等防干扰和安全设施的设计。

⑤ 控制室、机柜室、自动分析室、仪表专业用工作间、现场操作室及仪表维修的设计。

（二）控制流程图的制定

自控设计人员在进行自控设计时，首先要确定工艺及自控流程图（即带控制点的工艺流程图），在熟悉工艺流程、操作条件、工艺数据、设备性能、产品质量指标、操作岗位的分布等条件下，确定合理的控制点和调节参数，明确调节系统和允许偏差的范围。自控系统控制的参数一般有温度、流量、压力、液位、浓度等。

（三）仪表选择

1. 温度测量仪表

温度的测量与控制是保证制浆造纸生产过程正常、安全运行的重要环节。在制浆造纸生产过程中不能直接测量温度，只能借助冷热不同物体之间的热交换，或物体物理性质随温度的变化特性来间接测量温度。

温度测量仪表有接触式温度仪表，如玻璃液体温度计、金属温度计、金属热电偶等；非接触温度仪表，如光学温度计、比色温度计、辐射温度计等。

2. 压力测量仪表

压力同样是制浆造纸生产过程的重要参数。不同工段需要的压力不同。如蒸煮过程的压力控制在 0.7~0.8MPa；烘缸进气压力控制在 0.2~0.3MPa；在纸页网部的成形脱水过程中需要借助真空抽吸提高脱水的速度，因此需要精确测定各真空点的真空度以保证脱水曲线的正常。

制浆造纸工程常用的压力仪表一般有弹性式压力表、液柱式压力表，活塞式压力计、压力变送器等。

3. 流量测量仪表

检测制浆造纸生产过程中各种介质的流量可以保证正常的生产，并可以获得同一时期内流过的介质总量。常用的流量剂有转子流量计、差压式流量计、容积式流量计等。

4. 物位（液位）测量仪表

物位（液位）是指同一物质的两相或两种不同物质之间的分界面位置：包括液位（气(汽)-液界面）、料位（气-固界面）、界面（液-液、液-固界面）。在制浆造纸生产过程中，需要随时监测各种料仓、浆池、白水池、清水池和塔料等的料/液位，防止仓/池体空仓或溢出。

常用的液位仪表有静压式液位仪表、浮力式液位仪表和电容式液位计等。

制浆造纸企业常用的仪表还有浓度测量仪表、水分定量测量仪表和尘埃测量仪表等。

（四）控制室设计

在控制室内，操作人员可以借助仪表和其他的自动化工具监视、控制生产过程，也可以进行生产管理的调度。为了提高工作效率，应保证生产过程中自动控制仪表、阀门、连锁等集中在控制室内。控制室的环境要能满足仪表及其他自动化工具正常可靠地运行，并适合操作人员工作。

根据设备的组成和控制要求，控制室分为常规仪表控制室和 DCS 控制室。常规仪表控制室主要放置常规仪表和一般的盘、箱、台等基本设备。DCS 控制室的基本设备是集散控制系统（DCS）。

1. 常规仪表控制室

常规仪表控制室主要放置常规仪表等基本设备。在进行设计时，首先需要选择控制室位置、控制室面积并确定控制室环境，然后需要设计具体的仪表电源及电信号管线、仪表测量管线、气动信号管线、管缆及电线、电缆等材质、规格及铺设方式等。

① 位置选择。中心控制室宜靠近主要被控制装置；车间控制室宜靠近操作较频繁和控制点较集中的主要操作区。若生产装置为露天或半露天放置则需要单独设置控制室。非爆炸、无毒性装置的控制室不宜靠近交通干道，如若不能避免，则需保证控制室的外墙与干道中心线的距离大于20m，并且控制室内的噪声不应大于65dB（A）。控制室应远离振动源和具有电磁干扰的场所，不宜紧邻高压配电室、压缩机室、鼓风机室和化学药品库等；若控制室与办公室、生活间、工具室等相邻，应该以墙隔开，避免相互干扰。

② 控制室的面积。控制室的面积与仪表盘的数量和盘的平面布置形式有关。在设计中需要协调控制室的长度、进深和层高之间的关系。若控制室无操作台，进深一般不小于6m。若控制室有操作台，进深应大于7.5m；若控制室的长度超过20m，进深应大于9m。

③ 空调与采暖。为了保证仪表的正常使用，需要保证控制室内有稳定的温度、湿度，控制室的温度在冬季一般保持在15~20℃，夏季一般保持在24~28℃，湿度在40%~65%之间。必要时可以添加空调装置。

2. DCS控制室

集散型控制系统（DCS系统）是利用计算机技术实现对生产过程的集中监视、操作、管理和分散控制的一种新型控制技术。它将计算机技术、信号处理技术、测量控制技术、通信网络技术和人机接口技术相互融合渗透，更有利于生产过程的优化。

DCS系统的特点是：通用性强、安装简单规范化、调试方便、系统组态灵活、控制功能完善、数据处理方便、显示操作集中、人机界面友好、运行安全可靠。DCS系统提高了生产的自动化水平，提升了产品质量，保证原材料和能源的有效利用，提高了劳动生产率，可以创造更高的社会效益。

① 位置选择。DCS控制室位置选择的主要准则是：宜接近现场保证操作方便，远离强振动源、强电磁场和强噪声源以保证控制的精确度。

② DCS控制室布局。控制室主要包括操作控制机柜室、计算机室、软件办公室、仪表值班室。除此之外，还应设置空调机室、UPS电源室、贮藏室、维修室以及操作人员的生活设施，比如操作人员交接班室、休息室等。

③ 控制室的面积。操作控制室的进深不宜小于6m，操作台后沿与墙的净空大于1.2m。机柜室的进深需要依据成排机柜的尺寸和机柜间的间距计算。相邻机柜间的间距以及机柜与墙的距离均不宜小于1.5m。对于独立安装的机柜，净空不宜小于0.8m。

第三节　环境保护和综合利用工程

一、环境保护和综合利用概述

制浆造纸工业生产中排放的废水、废渣和废气对环境造成了严重的污染，其中废水对环境的污染尤为严重。我国纸浆造纸工业自20世纪50年代以来，一直走"以草为主"的道路，给环境带来很大污染，到90年代初，开始转向草木并举，并逐步过渡到以木为主。

以毛泽东同志为核心的第一代中央领导人在开国伊始就意识到环保的重要性，在随后几十年的社会实践中，党中央对生态环境问题也是非常关注，将环境保护定为基本国策，提出树立人与自然和谐的自然观、构建社会主义和谐社会、构建资源节约型社会和环境友好型社会的"两型社会"等若干促进经济社会发展的同时也能够合理利用自然资源、保护生态环境的科学认识与战略布局。习近平总书记在党的十九大报告中正式提出了"社会主义生态文明观"的理论认识,用中国话语体系建构了属于中国自己的生态思想认识。

近年来,国家对工业污染也提出了更严格的标准。随着《大气污染防治法》《环境保护法》《国务院关于印发"十三五"节能减排综合工作方案的通知》《水污染防治法》《造纸工业污染防治技术政策》等一系列相应的环保标准和规定的发布,我国制浆造纸业面临着前所未有的严峻挑战,国家对造纸行业的生产工艺技术提升、产业结构调整和节能减排等方面也提出更高的要求。

制浆造纸工业对环境的污染大致可分为三种:

① 大气污染物。包含废气和粉尘两大类,废气主要为还原性硫化物:甲醇硫、硫化氢、甲硫醚、三氧化硫和二氧化硫等,粉尘的化学组成是钠和钙的碳酸盐、硫酸盐、氢氧化物以及氯化物。

② 污染水体的物质。溶解有机物(BOD),悬浮固体(SS),色素物质以及溶解的无机物。

③ 固体废渣。包括动力锅炉产生的灰渣,初级沉淀池排出的污泥,原料场的树皮、锯末,以及二级水处理形成的生物污泥等。

当前环境污染问题仍是制约制浆造纸行业发展的关键因素,摆在我们面前的工作任重而道远。为彻底解决我国制浆造纸工业环境污染问题,必须增强造纸企业的环保意识,调整造纸行业的结构,改良传统污染治理技术,以及开发新兴环保技术和装备,提高我国制浆造纸工业环境保护和污染防治的水平,最终实现造纸工业的绿色可持续发展。

二、废气、粉尘治理及利用

制浆造纸工业中排放出的大气污染物质包括气体污染物和粉尘两大类。

对于气体污染物的防治与控制需要从以下两个方面来着手,一是改进制浆方法,采用无硫制浆从根本上解决臭气,如氧-碱法、一步制浆法、硝酸法和高氧压封闭制浆等;另一个是对现在制浆造纸厂的气体污染物进行控制,在生产过程中改进工艺条件对防治气体污染最为有效,具体可采取缩短时间、提高温度、低硫化度和高碱度蒸煮来减少臭气的排放;取消直接接触蒸发器,黑液氧化,收集各工序散发的臭气并送燃烧设备烧掉。

制浆造纸厂粉尘的污染主要来源于动力锅炉和废液回收,此外还有备料过程和亚硫酸盐制浆的制酸过程。对于粉尘的治理,主要使用除尘装置,根据粉尘的粒径和性质不同,用到的除尘装置也不同,常用的有重力除尘装置、离心力除尘装置、洗涤式除尘装置、过滤式除尘装置和电除尘装置。

三、废水治理及利用

制浆造纸工业产生的废水,随着原料的种类、生产工艺以及产品类型的不同而存在很大差异。即使在相同的生产条件下,由于生产技术和管理水平的不同,废水的排放量和其中污染物含量也差别很大。根据废水的排放量以及污染物质构成不同,采取的处理方法也有所不同。废水处理方法根据作用原理不同可以分为物理法、化学法和生物法这三类。

根据处理程度不同将废水处理的等级分为一级、二级和三级处理。一级处理是去除废水中悬浮状态的固体污染物或乳化状态的油类污染物,一般是物理处理。二级处理是大幅度除去废水中溶解的胶体的有机污染物（即 BOD 物质）。一般废水经二级处理后就可达到排放标准，一般采用的是生物处理法。三级处理的是进一步处理前两级未除去的污染物以达到饮用水的标准，在这部分采用的方法是多种多样的。

（一）物理法治理废水

物理法治理废水是利用物理作用来分离废水中的乳浊物或悬浮物，如木节、浆渣、树皮、纤维、涂料等。该方法主要用于厂内治理、厂外治理的一级处理，或二级和三级处理的预处理。常用的物理方法有过滤法、重力沉降法、沉淀法、气浮法，其中重力沉降法和气浮法是物理处理的常用方法。

1. 重力沉降法

借助重力作用，将密度比废水大的悬浮物质从废水中沉降出来，使其与水分离的过程成为重力沉降法。所用的设备一般称为沉淀池。与其他工业的废水处理一样，大多数制浆造纸厂都设有一级沉降池。一般在一级沉降池前设有格栅和沉砂池，格栅用于分离废水中大块漂浮物和悬浮物，保证闸门、管道和泵的正常运行。沉砂池预先除沙，能够有效降低污泥和积沙对泵的磨损。根据沉降池内水流方向的不同，可以分为辐流式、平流式、斜流式和竖流式。在沉降池的选择上，需要考虑以下几个因素：首先，根据废水量的大小，平流式、辐流式沉淀池在水量大时适合使用，斜流式、竖流式适合处理水量小的情况。其次，考虑悬浮物的泥渣性能与沉降性能，最后，还需要综合考虑地质条件与总体布置、成本高低以及运行管理水平。

2. 气浮法

废水中悬浮物的密度与水接近时，无法被自然沉降分离，这种悬浮物可以被废水中的微小气泡附着，随气泡上升至水面而被分离的方法称为气浮法。但气浮法仅对疏水性的悬浮颗粒有效，亲水性的悬浮颗粒表面易被水润湿，很难黏附到气泡上，要想利用气浮法分离这些悬浮物，首先需要改变它的亲水性，常使用的办法就是向废水中加入浮选剂，常用的浮选剂有动物胶、松香等。根据产生气泡的方法，气浮法可以分为加压气浮、射流气浮、曝气气浮和叶轮气浮，常用的是加压气浮和射流气浮。

（二）化学处理法治理废水

化学处理法是指利用化学反应使废水中污染物的形态发生变化，从而进一步转化、分离和回收污染物。化学法以降低和消除色度、调节 pH 为主，同时能够去除部分化学耗氧量和生化耗氧量。化学处理法主要包括中和法、混凝法、化学氧化法、化学吸附法、化学沉淀法等。目前化学处理法还只用于废水排量较少的工业生产中。

1. 混凝法

制浆造纸工业产生的废水中，备料工段中微细的泥土颗粒和原料粉末，浆料洗选工段中高分子有机物和细小纤维，漂白工段中的大分子有色物质，一般都是以胶体形态存在。由于布朗运动和水合作用，胶体在水中能够长时间保持分散状态，无法通过重力沉降法分离。混凝法是指通过提高胶粒的动能和降低胶粒间的排斥能使胶体相互聚集形成数百微米以至数毫米的絮聚体。混凝法中通过电荷中和和压缩双电层机理起作用的称为凝聚，所用的添加剂称为混凝剂；通过吸附桥连机理起作用的称为絮聚，使用的添加剂称为絮聚剂。根据混凝剂组成，一般分为无机混凝剂和有机混凝剂，一般常用的有硫酸铝、聚合氯化铝、硫酸亚铁、三氯化铁、聚合硫酸铁和微生物混凝剂等。

2. 化学吸附法

利用多孔性固体吸附剂，将废水中的污染物质吸附在固体表面从而予以去除的方法称为吸附法。吸附剂表面的吸附能力有三种，静电引力、化学键力和分子引力，因此吸附的类型也可分为三种，离子交换吸附、化学吸附和物理吸附。常用的吸附剂有活性炭、离子交换树脂和黏土矿物类吸附剂。

3. 化学氧化法

利用强氧化剂与废水中有机污染物的化学反应达到将污染物去除的方法称为化学氧化法。化学氧化法有大量自由基参与时称为高级化学氧化法，此处理工艺可以彻底分解废水中的有机污染物，是近年来备受重视的水污染治理技术。为了废水处理工艺经济可行，通常把化学氧化处理作为生物处理的预处理，除去不易生物降解的物质，从而减少有毒物质和色度。

（三）生物处理法治理废水

自然界中存在大量微生物，利用微生物的新陈代谢，使废水中的有机污染物转化为无毒稳定的无机物的方法即为生物法。生物处理法特别适合除去低分子量的有机污染物，并且利用微生物能够有效的处理废水中某些含毒无机物，如硫化物、氰化物。

根据微生物在新陈代谢时是否需要氧气，生物处理法分为好氧生物处理和厌氧生物处理两大类。其中好氧生物处理法包括活性污泥法、生物膜法、氧化塘法等；厌氧生物处理法包括各种厌氧反应器。

1. 好氧生物处理法

目前在制浆造纸工业废水的处理中，浓度较低的废水一般用好氧生物处理法，同时能够降低其发泡性，消除对生物的毒性。

（1）活性污泥法

活性污泥法具有 BOD 去除率高，高效降解低分子量有机化合物的特点，因此，当前在制浆造纸工业废水的处理中应用最为广泛。活性污泥法净水原理包括两个主要过程：微生物的代谢作用和活性污泥的物理化学作用。其基本流程如图 6-5 所示，由曝光池、二次沉淀池、曝光系统和污泥回流系统组成。

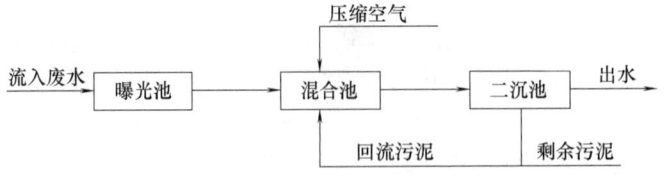

图 6-5 活性污泥法基本流程

活性污泥是微生物群体，实际中难以定性和定量测定，并且没有多大的实际意义，对活性污泥性能的评定通常采用以下几种综合性指标。

① 污泥浓度。指曝光池内混合液悬浮固体（MLSS），单位为 mg/L 或 g/L，一般为 3~5g/L。

② 污泥沉降比（SV）。指混合液在曝光池内沉淀 30min 后，沉淀污泥与混合液的体积比用%表示。它可以反映曝气池正常运行时的污泥量，一般 15%~30%。

③ 污泥指数（SVI）。指曝气池出口处混合液静置 30min 后，1g 干污泥湿时所占的体积，单位为 mL/g。它反映活性污泥的凝聚沉降能力，一般在 100 左右。

④ 污泥负荷。指曝气池内 BOD 与生物体数量之比，方程式（6-12）如下：

$$N = F/M = q_V \rho_{BOD进}/(\rho_{混}V) = \rho_{BOD进}/(\rho_{混}t) \tag{6-12}$$

式中　N——污泥负荷，kgCOD（BOD）/(kg 污泥·d)
　　　F——进水的基质量
　　　q_V——进水流量，m³/d
　　　$\rho_{BOD进}$——进水的基质浓度，即 BOD，mg/L
　　　M——曝气池中所保持的生物量
　　　$\rho_{混}$——混合液浓度，mg/L
　　　V——曝气池容积，m³
　　　t——停留时间（注意，$t=V/q_V$）

⑤ 活性污泥系统的工艺设计。曝气池曝气区的容积计算公式，方程式（6-13）如下。

$$V = q_V(\rho_{进} - \rho_{出})/(\rho_s N_s) \tag{6-13}$$

式中　V——曝气池容积，m³
　　　q_V——进水设计流量，m³/d
　　　$\rho_{进}$——进水的 BOD_5 浓度，mg/L
　　　$\rho_{出}$——出水的 BOD_5 浓度，mg/L
　　　ρ_s——混合液挥发性悬浮固体（MLSS）浓度，mg/L
　　　N_s——污泥负荷，$kgBOD_5/(kgMLSS·d)$

（2）生物膜法

利用填料表面附着的生物黏膜氧化分解废水中有机污染物的方法称为生物膜法。主要有以下三种型式：水膜式生物膜法，处理设备为生物滤池；半浸没式生物膜法，处理设备为生物转盘；浸没曝气式生物膜法。生物滤池法的设备主要由滤床、布水设备和排水系统组成，现在应用较为广泛的是塔式滤池（如图 6-6 所示）。生物滤池工艺主要从以下几个方面设计。

① 滤料体积，应满足方程式（6-14）要求。

$$V = \frac{q_{V废}(\rho_{进} - \rho_{出})}{N} \tag{6-14}$$

式中　$\rho_{进}$、$\rho_{出}$——分别为进水、出水的 BOD_5 浓度，mg/L
　　　$q_{V废}$——废水流量，m³/d
　　　N——滤池的有机负荷，kg/(m³·d)

② 滤池水面积，应满足方程式（6-15）要求。

$$A = \frac{V}{H} \text{（m}^3\text{）} \tag{6-15}$$

式中　H——滤层高度，m（一般高负荷滤池为 2~4m，塔式滤池为 4~24m）

③ 水力负荷 N，应满足方程式（6-16）要求。

$$N = \frac{q_V}{A} [\text{m}^3/\text{m}^2(\text{滤料})·d] \tag{6-16}$$

水力负荷为单位体积滤料或单位面积滤池每天可以处理的废水量。

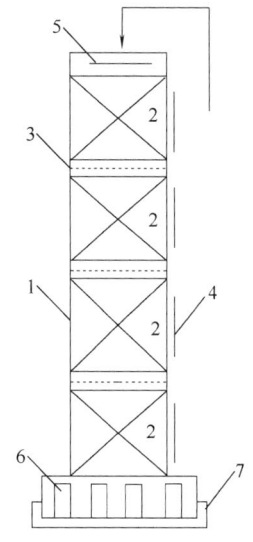

图 6-6　塔式生物滤池
1—塔身　2—滤料　3—格栅
4—观察检修口　5—布水器
6—通风孔　7—集水槽

④ 空气量 D_{O_2} 的估算，应满足方程式（6-17）要求：

$$D_{O_2}=\frac{\rho_{进}-\rho_{出}}{\rho_{O_2} \cdot w_{O_2} \times 2.099}[m^3(气)/m^3(水)] \quad (6-17)$$

式中　ρ_{O_2}——氧的容量，标准大气压下为 1.43g/L

w_{O_2}——生物滤池中氧的利用率，%

2.099——每 m^3 空气中所含氧气体积，L

在生物滤池的基础上又发展了生物转盘法来处理废水，两者的主要区别在于以一系列旋转的盘片代替固定滤料。

2. 厌氧生物处理法

工业废水中有机污染物含量较高时，不适合好氧生物处理法，此时应优先考虑厌氧生物处理法，近年来厌氧生物处理法在工业废水的处理中得到越来越多的应用。

有机物厌氧处理废水产生甲烷是一个非常复杂的微生物生化过程，起作用的主要有三大类群的细菌，水解产酸的细菌、产氢和产乙酸的细菌、产甲烷的细菌。因此人们提出厌氧消化三阶段理论：第一阶段，水解、发酵阶段；第二阶段，产氢、产乙酸阶段；第三阶段，产甲烷阶段。厌氧生物处理法可分为厌氧接触法、厌氧消化池法、内循环（IC）厌氧反应器和上流式厌氧污泥床（UASB）反应器法。在工业生产中常用的为厌氧活性污泥法。

厌氧反应器的设计运行参数主要是运行温度和容积负荷。厌氧反应的发酵温度一般为 35~38℃。不同的工业废水需要试验确定厌氧反应器的负荷，由此确定反应器体积。

厌氧反应器的有效容积计算应满足方程式（6-18）要求。

$$V=\frac{q_V \cdot \rho_{COD}}{N_V} \quad (6-18)$$

式中　V——厌氧反应器有效容积，m^3

q_V——平均日排废水量，m^3/d

ρ_{COD}——废水 COD 浓度，kg/m^3

N_V——容积负荷，$kgCOD/(m^3 \cdot d)$

四、废渣治理及利用

制浆造纸工业生产工程中产生的废渣可分为两大类，有机废渣和无机废渣。无机废渣包括锅炉灰渣、苛化工段沉渣、初级沉淀池污泥等。有机废渣包括备料废渣以及二级处理后的生物污泥等。制浆造纸废渣的数量随着发展不断增加，大量增加的废渣不仅造成堆场危机，当输送和存储不当时还会对大气、水源和土壤造成环境污染，因此，对制浆造纸工业废渣的处理和综合利用逐渐受到重视。

废渣是在生产过程中产生的，固体废渣的处理一般比较简单，采用填埋或焚烧都可以，其中难度最大的是废水处理系统中产生的污泥。污泥处理的困难在于它的体积庞大，固形物含量低，在对污泥采用填埋或焚烧前需要进行其他处理，具有一定难度。

我国造纸工业在废水处理方面才刚刚起步，对废水系统产生的污泥处理更是缺乏经验，所以固体废弃物的处理方法主要针对生产过程中产生的各种污泥。

废渣的处理步骤：

① 废渣的浓缩。生产过程中产生的无论是初级污泥还是生物污泥，浓度都很低，首先要经过浓缩处理，浓缩方法分两类：改变污泥的物理结构；改变污泥的化学结构。

② 废渣的脱水。一般采用过滤的方法，目的是把浓缩污泥中的悬浮颗粒与水分开。

③ 废渣的干燥。为了使脱水污泥便于储存、回收或进一步处理，需要加热含水物料，得到固体物质。

制浆造纸工业的废渣具有广阔的利用前景，对废渣的资源化综合利用主要有以下几个方面。首先，用于建筑材料，灰渣在建筑材料中已经得到广泛应用，而污泥在这方面的应用还处于探索阶段；其次，用于农业，煤灰是一种很好地土壤改良剂，对经济作物和粮食作物的增产都有明显成效，污泥作为菌体肥料，具有比化学肥料更好的效果；最后，从废渣中回收有用物质，煤灰中含有大量的空心微珠以及多种微量金属元素，在工业生产和科学研究中都具有重要应用。

五、噪声控制

噪声对人的工作、睡眠、听力、学习和身体健康都有影响，严重时甚至能引起事故和疾病。纸浆造纸厂均采用自动化、连续化程度很高的机械设备，在生产过程中会产生很大的噪声，对工作场所的工作人员和厂外居民都具有很大的危害，可以说噪声是制浆造纸厂仅次于废水的第二大污染源。因此应该充分重视纸浆造纸厂噪声的控制与消除。

制浆造纸厂的噪声源主要有：备料车间的削片机、锯木机、切草机以及木片筛；机浆车间的振动筛、圆盘磨、磨木机等；化学浆车间的振动筛、蒸煮放气、鼓风机和工艺用空压机；造纸车间的水力碎浆机、磨浆机、抄纸机、抽风机、真空泵等。

针对造纸厂噪声的强度、来源，可以采用不同的方法来控制，总结来说有以下两大类：

1. 降低声源噪声

减少和降低噪声从源头上抓起需要从设备本身结构入手。改进设备结构，使设备本身成为非发声体或使其辐射声功率降低。除设备结构外，在设备材料上选用特殊材料也可以有效地减少噪声的产生或将设备产生的噪声直接转化吸收。

2. 控制噪声传播

我们希望从源头上消除噪声，但是在造纸厂的正常运转中不产生噪声是很困难的，因此，除源头降噪以外，还可以在噪声产生之后采取一系列措施切断噪声的传播途径。通常采取的方法有以下几种：首先，在空气动力设备的气流通道上或进、排系统中安装消声器。其次，为进一步降低噪声，可在工作空间安装吸声材料或将设备隔离起来。最后，在采取一系列措施后，仍不能将噪声降到允许的标准时，应加强对现场工作人员的个人防护。

六、绿　　化

近年来，制浆造纸企业快速发展，厂区的数量和规模也在不断增加，与此同时，在生产过程中废气、废水和固体废弃物等废物的产生也对周围环境带来越来越大的污染。制浆造纸企业的绿化不仅能够美化环境，更重要的是可以改善工业园区的环境，一些植物对企业的污染程度还能起到示警作用，对维持企业可持续发展具有重要意义。

第四节　劳动安全卫生

《劳动法》第 53 条规定"劳动安全卫生设施必须符合国家规定的标准。新建、改建、扩建工程的劳动安全卫生设施必须与主体工程同时设计、同时施工、同时投入生产和使用"。所以，与劳动者的生命安全和身体健康密切相关的安全卫生设施与主体工程"三同时"，是有效消除和控制建设项目与投入使用后生产中遇到的危险、有害因素的基本方法和重要保障。

1996年，劳动部为了确保建设项目（工程）符合国家规定的劳动安全卫生标准，根据《劳动法》，制定了《建设项目（工程）劳动安全卫生监察规定》。规定中对建设项目的可行性研究报告编制单位、工程设计单位、建设单位、各级经济管理部门和行业管理部门以及各级劳动行政部门对建设项目"三同时"的实施所承担的责任进行了详细的规定。其中规定"建设项目的可行性研究报告编制单位、工程设计单位对建设项目劳动安全卫生设施的设计负技术责任"。

对于制浆造纸工程项目建设而言，在可行性研究阶段对拟建项目的劳动安全卫生进行论证和工程设计阶段中，选用各种劳动安全卫生设施和相应的预防、减弱和消除危险的措施，都应该根据相应的制浆造纸的流程、原料、产品、设备、工艺和操作来研究和确定。

一、劳动安全卫生概述

（一）劳动安全卫生的概念

劳动中存在危险和不卫生的因素，如果不采取措施加以防止或消除，就有可能发生工伤事故或职业病，从而危害劳动者的生命安全和身体健康，影响生产的顺利进行。劳动安全卫生，又称职业安全卫生，是指在生产和工作中，对劳动者的生命安全和身体健康加以保护的法律制度，这是我国对劳动者权益保障的政策和制度，也是工程建设和企业管理的基本原则之一。同时，保护劳动者在劳动中的安全和健康也是我们党和国家的性质所决定的。习主席在2017年10月18日中国共产党第十九次全国人民代表大会上说：树立安全发展理念，弘扬生命至上，安全第一的思想，健全公共安全体系，完善安全生产责任制，坚决遏制重特大安全事故，提升防灾减灾救灾能力。这深刻说明了劳动安全卫生是我国制度的基本要求。

劳动安全卫生分为劳动安全和劳动卫生。劳动安全是指针对生产中的不安全因素而采取的技术性防护方法和手段。劳动卫生是保护劳动者在劳动过程中的健康，预防和消除职业病、职业中毒和其他职业危害的各种措施。

（二）劳动安全卫生的立法

由于职业危害因素的普遍性，劳动安全卫生立法内容中包含大量技术性法律规范，使其具有跨越国界和社会形态的共同性。就我国而言，1994年7月5日通过了《劳动法》，其中在第一章中规定，劳动者有获得劳动安全卫生保护的权利，第六章和第七章分别对劳动安全卫生、女职工和未成年工特种保护进行了相应的规定。2001颁布了《职业病防治法》，2002年颁布了《安全生产法》，且相应的法律条文也在与时俱进地进行修订。除此以外，还有国务院、劳动安全卫生行政部门等发布的大量的劳动安全卫生规章和安全卫生标准，如《锅炉压力容器安全监察暂行条例》《关于加强防尘防毒工作的决定》《女职工劳动保护规定》《工业企业噪声卫生标准》《工业企业工人照明标准》《工业企业设计卫生标准》《安全电压》《厂内运输安全规程》等。

（三）劳动安全卫生制度的意义

"安全第一，预防为主"、保护劳动者在劳动中的安全与健康、管理生产必管理安全是我国劳动安全卫生法律制度工作的指导思想。劳动安全卫生的重点应放在事先防范上，在实际的制浆造纸生产过程中遵循安全操作和卫生规程，杜绝或消除劳动中的不安全或不卫生因素，而不是事后补救和治疗造成的职业伤害。建立健全劳动安全卫生法律制度是保护劳动者的生命安全和身体健康的有力依据，对促进人与社会同时和谐发展具有重要意义。

二、工程项目危险和有害因素分析

建设项目的安全，在工程设计阶段就要开始着手考虑。要根据相应的制浆造纸生产过程找出潜在的或固有的危险、危害以及产生这些危害和危险的主要条件和这些危害和危险可能产生的后果。并据此在设计中实现相应的预防、消除和减轻这些危害和危险的方法、方案和措施。有了这样的设计后，即使有害条件或因素仍旧存在，或者，仪器设备失灵或操作失误，也不会产生有害的后果。

（一）危险因素和有害因素

造成人体伤亡或物体突发性损害的因素称为危险因素，它是劳动安全措施的作用对象。

危害身体健康、引起疾病或造成物体慢性损坏的因素称为有害因素。它是劳动卫生措施的作用对象。

（二）危险因素和有害因素产生的原因

危险因素和有害因素包括：

① 物理性因素。设备、设施因缺陷，标志缺陷，防护缺陷以及电、噪声、振动、电磁辐射、运动物、明火、高温、低温、粉尘、气溶胶、作业环境不良和信号等对人造成伤害或对物造成损伤。

② 化学性因素。易燃物质、易爆物质，自然性物质，有毒气体、液体、固体以及腐蚀性气体、固体和液体等会对人和物造成伤害，损害人的身体健康甚至造成死亡，造成物的不可逆破坏。

③ 生物性因素。致病的微生物、动物或植物等对人造成伤害和对物的侵蚀破坏。

④ 心理、生理性因素。由于人的超负荷工作、异常的健康状况、异常心理、辨识功能缺陷等造成对自身以及设备和设施的损害。

⑤ 行为性因素。由于错误指挥、操作失误等对人造成的伤害和对物造成的损坏。

⑥ 其他因素。由于搬举重物、作业空间狭小、工具不合适和标志不清等对人员造成的伤害和对物造成的损害。

（三）危险因素和有害因素分析的主要内容

对于制浆造纸生产过程而言，所用的生产原料、化学品、产品以及生产过程中产生的废弃物都具有相应的化学危险特性。生产过程中所使用的各种设备也都具有物理危害特性。

（1）易燃易爆性物质和设备

在制浆造纸企业中有很多极易引起燃烧爆炸的强氧化剂如氯气、双氧水和纯氧气等。另外，还有一些物质受到摩擦、碰撞或氧化会引起燃烧爆炸的物质，如有机溶剂等。制浆造纸厂相应的防火和防爆设计应符合《中华人民共和国消防法》和现行标准《GB 50016—2014 建筑设计防火规范》《GB 50058—2014 爆炸危险环境电力装置设计规范》和《GB 50116—2013 火灾自动报警系统设计规范》的有关规定。另外，制浆造纸企业还有许多压力容器和管道，它们的设计、安装、操作、维修和使用都应该符合现行的国家标准《GB 150—2011 压力容器》《GB 50316—2000 工业金属管道设计规范》和《GB 50235—2010 工业金属管道工程施工及验收规范》等的有关规定。

(2) 生产性毒物

在某些情况下,较小剂量引起机体急性或慢性病理变化甚至危及生命的化学物质称为毒物。于生产过程中产生并存在于工作环境中的毒物称为生产性毒物。其可能存在于制浆造纸厂的原料、化学品、成品以及生产过程中产生的副产物和杂质中,经呼吸道、皮肤、消化道等进入人体内,对机体产生损害甚至引起死亡,例如制浆造纸废水处理厂一沉池中的硫化氢。制浆造纸厂的防毒设计应该符合现行的国家标准《GBZ 1—2010 工业企业设计卫生标准》和《GB 50019—2015 工业建筑供暖通风与空气调节设计规范》中的有关规定。

(3) 生产性粉尘

生产流程中产生的能较长时间悬浮在空气中的固体颗粒称为生产性粉尘,由于其物理化学性质的差异,对机体损害的类型和程度也不同。根据其作用部位和病理性质,将危害分为职业性肺病及其他呼吸系统疾病、局部作用、全身中毒、病态反应和其他。制浆造纸厂的防尘设计应该符合现行的国家标准《GBZ 1—2010 工业企业设计卫生标准》和《GB 50019—2015 工业建筑供暖通风与空气调节设计规范》中的有关规定。

(4) 噪声

在空气中声源振动引起的高速弹性波产生噪声。在造纸企业,无论是造纸还是制浆设备都会产生机械噪声或空气动力性噪声。如果长期在噪声环境中工作,在没有防护措施的条件下,人就会患噪声性职业病或其他疾病,如听力障碍、头晕、失眠、耳鸣、记忆力衰退、神经衰弱、心血管疾病及消化系统疾病等。噪声干扰也会影响信息交流,增加操作失误的概率。制浆造纸厂的防噪设计应符合现行的国家标准《GB 12348—2008 工业企业厂界环境噪声排放标准》。

(5) 高温和辐射

制浆造纸厂有许多高温、加热设备和管路。所以具有很多生产性热源,这会使得工作环境的温度高于本地区夏季室外通风设计计算温度2℃及以上,在这种环境下作业,称为高温作业。外界温度过高会引起工作人员的工作能力明显降低,甚至会引起中暑。若长时间高温作业可引起人体功能障碍和疾病。高温危害的程度还受到气温、湿度、通风情况等的影响。因此,对于高温作业应该符合《防暑降温措施管理办法》的规定。辐射分电磁辐射和核辐射。核辐射主要是放射性物质和放射性装置发射出的一种能量,如果长期照射,会引起人体不适,严重的会造成器官和系统损伤,进而导致各种疾病如:白血病和癌症等。电磁辐射是指交流电路向四周放射电磁能,形成交流电磁场并以一定的速度在空间传播的过程。目前,电磁辐射无处不在,包括紫外光波、红外光波、无线电波、微波和激光辐射。如果长期暴露在超过安全辐射剂量下,人体的内分泌系统、生殖系统、视觉系统、中枢神经系统和血液系统等会受到危害,增加癌症发生的几率。对于辐射因素分析,应该找到辐射源,分析辐射源的性质,从而避免或减轻辐射危害。制浆造纸厂的防辐射设计应该符合现行的国家标准《GBZ 1—2010 工业企业设计卫生标准》和《GB 50019—2013 工业建筑供暖通风与空气调节设计规范》的有关规定。

(6) 电气

大型电气设备的设计、管理和操作不当容易引起电气危险,会造成设备损坏,将人击倒、击伤,如若引起燃烧可以将人烧伤或致人死亡。制浆造纸厂电气安全应该符合现行的国家标准《GB 50058—2014 爆炸和危险环境电力装置设计规范》的有关规定。

三、劳动安全卫生措施

制浆造纸工厂的劳动安全卫生的措施是保证安全生产、职工安全和职工健康的技术措施和管理措施。它是全面系统的事故防范措施和人身健康保障措施。劳动安全卫生措施分为劳动安全措施和劳动卫生措施。

（一）劳动安全措施

安全生产必须贯彻"安全第一、预防为主"原则。所以无论是生产工艺流程选择还是设备选型都必须贯彻该原则，以消除设备事故和人身危害。基本措施是：优选危险性小或无危险的物料和工艺；普遍使用综合机械化、电气化、自动化生产设备和生产线；广泛使用自动监测监控、自动报警、自动排除故障和自动安全联锁保护等装置；尽可能采用自动、远程遥控和隔离操作以防止工作人员直接接触可能的危险因素；优选发生故障的情况下不会造成事故的综合措施。

1. 厂址选择

厂址选择时，除考虑经济和技术合理性满足当地的规划外，在劳动安全卫生方面要重点考虑自然条件如地形、水文等对企业的影响和企业对周边环境的影响。

2. 厂区平面布置

厂区总平面图布置应考虑生产工艺流程、操作要求、功能需要和保证消防通道的通畅、消防水网的合理布置和消防用水的水量。除此以外，主要从安全生产的角度采取相应的平面布置措施。具体厂区平面布置措施如下：

① 生活区、管理区、后勤区和生产区相对集中且分别布置，且将生活区、后勤区和管理区布置在生产区的上风侧，以减少有害和危险因素交叉影响。

② 厂区的道路设计应符合现行运输安全规程《GB 4387—2008 工业企业厂内铁路、道路运输安全规程》。

③ 对可能造成泄漏或散发出腐蚀、有害、有毒、易燃易爆物质的生产、储藏或装卸设施和有害废弃物存放设施等应采取以下措施：a. 应远离生活区、管理区、实验室、化验室，尽可能露天或半封闭布置，应布置在维修间、控制室、配电所和其他主要生产设备的夏季或全年主导风向的下风侧；b. 有毒有害物质的存放和储藏等设施应设置在通风良好和地势平坦的位置；c. 剧毒性物质的存放和储藏等设施还应该远离人员集中的地方，最好用围墙与周围环境进行隔离；d. 腐蚀性物质的存放、储藏等设施应该按照地下水位和流向，设置在其他设备、建筑物、构筑物的下游；e. 易燃物质和易爆物质的存放和储藏等设施应该与人员集中的地点和场所、人流出入口、主要交通干线以及产生和易产生明火的地方设置安全距离。制浆造纸企业的备料场、易燃易爆物质仓储、装卸区最好布置在厂区的边缘，并设避雷装置，且建筑物顶部也安装避雷系统；f. 辐射源应设置在无人员流动的区域，并与人员集中的场所、人流密集的地方和主要交通干道保持安全距离。

3. 防火、防爆措施

具体的防火、防爆措施如下：

① 车间内外消火栓的设置、给水管路和固定灭火装置等的设计，应该符合现行国家标准《GB 50016—2014 建筑设计防火规范》的有关规定。

② 在易燃易爆的工段、仓库、作业区，应该配备专用的灭火设施。

③ 制浆造纸厂的原料如木片堆、废纸垛和麦草堆等和生产成品如浆板和各种类型纸等

均是易燃品。所以存放原料和产品的仓库和堆场与烟囱、明火作业场所的距离不得小于30 m。当烟囱高度高于30 m时，间隔距离按照烟囱的高度计算。

④ 危险品库的安全防护距离及房屋设计应该符合现行国家标准《GB 50016—2014 建筑设计防火规范》的有关规定。

⑤ 油泵房除采用自然通风外，应该设置机械排风，进行定期排风。

⑥ 造纸机的密封气罩内最好设置喷淋灭火装置。

⑦ 当多台纸机布置在同一联合厂房或全部设备布置在同一联合厂房中以及木片堆场单垛超过2万 m³ 时，设计中应加强相应的监控、火灾报警和喷淋等经过认证的特种消防设施等措施。

⑧ 火警报警系统应符合现行国家标准《GB 50016—2014 建筑设计防火规范》、《GB 50229—2019 火力发电厂与变电站设计防火规范》和《GB 50116—2013 火灾自动报警系统设计规范》的有关规定。

4. 电气安全措施

① 安全认证。在制浆造纸企业必须使用具有国家指定机构的安全认定标志的电气设备。

② 备用电源。在停电会造成重大危险后果的地方，必须按规定配备自动切换的双路供电电源、备用发电机组和保安电源。例如制浆造纸企业的碱回收炉、纸机和制浆设备的分散型控制系统（DCS）和安全通道的撤离口等重要场所。

③ 防触电。为防止人体触电，应采取以下措施：a. 接零、接地保护系统，例如制浆造纸企业的电除尘器的控制柜、整流变压导线输出部分、高压开关、变压器上的电抗器、金属栅栏以及电缆架应设置接地保护系统。b. 安装漏电保护器，对一旦断电会造成事故和重大经济损失的装置和场所，应安装报警式漏电保护器。c. 采用绝缘防护用品，根据环境选择加强绝缘或双重绝缘的电动工具、设备和导线。d. 电气隔离采用原、副边电压相等的隔离变压器实现隔离回路，可阻断在副边工作的人员单相触电时的电流通路。e. 根据作业环境和条件选择安全特低电压，例如进入锅炉、金属容器、槽罐和特别潮湿的场所内采用小于或等于12V的安全特低电压行灯。f. 设置屏护和安全距离。所设置的屏护需符合《GB 8197—87 防护屏安全要求》有关规定。安全距离必须遵守《GB 26859—2011 电力安全工作规程　电力线路部分》《GB 26860—2011 电力安全工作规程　发电厂和变电站电气部分》和《GB 26164.1—2010 电业安全工作规程　第一部分　热力和机械部分》规定。当无法达到时，还应采取其他安全技术措施。g. 设置连锁保护装置。例如：电除尘各电场的门孔设有安全连锁装置，防止当电除尘器带电时，各门孔开启导致人员误入触电；电除尘器高压整流电源开关与高压隔离开关之间、以及互相联络的高压隔离开关之间，设有安全闭锁装置。h. 防止间接触电的电气间隔、等电位环境和不接地系统防止高压窜入低压的措施等。i. 制浆造纸工厂的建筑物、储罐（区）和原料堆场的消防用电设备、电源应符合《GB 50016—2014 建筑设计防火规范》的有关规定。

④ 防电引发火灾。浆板库、纸成品库等可燃仓库以及造纸车间干部、完成车间等易发生火灾的区域，应使用低温照明灯，并对灯具的发热部件采取隔热防火措施。另外在照明配电箱进线开关装设剩余电流监测或保护电器，动作电流最好在300~500mA。

5. 噪声防护措施

具体的噪声防护措施如下：

① 噪声控制应符合的国家现行标准。噪声控制应符合《GB 3096—2008 声环境质量标

准》和《GB 12348—2008 工业企业厂界环境噪声排放标准》的有关规定和建设项目环境影响评估报告的要求。

② 控制和消除噪声源。优选噪声小的工艺和设备。应将生产允许远置的噪声源移至车间外或设置在封闭空间内。进行厂房设计时，应合理配置声源。对噪声较大的设备应设置在封闭的厂房内。并及时对设备进行检修和维修，尽量减少因设备故障造成的噪声源。主要强噪声源应相对集中，宜低位布置，充分利用地形隔挡噪声。在主要噪声源周围布置对噪声较不敏感的车间、料场和建筑物，以隔挡对噪声敏感区和低噪声区的影响。必要时，保持防护间距或设置隔声屏障。

③ 控制噪声的传播。对于无法控制噪声源的噪声且超出职业卫生标准有关噪声职业接触限制规定的噪声，应采取消声、隔声和吸声等措施降低噪声。

④ 仪表控制室、化验室、维修室、值班室、更衣室等有常驻人员的房间应采取隔音措施。

6. 防尘措施

具体的防尘措施如下：

① 改革新工艺、新设备和新技术，减少粉尘的产生，或产生粉尘的生产过程采用机械化、自动化或密闭隔离操作，并应配有吸入、净化和排放装置。粉尘排放应符合国家现行标准《GB 16297—1996 大气污染物综合排放标准》的有关规定。

② 有严重粉尘工段应放在常年主导风向的下风侧。工艺设备和生产流程布局时，应该使主要工作地点和操作人员多的工段位于车间通风良好和空气较为清洁的地方。

③ 产生粉尘的作业场所，在工艺生产允许时采取加湿降尘措施。当作业场所粉尘、烟尘浓度较大且不易处理时，应设置单独操作室，并设置机械通风。

④ 备料车间应设除尘通风装置。

⑤ 石灰石破碎车间应设隔离的工作室。

⑥ 复卷机、切纸机处最好设纸毛收集除尘系统。

7. 防毒、防腐、防辐射措施

具体的防毒、防腐、防辐射措施如下：

① 对于产生生产性毒物的工段，安装机械通风净化设施，配备自动或手动检测工作环境中有毒物质浓度的仪器，有条件时应安装自动检测空气中有毒物质浓度和超限报警装置，发现超标及时治理。

② 对有毒物质泄漏会造成重大危害的设备和工作场所，应该设置有毒物质排放装置、自动检测报警装置、连锁事故排毒装置和泄漏时的解毒装置。

③ 有挥发性且腐蚀性较强介质的车间、工段应加强通风，有条件的建设区域，在不影响生产工艺的条件下，可采用露天或半露天的方式布置生产设备。防腐设计应该符合国家现行标准《GB 50046—2018 工业建筑防腐蚀设计规范》的有关规定。并根据腐蚀介质的性质、浓度、生产工艺以及生产过程可能发生腐蚀的区域选择防腐蚀建筑构造和建筑材料。

④ 加强热电站主厂房运转层基底层的通风，并设置清扫和冲洗设施。

⑤ 热电站化学水处理车间的化验室、加药间及酸碱计量间应设置机械通风系统。储藏罐区应设防护围堰，并设置操作人员安全冲洗装置。

⑥ 碱回收炉的溜槽附近应该配备相应的洗眼和吸收设施。

⑦ 使用强酸或强碱的车间应采取防流散设施。

⑧ 不在有毒、腐蚀和辐射场所设置人员休息、办公的区域。对有毒、腐蚀和辐射作业采取机械化、全自动和密闭隔离操作。

⑨ 对生产、贮存和处理高度和极度危害性物质的场所，其四周墙面、地面和顶棚均应光滑，便于清理。必要时，加设特殊防护层和专用清扫、清洗设备。

8. 防暑、防寒、防湿措施

具体的防暑、防寒、防湿措施如下：

① 实现机械化、电气化和自动化作业。

② 不设空调的生产车间，应该具有良好的通风，同时也可局部送风。

③ 高温车间的热源应分布合理，并易于热量发散。高温操作区域应设置局部送风降温设施，并加强通风换气。

④ 具有敞口液面并产生大量水汽或异味气体的设备及产生大量水蒸气的间歇性生产设备，最好集中排列，并应设有相应的排气罩和机械排风装置。低温时应送暖风。

⑤ 高温作业车间应设有配备具有空调的中控室。

⑥ 冬季气温为-20℃及以下地区，应根据具体情况设置保暖装置。

9. 其他措施

具体的其他措施如下：

① 厂内运输安全措施。铁路、道路路线与周围设施等的安全距离标识、信号、人行通道、防护栏，以及车辆、道口、装卸方式等方面的安全设施。

② 生产设备安全措施。选用生产设备时，除满足工艺要求外，还应重视考察设备的劳动安全卫生性能。

③ 防机械伤害、高处坠落、物体打击措施。机械设备结构不同，具体防护措施也不一样，但基本原理和要求差不多，经归纳，一般遵循以下原则和要求：a. 密闭与隔离，即对传动装置应设置防护罩、隔离、遮盖等措施，使人接触不到转动部位；b. 安装安全连锁装置，即当操作人员操作失误时，为保护人员不受伤害而设置的自动切断装置；c. 安装紧急刹车装置，即一般在操作较频繁，又不便装安全防护罩时，可装自动紧急刹车装置；d. 正确使用和维护防护设施；e. 转动部件未停稳不得进行操作；f. 正确穿戴防护用品，站位得当；g. 转动机件上不得搁置物品；h. 不应跨越运转的机轴；i. 执行操作规程，做好维护保养；j. 注意设备检修安全。

④ 安全色和安全标志。在可能发生危险的位置，设置醒目的安全标识，使人员能够迅速发现或分辨安全标志，及时收到提醒，以防止事故、危害的发生。其中红色代表禁止、停止、危险，黄色代表警告、注意，蓝色代表指令及必须遵守的规定，绿色代表提示、安全状态、通行。如造纸机的操作区设置黄色警戒线，警告非操作人员不要进入该区域。

⑤ 个人防护用品。当采用各类措施后，仍然不能完全保证操作人员的安全和健康时，必须根据需要防护的危险因素和有害因素的性质和类别配备相应的个人防护用品。对毒性较大的工作环境中使用过的个人防护用品，应制定严格的管理制度。对于特种劳动防护用品，必须选用具有国家指定机构颁发的特种劳动防护用品生产许可证的企业生产的产品，并且产品应该符合国家标准和具有相关安全鉴定合格证。

（二）劳动安全卫生

1. 基本措施

优先采用无危害或危害性较小的物料和工艺，减少有害物质的泄漏和扩散；尽量选用生产过程密闭化、机械化、自动化的生产装置（生产线），自动监测、报警装置和联锁保护、安全排放等装置，实现自动控制、遥控或隔离操作；应该优先采取减少和避免操作人员直接接触危险因素和有害因素的措施。

2. 防尘措施

具体的防尘措施如下：

① 优化物料、工艺、设备、操作规程、劳动卫生防护设施、个人防护用品等技术措施的组合，采取综合防护措施。尽量实现生产设备的机械化、密闭化和自动化；

② 在建筑设计时，充分考虑工艺特点和排尘的需要，利用风压、热压差，合理组织气流（如进排风口、天窗等），充分发挥自然通风改善作业环境，使粉尘浓度降低到国家标准允许以下。但当自然通风不能满足要求时，应安装全面或局部吸尘、滤尘和机械通风排尘装置；

③ 在有粉尘的生产场所作业时，佩戴具有相应防护功能的防尘口罩和送风头盔等；

④ 对接触粉尘的作业人员进行就业前和定期进行健康体检，特别是呼吸系统，观察了解健康变化情况，以便及时发现问题，采取保护措施。若就业前体检发现呼吸系统相关疾病，不宜参与该项作业；

⑤ 对有接触粉尘作业的人要进行合理排班，并经常检查预防措施的执行情况及效果。

3. 防毒、防窒息措施

具体的防毒、防窒息措施如下：

① 优化物料、工艺、生产设备、操作规程、控制及操作系统、有毒介质泄漏处理、抢险等技术措施的组合，采取综合防护措施；

② 在建筑设计时，充分考虑工艺特点和防毒的需要，利用风压、热压差，合理组织气流，且应安装通风净化装置，进行全面通风、局部排风、局部送风和对排出的有毒物质进行净化；

③ 有毒作业工作环境必须配备卫生防护设施，且服务半径应小于15m；

④ 在有毒的生产场所作业时，佩戴具有相应防护功能的手套、防毒服、过滤式防毒面具、空气呼吸器、生氧面具等卫生防护设施；

⑤ 配备仪器检修时的解毒吹扫、冲洗设施；

⑥ 对缺氧危险工作环境，应配备氧气浓度和有害气体浓度自动或手动检测仪器、自动报警仪器、隔离式呼吸保护器具、通风换气设备和抢救设备；

⑦ 遵循先检测、通风，后作业的原则。对氧气和有害气体浓度可能发生变化的作业场所，作业过程中应定时或连续检测（宜配设连续检测、通讯、报警装置）。严禁用纯氧进行通风换气；

⑧ 对有缺氧、窒息危险的工作场所，应在醒目位置设警示标志；

⑨ 采取防毒教育、定期体检、定期检查、监护作业、急性中毒及缺氧窒息抢救训练等管理措施。

4. 防噪措施

具体的防噪措施如下：

① 优化工艺、设备，选择振动小、噪声低的生产线，采用机械化和自动化的设备工艺，实现远距离或隔离监视操作；

② 对于噪声不能控制的作业场所，应佩戴耳塞、耳罩、帽盔等个人防护用品保护听觉

器官；

③ 对接触噪声的工人应定期进行健康检查，特别是听力检查，观察了解听力变化情况，以便及时发现听力损伤，采取保护措施。

5. 防辐射措施

具体的防辐射措施如下：

① 进入辐射区必须穿戴齐全合格的防护衣具，有非密封型辐射源的工作场所入口处应设置更衣室、淋浴室和污染检测装置；

② 定期体检，观察了解身体健康变化，并及时采取相应的治疗方法。

6. 防烫、防暑措施

具体的防烫、防暑措施如下：

① 尽量实现隔热操作，采取隔热措施，设置热源隔热屏障（例如隔热操作室、水幕、热源隔热保温层、各类隔热屏蔽装置）；

② 合理组织天窗、排风口等自然通风气流，合理设置机械通风装置或空调，以降低工作环境的温度，供应充足的饮用水；

③ 对高温作业的人要进行合理排班，以便得到充足的休息，并经常检查预防措施的执行情况及效果。

7. 体力劳动强度

女职工的体力劳动强度要符合《女职工禁忌劳动范围的规定》中有关限制和规定。

8. 定员编制、工时制度、劳动组织和女职工保护

定员编制应满足国家工时制的要求。还应该满足女职工劳动保护规定和有关限制接触有害因素时间、监护作业的要求，以及其他劳动安全卫生的需要。

9. 辅助用室

根据企业生产特点、实际需要和使用方便原则，按照职工人数设置生产卫生用室、生活卫生用室和医疗卫生、急救设施。并依据《女职工劳动保护规定》设置女职工劳动保护设施。

（三）劳动安全卫生管理措施

建设项目建成后，为了保证在生产过程中劳动者劳动安全和劳动卫生的现代化的、科学的管理就是劳动安全卫生管理。其具体内容包括发现、分析和消除生产过程中的危险、有害因素，制定相应的安全生产责任制和安全技术措施计划制度；对企业内部员工定期进行安全生产、安全卫生知识的培训和教育，并制定相应的考核制度，安全生产检查制度，劳动保护检查制度，伤亡事故报告制度。劳动安全卫生管理是保证所有建设项目安全生产必不可少的措施。包括：

① 建设项目必须建立完善的劳动安全卫生管理体系。根据拟建立的劳动安全卫生管理体系的需要，配置必要的管理机构以及专（兼）职管理、检查、监测、检测和安全卫生教育人员。

② 配备相应的检测、记录等设备设施。

③ 配备相应的培训、教育场所和设备。

④ 根据需要，配备相应的训练设备设施以及急救、抢救的设备设施。

⑤ 根据需要配备其他的设备和设施。

参 考 文 献

[1] GB 51092—2015 制浆造纸厂设计规范［S］. 北京：中国计划出版社，2015.
[2] GB 50187—2012 工业企业总平面设计规范［S］. 北京：中国计划出版社，2012.
[3] 陈务平. 制浆造纸工程设计［M］. 北京：中国轻工业出版社，2016.
[4] 王志杰. 制浆造纸工程设计［M］. 北京：中国轻工业出版社，2009.
[5] 梁永杰. 制浆造纸工厂总图设计的优化与节能在实践工程中的应用［D］. 大连：大连工业大学，2016.

习 题

[目标1] 工程与社会

1. 中心化实验室是制浆造纸生产过程安全稳定生产的基础，基于制浆造纸的工程设计中对生产原料以及所生产的产品规格和质量的要求，简述中心化验室的设计原则与作用，人在其中扮演的角色和注意事项。
2. 空压站在厂区内的布置，不仅需要合适的位置，还需要考虑技术经济方案，请结合制浆造纸生产过程中空压机的作用，剖析空压站的组成和设备布置标准。
3. 制浆造纸企业原材料种类多样，因此，原料的储存具有一定的困难性。请结合维持制浆造纸企业的正常生产所需要的原料，简述制浆造纸工厂仓库的设计原则和物料的储存方法。
4. 制浆造纸工厂原料具有贮存时间长、使用量大、易腐烂变质且易燃等特点，请根据所贮存物料的性质，简述制浆造纸企业堆场的设计原则和针对不同物料的贮存方法。
5. 办公室、维修间、空压站等都是非常重要的辅助设施，请结合制浆造纸生产过程，思考还有没有其他辅助设施及其存在的必要性。
6. 造纸工业常用哪几种腐蚀性化学品，在厂房设计过程中可以采取哪些措施防止化学品泄漏和腐蚀？
7. 某企业预购置一台纸机，已知纸机的详细参数，如何设计厂房尺寸满足生产需求？
8. 工业厂房中楼梯起到交通、承重、安全疏散等作用，还应根据防火要求设置楼梯间。厂房和办公区域的楼梯设置有何不同？
9. 在实际的制浆造纸生产中，废水的来源广泛，请结合不同制浆方法的特点以及各工段废水的组成，简要设计一个合理的废水回用及处理方案。
10. 结合制浆所学工艺及非木浆的性能特点分析漂白化学非木（麦草、芦苇、甘蔗渣）浆的用水量较高的原因是什么？
11. 在布置造纸工业厂房的供电系统时，需要综合考虑哪些方面？
12. 蒸煮阶段的温度较高，如何采取有效的措施进行降温与通风？
13. 根据制浆造纸工厂的特点，DSC控制室设计应着重注意哪些问题？

[目标2] 环境与可持续发展

14. 目前环境污染问题仍是制约制浆造纸行业发展的关键问题，请简述制浆造纸工业中对环境都会造成什么类型的污染？
15. 制浆造纸工业过程中产生的废水含有的污染物有很大差异，在处理废水时一般分为几个级别，分别用什么方法处理？
16. 制浆造纸工业生产的过程中，备料工段产生的废水中污染物的成分有哪些？我们可以采用什么方式进行处理。
17. 为实现制浆造纸工业的绿色可持续发展，对造纸过程中产生的废渣应该具有充分的了解，请简述废渣的种类、处理方法以及应用。
18. 活性污泥法在制浆造纸工业废水的处理中应用最为广泛，简述在什么情况下适合活性污泥法处理污水，解释该方法的原理并画出流程图。

[目标3] 项目与管理
19. 说一说制浆造纸工程中劳动安全卫生措施的重要意义?
20. 制浆造纸工程中的危险因素和有害因素分析的主要内容包括哪些?
21. 制浆造纸工程中的劳动安全措施有哪些?
22. 制浆造纸工程中劳动卫生的基本措施是什么?
23. 劳动安全卫生管理包括哪些?

【本章思政案例】

序号	案例名称	案例教学目标	案例内容
1	劳动安全卫生的概念	培养学生树立安全发展理念,弘扬生命至上,安全第一的思想	在废纸制浆厂,会堆有很多的废纸垛作为生产原料。这种原料极易发生火灾,所以在废纸原料的仓库:①必须设置禁火标志;②库房内严禁使用明火;库外动火需经审批,并落实监督;③库区50m严禁燃放烟花爆竹,严禁吸烟;④场内配备的各种消防器材应严格管理,无特殊情况任何人不得随便挪用和损坏;等等。一旦发生事故将造成不可挽回的经济财产损失。所以,作为劳动者必须树立安全发展理念,谨记生命至上,安全第一
2	环境保护	培养学生工程实践中的环保意识	以毛泽东同志为核心的第一代中央领导人在开国伊始就意识到环保的重要性,并且提出了"绿化祖国"的伟大号召。直至2015年8月15日习近平同志创造性地提出"绿水青山就是金山银山"的理念
3	废水治理标准	培养学生的大国情怀与担当	关于废水的排放标准,我们国家关于COD的排放要比其他国家更为严格,说明我们国家对环境保护的重视与责任感

第七章　工程设计常用软件

【本章学习目标】

学习本章内容可以提高学习者针对复杂工程问题开发、选择与使用恰当合理的技术、资源、现代工程工具和信息技术工具，并能够理解其局限性。具体包括：

[目标]　使用现代工具：掌握轻化工程专业工厂设计常用信息技术工具、工程工具和模拟软件等的使用原理和方法；能够选择与使用恰当的工程工具和专业模拟软件对轻化工程专业工厂设计领域复杂工程问题进行分析、模拟计算与设计，开发或选用满足特定需求的现代工具，模拟和预测涉及的专业问题，并能够分析其局限性。

第一节　绪　　论

在手工绘图时代，图板、丁字尺和绘图笔是人们常用的工具，这个时期被称为"趴图板"时代。小到螺丝钉，大到高楼大厦，都需要一笔一划在图板上绘制，费时费力，效率低下。图7-1展示出了"趴图板"的情景。

图7-1　手工绘图情景

20世纪90年代，国家提出"甩掉绘图板"（后被简称为"甩图板"）的号召，开始大力提倡建筑业提升设计工作效率。计算机绘图软件因其便捷、高效的优点在设计行业得到了广泛应用。随着技术不断进步以及计算机硬件的发展和普及，计算机绘图软件在建筑设计中充分发挥了它的潜力，显著提升了工程设计工作的水平和质量。手工绘图到计算机绘图方式的转变，本质是设计工具的变化。新技术的出现，新工具的应用，让设计行业向前迈进了一大步。

建筑信息模型（Building Information Modeling，BIM）技术，不只是从二维图纸到三维模型的转变，谈到BIM的诞生，实际是始于军备竞赛，确切地说是一种叫做"STEP（产品型号数据交换标准）"的文件格式之争。在美苏冷战即将结束的时候，由北美和欧洲多个国家组成的北约联盟和设计军事设备的公司创造了这种文件标准。随着冷战以苏联失败告终，来自政府的军事装备订单数量大幅下滑，这项工作成果被民用部门接管，军工行业的CAD软件也逐渐进入了土木工程行业。

直到 2002 年，BIM 这个新的名词被正式提出，BIM 术语开始渐渐成为主流。

经历将近 20 年的发展，今天的 BIM 已不仅仅是设计工具，从建模到全生命周期管理，其赋予建筑业的管理价值更受人瞩目。BIM 以建筑工程项目的各专业信息为基础，创建可视化模型，通过数字信息仿真模拟建筑物的真实状态，可实现项目进度可视化、建筑数据集成化、项目管理标准化、建筑全生命周期信息共享。BIM 技术的应用，改变了传统的项目管理理念和模式，引领建筑业走向标准化、规范化，被认为是建筑业继 CAD 之后的又一次"技术革命"。

"十四五"规划纲要第五篇以"加快数字化发展 建设数字中国"为主题，并用四个章节明确了国家推进数字化的目标和决心，建筑业作为国民经济支柱产业，更应当践行国家数字化转型升级战略。近年来，我们看到，5G、云计算、人工智能等新兴技术已经被应用到建筑业中，这将为建筑业数字化发展注入新动能。

第二节　通用设计软件

工程设计的进化过程是从绘图板到电脑、从二维至三维的设计手段和方法逐步提升的过程。在现代的工程设计中常用到的软件包括办公软件和 CAD 软件。其中常用的办公软件有 Microsoft Office 系列软件和 WPS 软件。

一、Microsoft Office

Microsoft Office 系列软件是美国微软公司开发，经过多年的版本更迭，形成的一个庞大的办公软件集合，其中包括了 Word、Excel、PowerPoint、OneNote、Outlook、Skype、Project、Visio 以及 Publisher 等组件和服务，如图 7-2 所示。

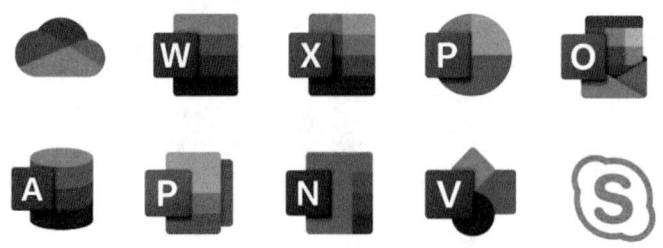

图 7-2　Microsoft Office 组件图标

此办公软件合集具有全新的现代外观和内置协作工具，可帮助您更快创建和整理文档。其中最常用的组件有人们熟知的 Word、Excel 及 PowerPoint、Project。

（一）Word

Word 软件具备以下特点：

① 所见即所得。用户用 Word 软件编排文档，使得打印效果在屏幕上一目了然。

② 直观的操作界面。Word 软件界面友好，提供了丰富多彩的工具，利用鼠标就可以完成选择，排版等操作。

③ 多媒体混排。用 Word 软件可以编辑文字图形、图像、声音、动画，还可以插入其他软件制作的信息，也可以用 Word 软件提供的绘图工具进行图形制作，编辑艺术字，数学公

式,能够满足用户的各种文档处理要求。

④ 强大的制表功能。Word 软件提供了强大的制表功能,不仅可以自动制表,也可以手动制表。Word 的表格线自动保护,表格中的数据可以自动计算,表格还可以进行各种修饰。在 Word 软件中,还可以直接插入电子表格。

⑤ 自动功能。Word 软件提供了拼写和语法检查功能,提高了英文文章编辑的正确性,如果发现语法错误或拼写错误,Word 软件还提供修正的建议。使用 Word 软件编辑好文档后,Word 可以帮助用户自动编写摘要,为用户节省了大量的时间。自动更正功能为用户输入同样的字符,提供了很好的帮助,用户可以自己定义字符的输入,当用户要输入同样的若干字符时,可以定义一个字母来代替,尤其在汉字输入时,该功能使用户的输入速度大大提高。

⑥ 模板与向导功能。Word 软件提供了大量且丰富的模板,使用户在编辑某一类文档时,能很快建立相应的格式,而且,Word 软件允许用户自己定义模板,为用户建立特殊需要的文档提供了高效而快捷的方法。Word 为文字处理应用程序,界面如图 7-3 所示。

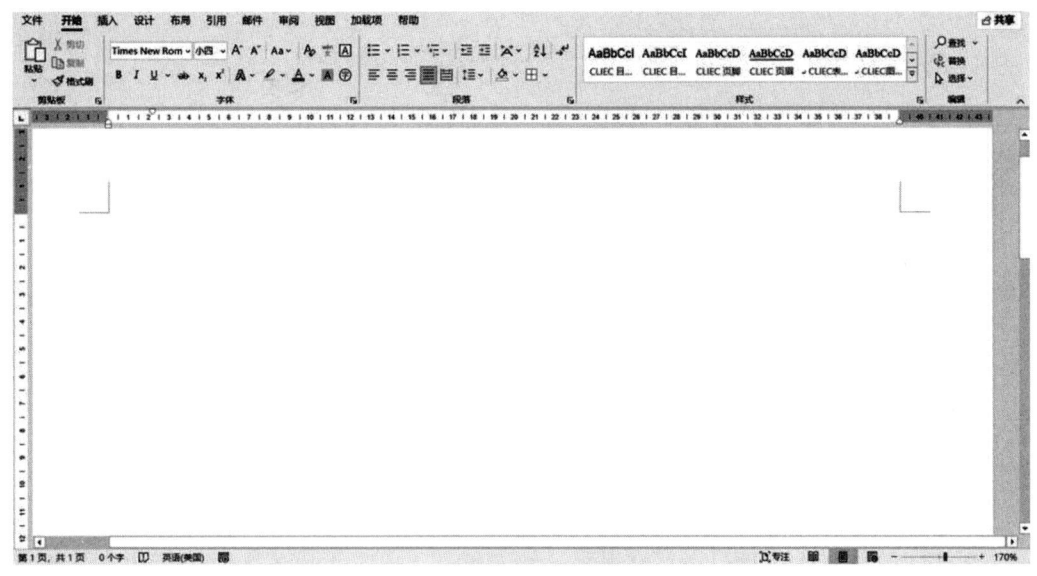

图 7-3 Word 界面

(二) Excel

Excel 软件主要用于表格和运算,所以它的模板主要突出表格制作、计算公式等方面。该软件具有以下特点:

① 强大的表格功能。打开软件后就可以看见一个个的小格子,称为单元格。在单元格内可以输入数据,并可设置单元格中的字体颜色、对齐方式等。

② 数字的类型转换。选中数字区域,点击右键,在弹出的菜单中选择设置单元格格式,再点击数字选项卡,在这里可以轻松方便地转换数字格式。

③ 插入图表。选中数据表,再点击插入选项卡,再点击图表功能,就可以选择各种精美的图表,快速做出图表。

④ 强大的函数功能。可对选中的单元格插入函数,选择各种函数进行运算,函数种类繁多,能满足各行业使用需求。

⑤ 强大的数据处理功能。点击数据选项卡，再点击排序和筛选功能区中的相应功能，可进行排序，筛选等。

Excel 软件界面如图 7-4 所示。

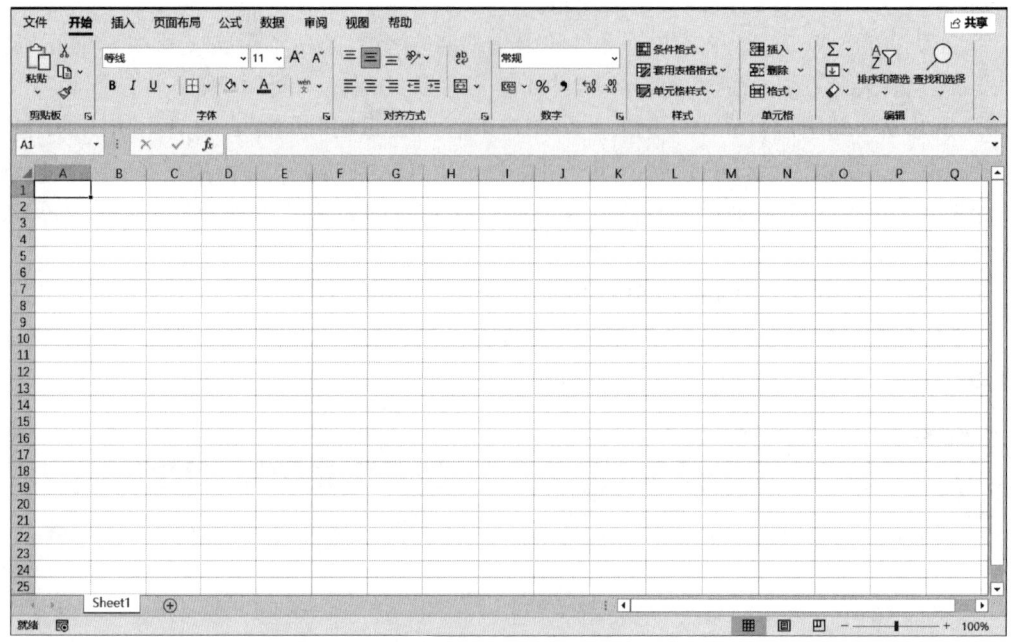

图 7-4　Excel 软件界面

（三）PowerPoint

PowerPoint 是一个专门编制电子演示文稿的软件，由它制作的电子文稿，其核心是一套可以在计算机屏幕上演示的电子幻灯片，即人们常说的 PPT。

① PPT 文件包含的内容。片头、动画、PPT 封面、前言、目录、过渡页、图表页、图片页、文字页、封底、片尾动画等。

② PPT 文件包含的素材。文字、图片、图表、动画、声音、影片等。

随着 PPT 应用水平逐步提高，应用领域越来越广，PPT 正成为人们工作和生活的重要组成部分，在工作汇报、企业宣传、产品推介、婚礼庆典、项目竞标、管理咨询、教育培训等领域占有着举足轻重的地位。

丰富多彩的幻灯片使人们接收作者表达信息的效率得到大幅度的提高，有助于听众了解作者的意向。

PowerPoint 软件的特点：a. 可视化界面，学习简单，操作快捷交互性强；b. 可直观表达某种观点，演示工作成果，传达各种信息；c. 丰富的媒体支持，可方便地加入图像、声音和电影。PowerPoint 软件界面如图 7-5 所示。

二、WPS Office

与 Microsoft Office 相对应的软件 WPS Office，是由金山软件股份有限公司自主研发的一款办公软件套装，可以实现办公软件最常用的文字、表格、演示等多种功能。WPS Office 具有内存占用低、运行速度快、强大插件平台支持、免费提供海量在线存储空间及文档模板等优点，图 7-6 为 WPS Office 软件图标。

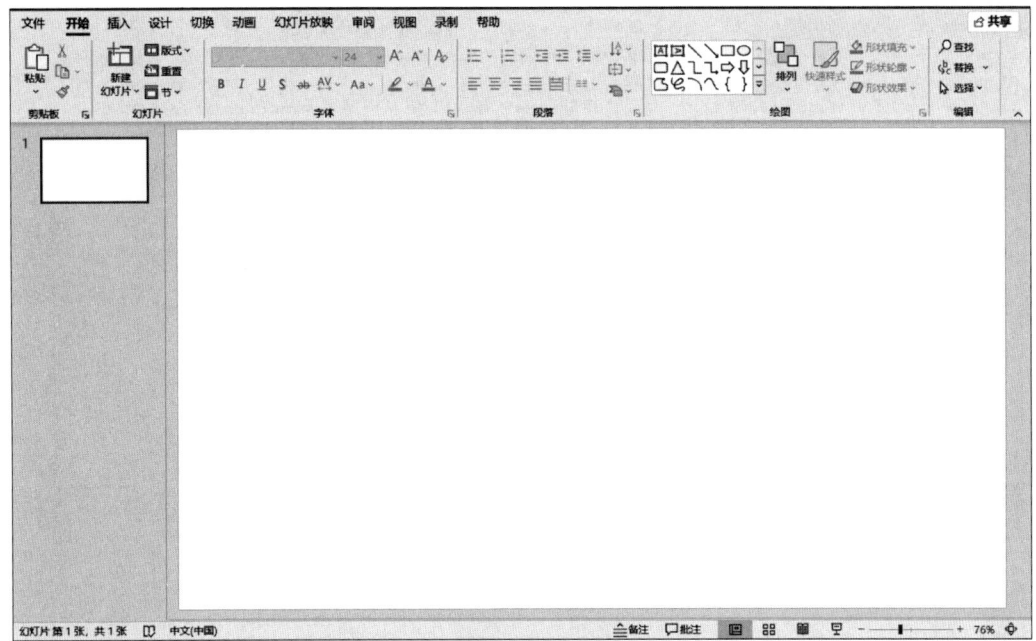

图 7-5　PowerPoint 软件界面

WPS 是"Word Processing System"的简写,即"文字处理系统"。WPS 经历演变和升级,已经成为一组办公套件。现在 WPS 的"文字"功能类似于 Microsoft Office 中的 Word,(表格)等同于 Excel,演示等同于 PowerPoint。WPS 的界面与 Microsoft Office 类似,又扩展了许多本地化的功能,使应用者更加得心应手。另外,WPS 还具有支持阅读和输出 PDF 文件、全面兼容微软 Office 格式(doc/docx/xls/xlsx/ppt/pptx 等)等优势,其软件界面如图 7-7 所示。

图 7-6　WPS Office 软件图标

WPS 与微软 Office 相比有以下优势:

① 安装文件小。WPS Office 安装文件小,不怎么占用内存和空间。而 Microsoft Office 文件相当大,组件相当多,包含了:Word、PowerPoint、Excel、Outlook、Access 等多款组件,虽然个个都是功能强悍,不过大多数人根本用不了 Microsoft Office 功能的 1/10。

② 价格低。WPS Office 推出了个人免费版,而 Office 则依旧需要收费,这也是很多人选择 WPS Office 的原因。

③ 本地化程度高。WPS 更新速度快,一些实用命令不断在新的版本中加以扩展,更适合人们日常办公的需求,对提高工作效率有极大促进。

三、AutoCAD

CAD(Computer Aided Drafting)诞生于 20 世纪 60 年代,是美国麻省理工学院提出的交互式图形学的研究计划,由于当时硬件设施昂贵,只有部分公司使用自行开发的交互式绘图系统。从 CAD 的名字可以看出,其只是为了替代图板绘图而开发的绘图系统。后经演变,

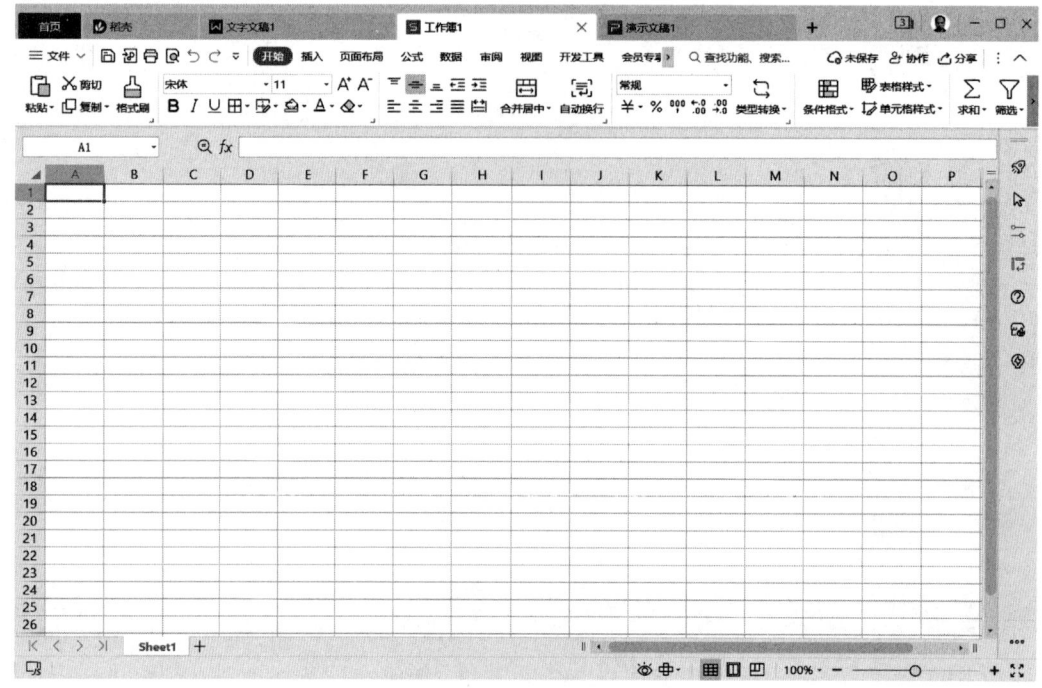

图 7-7　WPS Office 软件界面

CAD 的概念也演变为 Computer Aided Design，即计算机辅助设计，利用计算机及其图形设备帮助设计人员进行设计工作。20 世纪 80 年代由于电脑的应用，CAD 得以迅速发展，出现了专门从事 CAD 系统开发的公司。当时的美国 Autodesk 欧特克公司是一个仅有数位员工的小公司，其开发的 CAD 系统虽然功能有限，但因其可免费拷贝，故在社会上得到广泛应用。同时由于该系统的开放性，使 CAD 软件迅速升级，现已经成为国际上广为流行的绘图工具。AutoCAD 具有良好的用户界面，通过交互菜单或命令行方式便可以进行各种操作。它的多文档设计环境，让非计算机专业人员也能很快地学会使用，并在不断实践的过程中更好地掌握它的各种应用和开发技巧，从而不断提高工作效率。另外，AutoCAD 具有广泛的适应性，它可以在各种操作系统支持的微型计算机和工作站上运行。目前，各种新增功能使 AutoCAD 系统更加完善。

AutoCAD 软件的界面如图 7-8 所示。

该软件具有如下特点：

① 具有完善的图形绘制功能。

② 有强大的图形编辑功能。

③ 可二次开发或用户定制 AutoCAD 允许用户定制菜单和工具栏，并能利用内嵌语言 Autolisp、Visual Lisp、VBA、ADS、ARX 等进行二次开发。

④ 可以进行多种图形格式的转换，具有较强的数据交换能力。

⑤ 支持多种硬件设备。

⑥ 支持多种操作平台。

⑦ 具有通用性、易用性，适用于各类用户。

第七章　工程设计常用软件

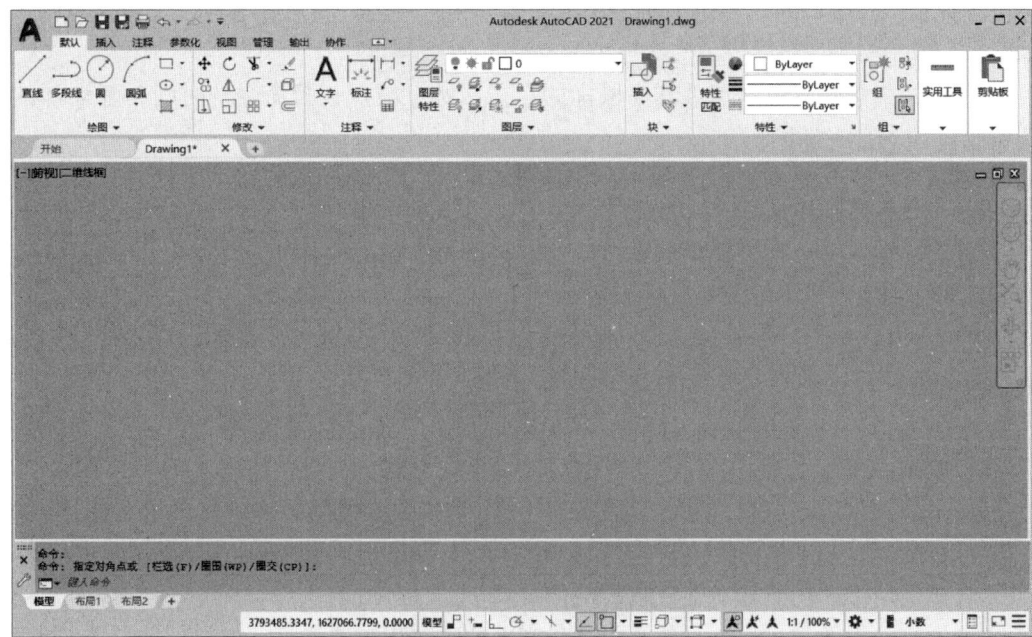

图 7-8　AutoCAD 软件的界面

第三节　专用二维软件

制浆造纸工程设计除了工艺设计，还包括建筑专业、结构专业、暖通专业、给排水专业、电气专业、总图专业、热力、工艺及仪表等专业的设计。目前，设计手段步入电脑时代，以 AutoCAD 为代表的设计软件成为设计行业的主流设计软件，使人们脱离了图板设计。对比以往，设计软件在对图形的绘制、编辑以及修改等方面具有显著优势。

中国 CAD 技术起源于 AutoCAD 平台技术基础上的二次开发，随着中国企业对 CAD 应用需求的提升，国内众多 CAD 技术开发商纷纷通过开发基于国外平台软件的二次开发产品让国内企业真正普及了 CAD，并逐渐涌现出一批真正优秀的 CAD 开发商。在二次开发的基础上，部分顶尖的国内 CAD 开发商也逐渐探索出适合中国发展和需求模式的 CAD，更加符合国内企业使用的 CAD 产品，他们的目的是开发最好的 CAD，甚至是为全球提供最优的 CAD 技术。联合众多国产 CAD 二次开发商组成的国产 CAD 联盟，更是极大促进了国产 CAD 的发展壮大，为中国企业提供真正适合中国国情及应用需求的 CAD 解决方案。

国产的 CAD 软件有浩辰 CAD 及中望 CAD 等，可以兼容各种主流的 CAD 文件，具备完整的自主知识产权，可以作为 AutoCAD 的替代软件。同时 AutoCAD 软件上的插件也可在这些国产 CAD 中应用，降低了二次开发成本。

一、建筑专业

建筑专业常用软件有天正、斯维尔、浩辰等。

以天正建筑软件为例，天正建筑软件以先进的建筑对象概念服务于建筑施工图设计和日照、节能分析应用，天正建筑对象已经成为天正系列软件的核心与数据来源，逐渐获得多数建筑设计单位的接受，是设计行业软件正版化的首选。天正对象除了对象编辑命令外，还可以用夹点拖动、特性编辑、在位编辑、动态输入等多种手段调整对象参数。天正建筑软件特点如下：

① 高效的折叠式菜单系统可减少鼠标的点击次数，减少查找命令的时间，新设计的彩色图标令设计人赏心悦目。

② 先进用户交互界面包括注释对象（表格、标注、文字等）的在位编辑以及对象定位的动态输入在多平台实现。

③ 高效的对象选择预览技术使光标经过对象时即可亮显对象，右击选取相关快捷菜单，而不必事先选择对象。

④ 工程管理界面合并楼层表、三维组合、图纸集、建筑立剖面，门窗总表、门窗检查、图纸目录功能。

⑤ 提供可由用户添加的图层标准，可以随时转换图形的图层标准格式。

⑥ 提供用户自定义图标工具栏与单键快捷命令，提高执行命令的效率。

⑦ 增强的布尔运算功能，解决了散水、柱子、楼板、线脚等对象之间的剪裁遮挡处理。

⑧ 门窗图库，改进了推拉门与密闭门的插入方法和以前作为窗插入的编号统计问题。

⑨ 日照模块中的功能与天正日照实现技术同步。

⑩ 能模块，提供《JGJ 26—2018 严寒和寒冷地区住建筑节能设计标准》的节能验算。

二、结构专业

结构专业的软件分为结构分析软件和绘图软件两大类。

（一）结构分析软件

结构分析软件国内常用的有盈建科、PKPM 等，国际上有 Bentley 公司出品的 STAAD 软件等。以盈建科软件为例，具有以下的特点：

① 多模块集成的自主图形平台，先进手段管理纷繁复杂的多级菜单，使本系统的多个模块得以在一个集成的、精炼的平台上实现。

② 突出三维特点的模型与荷载输入方式，既可在单层模型上操作，又可在多层组装的模型上操作。

③ 结构计算采用了通用有限元的技术架构，联合国内专业领先的团队，采用了偏心刚域、主从节点、协调与非协调单元、墙元优化、快速求解器等先进技术，使程序的解题规模、计算速度大幅度提高。

④ 强制刚性板假定与非刚性板假定两次计算自动连续进行，同时完成规范指标计算和内力配筋计算。

⑤ 对于多塔结构实现对合塔与分塔状况自动拆分、分别计算并结果选大。对转换梁自动采用细分的壳元计算；对按照普通梁输入的连梁也自动采用细分的壳单元计算，从而和按照墙洞口方式输入的连梁设计结果相同。

⑥ 对剪力墙连梁提供按照分缝连梁设计、配置斜向交叉钢筋等减少连梁内力或配筋的措施。

⑦ 对带边框柱或型钢、型钢混凝土柱剪力墙的配筋按照柱和剪力墙组合在一起的工形截面或 T 形截面配筋，可使边缘构件配筋量大大减少。

⑧ 对剪力墙轴压比自动采用组合墙肢方式计算，给出全新的剪力墙边缘构件设计结果；

⑨ 对少墙框架结构的框架部分自动按照二道防线模型计算。

(二) 结构绘图软件

天正、探索者等公司都有自己的结构绘图软件。以结构专业常规用的绘图软件探索者软件 TSSD 为例：

探索者 TSSD 系列结构设计软件是基于 CAD 平台二次开发的大型工具型软件。在工程设计领域结构方向得到普及性应用，探索者软件参与了国家标准——《GB/T 50105—2010 建筑结构制图标准》的编制及修订，成为了行业制图标准的制定者之一。探索者 TSSD 系列结构设计软件为用户提供近 2000 个高效绘图的功能命令，帮助设计院实现标准化、高效化、精细化绘图，节约成本，增强竞争力。

TSSD 软件的定位符合实际工程的需要，技术先进，使用简单方便，实用性强，能够满足行业用户的使用需求。与其他绘图软件相比，具有工作效率高，使用更为方便的特点。TSSD 软件作为建筑结构计算机绘图软件，达到了国内领先水平，商品化程度很高，推广应用价值很大。其有以下特点：

① 充分考虑设计人员的绘图习惯。尊重用户绘图习惯，用户可自由设定自己的习惯画法及快捷图标，使用起来得心应手。字型和标注方式可以随意设置。绘图比例可以根据用户的需要随意变换。图层可由用户设定修改。钢筋间距符号、点钢筋直径、直钢筋宽度、保护层厚度等均可由用户自由设置。用户可以在 UCS 下使用所有命令。

② 独特的小构件计算。TSSD 提供的小构件的计算可以完全取代手工计算，实现计算、绘图、计算书的一体化，即构件计算完成后根据计算结果可直接生成计算书并绘制出节点详图。目前构件计算包括：连续梁计算、井字梁计算、基础计算、矩形板计算、桩基承台、楼梯计算、埋件计算等。

③ 方便的参数化绘图。TSSD 提供了参数化绘图功能。通过人机交互方式，可以非常方便地绘制出节点详图。其操作简单、界面友好，无需花费大量精力学习，效率大大提高。可绘制截面：梁剖面、梁截面、方柱截面、圆柱截面、符合箍筋柱截面、墙柱截面、板式楼梯、梁式楼梯、板式阳台、桩基承台、基础平面、基础剖面、埋件等。

④ 施工图绘制工具高效实用。TSSD 可以快速生成复杂的直线和圆弧轴网，可成批布置梁、柱、墙、基础，并对其平面尺寸、位置、编号等进行编辑，自动处理梁、柱、墙、基础的交线，完全满足结构平面模板图绘制的需要。可自动布置楼板正筋、负筋、附加箍筋、附加吊筋，标注配筋值和尺寸，快速绘制楼板配筋图。

⑤ 平法绘图符合最新图集。根据《混凝土结构施工图平面整体表示方法制图规则和构造详图》（03G101）的要求，通过集中标注、原位标注、截面详图等功能，可快速绘制梁、柱、墙的平法施工图。另外，TSSD 开发了灵活的单独平法标注功能，可以完成任何形式的平法标注。

⑥ 强大的文字处理功能。文字标注是结构绘图的一个重要组成部分，使用 TSSD 可方便地输入文字及结构专业特殊符号，并对文字进行多种形式的编辑。此外，TSSD 还可以对文字进行查找替换，从文件导入文字或从存有结构专业常用词条的词库中提取文字，其文字排版功能如同 Word 般方便。使用 TSSD 绘图，文字输入不再困难。

⑦ 齐备的结构绘图辅助工具。包括钢筋、尺寸、文字、表格、符号、钢结构等结构专业的绘图工具，可绘制楼板配筋图，对施工图进行文字、尺寸、标高、标号的标注、编辑、修改。使用这些工具，可以简化操作过程，提高工作效率。

⑧ 强大的图库功能。Windows 资源管理器风格的图库，无需图形文件入库，便可直接

浏览。TSSD 不仅提供系统图库和用户图库,而且可直接浏览本地硬盘上或网上邻居中的 Dwg 文件,并将显示出来的图形文件以图块的形式直接插入到图中。

⑨ 齐全的接口类型。使用 TSSD,可以快速方便地与其他软件结合工作,最大限度地减少结构工程师的重复劳动。TSSD 提供四种软件接口,即:天正建筑、PKPM、盈建科、广厦。天正建筑接口及 PKPM 接口、广厦接口可以自动对其生成的图形进行转换,使其可以直接用 TSSD 进行编辑处理。

三、暖通专业

暖通专业的使用软件有鸿业(已被广联达软件收购)及天正软件等。以天正暖通软件为例,软件符合《GB 50736—2012 民用建筑供暖通风与空气调节设计规范》《GB 51251—2017 建筑防烟排烟系统技术标准》《GB 50067—2014 汽车库、修车库、停车场设计防火规范》等;软件采用智能化的自定义实体技术,完全自动处理管线和设备的相互关系,支持双击编辑修改天正对象;软件涉及暖通专业面广,涵盖采暖、通风、空调、多联机等设计,可以快速布置平面图、自动生成系统图,完成材料统计;强大的计算模块可以让设计师轻松的完成各项计算并导出计算书,把更多的精力投入到对工程的技术革新上;软件在高效、快捷的进行二维图纸绘制时,三维效果同步完成,快速实现由二维平面到三维立体的切换,整个工程一目了然。并且,在三维视图中所做的修改,其修改信息会同时传达到其他视图中,实现自动更新。

(一)软件功能

简洁清晰的屏幕菜单,包括采暖设计、地暖设计、多联机设计、空调水路、风管、防排烟、计算、专业标注等模块,用户可自定义菜单的不同风格模式。软件提供屏幕菜单、快捷菜单、快捷工具条、快捷键等多种功能调用操作方式,用户可自定义工具条和快捷键的具体内容。

(二)开放性的软件设置

开放性的软件设置功能:用户可根据设计习惯对绘图、线型、文字线型、文字样式、图层进行设置,从而满足不同用户不同设计习惯的具体需求。支持对水管系统、风管系统进行增删处理,满足用户对特殊管线的绘制要求。

(三)采暖设计

软件提供全面采暖绘图功能,可快速绘制散热器、立管、管线,可自动完成立管与干管、散热器与干管、立管的自动连接,连接样式满足各种设计需求。软件采用三维管道设计,模糊操作实现管线与设备、阀门精确连接。管线交叉自动遮断。

软件提供多种布置散热器与采暖管线的方法,可快速绘制散热器、立管、管线。布置散热器界面采用了浮动式窗口结合动态预演,所见即所得,相辅灵活的右键菜单编辑功能,可方便地绘制单管侧接、单管下接、双管侧接、双管下接等平面图。软件采用三维管道设计,模糊操作实现管线与设备、阀门精确连接。可一键绘制多层多立管采暖原理图、根据平面图快速生成系统图。

根据各层平面数据自动生成各类采暖形式系统图,所有平面标注信息可自动带入系统图,轻松实现了平面图和系统图上散热器片数、管径等标注信息一一对应,减少设计人员校核图纸的工作量。

所有图元采用参数化布置,一次性信息录入,可进行快速编辑、修改、标注与材料表统计，开放性的图库，方便用户快速录入自定义图块，支持定义及统计，统计结果支持带有图例。

软件提供采暖双线水管设计功能，满足详图设计或工业设计中双线水管绘制及双线水管阀门阀件设计。

软件提供丰富的采暖常用管线系统，同时支持用户增加、删除管线系统，支持对现有管线系统增加分区，开放的管线系统功能可针对管线线宽、图层、线型、标注、颜色等内容进行用户自定义。

软件提供多种大样图库，方便用户快速直接调用参考。

（四）地暖设计

提供不同地面材质、不同管材和不同水温下地热盘管间距和有效散热量的计算。计算结果自动与规范中要求范围进行比较，给予相应提示。计算完成可直接按照计算数值布置地热盘管。

支持回折型、平行型、双平行和交叉双平行四种不同的盘管绘制样式。回折型盘管支持边界区加密功能，平行型、双平行和交叉双平行支持两侧加密功能。四种盘管类型均支持任意开口的功能，方便用户根据房间开门位置、分集水器位置自行设置盘管进出水口位置。绘制的盘管为实体对象，双击可编辑，进出水口提供夹点引出，支持引出绘制。

布置异形盘管支持弧形和不规则房间的盘管布置。支持对现有平行型盘管进行局部移动功能，以满足凹凸房间的盘管局部调整。提供盘管倒角、与分集水器连接、手绘盘管自动与干管连接、盘管转PL、供回区分、画伸缩缝、绘制地暖套管、统计地热盘管长度、间距等功能，可一站式满足地暖绘制需求。

（五）多联机设计

多联机模块可完成绘图及系统计算。室内机绘制支持带风管布置，室外机绘制支持根据室内机负荷进行选型。根据实际图纸自动计算出设备间的落差、单管长度、总管长度等，并做出判断是否满足该厂家给定的限制。同时统计出各管段负担冷量，计算出冷媒管径、分歧管型号及充注量。可生成原理图，输出材料表。库中有多个厂家的常用系列及产品类型，提供室内、室外机数据库的维护和扩充功能，并链接有产品实际照片，方便用户选取。

通过上述功能可进行厂商及设备库扩充，支持自定义增加的厂商、设备图块、数据信息进行导入导出，方便数据共享。

系统计算功能可对多联机系统的连接情况进行检查，支持将发现的连接错误自动标注在图面上，方便用户查看、修改。

（六）空调水路设计

提供空调水系统中所需设备的选型、布置，并支持自定义设备图块样式和相关参数。提供空调水系统的管线绘制，可单独绘制一种管线也可同时绘制多种管线。支持管线按照系统进行统计，统计结果带有对应管线的图例。

多管绘制支持弧形建筑的沿线偏移绘制，支持弧形水管的沿线偏移，支持绘制并设备连管。

水管阀件支持布置水管阀件、水管电动阀件、仪表、附件。可在阀门处进行阀门、电动阀门、附件、仪表的切换。支持水管阀件的替换。布置时可选择是否将阀门附着于管线、是否打断管线等设置。支持布置系统阀件，支持用户自定义水管阀件，并实时进行布置。

偏移升降用于处理水管的局部升降、局部偏移，支持设定升降高度、偏移角度等参数。

插入套管对管道穿墙等自动添加套管,支持设定套管图层、布置方式、套管样式、套管大小。

(七) 风管设计

二维、三维统一,既有二维的方便又有三维的实效。风管、设备、三通等构件均支持管线直接引出功能,方便绘制。支持风管联动,多样化的风管编辑功能,可快速生成系统图、剖面图。

(八) 标准化图层

风管设置中增加风管的图层管理,即"图层标准"。可设置多种风管系统的图层标准,或读取旧版中的图层标准,可在不同图层标准间切换,或把专版的图纸转换为标准版的图纸。

(九) 绘图功能全面

可根据设计习惯进行多方面的设置工作;可扩充风管系统,自定义风管图层;增加风管材料及尺寸规格;设置风管中线是否显示;可进行法兰出头长度及风管厚度的设定;风管标注样式支持用户修改。

设备布置界面,支持常用风系统设备的布置,如风机盘管、空调器、新风机、人防风机、过滤吸收设备等,支持多尺寸接口设备的定义。

风系统转换命令,支持不同风系统间的整体转换,或整体选中。更高效快捷地在多个风系统交叉的图纸中选中所需要的风系统,进行移动、复制或整体转换风系统类型等操作。

风管绘制可根据风量和风管设置中设置的风管推荐风速,计算出风管的推荐截面尺寸;风管绘制支持不同压力等级绘制,后续风管材料统计根据不同压力等级区分风管壁厚;风管绘制支持添加防火、内衬和保温属性,并可设置该属性显隐;圆形风管支持软风管绘制。

空气机组命令支持模版的设置和保存。软件中给出默认立式和卧式模版,支持用户手动添加。

圆形承插三通(四通)或斜接三通(四通)样式,连接风管时自动生成带弯头的三通样式。

支持弧形风管的绘制、连接等相关功能。

(十) 材料统计

从当前图中直接框选提取,采用按长度或钢板面积的统计方式,可以统计垂直管段长度,并生成表格,统计内容可在位编辑修改。

(十一) 专业准确的计算模块

1. 负荷计算

对于用天正建筑 5.0 以上版本绘制的建筑底图,可通过操作方法进行前处理,然后提取建筑底图数值信息、房间名称等直接计算出结果,并可将计算结果赋回到图面相应的位置,赋回的负荷数值支持后续设备选型等进行提取;对于不能提取的建筑底图可手动添加相应的负荷源(比如常用的新风、人体、照明、设备等负荷源),计算结果可以表格形式赋回到图面,便于后续设备选型查看。计算完成可输出 Excel 计算书。

可以直接提取建筑底图维护结构信息,进行夏季空调逐时冷负荷、夏季逐时新风负荷计算、冬季采暖热负荷计算以及冬季空调热负荷计算,其中冷负荷计算同时提供谐波法和负荷系数法。支持防空地下室的负荷计算，可按埋深和温度要求，分别进行计算。区分分户内墙与普通内墙，对工程中表达方式进行区分，可分别设置分户墙与普通内墙的传热系数。

负荷计算完善了更多精细功能：搜索房间命令强制显示外墙线；优化加亮墙体功能，可分别加亮显示外墙、分户墙、隔墙；支持凸窗的提取，可手动添加凸窗，能与外墙产生嵌套关系；增加房间管理器功能，对常用房间设计参数进行汇总，可批量应用；增加指定房间为模板功能，非模板房间可以引用参数信息；支持在已经排序的房间中间插入房间，编号顺延；增加自动编号命令，可对楼层或户型内的房间重新顺序编号；热负荷详细计算书支持户型分类。

2. 采暖水力计算

采暖水力计算，可计算传统采暖（垂直单、双管系统）、分户计量（单管串联、跨越、双管并联系统）和地板采暖系统，计算方法包括等温降法，不等温降法。支持多分支同时计算，图形化的计算界面，提供图形预览功能，使得计算过程直观明了，提供了多种格式供计算书的输出。

计算数据可直接从采暖系统图形中提取，计算结果返回图面，根据计算数据可自动生成系统原理图，并赋值结果。分支支持扩充，并修改了原理图的显示方式；最不利环路数据单独罗列，便于修改；局阻系数开放设置，支持用户扩充局阻构件。

分户计量形式的采暖系统，户内支持双组散热器并联的形式。新增上供上回采暖系统形式，各楼层的散热器方向可设置。新增或删除楼层内的散热器不会影响整体的框架。

3. 风管水力计算

风管水力计算，可从风管平面图或系统图上提取管段信息，计算后支持将管段编号及计算结果赋回原图，支持输出计算书。

4. 空调水路计算

支持提取天正绘制的平面水管管线和设备。计算完成可将计算的结果赋回到提取的平面图上（包括管径等），可输出计算书。

全新的批量修改界面，以树状结构分别显示供回水管段和设备段，方便选择需要进行修改的管段。可在本界面中增删局阻类型、个数，附加阻力，并可批量修改管径。

5. 焓湿图计算

提供焓湿图绘制功能，可绘制不同地区、不同大气压下的焓湿图；可在绘制的焓湿图上进行一次回风、二次回风计算、风盘计算和空气处理计算，以上过程均可导出、导入计算文件，并可输出计算书。

6. 防排烟模块

提供防排烟计算 1.0 和防排烟计算 2.0。其中防排烟计算 2.0 支持《GB 51251—2017 建筑防烟排烟系统技术标准》，支持对机械防烟系统计算并进行查表校核，支持对机械排烟系统不同防烟分区排烟量综合计算，并可以进行查表校核；支持单个排烟口最大允许排烟量的校核计算；支持自然排烟系统排烟窗（口）的计算。支持绘制挡烟垂壁和防烟分区，支持自定义线型；支持自定义搭接防排烟系统图。

四、给排水专业

理正给排水基于 AutoCAD 平台开发，具有以下功能和特点：

① 采用了对话框方式，不但直观、易用，还设有与其他建筑软件的接口。

② 出色的管道绘制，系统图的生成。

③ 室外设计部分既可在平面图上标注标高，也可自动生成纵断面图。

④ 泵房设计的双管功能不但轻松完成设计工作，而且由于所绘的是真实值，解决了用单线时难以掌握的空间大小问题。

⑤ 采用系统图自动获取计算数据的方式的同时，还可以对不满足要求的数据调整参数后得到新结果，类似 Excel。

⑥ 提供靠窗及沿墙布置暖气片的方式，可以快速绘制采暖立管图、风管及其配件、材料统计。

⑦ 完善的文字处理功能；和 AutoCAD100%兼容，很容易上手；可根据自己的需要设定标高符号，标注文字大小，管道颜色、线型，立管圆圈大小等。

⑧ 给水管网自动喷洒系统的计算，按新规范编制。自动进行编号，自动从图中得到当量长度，让您在短短分钟内即可得到计算结果，并产生计算书。

五、电气专业

电气专业常用软件有浩辰、天正等。以 AutoCAD 为平台开发的浩辰电气软件为例，其具备以下特点：

① 开放定制广泛兼容给设计师更自由的空间。摈弃对建筑接口转换的依赖，能智能识别墙线等建筑部件。开创性的线缆识别功能，能自动识别其他软件或 CAD 平台绘制的线缆。自动生成的图层用户都能自定义，使图纸管理、打印更规范更快捷。

② 全智能专家辅助式设计将设计师的需求体现得淋漓尽致。十余种设备布置方式，使设计工作随心所欲。线缆布置方便快捷，让图纸绘制一气呵成。采用模糊捕捉技术，无须准确定位。导线自动追踪设备移动并智能连线，减少改图时的重复劳动；无需赋值直接标注，自动生成设备材料表。

③ 细微之处充分体现人性化设计。标注根数和回路编号一键操作，回路编号自动派生，新类型自动记录，提供独特的编辑控件。浮动式图块插入参数对话框，可随时调整设备插入比例和角度。设备布置对话框提供三种模式，可随机应变。布置线缆时可随时设置新的线缆类型。设备标注时可直接预览和调整标注内容，标注后自动赋值。

④ 功能全面广泛适用。涵盖一次、二次、变配电、防雷接地、强弱电各种设计功能；提供负荷计算、短路电流计算等众多的电气计算模块，适合多种工程需要；提供了几十本设计手册和设计规范，提供了上千张标准电气图集。

六、总图专业

Autodesk Civil 3D 就是根据总图专业需要进行了专门定制的 AutoCAD，是业界认可的土木工程道路与土石方解决的软件包，可以加快设计理念的实现过程。它的三维动态工程模型有助于快速完成道路工程、场地、雨水/污水排放系统以及场地规划设计。所有曲面、横断面、纵断面、标注等均以动态方式链接，可更快、更轻松地评估多种设计方案、做出更明智的决策并生成最新的图纸。

Civil 3D 这些标准可以方便地在整个企业组织中使用。从等高线的颜色、线型和间距，到横断面或纵断面标注栏中显示的标签，各种标准均可以在样式中进行定义，之后该样式将用于整个设计和生成图纸的过程。

七、热力专业

热力专业在进行工程设计时，管道的应力计算是工作的重要内容之一，决定了日后工程运行时管道的安全和稳定，所以选择应力分析软件也显得尤为重要。

常用的管道应力分析软件有 AutoPIPE、CAESAR II 等软件。

（一）AutoPIPE

Bentley AutoPIPE 允许用户快速轻松地创建、修改和检查管道与结构模型及其结果，同时提供了静态和动态条件下的先进的线性和非线性分析功能，例如温度、风、海浪、浮力、地震和瞬变载荷等。

AutoPIPE 被设计成一个可扩展的解决方案，可以满足从事核电和火电、处理厂和化工厂、海上 FPSO 平台和防浪竖管设计、防火系统、炼油厂、跨国油气管线、FRP 管道以及建筑服务管道等行业的公司需要。AutoPIPE 现在融合了 ASME、英国、欧洲、德国、日本、中国、API、NEMA、ANSI、ASCE、AISC、UBC 和 WRC 原则与设计限制，从而为整个管道系统提供全面的分析。

AutoPIPE 可与所有主要的智能化三维 CAD 系统，如 AutoPLANT、PlantSpace、PDS 和 Aveva PDMS 进行集成。可以轻松生成和自定义自动化智能等压图。

（二）CAESARII

CAESARII 管道应力分析软件是由美国 COADE 公司研发的压力管道应力分析专业软件。它既可以分析计算静态分析，也可进行动态分析。CAESARII 向用户提供完备的国际上的通用管道设计规范，使用方便快捷。

交互式数据输入图形输出，使用户可直观查看模型（单线、线框，实体图）。

强大的 3D 计算结果图形分析功能，丰富的约束类型，对边界条件提供最广泛的支撑类型选择、膨胀节库和法兰库，并且允许用户扩展自己的库。钢结构建模，并提供多种钢结构数据库。结构模型可以同管道模型合并，统一分析膨胀节可通过标准库选取自动建模、冷紧单元/弯头，三通应力强度因子（SIF）的计算、交互式的列表编辑输入格式用户控制和选择的程序运行方式，用户可定义各种工况。

此外，Aveva PDMS 等三维管道设计软件可以通过插件将模型导入到 CAESAR II 中，从而减少了重复建模的过程。

八、工艺及仪表专业

二维图纸设计阶段，市场上基本没有一套成熟和成体系的软件能同时满足工艺和仪表专业。国内轻工系统的设计院所基本以办公软件及 AutoCAD 为基本工具进行设计，在 CAD 平台上进行各自的开发以适合业主逐日严苛的要求，直至三维软件的出现。

第四节 专用三维软件

随着十四五规划的提出，加快数字化发展，建设数字中国已成为各行业的重要指导目标。数字交付作为一种新型交付方式，也逐渐被建设行业所关注。数字交付是区别于传统图纸档案式交付，而是通过数字化的交付平台，将建筑在设计、采购、施工等阶段产生的各种数据、资料、模型以标准数据格式提交给业主的交付方式。现阶段数字交付形式多是基于

BIM 信息模型的一体化交付平台，在交付平台中包含建筑信息模型和各类数据，并通过关联实现查询。在传统工程建设交付中，主要以"档案图纸""单系统"为核心交付主体，交付时提供的是设计图纸、计算书，采购阶段的装箱清单、使用说明书、质量证明文件，施工阶段的各种施工记录、试验报告、验收报告等海量资料。或者是暖通系统、照明系统、电梯系统等各个独立的系统进行交付。对于建造中的这些数据，往往零散繁杂、互不关联，企业很难进行查询，这对后期建筑的运维工作造成了极大困难。

而通过数字化交付平台，企业获得的是一个能够真实反映物理情况的多维"数字建筑"，在此平台上，可以从源头掌握建筑的各种数据，实现对建筑的数字化运营。企业可以实时查看机电、暖通、智能化等相关设备的位置、参数等静态信息，同时还可以查看每个设备的运行状态等动态信息。而通过不同系统间数据的综合利用分析，实现智慧化运维与管控，对践行绿色建筑理念，实现双碳目标具有重要意义。

一、BIM 软件

（一）BIM 的概念

BIM 的全拼是 Building Information Modeling，即：建筑信息模型。"建筑信息模型"是对一个设施的实体和功能特性的数字化表达方式。因此，从整个生命周期过程最开始，它就作为一个设施的、共享的知识资源，成为决策的可靠基础。

"建筑信息模型"的一个基本前提是，不同的利益相关者在设施的生命周期不同阶段的合作；用以插入、提取、更新或修改模型中的信息，从而支持和反映利益相关者的角色。它是一个过程，是建立在一个基于互通性的开放标准的基础之上的、共享的数字化表达方式。

（二）BIM 在设计阶段的应用

在建筑项目设计中实施 BIM 的最终目的是要提高项目设计质量和效率，从而减少后续施工期间的洽商和返工，保障施工周期，节约项目资金。BIM 软件的提供商包括 Autodesk、Bentley 及 Tekla Structures、ArchiCAD。由 Autodesk 公司开发的 Revit 无疑是其中的佼佼者，甚至在国内一度有"BIM 就是 Revit"的错误概念，其影响力可见一斑，目前其仍然是建筑市场占有率最大、应用最广泛的核心建模软件。其在建筑设计阶段的价值主要体现在以下 5 个方面。

① 可视化。BIM 将专业、抽象的二维建筑描述通俗化、三维直观化，使得专业设计师和业主等非专业人员对项目需求是否得到满足的判断更为明确、高效，决策更为准确。

② 协调。BIM 将专业内多成员间、多专业、多系统间原本各自独立的设计成果（包括中间结果与过程）置于统一、直观的三维协同设计环境中，避免因误解或沟通不及时造成不必要的设计错误，提高设计质量和效率。

③ 模拟。BIM 将原本需要在真实场景中实现的建造过程与结果，在数字虚拟世界中预先实现，可以最大限度减少未来真实世界的遗憾。

④ 优化。由于有了前面的三大特征，使得设计优化成为可能，进一步保障真实世界的完美。这点对目前越来越多的复杂造型建筑设计尤其重要。

⑤ 出图。基于 BIM 成果的工程施工图及统计表将最大限度保障工程设计企业最终产品的准确、高质量、富于创新。BIM 的概念自 1975 年提出，近年来 BIM 软件数量呈现井喷式增长，目前约有数百种软件可以称之为 BIM 类相关软件。BIM 软件涵盖建筑、结构、给排水、电气以及暖通专业。使这些专业可在一个模型中进行各自的设计，实现实时检查。

(三) BIM 应用软件

1. Revit

Revit 原为 Revit Technology 公司，2002 年被欧特克公司（Autodesk）收购合并，Autodesk 的 BIM 软件，以 Revit Architecture 为核心，主要可搭配 Revit Structure 及 Revit MEP，进行结构分析及管线设计。

Revit Architecture 中所有模型信息都储存在单一模型中，修改或变更任一构件，所有模型相关视图都会快速的自动更新，双向关联性强。另外参数式组件（也称为族群）也提供用户自行设计建筑组件，如门、窗等，且不需要任何程序语言或编码。Revit 亦提供灵活的用户接口，软件中内建简易教学影片及说明档，缩短搜寻软件功能时间。

可用于干涉检查的元素的一些范例包括：结构大梁和平行桁条、结构柱和建筑柱、结构支撑和墙、结构支撑、门和窗、屋顶和楼板、特制设备和楼板、链接的 Revit 模型与目前模型中的元素。

(1) 架构体系

Revit 最早版本是 2006 年发布，分为建筑（Architecture）、结构（Structure）、机电（MEP）三个独立模块，在 2014 版本中，将三个独立模块整合为一个软件，采用 Robben 界面并一直沿用至今。后续版本陆续增加了 Fabriction 模块用于预制加工、Dynamo 模块用于参数化异形曲面创建、Advance Steel 模块用于钢结构模型创建，基本成为一款从概念设计至施工图设计全阶段的核心建模平台。

Revit 核心的功能是建模，它的建模方式类似于"搭积木"，以创建结构模型为例，从地下基础开始，将墙、柱、梁、板构件作为一个个"积木"逐层进行搭建，最后形成一个完整的结构模型。

Revit 底部留有开放的二次开发接口，可以方便的进行功能扩展，目前国内已经有很多优秀的插件，更方便模型的创建。

(2) 建模体系

在 Revit 操作界面中，提供了常规建筑物所有构件的按钮，如墙、柱、门、窗、管道、设备等构件，还自带了一个比较丰富的族库，用于不同类型的构件的选择，建模操作简单，很容易上手学习。除此之外，还对不同专业增设了不同的功能：

① 在建筑规划设计阶段，通过体量功能可以快速地创建出建筑物形体轮廓，用于设计师方案比选、推敲，并且可以进行日照分析，观察建筑物内部房间是否满足日照要求，方便最终确定设计方案。

② 在结构建模时，定义好荷载和边界条件后，可以进行结构分析计算并可以对分析模型和物理模型进行一致性检查。

③ 在机电建模阶段，定义好管道系统流体、流量等参数后，可以进行冷热负荷计算、能量仿真计算，根据分析计算进一步优化整个管道系统。

(3) 重要概念

① 族。在 Revit 中，族概念可以形象为"积木"或"配件"，所有的构件都可以称之为族，墙族、梁族、轴线、标注、乃至线条都是一个个族，所以在建模过程中，需要选择合适的"族配件"，完成的模型才能精确，建模速度也更快捷。

② 样板。如果把族形象为"配件"，那么样板就是一个个"配件箱"，创建不同的模型就需要使用不同的样板，如创建建筑结构模型就使用建筑样板，创建 MEP 模型就需要使用

system 样板，减少软件内设置和不同族载入的时间，也可以根据公司项目实际需求创建自己的样板，更方便软件的操作使用。

（4）优点

① 数据关联性。在已经建好的模型中，所有数据可以实时联动。例如，在平面图中对某一扇窗户进行了调整，那么在立面、剖面中位置自动进行变化，在窗户明细表中数量也实时进行变更，在创建的二维图纸中，也相应的进行了变化，真正实现了软件中一处修改，处处变化。

② 任意剖切。Revit 可以对模型任意面进行剖切，实时显示剖切面图形，更加方便识图，也显示出 BIM 可视性的优越。

③ 定位关系。一些族创建的时候是基于某一个面进行的，如一个家具是基于墙体创建，距离墙体 500mm，那么在附着的墙体进行位置变化后，家具自动随墙体变化而变化，在室内精装修模型创建时，重复的优化调整更能显示出该功能的优势。

④ 扩展能力。开放的底层架构体系是 Revit 的又一大优势，目前国内有很多软件公司在进行基于 Revit 的二次开发，成熟的产品有橄榄山、红瓦科技的族库大师、翻模大师等，间接的优化了 Revit 的建模速度、建模能力。

（5）缺点

① 定位关系关联降低运行速度。定位关系是 Revit 的优势，也是自己的劣势，因为所有的构件定位相互关联，大量的后台数据处理会造成软件运行逐渐缓慢，尤其是单个模型文件达到百兆以后，所以软件对计算机硬件要求较高。

② 自建族多。Revit 提供了一个相对完善的族库，但是对于较复杂建筑还是远远不够，这时候就需要个人去手动创建族，需要花费较长时间和精力。国内企业比如广联达、天正、探索者等公司都致力于在 Revit 的平台上进行本地化开发，使自己的软件更适合国内环境的应用，努力打造自有知识产权的基于 BIM 设计为核心的协同设计系统为核心的信息化综合管理系统，涵盖建筑、结构、暖通、给排水等各专业。

2. Xsteel

Tekla 公司原厂位于芬兰，是一家专业钢结构软件研发公司，拥有钢结构的设计、绘图及制造等的丰富经验。Tekla 公司旗下的 Xsteel 是世界通用的钢结构详图设计软件，使用了它就奠定了与国际接轨的基础。

① Xsteel 是一个三维智能钢结构模拟、详图的软包。用户可以在一个虚拟的空间中搭建一个完整的钢结构模型，模型中不仅包括结零部件的几何尺寸也包括了材料规格、横截面、节点类型、材质、用户批注语等在内的所有信息。而且可以用不同的颜色表示各个零部件，它有用鼠标连续旋转功能，用户可以从不同方向连续旋转地观看模型中任意零部位。这样观看起来更加直观，检查人员很方便地发现模型中各杆件空间的逻辑关系有无错误。在创建模型时操作者可以在 3D 视图中创建辅助点再输入杆件，也可以在平面视图中搭建。Xsteel 中包含了 600 多个常用节点，在创建节点时非常方便。只需点取某节点填写好参数，然后选主部件、次部件既可，并可以随时查询所有制造及安装的相关信息，能随时校核选中的几个部件是否发生了碰撞。模型能自动生成所需要的图形、报告清单所需的输入数据。所有信息可以储存在模型的数据库内。当需要改变设计时，只需改变模型，其他数据均相应地发生改变，因此可以轻而易举地创建新图形文件及报告。

② Xsteel 是一个基于面向对象技术的智能软件包。这就是说模型中所有元素包括梁、

柱、板、节点螺栓等都是智能目标，即当梁的属性改变时相邻的节点也自动改变。零件安装及总体布置图都相应改变。Xsteel 自带的绘图编辑器能对图形进行编辑，这样就可以使人为所引起的错误降低到最低限度。Xsteel 是一个开放的系统，可以将自己创建的节点和目标类型添加到 Xsteel 中去。

③ Xsteel 在确认模型正确后就可以创建施工详图。Xsteel 可以自动生成构件详图和零件详图，其中构件详图还需要通过 AutoCAD 软件进行深化设计，深化为构件图、组立图和零件图，以供装配、箱形组立和加工工段使用；零件图可以直接或经转化后，得到数控切割机所需文件，实现钢结构设计和加工自动化。

④ 模型还可以自动生成某些报表。如螺栓报表、构件表面积报表、构件报表、材料报表。其中螺栓报表可以统计出整个模型中不同长度、等级的螺栓总量；构件表面积报表可以根据它估算油漆使用量；材料报表可以估算每种规格的钢材使用量。报表能够服务于整个工程，是今后工程预算、工程管理的重要依据，用户可以根据自己的需要定制一些报表。

二、工艺、热力软件

（一）流程设计软件

各软件公司都开发了自己的智能 PID 软件，以便于和三维模型发生联动。这些软件包括 AutoCAD PID、AVEVA PID、AutoPlant PID 以及由中科辅龙计算机技术股份有限公司开发的国产软件 PDSOFT P&ID。

以 PDSOFT P&ID 为例，其是工艺自控流程图设计系统，是平面智能化 PID 软件，应用于工艺专业。系统拥有强大的符号库功能，包含设备、管件、阀门、仪表、信号线等通用图例符号，根据项目工艺条件将元件属性输入到图例符号的参数库中，并通过友好的交互功能及制图规则，完成工艺自控流程图的快速绘制。该系统支持 AutoCAD 的绘图及编辑命令，支持智能消隐、自动标注、参数化编辑等功能，可以和中科辅龙研发的 PDSOFT 3DPiping 系统进行数据一致性检查，大大减少了设计人员的核对周期。此外，PDSOFT P&ID 可以在详细设计开始前统计工艺自控流程图中的设备、阀门、仪表等材料，缩短了核心材料的订货周期，保障了项目进度。

该智能化 PID 软件特点有：a. 强大的符号库功能，包含设备/管件/阀门/仪表/信号线等通用图例符号；b. 自定义符号参数库、属性库；c. 高效率的 PID 图纸绘制；d. 智能消隐、自动标注、参数化编辑；e. 和 PDSOFT 3DPiping 三维模型进行数据一致性检查；f. 材料统计：设备、阀门、附件、仪表等；g. 物料平衡计算功能；h. 工艺和仪表之间的条件传递；i. 兼容 AutoCAD 的绘图及编辑命令。

（二）管道绘制软件

常用的管道绘制软件包括 AutoCAD Plant 3D、Smart 3D、PDMS、CADWorx、AutoCAD Plant 3D、E3D 等。此类软件功能类似，其中 PDMS 软件价格不菲，但在国际制浆造纸行业设备供货商 Andritz、Valmet 公司，以及造纸行业相关的加拿大二氧化氯制备技术供应商凯迷迪等公司早已应用。为加快设计进度，和国际接轨，国内各行业内设计公司也先后引进该软件。下面以 PDMS 为例进行介绍。

1. PDMS 软件介绍

PDMS 是 Plant Design Management System 缩写，是英国 AVEVA 推出的工厂设计软件，现在已有三千多家用户，遍及三十多个国家和地区，在石油、石化、化工、能源等行业的大型工程公司中得以应用。

PDMS能完成大型复杂的石化装置设计，它具有很强的建库、校核、管理和数据传送功能。可用它来完成设备布置、钢结构布置和设计、管道布置和设计、电缆桥架、采暖通风管道等方面的三维设计。PDMS软件的模型可与BIM软件产生的模型相配合，进行碰撞检查，这一功能保证了设计的整体质量。

该软件具有完备的三维建立模型的功能（全彩色、真三维实体模型），动态碰撞检查和设计一致性检查功能，丰富的绘图标准功能，高效完成轴测图和材料统计表及灵活的报告生成功能，其合理的数据库、紧凑的结构能提供很强的工程数据能力和很高的工作效率。

PDMS系统建造的真三维实体模型比线框式模型显得更逼真、清晰，更有利于进行碰撞干扰检查，可更直观、更方便地观察碰撞情况。其实体造型利于建立管道特殊件的三维外形构造，以及设备布置时任意形状的设备三维模型的构成，包含管口的放置。

制浆造纸项目设计是一项复杂的多专业综合设计工程，配管又是其设计中极其重要的一环。其难点是要在有限的空间中实现管道与其他专业的配合与协调设计，先进的设计软件及辅助开发软件是其必不可少的工具。PDMS在完成设计核心难点即管道详细设计的同时，又能解决设备与结构、电气等各专业的配合。

2. PDMS在制浆厂配管设计中的应用

配管即工艺管道设计，是指在设备与设施间进行的管道布置。项目中的管道系统包含管道、管件、阀门、支吊架等，其中阀门包括手动阀门及自控阀门。PDMS在配管中的主要使用过程可以分为结构建模、设备建模、管道建模、管道支吊架建模、电缆桥架建模、管道材料报表、管道ISO出图、管道二次支架出图、布置图出图、三维模型浏览十个部分。

（1）结构建模

要实现优良的管道设计，第一步的结构建模是必不可少的，它影响着下一环节即工艺设备与设施定位的准确性，而设备与设施的定位又是实现良好的管道设计的前提。配管专业首先要从结构专业获得相关的结构图纸，如厂房结构、钢结构、设备基础与设施基础等。通过结构专业的图纸进行PDMS的三维模型转换与建立。通过PDMS软件能完美呈现结构专业的平面布置图，能产生更直观的视觉效果。

（2）设备建模

设备建模与结构建模的流程类似。首先要从设备供应商处获得设备外形图纸，之后根据设备外形图纸在PDMS中进行设备建模。这里重点要注意设备外形尺寸、管口信息、设备基础要求、检修安装要求等。设备建模时设备的位号及名称一定要与工艺流程图相符，这对于之后的管道建模及校审人员的核对有非常大的帮助，可以节省大量的查证时间。

（3）管道建模

管道建模的依据是工艺流程图。在工艺流程图中可以获取管道公称直径、公称压力、管道编号、管道材质、保温要求及管道流向等信息。管道布置通常是项目设计中耗时最多的工作，也是最容易出问题的部分，在PDMS中进行管道建模可以尽可能减少管道设计错误的产生。PDMS管道建模的基本方法是采用"管件导引管道"的形式，即用户只需定义管件的位置，软件自动完成管件间的管道连接。管道模型中可以显示出工程设计中需要的管道信息，如材料、压力、温度、保温、伴热等工程设计参数与附加参数。管道建模中选取具有唯一性的管道编号作为管道模型文件名称。图7-9及图7-10为高浓除渣器工艺流程图与其三维管道建模。

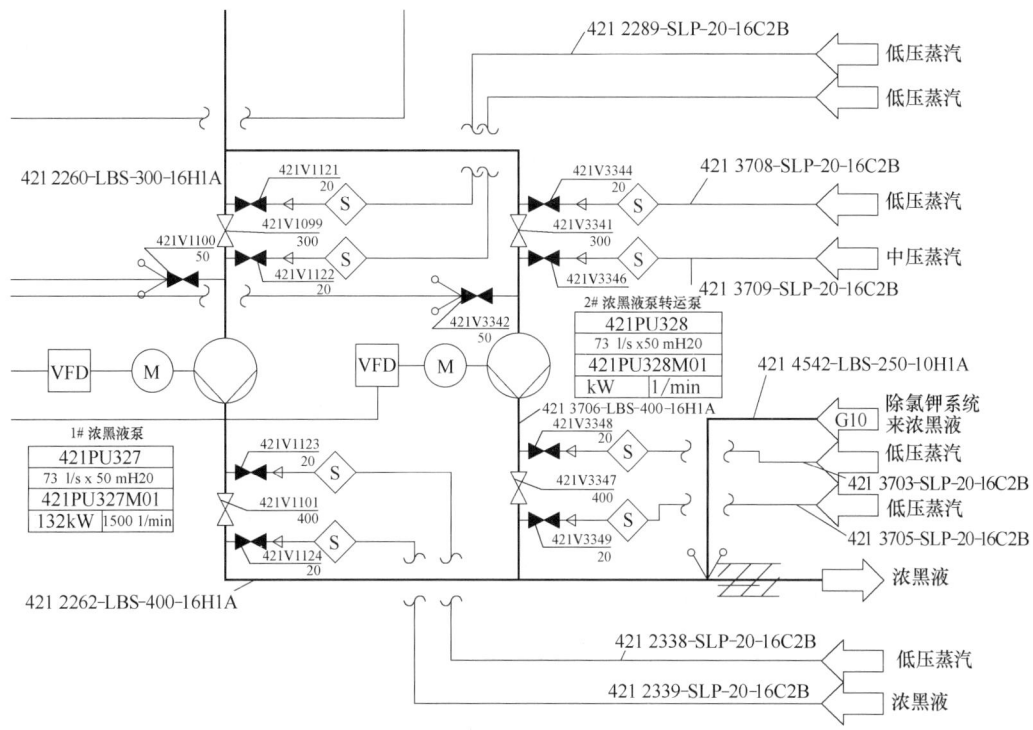

图 7-9　高浓除渣器工艺流程图

图 7-10　高浓除渣器三维管道建模

在搭建模型过程中可以使用碰撞检查功能，其目的就是检查创建的管道是否与其他管道或设备模型相撞。模型搭建完毕后可以使用数据一致性检查功能，其目的是通过检查角向对齐、轴向对齐、管径、连接形式、最小直管段这五个方面来检查所设计的管道是否存在问题。这两种功能在该项目设计过程中起到了很大作用。

（4）管道支吊架建模

管道的支吊架设计是管道设计中不可缺少的部分。支吊架起着支撑管道、调节管道柔性的作用。管道支吊架包括一次支架与二次支架,一次支架直接和管道连接,二次支架则作为一次支架的刚性支撑使用。支吊架建模中,需根据管道的介质特性和管道的一次应力进行布置与设计,如果是热膨胀管道,还需要同时考虑管道二次应力的情况。二次支架的位置可根据化工手册中的支架跨距直接选取。混凝土梁和柱上的二次支架需要固定到梁和柱提前设置的埋板上,梁和柱灌浇前,配管专业需向结构专业提供包括埋板尺寸、埋板坐标位置等信息。如无法提供准确信息,经建设单位同意后,可采用后期安装现场直接打膨胀螺栓的方法,进行二次支架安装。

(5)电缆桥架建模

PDMS 在进行电缆桥架走向设计前,需从电气专业获得车间内电缆桥架走向、宽度、标高等信息之后,进行电缆桥架建模,这样可极大程度上减少管道与电缆桥架碰撞的可能性,从而节约设计时间,减少碰撞错误。图 7-11 是根据电气专业电缆桥架图而创建的 PDMS 模型。

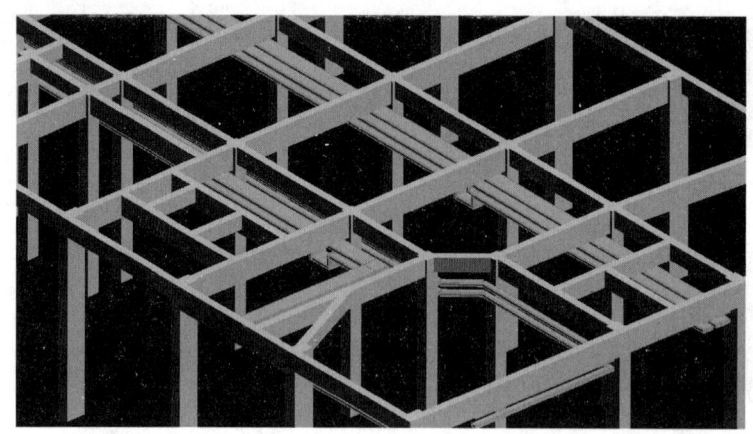

图 7-11 根据电气专业电缆桥架图而创建的 PDMS 模型

(6)管道材料报表

与 PDMS 原有的管道材料报表功能相比,通过与其他基于 PDMS 平台开发设计的辅助软件联合使用,可以更快速、准确、高效地获得所需要的管道材料表,这个功能的实现大大提高了工作效率。其能将用户需要的信息以 Excel 文件的形式输出,特别是管道材料清单能够按照选定的系统(如浆管系统)或空间范围的要求输出,并能做到汇总统计,按照提前设置好的公司标准料单形式,直接生成设计中所需要的各种料单。图 7-12 为部分截取的项目管道材料表,我们可以从表中清晰地获得管道材料的相关数据及信息。

	A	B	C	D	E	F	G	H	I	J
1	序号	图号或标准号	名称	型号及规格	材料	单位	数量	单重	总重	备注
2	1		管道 Pipe							
3	1.1		10H1A TUBE	GB/T 14976-2012 Pipe 48.3x2.5	304L	m	50.4			DN40
4										
5	1.2		10H1E TUBE	GB/T 12771-2008 Pipe 219.1x3.5	304	m	172.2			DN200
6	1.3		10H1E TUBE	GB/T 12771-2008 Pipe 168.3x3.5	304	m	147.4			DN150
7	1.4		10H1E TUBE	GB/T 12771-2008 Pipe 139.7x3.0	304	m	8.4			DN125
8	1.5		10H1E TUBE	GB/T 12771-2008 Pipe 114.3x3.0	304	m	124.6			DN100
9	1.6		10H1E TUBE	GB/T 14976-2012 Pipe 88.9x2.5	304	m	200.9			DN80

图 7-12 管道材料表截图

（7）管道 ISO

出图 PDMS 软件中可以抽取所需要管道的 ISO 图。抽取管道 ISO 图时，首先要进行项目的图框设置，根据项目的要求定制抽图标准。抽图时进入 PDMS 的 ISODRAFT 模块，选择要抽取的管道，选择定制的标准，即可得到 ISO 图。抽取出来的管线如图 7-13 所示，如果管道连接出现错误，则无法将管道 ISO 图抽出或在图纸左上角出现"FAIL"的标示。如果出现以上情况，就需要重新检查管道，直到错误被改正，得到正确的 ISO 图。

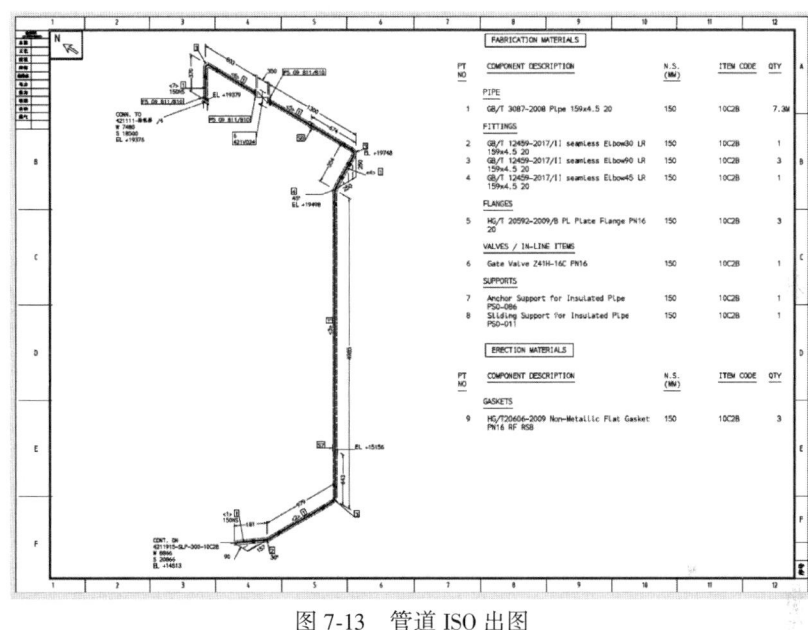

图 7-13　管道 ISO 出图

（8）管道二次支架出图

PDMS 结合相应的辅助开发软件，可对管道二次支架直接生成 CAD 图纸，图中可以显示出二次支架的详图以及对应的材料表，效果如图 7-14 所示。

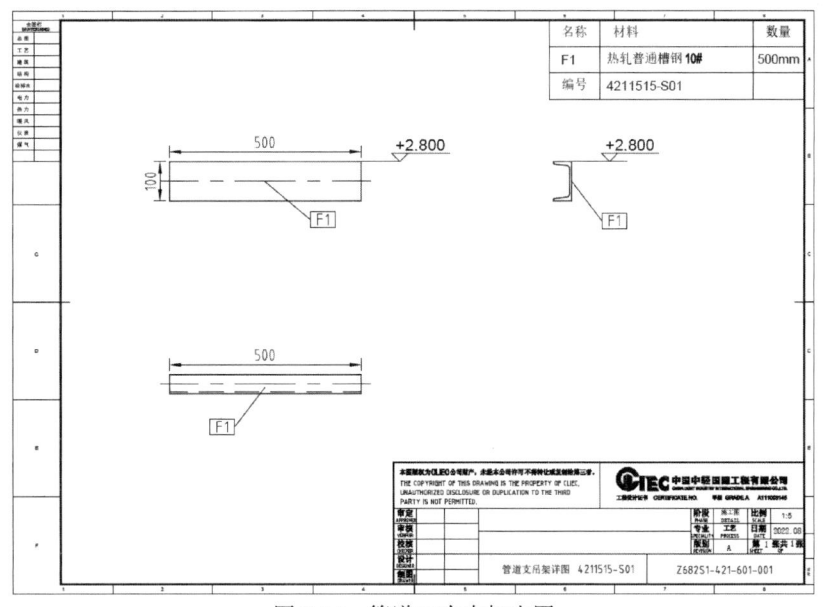

图 7-14　管道二次支架出图

(9) 布置图出图

图 7-15 为管道布置图与二次支架布置图的项目截图。

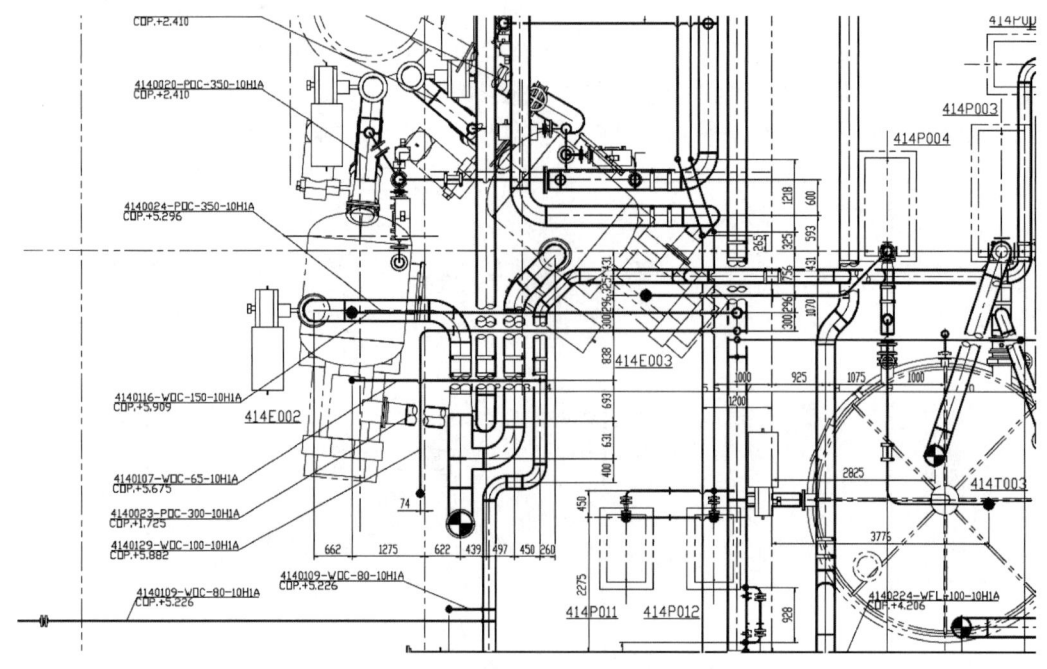

图 7-15 管道布置图与二次支架布置图

同样，PDMS 可根据设计者的需求实现管道布置图、设备平面布置图、设备立面布置图、二次支架布置图，并生成 CAD 图纸，但在目前使用过程中存在尺寸标注过乱的问题。当抽取的平面布置图中管道较多时，图面显得较为复杂，很难直接将图纸用于施工，因此需要将图纸在 AutoCAD 软件中调整修改。但与传统的平面布置图出图方法相比，已经大大降低了设计者的工作强度，节省了设计时间。

3. PDMS 软件的优缺点

① 在该项目中的优点：a. 建立的三维模型直观，便于设计与施工安装人员参考；b. 可多人同时进行三维设计；c. 碰撞检查可及时发现碰撞点，以便设计人员修改；d. 结合相关辅助开发软件，可快速获得所需要的图纸。

② 软件使用中的缺点：a. 管道二次支架过于复杂时，出图后需要手动调整二次支架图标注的位置；b. 管道布置过于复杂时，出图后需要手动调整管道布置图标注的位置；c. 模型文件过多时，需要借助辅助软件进行三维模型浏览。

4. PDMS 的辅助软件

在这些三维软件逐步流行的同时，平立面图纸的输出往往成为了设计软件的软肋。为了进一步提高设计的工作效率，保证二维出图的质量，避免手工操作所带来的错误及重复劳动，达美盛公司推出了专为三维工厂设计软件使用的平面图自动标注软件方案——DMS 自动出图系统，简称 eZOrtho。eZOrtho 软件界面如图 7-16 所示。

eZOrtho 是在 AutoCAD 平台中自动生成各种条件图和管道布置图的专业图纸绘制工具，可以自动从三维模型抽取满足专业要求的条件图和满足施工要求的管道布置图。支持的图纸类型包括：管道布置图、设备布置图、管口方位图、仪表条件图、管墩条件图，以及各种条

图 7-16　eZOrtho 软件界面

件图及布置图的索引图。

由于 eZOrtho 是基于 AutoCAD 平台的二次开发，其支持 Smart 3D、PDMS、CADWorx、AutoCAD Plant 3D、E3D 三维设计模型和数据全自动消隐、全自动尺寸标注、全自动属性标注和全自动报表；该软件可以跨平台支持国际主流三维工厂设计软件，不占用三维工厂设计软件授权；可以进行多项自定义，统一企业级出图标准。该软件操作简单，易学易上手，空间优化算法，图面美观，修改量小。Dwg 成果图纸带有智能属性，软件提供 Update 更新功能，当模型发生变更时，系统能够自动对平立面图纸进行更新并云线标识，且上一版手工添加的标注内容会自动保留。

主要功能包括：

① 自定义功能强大。支持多种不同的消隐模式，提供外围尺寸三级标注，可定制工程属性及表格样式，自定义切图范围，支持矩形或多边形切图范围，支持切图旋转。

② 支持多种视图。除常规的俯视、前视、左视图等正交视图外，还支持轴测视图（带属性标注），如西南视图，东南视图，东北视图和西北视图。

③ 支持输出报表和导出报表清单。

④ 自动与手动标注相结合。

⑤ 自带属性。eZOrtho 生成的平立面图形都带有属性，用户可以在自动标注后的图纸上手动编辑和修改，如移动标注位置，添加流向箭头、管线表及工程属性标注等。

三、Navisworks

（一）Navisworks 软件

Navisworks 软件是由 Autodesk 公司针对建筑工程设计行业推出的一款集合可视化和仿真于一体的软件，能够将 Revit 和 CAD 等设计软件创建的三维模型与来自其他软件的数据和信息集合成为一个整体的项目，便于用户浏览、查看和管理。图 7-17 为 Navisworks Manage 软件界面。

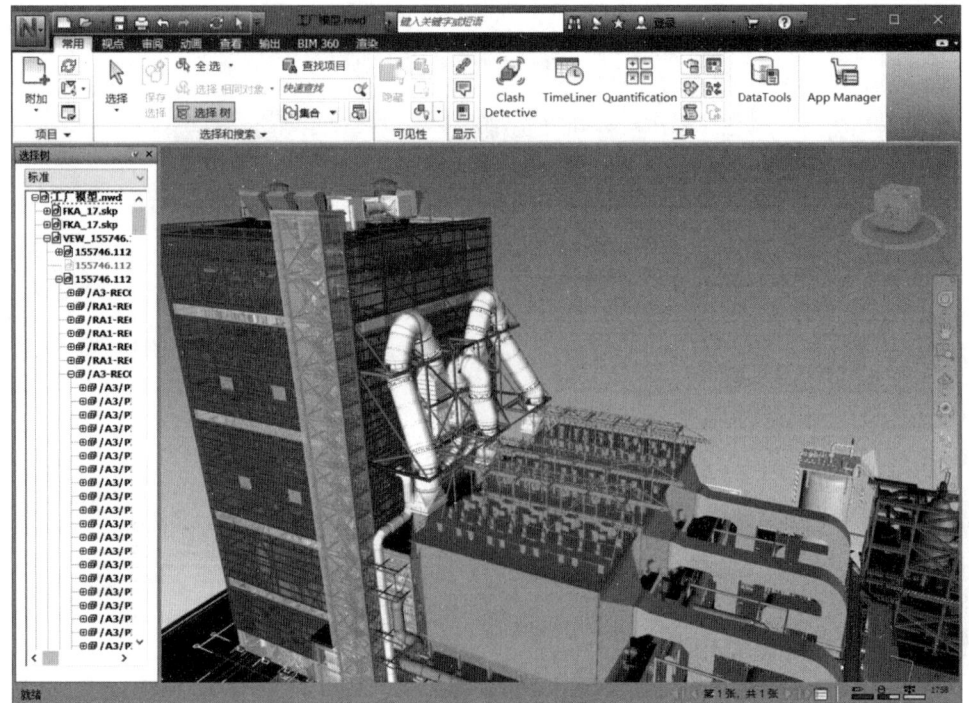

图 7-17 Navisworks Manage 软件界面

(二) Navisworks 优点

1. Navisworks 功能强大

Navisworks 非常容易上手的 BIM 数据管理平台，能够识别并且读取多种文件格式的模型与信息，以便把不同专业的信息数据进行整合，并且检查各个专业的模型与信息是否出现错误，及时改正错误，避免问题的产生。Navisworks 可以详细地记录各个工作单元的计划起止时间、计划持续时间、实际起止时间、实际持续时间和消耗费用等信息，如果只是作为项目预先施工模拟就只需要输入项目的基本时间信息，不需要输入费用信息。Navisworks 对设计、施工和运营等环节都有很好的辅助作用，能够提升项目管理者对项目的了解程度，提高项目参与方的合作能力，加强项目参与各方对工程的控制力度，从而在保证项目工期的前提下，提高项目的施工质量并且减少项目成本，帮助用户获得使用 BIM 技术带来的竞争优势。

2. Navisworks 解决方案支持所有项目相关方

Navisworks 解决方案支持所有项目相关方可靠地整合、分享和审阅详细的三维设计模型，在 BIM 工作流中处于核心地位。Autodesk Navisworks 软件能够将 AutoCAD 和 Revit 系列等应用创建的设计数据与来自其他设计工具的几何图形和信息相结合，将其作为整体的三维项目，通过多种文件格式进行实时审阅，而无需考虑文档的大小。

3. 数据透彻了解与项目功能预测

Navisworks 具有使用现有的三维设计数据透彻了解并预测项目的功能，即使在最复杂的项目中也可提高工作效率，保证工程质量。Navisworks Manage 将精确的错误查找和冲突管理功能与动态的四维项目进度仿真和照片级可视化功能完美结合。Autodesk Navisworks Simulate 软件能够精确地再现设计意图，制定准确的四维施工进度表，超前实现施工项目的可视化。在实际动工前，可以在真实的环境中体验所设计的项目，更加全面地评估和验证所用材质和纹理是否符合设计意图。

4. 可以用于效果图制作

从 Naviswork 软件导出 .fbx 格式文件，可以用于效果图制作。

参 考 文 献

［1］何佳. PDMS 在制浆厂配管设计中的应用［D］. 2021.
［2］陈磊. 数字化交付［C］. 2021.
［3］北京中科辅龙计算机技术有限公司. PDSOFT 使用手册［Z］. 2015.
［4］北京达美盛软件股份有限公司. DMS 自动出图系统—eZOrtho［Z］.
［5］中国中轻国际工程有限公司. 造纸工艺统一规定［S］.
［6］国家发展和改革委员会. 《中华人民共和国国民经济和社会发展第十四个五年规划和2035年远景目标纲要》［R］. 2021.

习　　题

［目标］　使用现代工具

1. 了解工程设计工具及模拟软件的进化过程。
2. 列举并简述轻工设计中各专业常用及专业软件的功能。
3. 某制浆造纸厂欲模拟压榨脱水过程，请问优先选择哪款软件，并阐述你的理由。
4. 如何针对不同的专业，选择适合本专业的软件工具并进行适当开发，减少设计过程中重复且繁琐的任务，提高效率和设计成果的正确率？
5. 如何利用现阶段先进的设计手段实现后续工序如采购、施工、安装及运维的效率全面提升？

【本章思政案例】

序号	案例名称	案例教学目标	案例内容
1	工程设计软件的学习	培养学生形成良好的应用设计软件的能力	工欲善其事必先利其器，从事制浆造纸行业的相关设计工作，掌握常用的工程设计软件，并能在实践中应用
2	科技进步在工程设计软件领域带来的发展和变化	培养学生分析工程设计发展过程中，设计工具对行业效率、质量的影响	工程设计软件经历了从手工绘图到计算机辅助，设计软件从普通的二维平面设计到现在的三维立体设计，到未来的数字化设计：图板、计算机（CAD、BIM）。设计软件的发展，提高了工程设计、安装、施工、生产运营等各方面的效率、质量

附 录

一、化学制浆车间流程方框图

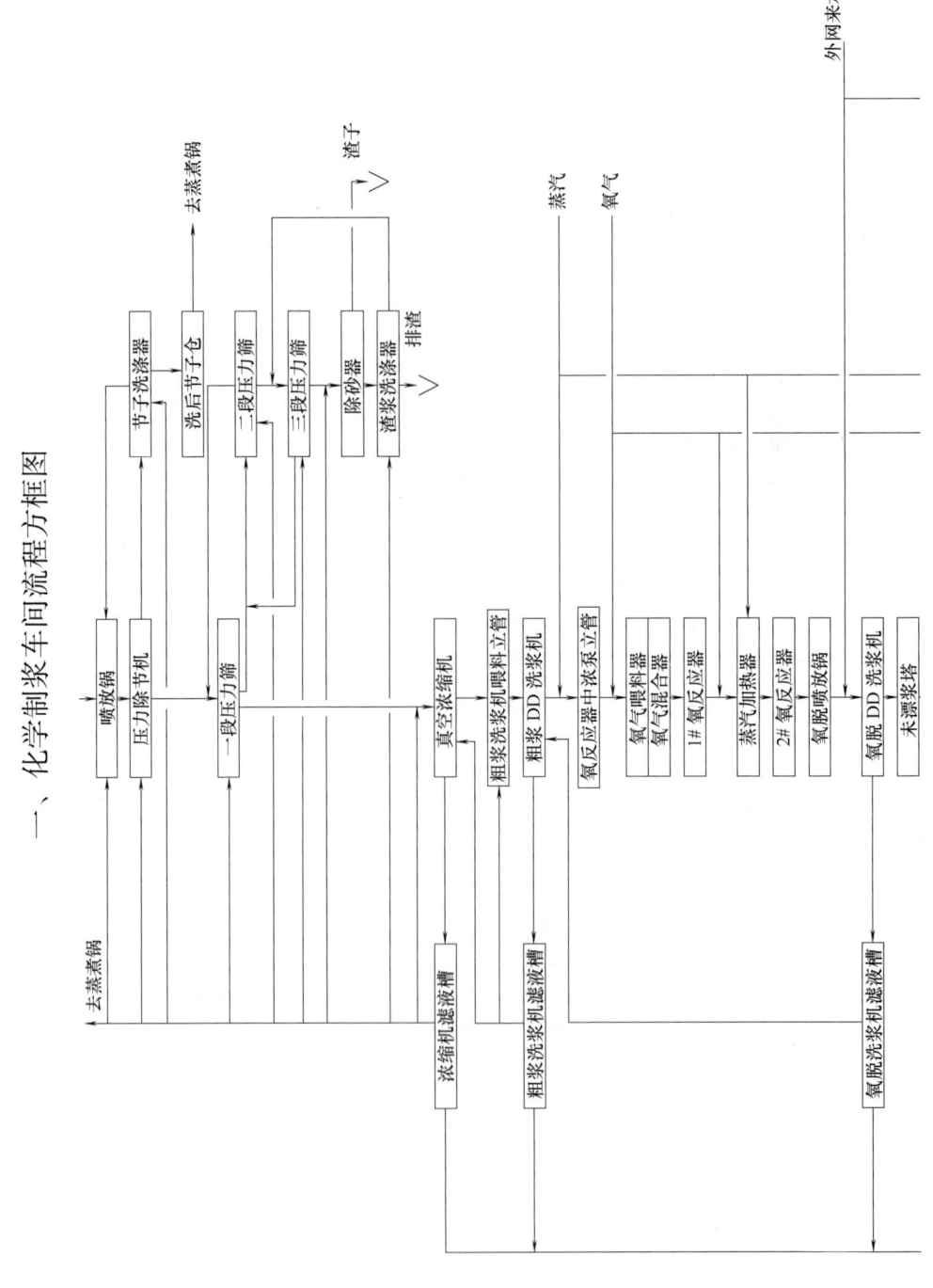

附 录

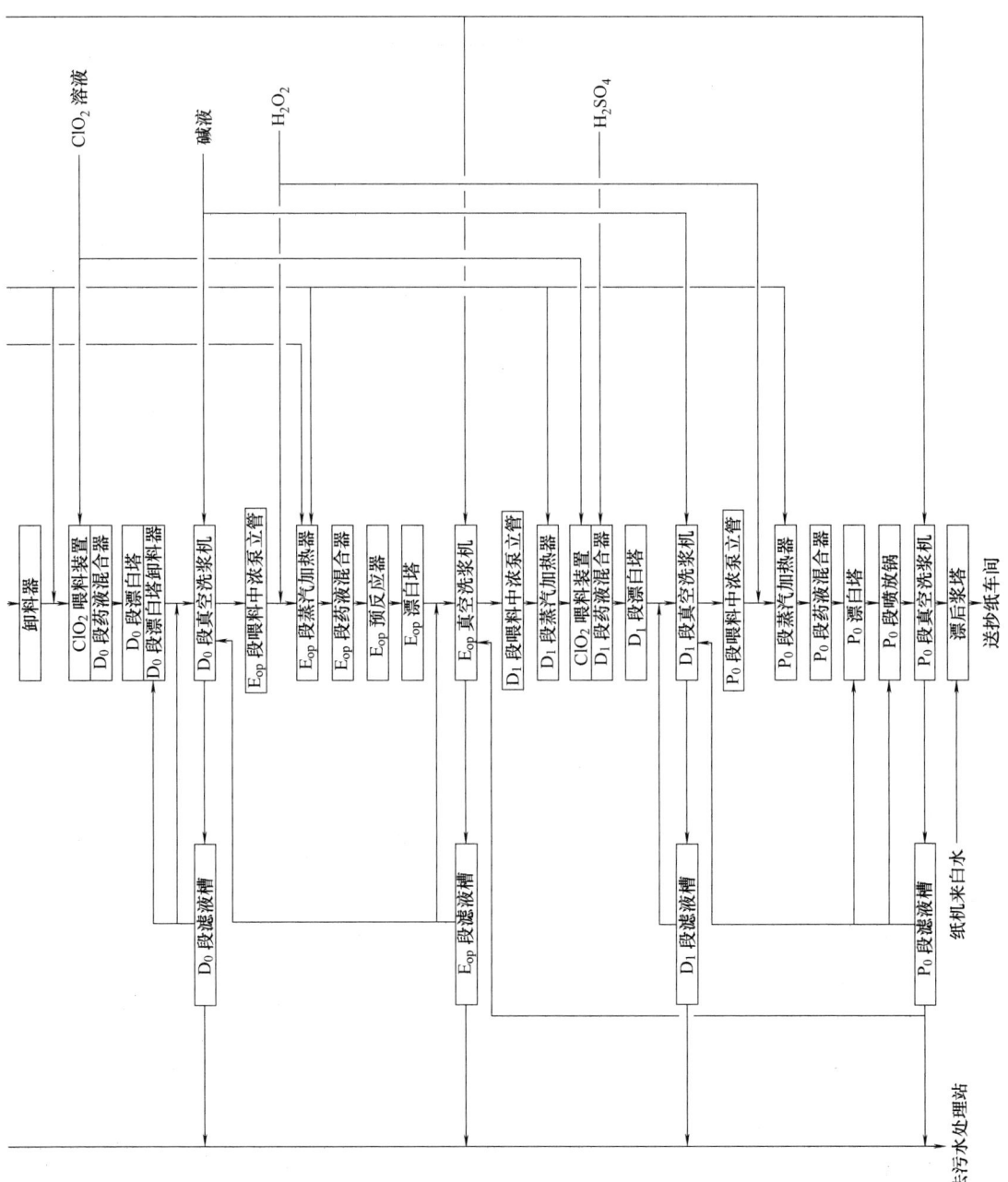

二、制浆造纸工艺流程图图例表

序号	名称	图例	备注
1	基本符号		
1.1	普通管线	———————	线宽 0.5mm
1.2	主流程管线	▬▬▬▬▬	线宽 1.0mm
2	辅助符号		
2.1	软管	∼∼∼∼∼	
2.2	伴管	═ ═ ═ ═	蒸汽伴热或电伴热
2.3	固体管线	═■═■═■═	煤、碱灰等
2.4	油	═══════	加热或润滑油
2.5	其他气体	////////	压缩空气
2.6	信号线	─○─○─○─	数据线
2.7	信号线	/////////	通用
2.8	信号线	- - - - - - -	电线
2.9	信号线	××××××	毛细管线
3	交叉		
3.1	分支管	┴	分支管或三通
3.2	四通交叉管	┼	四通交叉管
3.3	非四通交叉管		一般水平管不断开
3.4	非四通交叉管		主流程管线不断开
3.5	管线与信号线交叉	//∣//	流程管线不断开
4	管线及阀门标注		
4.1	管线标注	1001-PBC-200-10H1A 管道编号 介质代号 管道规格 管道等级	
4.2	阀门标注	▷◁ 阀门位号	

附　录

续表

序号	名称	图例	备注
5		仪表符号	
5.1	测量点		通用
5.2	就地安装仪表	○	直径约15mm
5.3	表盘安装仪表		
5.4	就地表盘安装仪表		
5.5	计算机控制仪表		仅用于工业控制机
5.6			DCS指示或控制
5.7			
5.8	DCS控制仪表		仅用于DCS
5.9	PC指示或控制		仅用于DCS
5.10	与就地盘连接		仅用于PC机
5.11	逻辑和顺序功能	◇	
5.12	PLS控制仪表		仅用于PLS
5.13	PLS指示或控制		仅用于PLS
5.14	与就地盘连接		仅用于PLS
5.15	校正元件	▽	通用
5.16	执行机构		
5.17	校正机构		如速度调节等
6		工艺流程辅助符号	
6.1	测量点		
6.2	介质流向	→	
6.3	介质流向及管道坡度	→	
6.4	设计或供货界限点	AB×CD	也用于已建/新建界限
6.5	管号界限点		

续表

序号	名称	图例	备注
7	工艺流程管件符号		
7.1	同心异径管		用于 PI 图
7.2	偏心异径管		用于 PI 图
7.3	法兰连接		用于 PI 图
7.4	盲法兰连接		用于 PI 图
7.5	管帽		用于 PI 图
7.6	防爆膜		用于 PI 图
7.7	水封		用于 PI 图
7.8	排至漏斗		
7.9	排至地沟		
7.10	排气管		
7.11	软管接头		
7.12	喷射器		
7.13	阻火器		
7.14	螺纹管帽		
7.15	闭式插板		
7.16	开式插板		
7.17	8字盲板(常开)		
7.18	8字盲板(常关)		
8	阀门符号		
8.1	开关阀(常开)		
8.2	开关阀(常闭)		
8.3	安全阀		
8.4	控制阀(气动)		

附 录

续表

序号	名称	图例	备注
8.5	控制阀(电动)		
8.6	止回阀		
8.7	减压阀		
8.8	三通阀		
8.9	四通阀		
9	泵、风机、真空泵及压缩机		
9.1	泵		
9.2	压缩机、风机或真空泵		
9.3	高浓浆泵		
9.4	中浓浆泵		
9.5	柱塞泵		
9.6	齿轮泵		
9.7	隔膜泵		
9.8	螺杆泵		
9.9	偏心螺杆泵		
9.10	喷射泵		
10	特殊阀门、设备及槽罐等		
10.1	疏水阀		通用
10.2	分离器		通用
10.3	过滤器		通用
10.4	消音器		通用

299

续表

序号	名称	图例	备注
10.5	孔板		通用
10.6	文丘里管		
10.7	波纹膨胀器		
10.8	喷嘴		
10.9	螺旋输送机		通用
10.10	皮带输送机		通用
10.11	热交换器		通用
10.12	搅拌器		
10.13	在线混合器		
10.14	吹灰器		

三、制浆造纸工艺设备布置图图例

序号	名称	图例	备注
1	起重机、葫芦轨道		
2	电梯		
3	葫芦		
4	桥式起重机		
5	标高		
6	车间方向（注于底层平面右上方，箭头指向北）		圆环直径25，箭头底部宽度4，涉外项目用"N"替代"北"。
7	剖切符号		可旋转
8	钢平台		
9	钢格栅		

续表

序号	名称	图例	备注
10	柱		
11	梁板		
12	栏杆		
13	地漏		
14	软管接头		
15	方洞		
16	地坑、槽		
17	墙上留洞		
18	楼梯及门	按建筑图	
19	预埋钢板		
20	柱侧		
21	楼面		
22	梁底		
23	梁侧		

四、制浆造纸工艺流程及管道介质代号

（一）通则

代号	中文含义	英文含义
A	空气	Air
B	辅助材料	Additional material
C	冷凝水	Condensate
D	化学药品	Chemicals
E	污水	Effluent
F	填料/涂料	Filler/Color
G	气体	Gases
L	液体	Liquors

M	固体原料	Solid materials
O	油类	Oils
P	浆料	Pulp or Stock
Q	液化原料	Liquid materials
S	蒸汽	Steam
W	水	Water

（二）细则

代号	中文含义	英文含义
	A（空气，AIR）类	
ACA	夹带空气	Carrier air
ACB	燃烧空气	Combustion air
ACD	冷气	Cold blow
ACO	冷却空气	Cooling air
ADA	空气	Air
ADC	干燥压缩空气	Dry compressed air
ADR	干燥空气	Dry air
AEX	排气	Exhaust air
AST	消毒空气	Sterilized air
AHE	加热空气	Heating air
AID	室内空气	Indoor air
AIN	仪表压缩空气	Instrument air
AOC	无油压缩空气	Oil free compressed air
AOU	室外空气	Outdoor air
APU	净化空气	Purified air
ARC	循环空气	Recycling air
ASE	密封空气	Sealing air
ATR	换气	Transfer air
AVA	真空	Vacuum air
	B（辅助材料，ADDITIONAL MATERIAL）类	
BAD	辅料	Additive
BCA	催化剂	catalyst
BDF	消泡剂	Defoaming agent
BDP	分散剂	Dispersing agent
BDY	染料	Dye solution
BPE	高分子电解质	Polyelectrolyte
BRE	松香胶	Resin glue
BRT	助留剂	Retension agent
BSA	表面活性剂	Surface active agent
BSS	淀粉	Starch Slurry
BST	稳定剂	Stabilizer

BTS	滑石粉乳液	Talc slurry
BWA	洗涤剂	Washing agent
BWS	湿强剂	Wet strength agent

C（冷凝水，CONDENSATE）类

CAC	常压清洁冷凝水	Atmospheric clean condensate
CAS	常压蒸汽冷凝水	Atmospheric live steam condensate
CCC	氯气污染冷凝水	Chlorine contaminated condensate
CCO	污冷凝水	Contaminated condensate
CCM	综合冷凝水	Combined condensate
CFO	重污冷凝水	Foul condensate
CHP	高压蒸汽冷凝水	HP-steam condensate
CLP	低压蒸汽冷凝水	LP-steam condensate
CMP	中压蒸汽冷凝水	MP-steam condensate
CSB	吹灰蒸汽冷凝水	Sootblowing steam condensate
CSV	二次蒸汽冷凝水	Secondary Vapor condensate

D（化学品，CHEMICALS）类

DAL	明矾	Alum
DAM	氨水	Ammonia
DAS	硫酸铝	Aluminium sulphate
DHC	盐酸	Hydrochloric acid
DHY	联氨	Hydrazine
LLI	石灰	Lime
DMS	硫酸镁	Magnesium sulphate
DNI	硝酸	Nitric
DOL	发烟硫酸	Oleum
DSA	硫酸	Sulphric acid
DSC	氯酸钠	Sodium chlorate
DSH	次氯酸钠	Sodium hypochlorite
DSL	熔融硫	Sulphur (Smelted)
DSM	氨基磺酸	Sulphamic acid
DSS	硅酸钠	sodium silicate
DST	食盐	Salt
DSU	硫黄	Sulphur (Smelted)
DSX	硫代硫酸钠	Sodium Thiosulfate
DTP	磷酸三钠	Trisodium phosphate
DUR	尿素	Urea

E（污水，EFFLUENT）类

EAC	酸性污水	Acid fibrecont. Effluent
EAL	碱性污水	Alk. Fibrecont. effluent
ECL	澄清污水	Clarified effluent

EDC	腐蚀性楼面排水	Floor drains, corrosive
EDN	无腐蚀性楼面排水	Floor drains, non-corrosive
EFW	水处理污水	Water treatment effluent
EMX	混合污水	Effluent, mixed
ESB	生物污泥	Biological sludge
ESE	生活污水	Sanitary effluent
ESF	气浮污泥	Floated sludge
ESL	污泥	Effluent, sludge
ESM	混合污泥	Effluent, sludge mixed
ESP	一沉污泥	Fibre sludge-Primary sludge
ESS	二沉污泥	Sludge-Secondary sludge
EPR	工艺污水	Effluent, Process
ERW	雨水	Storm water
ESA	活性污泥	Activated sludge
ESW	备料污泥	Sludge-Wood handling
ETR	处理后污水	Treated acid
EWH	备木污水	Wood handling effluent (acidic)

F（填料/涂料，FILLER/COLOR）类

FBA	帆土	Bauxite
FCB	复合胶	Complex binder
FCC	碳酸钙	Calcium carbonate
FCL	瓷土	Clay
FGL	黏合剂	Glue
FKA	高岭土	Kaolin
FOL	石蜡	Olefin
FPO	聚乙烯醇	Poly vinyl alcohol
FRE	松香	Resin
FST	淀粉	Starch Slurry
FTA	滑石粉	Talc slurry
FTD	钛白	Titanium dioxide

G（气体，GASES）类

GAR	氩气	Argon
GBF	三氟化硼	Boron trifluoride
GCA	二氧化碳气体	Carbon dioxide gas
GCD	二氧化氯气体	Chlorine dioxide gas
GCF	二氯二氟甲烷	Dichlorodifluoromethane
GCH	氯气	Chlorine gas (dry)
GNI	氮气	Nitrogen, liquid
GNO	氧化氮	Nitric oxide
GNS	一氧化二氮	Nitrous oxide

GOS	浓臭气	Odorous gas, strong
GOW	稀臭气	Odorous gas, weak
GOX	氧气	Oxygen, liquid
GCM	氯二氟甲烷	Chlorodifluoromethane
GFG	烟气	Flue gas
GCW	湿氯气	Chlorine gas (wet)
GHC	氯化氢气体	Hydrogen chloride
GHE	氦气	Helium
GIG	惰性气	Inert gas
GNA	天然气	Natural gas
GNC	非污染气体	Noncontaminated gas
GOZ	臭氧	Ozone
GPE	石油气	Petroleum gas
GSD	二氧化硫	Sulphur dioxide
GSG	汽提塔排汽	Stripper Gas
GSH	六氟化硫	Sulphur hexafluoride
GST	三氧化硫	Sulphur trioxide
GTV	槽罐排汽	Tank vents
GWG	废气	Waste gas

L（液体，LIQUOR）类

LBH	重浓黑液	Black liquor, firing
LBI	半浓黑液	Black liquor, intermediate
LBR	盐水	Brine
LBS	浓黑液	Black liquor, strong
LBW	稀黑液	Black liquor, weak
LCA	烧碱液	Caustic, <40%
LCD	二氧化氯溶液	Chlorine dioxide water
LCH	次氯酸钙溶液	Calcium hypochlorite solution
LCO	蒸煮液	Cooking liquor
LML	石灰乳液	Milk of lime
LMS	硫酸镁溶液	Magnesiumsulphate (solution)
LMU	白泥	Lime mud
LNA	中和废酸	Neutralized spent acid
LSA	废酸	Spent acid
LSC	氯酸钠溶液	Sodium chlorate, solution
LSD	二氧化硫溶液	Sulfur dioxide, solution
LSH	次氯酸钠溶液	Sodium hypochlorite solution
LSL	溢液	Spill liquor
LCS	浓烧碱液	Caustic, strong, 40%-50%
LCW	氯水	Chlorine water

LEX	蒸煮抽出液	Extracted liquor
LGD	绿泥	Green liquor dregs
LGR	绿液	Green liquor
LHP	过氧化氢溶液	Hydrogen peroxide water
LLC	下部蒸煮液	Lower cooking liquor
LLE	下部蒸煮抽出液	Lower cooking extraction
LMA	补充液	Mack-up liquor
LMF	白泥滤液	Lime mud filtrate
LSR	皂化物	Soap, raw
LSW	洗后皂化物	Soap, washed
LST	硫代硫酸钠溶液	Sodium Thiosulfate
LTC	上循环液	Top circulation liquor
LUR	尿素溶液	Urea-solution
LWA	R8 废酸	R8 waste acid
LWH	白液	White liquor
LWS	废液	Waste liquor
LWL	稀白液	White liquor, weak
LWO	氧化白液	Oxidized white liquor
LCS	浓烧碱液	Caustic, strong, 40%~50%
LCW	氯水	Chlorine water
LEX	蒸煮抽出液	Extracted liquor
LGD	绿泥	Green liquor dregs
LGR	绿液	Green liquor
LHP	过氧化氢溶液	Hydrogen peroxide water
LLC	下部蒸煮液	Lower cooking liquor
LLE	下部蒸煮抽出液	Lower cooking extraction
LMA	补充液	Mack-up liquor
LMF	白泥滤液	Lime mud filtrate

M（固体原料，SOLID MATERIALS）类

MBA	树皮	Barks
MBO	竹子	Bamboo
MBG	蔗渣	Bagasse
MCH	料片	Chips
MCO	煤	Coal
MFS	屑	Fines and shaves
MLO	原木	Logs
MMA	髓	Marrow
MPE	泥煤	Peat
MRE	荻苇	Reeds
MSA	锯屑	Sawdust

MWH	麦草	Wheat straw

O（油类，OIL）类

OAC	丙酮	Acetone
OBI	沥青	Bitumen
OCD	二硫化碳	Carbon disulfide
ODO	柴油	Diesel oil
OET	乙醇（酒精）	Ethanol
OFO	福尔马林（甲醛水）	Formalin
OFU	糠醛	Furfural
OGA	汽油	Gasoline
OHC	水煤气	Hydrocarbon
OHE	正己烷	n-hexane
OHF	重燃油	Heavy fuel oil
OHO	热油	Hot oil
OHR	液压回油	Hydraulic oil, return
OHT	导热油	Heat transfer oil
OHY	液压油	Hydraulic oil
OKE	煤油	Kerosene
OLF	轻燃油	Light fuel oil
OLU	润滑油	Lubricating oil
OME	甲醇	Methanol
OMG	机油	Motor gasoline
ORE	回用油	Recycled oil
OSE	密封油	Seal oil
OTL	塔罗油	Tall oil
OTU	松节油	Turpentine
OWO	废油	Waste oil
OWS	石油溶剂（白节油）	White spirit

P（浆料，PULP）类

PAC	良浆	Accepted stock
PAP	APMP 浆	APMP stock
PBC	D/C 段浆	Bleached stock, D/C stage
PBD	D 段浆	Bleached stock, D stage
PBE	E 段浆	Bleached stock, E stage
PBK	节子	Knot stock
PBL	喷放粗浆	Brown stock, blow line
PBN	粗浆	Brown stock
PBO	O（臭氧）段浆	Bleached pulp, O3 stage
PBP	p 段浆	Bleached pulp, P stage
PBR	损纸浆	Broke stock

PBS	漂白浆	Bleached stock
PCT	化学热磨机械浆（CTMP）	Chemi thermo mechanical stock
PFC	D/C 段滤液	Filtrate, D/C stage
PFD	D 段滤液	Filtrate, D stage
PFE	E 段滤液	Filtrate, E stage
PFH	H 段滤液	Filtrate, H stage
PFI	浆液	Fiber suspension
PFL	浮选浆料	Floated stock
PFO	氧脱木素段滤液	Filtrate, O2 delignification
PFU	未漂浆滤液	Filtrate, unbleached stock
PGR	磨木浆	Groundwood stock
PHW	硬木浆	Hardwood stock
POC	OCC 浆	OCC stock
POD	氧脱木素浆料	Stock, O2 delignification
PNS	NSSC 浆	NSSC stock
PPA	造纸浆	Paper pulp
PRB	漂后尾浆	Reject, bleached
PRE	未漂尾浆	Reject, unbleached
PRM	盘磨机械浆	Refiner mechanical stock
PRS	循环浆	Recycled stock
PSA	硫酸盐浆	Sulphate stock
PSB	半漂浆	Semi bleached stock
PSC	选后浆	Screened stock
PSD	锯末浆	Sawdust stock
PSI	亚硫酸盐浆	Sulphite stock
PSW	软木浆	Softwood stock
PTH	浓缩纸浆	Thickened stock
PTM	热磨机械浆	Thermomechanical stock
PUN	未漂浆	Unbleached stock

Q（液化原料，LIQUID MATERIAL）类

QAM	液氨	Ammonia liquor
QCL	液氯	Chlorine, liquor
QNI	液氮	Nitrogen, liquid
QOL	液氧	Oxygen, liquid
QPE	液化石油气	Petroleum gas, liquid
QSD	液体二氧化硫	Sulphur dioxide liquor

S（蒸汽，STEAM）类

SBP	背压汽	Back pressure steam
SES	抽汽	Extraction steam
SFL	闪蒸汽	Flash steam

SHP	高压蒸汽	High pressure steam
SLP	低压蒸汽	Low pressure steam
SMP	中压蒸汽	Medium pressure steam
SPD	清洁排汽	Pure discharge steam
SPR	新蒸汽闪蒸汽	Live steam flash
SSA	饱和蒸汽	Saturated steam
SSB	吹灰蒸汽	Sootblowing steam
SSE	二次闪蒸汽	Secondary flash steam
SSU	过热蒸汽	Superheated steam
SVA	真空蒸汽	Vacuum steam

W（水，WATER）类

WBO	炉水	Boiler water
WCC	循环冷却水	Circulated cooling water
WCH	冷冻水	Chilled water
WCI	循环水	Circulation Water
WCL	冷却水	Cooling water
WCO	冷凝水	Condensate
WCP	化学纯水	Chem. purified water
WCT	化学处理水	Chemical treated water
WCW	冷水	Cold water
WDE	脱盐水	Demineralized water
WDH	区域供热水	District heating water
WFF	消防水	Fire fighting water
WFH	高压锅炉给水	Feed water (High pressure)
WFL	低压锅炉给水	Feed water (Low Pressure)
WFM	中压锅炉给水	Feed water (Medium Pressure)
WHE	加热水	Heating water
WHO	热水	Hot water
WMI	工厂水	Mill water
WPC	净化循环水	Purified circulation water
WPO	饮用水	Potable water
WRA	原水	Raw water
WRF	工厂澄清水	Raw water filtrated
WSE	密封水	Sealing water
WSP	喷洒水	Sprinkle water
WWA	温水	Warm water
WWC	浓白水	White water, Cloudy
WWF	过滤白水	White water, Filtered
WWH	白水	White water
WWS	超清白水	White water, supper

五、制浆造纸工艺流程仪表代号、符号

(一) 仪表图形代号

字母 Letter	第一位字母 First Letter		后继字母 Succeeding Letter		字母 Letter	第一位字母 First Letter		后继字母 Succeeding Letter
	被测变量或初始变量 Measured or initiating variable	修饰词 Modifier	功能 Function			被测变量或初始变量 Measured or initiating variable	修饰词 Modifier	功能 Function
A	分析 Analysis		报警 Alarm		N	供选用 User's choice		供选用 User's choice
B	定量 Weight		供选用 User's choice		O	供选用 User's choice		节流孔 Throttle orifice
C	纸浆浓度或电导 Consistency or Conductivity		控制 (调节) Control		P	压力或真空 Pressure or vacuum		试验点 (接头) Point (Test) Connection
D	密度或比重 Density or Specific gravity	差 Differential			Q	数量或件数 Quality	积分、累计 Integrate, Totalize	积分、累计 Integrate, Totalize
E	电压 (电动势) Voltage		检测元件 Sensor (Primary Element)		R	放射性 Nuclear radiation		记录或打印 Recording or printing
F	流量 Flow Rate	比 (分数) Ratio (Fraction)			S	速度或频率 Speed or frequency	安全 Safety	开关或连锁 Switch or interlocking
G	尺度 (尺寸) Dimension		玻璃 Glass, Viewing Device		T	温度 Temperature		传送 Transmitting
H	手动 (人工设定) Hand (Manually initiated)				U	多变量 Multivariable		多功能 Multifunction
I	电流 Current		指示 Indicating		V	黏度 Viscosity		阀门、风门、百叶窗 Valve, Damper, Louver
J	功率 Power	扫描 Scanning			W	重量或力 Weight or force		套管 Well
K	时间或时间程序 Time or Time Schedule		操作器 Control Station		X	未分类 Unclassified		未分类 Unclassified
L	物位 Level		灯 Light		Y	供选用 User's choice		继动器 Relay
M	水分或湿度 Moisture or Humidity				Z	位置 Position		执行器 Actuator

（二）仪表图图符号

图例 SYMBOLS	名称 DESCRIPTION	图例 SYMBOLS	名称 DESCRIPTION	图例 SYMBOLS	名称 DESCRIPTION
○	就地安装仪表 LOCALLY MOUNTED INSTRUMENT	⊠	气动控制阀 PNEUMATIC CONTROL VALVE	▭	转换器 CONVERTER	———	电线或电缆 WIRE OR CABLE
⊗	嵌在管道中仪表 INSTRUMENT MOUNTED IN LINE	⊠	气动薄膜调节阀 PNEUMATIC DIAPHRAGM CONTROL VALVE	▭	就地仪表箱 LOCAL INSTRUMENT PANEL	—○—	屏蔽电缆 SHIELDING CABLE
⊖	盘面安装仪表 PANEL-MOUNTED INSTRUMENT	⊠	气动三通调节阀 PNEUMATIC THREE WAY VALVE	⊖	接管箱 TUBE CONNECTION BOX	—xxxx—	补偿导线 THERMOCOUPLE EXTENSION WIRE
⊖	就地盘面安装仪表 INSTRUMENT ON LOCAL PANEL	Ⓜ⊠	电动控制阀 Motorized Control Valve	○	气源箱 AIR SUPPLY BOX	- - - -	气动管线导管 PNEUMATIC LINE
○○	复式仪表 COMBINATION INSTRUMENT	Ⓢ⊠	电磁阀 SOLENOID VALVE	▬	电源箱 POWER SUPPLY BOX	▲—//—	减压气源 REDUCED AIR SUPPLY
◇	集散控制系统 DCS CONTROL SYSTEM	⌒	气动薄膜执行机构 PNEUMATIC DIAPHRAGM ACTUATOR	▭	接线盒 JUNCTION BOX	△—//—	气源 AIR SUPPLY
⬦	PLC 控制系统 PLC CONTROL SYSTEM	⊟	气动活塞执行机构 PNEUMATIC DIAPHRAGM ACTUATOR	▭	仪表保护箱 INSTRUMENT SHELTER	- - - -	信号线 SIGNAL LINE
◇	PLC 控制系统 PLC CONTROL SYSTEM	Ⓜ	电动执行机构 Motorized ACTHATOR	⟝⟞	冷凝器 CONDENSATE POT		
◇◇◇	连锁系统编号 NUMBER OF INTERLOCK SYSTEM	Ⓢ	电磁执行机构 SOLENOID ACTUATOR	⊟ 或 ⟟	双室冷凝器 CONDENSATE POT		
		—∥—	孔板 ORIFICE PLATE	▶	空气过滤减压器 FILTER REGULATOR		
⟋	热电偶 THERMOCOUPLE	⟋⟍	文丘里管及喷管 VETURI TUBE OR NOZZLE		转子流量计 ROTAMETER		
⟋	热电阻 THERMAL RESISTANCE	●	现场装置或变送器 FIELD DEVICE OR TRANSMITTER				

云文档工程图纸示例及政策、法规与标准附件

云 文 档

一、工程图纸示例（PDF 版）

（一）制浆造纸工厂总平面布置图示例
（二）制浆造纸工艺流程图示例
（三）制浆造纸工艺设备布置图示例
（四）制浆造纸工艺管道布置图示例
（五）制浆造纸工艺设备一览表示例
（六）制浆造纸工艺材料汇总表示例
（七）制浆造纸工艺管道预留孔、预埋件布置图示例

云文档工程图纸示例及政策、法规与标准附件：

http://www.chlip.com.cn/qrcode/201437J1X101ZBW/fujian.rar

二、政策、法规与标准

（一）政策法规类

1. 《中华人民共和国国民经济和社会发展第十二个五年规划纲要》
2. 《中华人民共和国国民经济和社会发展第十三个五年规划纲要》
3. 《中华人民共和国国民经济和社会发展第十四个五年规划和 2035 年远景目标纲要》
4. 《广东省国民经济和社会发展第十四个五年规划和 2035 年远景目标纲要》
5. 《山东省国民经济和社会发展第十四个五年规划和 2035 年远景目标纲要》
6. 《广西壮族自治区国民经济和社会发展第十四个五年规划和 2035 年远景目标纲要》
7. 《造纸工业"十五"规划》
8. 《中国造纸协会关于造纸工业"十一五"发展的意见》
9. 《造纸工业发展"十二五"规划》
10. 《轻工业发展规划（2016—2020 年）》
11. 《造纸行业"十四五"及中长期高质量发展纲要》
12. 《五部门关于推动轻工业高质量发展的指导意见》
13. 《珠江三角洲地区改革发展规划纲要（2008—2020 年）》
14. 《黄河三角洲高效生态经济区发展规划》
15. 《全国老工业基地调整改造规划（2013—2022 年）》
16. 《关于贯彻落实区域发展战略促进区域协调发展的指导意见》
17. 《长江保护修复攻坚战行动计划》
18. 《关于印发工业绿色发展规划（2016—2020 年）的通知》
19. 《"十四五"工业绿色发展规划》
20. 《国务院关于加快发展循环经济的若干意见》
21. 《造纸行业建设竣工环境保护验收规范》
22. 《GB 3544—2008 制浆造纸工业水污染物排放标准》
23. 《关于进一步加强造纸和印染行业总量减排核查核算工作的通知》

24. 《造纸行业木材制浆工艺污染防治可行技术指南（试行）》等 3 项指导性技术文件
25. 《水污染防治行动计划》
26. 《关于印发工业绿色发展规划（2016—2020 年）的通知》
27. 《控制污染物排放许可证实施方案》
28. 《"十三五"节能减排综合性工作方案》
29. 《关于加快推进再生资源产业发展的指导意见》
30. 《造纸工业污染防治技术政策》
31. 《中华人民共和国环境保护税法》
32. 《关于印发制浆造纸等十四个行业建设项目重大变动清单的通知》
33. 《制浆造纸工业污染防治可行技术指南》
34. 《关于全面加强生态环境保护坚决打好污染防治攻坚战的意见》
35. 《关于进一步加强塑料污染治理的意见》
36. 《火电、水泥和造纸行业排污单位自动监测数据标记规则（试行）》
37. 《关于全面禁止进口固体废物有关事项的公告》
38. 《关于推进污水资源化利用的指导意见》
39. 《关于加快建立健全绿色低碳循环发展经济体系的指导意见》
40. 《关于加快推动制造服务业高质量发展的意见》
41. 《"十四五"全国危险废物规范化环境管理评估工作方案》

（二）主要标准和规范类

42. 《QBJS 10—2005 轻工业工程设计概算编制办法》
43. 《QBJS 5—2005 轻工业建设项目可行性研究报告编制内容深度规定》
44. 《QBJD 6—2005 轻工业建设项目初步设计编制内容深度规定》
45. 《QBJS 34—2005 轻工业建设项目施工图设计编制内容深度规定》
46. 《GB 51092—2015 制浆造纸厂设计规范》
47. 《制浆造纸行业清洁生产评价指标体系》
48. 《HJ/T 339—2007 清洁生产标准 造纸工业》（漂白化学烧碱法麦草浆生产工艺）
49. 《HJ/T 340—2007 清洁生产标准 造纸工业》（硫酸盐化学木浆生产工艺）
50. 《HJ/T 317—2006 清洁生产标准 造纸工业》（漂白碱法蔗渣浆生产工艺）
51. 《HJ 468—2008 清洁生产标准 造纸工业》（废纸制浆）
52. 《HJ 821—2017 排污单位自行监测技术指南 造纸工业》
53. 《GB/T 18916.5—2012 取水定额 第 5 部分：造纸产品》
54. 《GB 16297—1996 大气污染物综合排放标准》
55. 《GB 14554—1993 恶臭污染物排放标准》
56. 《GB 3544—2008 制浆造纸工业水污染物排放标准》
57. 《HJ 2302—2018 制浆造纸工业污染防治可行技术指南》
58. 《HJ 887—2018 污染源源强核算技术指南 制浆造纸》
59. 《GB 11654.1—2012 造纸及纸制品卫生防护距离 第 1 部分：纸浆制造业》
60. 《HJ/T 408—2007 建设项目竣工环境保护验收技术规范 造纸工业》
61. 《GB/T 36514—2018 碱回收锅炉》

（三）一些省份的地方标准

62.《DB 51/2311—2016 四川省岷江、沱江流域水污染物排放标准》
63.《DB 44/1366—2014 汾江河流域水污染物排放标准》
64.《DB 42/1318—2017 湖北省汉江中下游流域污水综合排放标准》
65.《DB 37/656—2006 山东省小清河流域水污染物综合排放标准》
66.《DB 41/2087—2021 河南省黄河流域水污染物排放标准》
67.《DB 37/3416.1—2018 流域水污染物综合排放标准　第1部分：南四湖东平湖流域》
68.《DB 37/3416.2—2018 流域水污染物综合排放标准　第2部分：沂沭河流域》
69.《DB 37/3416.3—2018 流域水污染物综合排放标准　第3部分：小清河流域》
70.《DB 37/3416.4—2018 流域水污染物综合排放标准　第4部分：海河流域》
71.《DB 37/3416.5—2018 流域水污染物综合排放标准　第5部分：半岛流域》